암흑 물질과
공룡

DARK MATTER
AND
THE DINOSAURS

우주를 지배하는 제5의 힘

암흑 물질과 공룡

리사 랜들 김명남 옮김

사이언스북스
SCIENCE BOOKS

책을 시작하며

암흑 물질(dark matter)과 공룡(dinosaurs)은 좀처럼 함께 이야기되지 않는 것들이다. 놀이터나 판타지 게임 클럽이나 아직 개봉되지 않은 스티븐 스필버그의 영화 같은 데서를 제외하고는. 암흑 물질은 우주에 존재하는 수수께끼의 물질로, 보통 물질처럼 중력을 통해서 상호 작용하지만 빛을 방출하거나 흡수하지는 않는다. 천문학자들은 암흑 물질의 중력이 미치는 영향을 감지할 수 있지만 그것을 말 그대로 보지는 못한다. 한편 공룡은……. 공룡을 설명할 필요가 있을까. 공룡은 2억 3000만 년 전부터 6600만 년 전까지 육상을 지배했던 척추동물이다.

암흑 물질과 공룡은 둘 다 환상적인 존재이지만, 우리 눈에 안 보이는 물리적 물질과 인기 많은 생물학적 아이콘은 서로 아무 관계가 없다고 생각하는 게 아마도 합리적인 가정일 것이다. 정말로 그럴지도 모른다. 그러나 우주(Universe)는 정의상 하나의 개체이며, 그 구성 요소들은 이론적으로 모두 상호 작용한다. 이 책은 나와 동료들이 제안한 추측 단계의 시나리오를 하나 소개할 텐데, 그 시나리오에서 우리는 암흑 물질이 궁극적으로(그리고 간접적으로) 공룡의 멸종에 책임이 있을지도 모른다고 주장한다.

고생물학자들, 지질학자들, 물리학자들이 밝혀낸 바에 따르면, 6600만 년 전에 폭이 최소 10킬로미터는 되는 천체가 우주에서 지구로 곤두박질쳐서 육상 공룡을 모두 죽였다. 더불어 지구에 살던 모든 생물종의 4분의 3을 죽였다. 천체는 태양계 외곽에서 온 혜성이었을 수도 있지만, 왜 혜성이 약하게나마 안정되게 묶여 있었던 원래 궤도에서 이탈했는지는 아무도 모른다.

우리 가설은 이렇다. 태양이 우리 은하의 중간면 ― 은하수, 즉 맑은 밤하늘에서 볼 수 있는 별들과 밝은 먼지의 띠 말이다. ― 을 통과하는 동안 태양계는 암흑 물질로 이뤄진 원반을 만난다. 그 원반이 태양으로부터 멀리 있는 천체를 이탈시킴으로써 재앙과도 같은 충돌을 촉발하는 것이다. 우리 은하 주변에도 많은 양의 암흑 물질이 엄청나게 매끄럽고 희박한 구형의 헤일로를 이루어 우리를 둘러싸고 있다.

그러나 공룡의 종말을 야기한 암흑 물질은 우주에 존재하는 대부분의 암흑 물질과는 전혀 다른 형태로 분포되어 있을 것이다. 새로운 종류의 이 암흑 물질은 헤일로를 지금대로 가만히 놔두겠지만, 기존 암흑 물질과는 다른 상호 작용을 겪기 때문에 우리 은하 중간면 속에서 원반 형태로 응집할 것이다. 이 얇은 영역은 밀도가 아주 높을 수 있다. 그래서 태양계가 그것을 통과할 때, 즉 태양이 은하를 공전하는 궤도를 돌면서 위아래로 진동할 때, 원반의 중력이 미치는 영향이 이례적으로 강할 것이다. 원반의 중력이 끌어당기는 힘이 워낙 강해서 태양계 외곽의 혜성들을 제 궤도에서 이탈시킬 수도 있을 것이다. 그곳에서는 그 힘에 대항하여 태양이 천체들의 고삐를 쥐고 단속하는 힘이 아주 약하기 때문이다. 그래서 길을 벗어난 혜성은 태양계에서 쫓겨날 수도 있고 — 그것보다 더 중대한 경우인데 — 태양계 안쪽으로 달려가는 새로운 궤도를 취할 수도 있다. 그러다가 지구에 부딪힐 가능성도 있을 것이다.

처음부터 솔직히 밝혀 두는데, 나는 이 아이디어가 옳은지를 아직은 모른다. 암흑 물질 중에서도 살아 있는 생명들에게 — 굳이 따지자면 지금은 더 이상 살아 있지 않은 생명들이지만 — 측정 가능한 영향을 미칠 수 있는 것은 우리가 지금까지 예상하지 못했던 새로운 종류의 암흑 물질뿐이다. 이 책은 그런 놀랍고 영향력 큰 암흑 물질에 관한 파격적인 가설이다.

하지만 이런 추론들이 — 도발적이기는 하지만 — 책의 주된 초점은 아니다. 공룡을 멸종시킨 혜성 이야기 못지않게 중요한 것은 그 이야기를 둘러싼 맥락과 과학이다. 거기에는 학문적 틀이 훨씬 더 잘 확립된 우주론과 태양계 연구가 포함된다. 나는 내가 연구하는 주제 때문에 자주 거창한 질문들로 이끌리게 된다는 점을 행운으로 여긴다. 이를테면 이런 질문들이다. 물질은 무엇으로 만들어졌을까? 우주와 시간은 어떤 성질을 가지고 있을까? 우리가 오늘날 보는 우주의 모든 것은 어떻게 진화하여 세상에 나오게 되었을까? 이 책에서 그런 질문들을 많이 나눌 수 있기를 바란다.

앞으로 소개할 연구를 위해서 공부하던 중, 나는 우주론, 천체 물리학, 지질학, 심지어 생물학에 대해서까지 폭넓게 생각하게 되었다. 초점은 여전히 기본 물리학에 있다. 그러나 나는 평생 좀 더 통상적인 입자 물리학, ― 여러분이 이 글을 읽고 있는 종이나 화면과 같은 친숙한 물질을 구성하는 기본 단위들을 연구하는 과학 분야이다. ― 을 연구해 온 터라 암흑 세상에 대해서 무엇이 알려져 있는지를 ― 또한 무엇이 곧 알려질 것인지를 ― 살펴보는 게 신선하게 느껴졌다. 태양계와 지구의 기본적인 물리 과정들이 가지고 있는 의미에 대해서도 마찬가지였다.

이 책은 우주, 우리 은하, 태양계에 대해서 우리가 현재 아는 내용을 설명하고, 생명이 거주 가능한 환경이 조성되고 지구에 생명이 존재하려면 어떤 조건이 갖춰져야 하는지에 대해서도 이야기한다. 암흑 물질과 우주를 토론하겠지만 혜성, 소행성, 생명의 출현과 멸종도 파고들 것이다. 하늘에서 지구로 떨어져 육상 공룡뿐 아니라 지상의 수많은 생명들을 죽였던 천체에 특별히 집중하면서. 이 책이 우리 존재를 가능하게 만들어 준 여러 놀라운 관계들을 잘 소개하여, 오늘날 벌어지고 있는 일들에 대해서도 여러분이 좀 더 의미 깊게 이해할 수 있도록 돕는다면 좋겠다. 현재의 우리 행성을 생각할 때 그것이 발달한 맥락을 더 잘 이해한다면 좋지 않겠는가.

이 책의 착상에 토대가 되는 개념들에 집중하기 시작했을 때 나는 경외감과 매혹에 사로잡히지 않을 수 없었다. 우리가 환경에 대해서 — 지역적, 태양계, 은하, 우주적 환경 모두 — 알고 있는 내용 때문만은 아니었다. 우연히 부여받은 작은 횃대나 다름없는 지구에 앉은 우리가 궁극적으로 얼마나 더 많은 것을 이해하기를 바라는가 하는 점 때문이기도 했다. 또한 우리가 여기 존재할 수 있도록 허락해 준 여러 현상들 사이의 많은 관계들을 깨닫고는 압도되는 기분이 들었다. 분명히 밝히자면, 내 관점은 종교적인 것이 아니다. 나는 여기에 어떤 목적이나 의미를 부여할 필요를 느끼지 않는다. 그러나 그런 나도 우주의 방대함, 우리의 과거, 그리고 그것들이 어떻게 서로 들어맞는가를 더 깊이 이해할수록 사람들이 흔히 종교적 감정이라고 말하는 감정을 느끼지 않을 수 없었다. 그런 감정은 누구에게든 일상의 어리석음을 관조하게 하는 관점을 제공한다.

나는 이 새로운 연구 덕분에 세상을, 그리고 지구를 탄생시킨 우주의 많은 요소들을, 또한 우리 자신을 새롭게 바라보게 되었다. 퀸스 출신인 나는 뉴욕의 인상적인 건물들을 많이 보면서 자랐지만 자연은 그다지 많이 보지 못했다. 그나마 접했던 자연이란 공원이나 잔디밭으로 가꿔진 것이어서, 인간이 도착하기 전의 형태는 거의 간직하지 않은 것들이었다. 하지만 우리가 해변을 걸을 때, 우리는 사실 곱게 갈린 생물의 사체 위를 걷는 셈이다. 그 생물들의 보호용 껍데기 위를. 우리가 해변이나 시골에서 보는 석회암 절벽도 수백만 년 전 과거에 살았던 생물들로부터 만들어졌다. 산맥은 지각판들이 충돌하는 과정에서 융기했고, 그 움직임을 추진한 녹은 마그마는 지구 핵 근처에 묻힌 방사성 물질이 만들어 냈다. 우리가 가진 에너지는 모두 태양에서 벌어지는 핵반응에서 왔다. 최초의 핵반응이 벌어진 이래 그 에너지가 다양한 방식으로 변형되고 저장되었지만 말이다. 우리가 사용하는 자원 중에는 우주에서 온 무거운 중원소들이 많다. 소행성이나 혜성이 지표면에 떨어뜨려 준 것들이다. 아미노산 중에도 운석이 가져다준 것이 있는데, 어쩌면 그런 운석이 지구에 생명 혹은 생명의 씨앗을 가져다주었는지도 모른다. 그리고 이 모든 일이 벌어지기 전에 암흑 물질이 붕괴하여 덩어리를 이룸으로써 그 중력으로 더 많은 물질을 끌어들였고, 그 덩어리가 결국 은하, 은하단, 태양과 같은 별들로 바뀌었다. 보통 물질은 — 우리에게는 중요해도 — 이야기의 전부가 아니다.

우리는 자족적인 환경에 둘러싸여 살아가고 있다고 착각하기 쉽지만, 그래도 매일 동틀 녘과 해질 무렵에 달과 별들이 시야에 들어오기 시작하면 우주에 우리 행성만 있는 게 아니라는 사실을 새삼 상기하게 된다. 별과 성운 들은 우리가 광막한 우주 속 한 은하의 품에 안긴 존재라는 것을 보여 주는 증거이다. 지구는 태양을 공전하는 궤도를 도는데, 그 때문에 생기는 계절들은 태양계 속에서 우리가 어느 방향과 위치에 있는지를 상기시킨다. 우리가 시간을 일과 년으로 재는 것도 우주 환경이 우리에게 얼마나 중요한지를 보여 주는 증거이다.

이 책으로 이어진 연구와 독서를 하면서, 나는 여러분과 나누고 싶은 인상적인 교훈 네 가지를 얻을 수 있었다. 내가 개인적으로 소중하게 느끼는 것은 우주의 여러 조각들이 다양하고 놀라운 방식으로 연결되어 있음을 이해한 데서 얻은 만족감이다. 가장 근본적인 차원에서 최대의 교훈은 기본 입자들의 물리학, 우주의 물리학, 생명의 생물학이 모두 연관되어 있다는 사실이다. 어떤 뉴에이지풍 의미에서 그런 게 아니라, 우리가 이해할 만한 가치가 충분한 놀라운 방식들을 통해서다.

우주에서 날아온 물질은 끊임없이 지구를 때린다. 그러나 지구는 주변 환경과 애증 관계를 맺고 있다. 지구는 우리를 둘러싼 것들로부터 혜택을 입지만, 그것들은 대부분 치명적이기도 하다. 지구의 위치는 우리에게 적당한 온도를 허락해 주고, 외행성들은 안으로 날아오는 소행성들과 혜성들의 방향을 꺾어서 지구와 충돌하지 않도록 만들어 주고, 달과 지구의 거리는 우리 궤도를 안정시켜 극심한 온도 변화를 막아 주기에 알맞은 정도이며, 태양계권계면은 위험한 우주선으로부터 우리를 막아 준다. 지구로 떨어진 유성체들은 생명에 긴요한 자원을 가져다주었을지도 모르지만, 좀 더 유해한 방식으로도 생명의 궤적에 영향을 미쳤다. 최소한 그런 천체 하나가 6600만 년 전에 생명을 초토화한 대멸종 사건을 일으켰다는 것만큼은 분명하다. 그 천체는 땅에 살던 공룡을 싹 쓸어 버렸지만, 우리를 포함한 대형 포유류가 득세할 수 있는 길을 열어 주었다.

두 번째 교훈은 — 이 또한 인상적이다. — 내가 이야기할 과학적 발전들 중에서 최근에 이뤄진 것이 아주 많다는 점이다. 어쩌면 인류 역사의 어느 시점에서든 다음과 같은 발언을 할 수 있을지도 모르겠지만, 그렇다고 해서 이 말의 타당성이 약화되는 것은 아니다. 무엇인가 하면, 우리의 지식은 지난 [　]년(괄호에 맥락에 맞는 숫자를 집어넣으라.) 동안 어마어마하게 발전했다는 것이다. 내가 소개할 연구에서라면 이 숫자는 50년도 안 된다. 나는 스스로 연구를 수행하고 다른 사람들의 연구를 읽으면서, 최근 발견들 중 새롭고 혁명적인 것이 얼마나 많은지 깨닫고 끊임없이 놀랐다. 과학자들은 우리가 세상에 대해서 알아낸 것들, 자주 놀랍고 늘 흥미롭고 가끔 무서운 것들을 과학 안으로 받아들이려고 노력하면서 끊임없이 창의성과 집요함을 발휘해 왔다. 이 책에서 소개하고 있는 과학은 더 넓은 역사의 일부이다. 더 넓은 역사란 초점을 우주에 맞추느냐 태양계에 맞추느냐에 따라 138억 년이 될 수도 있고 46억 년이 될 수도 있다. 그러나 인간이 이런 개념들을 해명해 온 역사는 고작 한 세기 남짓이었다.

공룡은 6600만 년 전에 멸종했지만, 고생물학자들과 지질학자들이 멸종의 속성을 유추해 낸 것은 1970년대와 1980년대 들어서였다. 일단 유효한 가설이 제기되자, 과학계가 그것을 좀 더 온전하게 평가할 수 있기까지는 그로부터 몇 십 년밖에 걸리지 않았다. 게다가 그 시기는 완벽한 우연이라고만은 할 수 없었다. 때마침 우주인들이 달에 착륙하여 크레이터를 가까이에서 보았고, 그러자 멸종과 외계 천체의 연관성이 좀 더 믿을 만하게 느껴졌던 것이다. 달의 크레이터들은 태양계의 역동성을 잘 보여 주는 증거였다.

지난 50년간, 입자 물리학과 우주론의 중요한 발전들은 우리에게 표준 모형에 대해서 자세히 알려주었다. 표준 모형이란 물질의 기본 구성 요소들을 오늘날 우리가 이해하는 대로 기술한 모형이다. 우주에 존재하는 암흑 물질과 암흑 에너지의 양이 밝혀진 것도 불과 20세기 마지막 몇 십 년 동안이었다. 그 기간 중에 태양계에 대한 지식도 많이 변했다. 과학자들이 명왕성 근처에서 카이퍼대(Kuiper belt) 천체들을 발견하여 명왕성이 외톨이가 아님을 확인한 것은 1990년대였다. 때문에 행성의 개수가 줄었지만, 그것은 여러분이 대학원에서 배웠을지도 모르는 과학이 지금은 좀 더 풍성해지고 복잡해진 덕분이다.

세 번째 중요한 교훈은 변화 속도에 관한 것이다. 자연 선택은 종들이 진화할 시간이 있을 때에는 적응을 허락한다. 하지만 그런 적응은 극단적인 변화까지 아우르지는 못한다. 그러기에는 너무 느리게 벌어지기 때문이다. 공룡들은 지구를 때릴 폭 10킬로미터의 유성체에 어떤 대비도 할 수 없었다. 그들은 적응할 수 없었다. 땅에 꼼짝없이 붙박힌 것들, 덩치가 커서 땅속으로 파고들 수 없는 것들은 살아남기 위해서 도망칠 곳이 없었다.

새로운 아이디어나 기술이 등장할 때는 대개 파국적 변화냐 점진적 변화냐 하는 토론도 중요한 역할을 했다. 우리가 새로운 발달을 — 과학적 발전이든 다른 분야의 발전이든 — 이해하는 열쇠는 그 발달에 따르는 과정들의 속도이다. 사람들은 어떤 발달이, 가령 유전학 연구나 인터넷에서 유래한 발전이 유례없이 드라마틱하다는 말을 자주 쓴다. 그러나 이 말은 완벽하게 옳지는 않다. 수백 년 전에 사람들이 질병이나 순환계를 좀 더 잘 이해하게 되었던 사건도 오늘날의 유전학 못지않은 변화를 가져왔다. 문자 언어와 이후 인쇄기의 도입이 지식을 획

득하고 사고하는 방식에 미쳤던 영향은 인터넷이 촉발한 영향 못지않게 중요했다.

이런 발달들이 그랬던 것처럼, 현재의 변화에서도 급속함은 아주 중요한 요소이다. 이 주제는 과학의 과정들에 대해서만이 아니라 환경적, 사회적 변화들에 대해서도 유효하다. 유성체가 일으킬 파괴는 현재 우리에게 그다지 중요한 관심사가 아닐 수 있지만, 환경 변화와 멸종 속도가 갈수록 빨라지는 현실은 중요한 문제일 가능성이 높다. 그리고 그 충격은 여러 면에서 유성체의 충격에 비길 만할 것이다. 이 책에 숨겨졌다고도 할 수 없을 만큼 버젓이 드러난 또 하나의 의제는 우리가 현재에 도달하게 된 놀라운 과정을 더 깊이 이해하도록 돕는 데서 그치지 않고 나아가 그 지식을 현명하게 사용하도록 격려하려는 것이다.

그렇기는 해도, 네 번째 중요한 교훈은 바로 숨어 있는 세상의 구성 요소들과 그 발달 과정을 기술할 줄 아는 과학의 놀라운 능력이다. 그리고 우리가 우주를 얼마나 더 많이 이해하기를 바랄 수 있는가 하는 것이다. 요즘, 우리가 가 닿을 수 없는 다른 우주들을 뜻하는 다중 우주 개념에 반한 사람이 많다. 그러나 역시 숨어 있으되 우리가 탐사하고 좀 더 알아낼 기회가 있는 세계들도 ─ 생물학적 세계이든 물리적 세계이든 ─ 그것 못지않게 환상적이다. 이 책에서 나는 우리가 세계에 대해서 아는 것을 고찰하는 일이 얼마나 큰 영감을 주는지를 여러분에게 설명할 수 있었으면 한다. 미래에 알아내리라 기대하거나 희망하는 것들에 대해서도 물론이다.

이 책은 우주론을 설명하며 시작한다. 우주론은 우주가 어떻게 현재 상태로 진화했는가를 알아내는 과학이다. 1부에서는 대폭발 이론, 우주 급팽창 이론, 우주의 조성을 소개하겠다. 또한 암흑 물질을 설명할 것이고, 우리가 어떻게 그 존재를 확신하는지, 왜 그것이 우주의 구조에 관계되어 있는지도 설명하겠다.

암흑 물질은 우주에 있는 전체 물질의 85퍼센트를 차지하는 데 비해 별, 기체, 인간을 이루는 보통 물질은 겨우 15퍼센트만 차지한다. 그러나 사람들은 주로 보통 물질의 존재와 관련성에만 관심을 쏟는다. 공정하게 밝히자면, 보통 물질이 훨씬 더 강한 상호 작용을 하는 것은 사실이다.

그러나 인간 사회의 경우와 마찬가지로, 상대적으로 영향력이 큰 소수에게만 관심을 몽땅 쏟는 것은 합리적이지 않다. 우리가 보고 느낄 수 있는 물질, 우위를 차지하는 15퍼센트의 물질은 이야기의 일부일 뿐이다. 따라서 나는 암흑 물질이 우주에서 맡은 중대한 역할 — 초기 우주의 무정형 플라스마에서 형성된 은하들과 은하단들 양쪽 모두에 영향을 미쳤다. — 과 오늘날 천문학적 구조들의 안정성을 유지하는 데서 맡은 역할을 설명할 것이다.

2부는 시선을 좁혀 태양계를 살펴본다. 물론 태양계 하나만 해도 백과사전까지는 아니라도 보통의 책 한 권을 통째 할애할 만한 소재일 것이다. 따라서 나는 공룡과 관계 있을지도 모르는 요소들에만 초점을 맞추겠다. 유성체, 소행성, 혜성이다. 우리가 알기로 과거에 지구를 때렸던 천체들을 이야기할 것이고, 앞으로 지구를 때릴지도 모른다고 생각되는 천체들도 이야기할 것이다. 그리고 멸종 혹은 유성체 충돌이 대략 3000만 년의 간격으로 주기적으로 발생했다는 가설을 뒷받침하는 증거를 살펴볼 텐데, 그런 증거는 빈약하기는 해도 그냥 기각해 버릴 만한 것은 아니다. 2부에서는 또 생명의 형성과 파괴에 대해서 이야기할 것이다. 공룡을 죽였던 처참한 사건을 비롯하여 다섯 번의 대량 멸종에 관해서 우리가 아는 바를 검토해 볼 것이다.

마지막 3부는 1부와 2부에서 소개했던 개념들을 통합할 텐데, 우선 암흑 물질 모형들에 관한 이야기로 시작할 것이다. 암흑 물질의 정체를 추측하는 여러 가설들 중에서도 좀 더 친숙한 모형들을 먼저 설명하고, 그다음에 새로운 가설을 소개하겠다. 앞에서도 잠시 언급했던 상호 작용하는 암흑 물질 가설이다.

현재로서 우리가 아는 바는 암흑 물질과 보통 물질이 중력으로 상호 작용한다는 것뿐이다. 중력의 영향은 일반적으로 아주 미미하기 때문에, 우리는 막대한 질량이 미치는 중력의 영향만을 — 가령 지구나 태양의 중력만을 — 알아차릴 수 있다. 그것조차도 상당히 약한 편이다. 우리는 작은 자석만으로도 온 지구가 미치는 중력을 이겨 내고 클립을 집어올릴 수 있지 않은가.

그러나 어쩌면 암흑 물질이 느끼는 다른 힘들이 있을지도 모른다. 내가 이 책에서 소개하는 새로운 모형은 우리에게 친숙한 보통 물질이 전자기력, 약한 핵력, 강한 핵력 같은 여러 힘들을 통해 상호 작용한다는 점에서 특별하다고 보는 가정에 — 그리고 편견에 — 도전한다. 기존 물질의 이런 힘들이 중력보다 훨씬 강하고 세상의 흥미로운 속성들 중 많은 것을 설명해 주는 것은 사실이다. 하지만 암흑 물질 중 일부가 중력이 아닌 다른 상호 작용, 다시 말해 제5의 힘을 느낀다면 어떨까? 만일 그렇다면, 그 암흑 물질의 힘은 기본 입자와 거시 현상의 관련성을 보여 주는 극적인 증거로 이어질 수도 있다. 그 관계는 우리가 이미 아는 관계들보다 더 깊은 차원이다.

우주의 거의 모든 것은 서로 상호 작용한다. 이론적으로는 그렇다. 대부분의 상호 작용이 너무 약해서 우리가 쉽게 알아차릴 수 없지만 말이다. 우리는 감지 가능한 방식으로 우리에게 영향을 미치는 것만을 관찰할 수 있다. 무언가가 미미한 영향만을 발휘하고 또 느낀다면, 그것이 우리 코앞에 있더라도 우리는 눈치 채지 못할 수 있다. 개별 암흑 물질 입자들이 — 아마도 우리 주변 어디에나 존재함에도 불구하고 — 지금까지 우리에게 발견되지 않은 것은 그 때문일 것이다.

3부는 우리가 암흑 물질을 좀 더 폭넓게 생각함으로써 — 즉 우리 우주는 이토록 복잡한데 암흑 우주는 꼭 단순해야만 하는가 하고 물어 봄으로써 — 고려하게 된 몇몇 새로운 가능성을 설명할 것이다. 어쩌면 암흑 물질 중 일부는 자신들만의 힘을 겪을지도 모른다. 원한다면 그 힘을 암흑 빛(dark light)이라고 불러도 좋겠다. 그 경우 대부분의 암흑 물질은 상대적으로 영향력이 미미한 85퍼센트에 해당하는 데 비해, 우리가 새로 제안한 암흑 물질은 상층으로 진출하는 중간 계급에 가깝다고 할 수 있을 것이다. 보통 물질과 비슷한 상호 작용을 할 줄 알기 때문이다. 새로 추가된 그 상호 작용은 은하의 조성에 영향을 미칠 것이고, 새로운 암흑 물질 종류로 하여금 보통 물질의 영역에 있는 별들과 다른 천체들의 움직임에 영향을 미치도록 해 줄 것이다.

앞으로 5년 동안, 우리는 위성 관측을 통해서 은하의 형태, 조성, 성질을 과거 어느 때보다 자세히 측정할 것이다. 그 결과는 우리 은하의 환경에 대해서 많은 것을 알려줄 것이고, 내가 이 책에서 제시한 추측이 사실인지 아닌지도 확인해 줄 것이다. 그렇게 관측 가능한 영향이 있다는 것은 곧 암흑 물질의 개념과 그것에 대한 우리의 모형이 충분히 탐구할 가치가 있는 타당한 과학이라는 뜻이다. 암흑 물질이 비록 여러분과 나를 구성하는 물질은 아니지만 말이다. 우리 모형에서 따라나오는 결과에는 유성체 충돌도 포함될지 모른다. 그리고 그런 충돌 사건 중 하나는 이 책의 제목이 암시하듯이 암흑 물질과 공룡의 멸종을 잇는 고리였을 수도 있다.

이런 현상들을 하나로 잇는 배경 지식들과 개념들이 보여 주는 우주는 더없이 광활한 3차원 우주이다. 이 책의 목표는 그런 발상들을 여러분과 나누는 것, 그래서 여러분이 세상의 놀라운 풍요로움을 탐구하고 음미하고 지지하도록 장려하는 것이다.

차례

1부

암흑이
지배하는 우주

1장

암흑 물질 비밀 결사

우리는 미리 기대하지 않았던 것은 눈치채지 못하고 넘어가기 일쑤다. 유성은 달 없는 밤하늘을 가로지르고, 낯선 동물들은 숲을 하이킹하는 우리를 그림자처럼 뒤쫓고, 근사한 건축적 디테일들은 도시를 걷는 우리를 둘러싸고 있다. 그러나 우리는 이런 주목할 만한 광경들이 뻔히 시야 안에 있더라도 종종 놓친다. 당장 우리 몸만 보더라도, 세균이 떼로 몰려 살고 있다. 사람 세포보다 10배 더 많은 세균 세포가 우리 몸속에서 살면서 우리의 생존을 돕는다. 그러나 우리는 자신의 몸속에서 살고, 영양소를 소비하고, 소화계를 돕는 미생물들을 거의 인지하지 못한다. 대부분의 사람들은 세균이 말썽을 부려서 우리를 아프게 만들 때에야 겨우 그 존재를 깨닫는다.

무언가를 목격하려면, 우리가 그것을 보아야 한다. 그리고 그러려면, 보는 법을 알아야 한다. 하지만 내가 방금 이야기한 현상들은 이론적으로나마 볼 수는 있는 대상들이다. 그것보다 더 어려운 과제를 상상해 보자. 말 그대로 볼 수 없는 대상을 이해하는 것은 얼마나 더 어려울까? 암흑 물질, 즉 우주에 존재하는 수수께끼 같은 물질로서 우리가 아는 종류의 물질과는 아주 작은 상호 작용만을 하는 물질이 그런 경우이다. 이어지는 장들에서 나는 천문학자들과 물리학자들이 어떤 측정 기법을 동원하여 암흑 물질의 존재를 확인했는지 설명할 텐데, 이 장에서는 우선 그 수수께끼 물질이 무엇인지부터 소개하겠다. 암흑 물질이란 무엇이고, 왜 그것이 그토록 혼란스러워 보이며, 왜 — 어떤 중요한 시각에서는 — 별로 혼란스러워 보이지 않는지를.

우리 중에 있지만 보이지 않는 것

인터넷은 하나의 거대한 네트워크이다. 수십억 명의 사람이 그 속에서 온라인으로 관계를 맺는다. 그러나 소셜 네트워크에서 소통하는 사람들 대부분은 사실 직접적으로 상호 작용하지 않는다. 심지어 간접적으로도 상호 작용하지 않는다. 인터넷 사용자들은 비슷한 생각을 지닌 사람들끼리만 친구를 맺고, 비슷한 관심사를 가진 사람들만을 따르며, 자신의 세계관을 대변하는 뉴스 공급원들에게만 의존하는 경향이 있다. 상호 작용이 그렇게 제한되어 있기 때문에, 온라인으로 관계 맺는 사람들은 상호 작용이 없는 별개의 집단들로 조각조각 나뉘어 있기 마련이다. 각각의 집단 내에서는 반대되는 시각을 접할 일이 거의 없다. 친구의 친구들이 있다고는 해도, 그들 역시 자신이 소속되지 않은 집단의 반대 의견을 접할 일은 보통 없다시피 하다. 그러니 대부분의 인터넷 사용자들은 자신과는 배치되는 다른 의견을 지닌 낯선 공동체들의 존재를 까맣게 모르고 산다.

우리는 우리 세상 밖에 있는 다른 세상에 대해서 그렇게까지 까막눈인 것은 아니다. 하지만 암흑 물질에 대해서라면, 정말이지 깜깜한 까막눈이다. 암흑 물질은 보통 물질로 이뤄진 소셜 네트워크에 전혀 속하지 않는다. 암흑 물질은 우리가 아직 들어갈 방법을 알지 못하는 자신만의 인터넷 채팅방에서 산다. 암흑 물질도 눈에 보이는 물질과 똑같은 우주에 존재하고, 심지어는 똑같은 공간을 차지한다. 그러나 암흑 물질 입자들과 우리가 아는 보통 물질 입자들은 거의 감지되지 않을 만큼 약하게만 상호 작용한다. 우리가 까맣게 모르고 살아가는 다른 인터넷 공동체들과 마찬가지로, 누가 우리에게 그 존재를 말해주지 않는 한 일상에서 우리는 암흑 물질이 존재한다는 사실조차 인식하지 못하고 살아간다.

우리 몸속 세균들과 마찬가지로, 암흑 물질은 우리 코앞에 있는 다른 많은 '우주들' 중 하나이다. 그리고 역시 미생물들과 마찬가지로, 암흑 물질은 우리 주변 어디에나 존재한다. 암흑 물질은 우리 몸을 통과해서 지나가고, 몸 바깥 세상에도 존재한다. 그러나 우리는 그 영향을 조금도 눈치채지 못한다. 암흑 물질의 상호 작용이 너무 미약하기 때문이다. 사실상 자신들만의 집단을 형성하고 있다고 해도 좋을 정도로. 그 사회는 우리가 아는 물질로 이뤄진 사회와는 완벽하게 나뉜

별개의 사회이다.

그러나 그 사회는 중요하다. 세균 세포는 ― 비록 수는 많지만 ― 우리 몸무게에서 겨우 1~2퍼센트만을 차지하는 데 비해, 암흑 물질은 ― 비록 우리 몸에서는 미미한 비율을 차지할 뿐이지만 ― 우주의 물질 전체에서 85퍼센트가량을 차지한다. 우리 주변 공간에는 1세제곱센티미터마다 대충 양성자 1개의 질량에 해당하는 물질이 들어 있다. 어떻게 보느냐에 따라 많은 것 같기도 하고 적은 것 같기도 한 양이다. 그렇다면 암흑 물질 입자의 질량이 우리가 아는 물질의 질량과 비슷하고 그 이동 속도가 우리가 잘 아는 역학 법칙에 따라 예측한 값과 같다고 가정하면, 1초마다 암흑 물질 입자 수십억 개가 우리를 통과해 간다는 이야기가 된다. 그런데도 아무도 암흑 물질이 여기 있다는 사실을 눈치채지 못한다. 무려 수십억 개의 암흑 물질 입자가 미치는 영향조차 미미하기 짝이 없는 것이다.

왜 그럴까? 그것은 우리가 암흑 물질을 느끼지 못하기 때문이다. 암흑 물질은 빛과 상호 작용하지 않는다. 적어도 우리가 지금 검출할 수 있는 수준으로는 하지 않는다. 암흑 물질은 보통 물질과 같은 재료로 이뤄지지 않았다. 우리가 잘 아는 원자들이나 기본 입자들처럼 빛과 상호 작용하는 재료로 이뤄지지 않았다. 그런데 빛과 상호 작용하는 능력은 우리가 눈으로 볼 수 있는 모든 것에 꼭 필요한 속성이다. 그렇다면 암흑 물질은 정확히 무엇으로 이뤄져 있을까? 이 문제야말로 나와 동료들이 풀고 싶은 수수께끼이다. 그것은 새로운 종류의 입자들로 이뤄져 있을까? 만일 그렇다면, 그런 입자의 성질은 어떨까? 그 입자는 중력 상호 작용 외에 다른 상호 작용도 할까? 우리가 현재 진행 중인 실험들에서 운이 좋다면, 암흑 물질 입자가 미미하나마 전자기 상호 작용을 하는 것으로 밝혀질지도 모른다. 다만 그 세기가 너무 약해서 아직까지 우리가 감지하지 못하는 것일지도 모른다. 현재 암흑 물질 탐색에 전념하는 탐사선들이 열심히 찾아보고 있는데, 그 방법론은 3부에서 설명하겠다. 어쨌든 아직까지 암흑 물질은 우리 눈에 보이지 않는다. 현재 검출기들의 민감도로는 암흑 물질의 영향을 감지하지 못하는 실정이다.

하지만 다량의 암흑 물질이 한곳에 집중되어 뭉친다면, 그 전체 중력 효과는 상당히 커서, 별이나 가까운 은하에게 측정 가능한 수준의 영향을 미칠 정도이다. 암흑 물질은 우주의 팽창, 먼 천체로부터 우리에게 오는 빛의 경로, 은하 중심을 공전하는 별들의 궤도, 그 밖의 여러 측정 가능한 현상들에 영향을 미치므로, 우리는 그 영향을 통해서 암흑 물질의 존재를 확신한다. 우리가 암흑 물질의 존재를 아는 것은 그런 측정 가능한 중력 효과들 덕분이다. 그리고 암흑 물질은 실제로 존재한다.

게다가 비록 눈에 보이지 않고 느껴지지도 않을지언정, 암흑 물질은 과거에 우주 구조가 형성되는 과정에서 결정적인 역할을 했다. 암흑 물질을 좀처럼 대접받지 못하는 사회 서민층에 비교할 수도 있겠다. 엘리트 의사 결정권자들의 눈에는 안 보일지라도, 피라미드나 고속 도로를 짓고 전자 제품을 조립했던 많은 노동자들은 문명의 발전에서 핵심적인 역할을 하는 존재였다. 우리 중에 존재하지만 좀처럼 주목받지 못하는 그런 인구 집단처럼, 암흑 물질도 알고 보면 우리 세계에서 핵심적인 존재이다.

초기 우주에 암흑 물질이 없었다면, 지금 우리가 우주의 진화 과정에 대해서 통일성 있는 그림을 짜맞추기는 고사하고 여기 앉아서 이런 이야기를 나눌 수조차 없었을 것이다. 암흑 물질이 없었다면 우리가 지금 목격하는 우주가 형성되기에 충분한 시간이 주어지지 않았을 것이기 때문이다. 암흑 물질 덩어리는 우리 은하의 씨앗으로 기능했다. 그것뿐 아니라 다른 은하들과 은하단들의 씨앗으로 기능했다. 은하가 형성되지 않았다면 별이 없었을 것이고, 우리 태양계도 없었을 것이고, 우리가 아는 형태의 생명도 없었을 것이다. 요즘도 암흑 물질의 집단 행동은 은하들과 은하단들을 온전한 상태로 지켜 주는 역할을 한다. 만일 내가 「책을 시작하며」에서 언급했던 암흑 원반이 실제로 존재한다면, 암흑 물질은 우리 태양계의 궤적에도 영향을 미치고 있을지 모른다.

하지만 우리는 그 암흑 물질을 직접 관찰할 수 없다. 과학자들은 그동안 갖가지 형태의 물질을 조사했지만, 우리에게 그 구성이 알려진 물질은 모두 모종의 빛을 통해서 — 일반화하여 말하자면 모종의 전자기 복사를 통해서 — 관찰할 수 있는 대상이었다. 전자기 복사는 가시광선 주파수 대역에서는 빛으로 나타나지만, 우리가 눈으로 볼 수 있는 그 한정된 영역을 벗어난 주파수 대역에서는 가령 전파나 자외선 복사로 나타난다. 그 효과는 현미경을 통해서 관찰될 수 있고, 레이더 기기를 통해서, 혹은 사진에 찍히는 광학 이미지로 관찰될 수도 있다. 어쨌든 늘 전자기적 영향력이 관여한다는 점은 같다. 물론 그런 상호 작용이 모두 직접적이지는 않다. 빛과 가장 직접적으로 상호 작용하는 것은 전기를 띤 입자들이다. 그러나 입자 물리학 표준 모형의 구성 요소들은 — 우리가 아는 물질을 구성하는 가장 기본적인 요소들을 말한다. — 서로 충분히 상호 작용을 하기 때문에, 우리가 보는 모든 물질들은 설령 빛과 직접적인 친구 관계는 아닐지라도 한 다리 건넌 친구의 친구이기는 하다.

시각뿐 아니라 다른 감각들도 — 촉각, 후각, 미각, 청각도 — 원자들의 상호 작용에 기반한 현상이며, 그 원자들의 상호 작용은 전기를 띤 입자들의 상호 작용에 기반한다. 이를테면 촉각도, 시각보다 좀 더 미묘한 이유에서이기는 하나, 결국에는 전자기적 파동과 상호 작용에 기반한 현상이다. 이처럼 인간의 모든 감각은 모종의 전자기 상호 작용에 바탕을 두고 있기 때문에, 우리가 암흑 물질을 기존의 방법으로 직접 감지할 도리는 없다. 암흑 물질은 주변 어디에나 있지만, 우리는 그것을 보지도 느끼지도 못한다. 빛이 암흑 물질을 비추면, 아무 일도 벌어지지 않는다. 빛이 그냥 통과해서 지나갈 뿐이다.

암흑 물질을 한번도 보거나 느끼거나 맛본 적 없으니, 내가 이야기를 나눈 사람들은 대개 그 존재에 놀라고 그것을 퍽 신비롭게 느낀다. 심지어 그것이 일종의 실수가 아닌가 하고 의아해하는 사람도 있다. 우리가 우주 전체 물질의 대부분을 차지하는 물질을 — 보통 물질의 5배나 된다! — 기존 망원경으로 탐지하지 못한다는 게 말이나 되는가 하는 것이다. 나는 개인적으로 그것과는 사뭇 반대되는 예상을 하고 있다. (물론 남들도 다 나처럼 생각하지 않는다는 것은 안다.) 내 생각에는 우리가 눈으로 볼 수 있는 물질이 세상에 존재하는 물질의 전부인 편이 오히려 더 신비로울 것 같다. 어째서 우리가 모든 것을 직접 인지할 수 있는 완벽한 감각을 가져야 한단 말인가? 지난 몇 백 년 동안 물리학이 가르쳐 준 큰 교훈은 세상에는 우리 시야에 숨겨진 것이 아주 많다는 것이었다. 이런 관점에서 보자면, 오히려 진정한 의문은 우리가 그 정체를 아는 물질이 우주의 에너지 밀도에서 왜 지금처럼 큰 비율을 차지하는가가 될 것이다.

암흑 물질을 좀 희한한 가설로 여기는 사람도 있겠지만, 중력 법칙을 뜯어고치는 것에 비하면 암흑 물질의 존재를 가정하는 것이 훨씬 덜 경솔하다. 암흑 물질 회의주의자들은 전자를 선호할지도 모르겠지만 말이다. 암흑 물질은 — 물론 낯선 것은 사실이지만 — 기존에 알려진 모든 물리 법칙과 완벽하게 들어맞는, 기존의 틀에서 크게 벗어나지 않는 설명이 되어 줄 가능성이 높다. 말이야 바른 말이지, 알려진 중력 법칙에 부합해 행동하는 모든 물질이 꼭 우리에게 익숙한 보통 물질처럼 행동하라는 법은 없지 않은가? 더 간결하게 표현하자면, 꼭 모든 물질이 빛과 상호 작용하라는 법은 없지 않은가? 암흑 물질은 그저 약간 다른 종류의 전하를 가진 물질일 수도 있고, 아예 기본 전하를 띠지 않은 물질일 수도 있다. 스스로 전하를 띠지 않고 다른 하전 입자와 상호 작용하지도 않으므로, 암흑 물질은 빛을 흡수하지도 방출하지도 않는다.

하지만 나도 암흑 물질에 대해서 살짝 문제라고 느끼는 측면이 하나 있기는 하다. 이름이다. '물질' 부분을 걸고 넘어지려는 것은 아니다. 암흑 물질은 실제로 물질의 한 형태이다. 덩어리로 뭉쳐서 중력을 발휘하며 다른 물질과도 중력으로 상호 작용하는 존재라는 뜻에서 그렇다. 물리학자들과 천문학자들은 이 중력 상호 작용에 의지하는 다양한 방법을 동원하여 실제 암흑 물질의 존재를 감지한다.

이름에서 유감스러운 대목은 '암흑'이다. 한 가지 이유는 실제 암흑처럼 새까만 물체는 빛을 흡수하기 때문에 우리가 눈으로 볼 수 있다는 점이고, 다른 이유는 사뭇 불길하게 들리는 이 이름 때문에 암흑 물질이 실제보다 더 강력하고 부정적인 무언가로 여겨진다는 것이다. 암흑 물질은 사실 새카맣지 않다. 투명할 뿐이다. 새카만 물체는 빛을 흡수하지만, 투명한 물체는 빛을 의식하지 않는다. 빛이 암흑 물질을 때려도, 암흑 물질이든 빛이든 그 때문에 바뀌는 것은 아무것도 없다.

최근 여러 분야 사람들이 모인 콘퍼런스에 갔다가, 브랜딩 전문가라는 마케팅 종사자 마시모를 만났다. 내가 그에게 내 연구에 대해서 말했더니, 그는 어이없다는 표정으로 물었다. "왜 그걸 암흑 물질이라고 부릅니까?" 그는 과학에 반대한 게 아니었다. 쓸데없이 부정적인 의미를 품고 있는 이름에 반대한 것이었다. 물론 세상의 모든 브랜드가 "암흑(dark)"이라는 말에 부정적인 의미만을 결부시키는 것은 아니다. "다크 나이트"는 좀 복잡한 인간이기는 해도 좋은 남자였다. 어쨌든 "다크 섀도", "그의 암흑 물질"(우리나라에 『황금나침반』이라는 제목으로 옮겨진 필립 풀먼의 판타지 소설 중 제2부의 원제이다. ─ 옮긴이), "트랜스포머: 달의 암흑", 다스 베이더의 "포스의 다크 사이드"에서 쓰인 바에 비하면, ─ 영화 「레

고무비」에 나오는 배꼽 빠지게 웃기는 「다크 송」도 있다. ― '암흑 물질'의 '암흑'은 차라리 얌전한 편이다. 우리는 무엇이 되었든 암흑의 존재에 매력을 느끼는 모양이지만, 암흑 물질은 알고 보면 그 이름이 주는 평판에 못 미치는 편이다.

암흑 물질이 사악한 존재들과 공유하는 특징이 하나 있기는 하다. 시야에서 가려져 있다는 점이다. 암흑 물질은 우리가 아무리 열을 가하더라도 빛을 방출하지는 않는다는 점에서만큼은 이름을 잘 지은 셈이다. 그런 의미에서 암흑 물질은 정말로 암흑이다. 불투명하다는 뜻이 아니라 빛을 내지 않는다는 뜻에서, 심지어 빛을 반사시키지도 않는다는 뜻에서. 암흑 물질을 직접 본 사람은 아무도 없다. 현미경이나 망원경을 써서라도 마찬가지이다. 영화와 소설에 나오는 많은 사악한 영혼들처럼, 암흑 물질의 불가시성은 그것의 방패로 기능한다.

마시모는 "투명 물질"이라는 이름이 더 나았을 것이라고, 적어도 덜 무서웠을 것이라고 말했다. 물리학의 관점에서는 맞는 말이지만, 마시모의 선택이 옳은지는 잘 모르겠다. 나도 "암흑 물질"이라는 용어가 썩 내키지는 않지만, 이 용어가 사람들의 관심을 꽤 많이 끌어들인다는 것은 인정한다. 그렇다고는 해도 암흑 물질은 결코 불길하지 않고 강력하지도 않다. 적어도 엄청난 양이 모이지 않는 한은 그렇다. 암흑 물질은 보통 물질과 워낙 미약하게 상호 작용하기 때문에 우리가 찾아내기가 대단히 까다롭다. 바로 그것이 암흑 물질이 이토록 흥미로운 이유 중 하나이기도 하다.

블랙홀과 암흑 에너지

뭔가 불길한 존재처럼 들린다는 문제를 차치하고도, '암흑 물질'이라는 이름은 다른 혼동을 일으킨다. 예를 들어, 내가 사람들과 내 연구에 대해 이야기하다 보면 암흑 물질과 블랙홀을 구별하지 못하는 경우가 많다. 구분을 명확히 하기 위해서, 여담이 되겠지만 잠깐 블랙홀에 대해서 이야기해 보자. 블랙홀은 너무 많은 물질이 너무 좁은 공간에 몰려 있을 때 형성된다. 블랙홀의 강력한 중력에서는 아무것도, 빛조차도 빠져나가지 못한다.

블랙홀과 암흑 물질은 검은 잉크와 느와르 영화만큼 다르다. 암흑 물질은 빛과 상호 작용하지 않는다. 반면에 블랙홀은 빛을 흡수한다. 빛뿐 아니라 자신에게 너무 가까이 다가오는 것은 뭐든 빨아들인다. 블랙홀이 까만 것은 그 속으로 들어간 빛이 모조리 속에 갇히기 때문이다. 복사되어 나오지도, 도로 반사되어 나오지도 않는다. 암흑 물질은 블랙홀 형성에 관계가 있을지도 모른다.[1] 형태를 불문하고 모든 물질은 붕괴되어 블랙홀을 형성할 수 있기 때문이다. 하지만 블랙홀과 암흑 물질은 절대로 같지 않다. 둘을 결코 헷갈려서는 안 된다.

암흑 물질의 부적절한 이름에서 야기되는 오해가 하나 더 있다. 우주의 또 다른 구성 요소로 '암흑 에너지'라는 것이 있기 때문에 — 이 작명도 문제가 많다. — 사람들은 암흑 에너지와 암흑 물질도 종종 혼동한다. 이 또한 주제에서 벗어나는 이야기이지만, 암흑 에너지도 현대 우주론의 중요한 부분이니 똑똑한 독자 여러분이 늘 차이를 유념할 수 있도록 이 자리에서 이 용어도 분명하게 밝히고 넘어가겠다.

암흑 에너지는 물질이 아니다. 그냥 에너지이다. 암흑 에너지는 주변에 구체적인 입자나 다른 형태의 물질이 없을 때에도 존재한다. 암흑 에너지는 온 우주에 스며 있지만, 보통 물질처럼 덩어리를 이루지는 않는다. 암흑 에너지의 밀도는 어디에서나 다 같다. 어느 지역에서는 밀도가 더 높고 어느 지역에서는 더 낮은 경우는 없다. 암흑 에너지는 암흑 물질과 전혀 다르다. 후자는 전자와 달리 뭉쳐서 물체를 이룰 수 있으며, 특정 지점이 다른 지점보다 밀도가 더 높을 수 있다. 암흑 물질은 우리가 익숙한 물질, 즉 뭉쳐서 별이나 은하나 은하단 같은 물체를 이루는 물질과 똑같이 행동한다. 반면에 암흑 에너지는 늘 평탄하게 분포되어 있다.

또한 암흑 에너지는 시간이 흘러도 늘 일정하다. 물질이나 복사와는 달리, 암흑 에너지는 우주가 팽창해도 그것에 따라 더 희박해지지 않는다. 어떤 면에서는 이 점이야말로 암흑 에너지를 정의하는 속성이라 할 수 있다. 암흑 에너지의 에너지 밀도 ― 입자나 물질이 지닌 에너지가 아닌 에너지를 뜻한다. ― 는 시간이 흘러도 늘 일정하다. 그래서 물리학자들은 이런 에너지를 우주 상수(cosmological constant)라고도 부른다.

우주 진화 초기에는 대부분의 에너지를 복사가 지니고 있었다. 그러나 복사는 물질보다 더 빨리 희박해지기 때문에, 결국 물질이 최대 에너지 기여자의 자리를 넘겨받았다. 그러고도 한참 더 시간이 흐르자, 이제는 암흑 에너지가 ― 복사와 물질과는 달리 전혀 희박해지지 않으므로 ─ 우세를 점하게 되었다. 그래서 이제 암흑 에너지는 우주의 총 에너지 밀도에서 약 70퍼센트를 차지한다.

아인슈타인이 상대성 이론을 내놓기 전까지, 사람들은 상대 에너지만을 생각했다. 한 조건과 다른 조건 사이의 에너지 차만을 생각했다는 뜻이다. 그러나 아인슈타인의 이론 덕분에 우리는 에너지의 절대량 자체가 의미가 있으며 그것이 중력을 생성하여 우주를 수축시키거나 팽창시킬 수 있다는 것을 알게 되었다. 암흑 에너지 최대의 수수께끼는 왜 그것이 존재하느냐가 아니다. 양자 역학과 중력 이론은 그것이 존재해야 한다는 사실을 암시하고, 아인슈타인의 이론은 그것이 물리적 효과를 낸다는 사실을 알려준다. 수수께끼는 왜 그 밀도가 이렇게 낮은가 하는 것이다. 물론 암흑 에너지가 온 우주에서 우세한 현재 상황에서는 이것이 별달리 문제로 여겨지지 않을 수도 있다. 하지만 현재 암흑 에너지가 우주의 총 에너지에서 대부분을 차지하기는 해도, 그 영향력이 다른 에너지들의 영향력과 맞먹기 시작한 것은 비교적 최근의 일이었다. 우주가 팽창함에 따라 물질과 복사가 엄청나게 희박해진 뒤에야 가능한 일이었던 것이다. 그 전에 암흑 에너지 밀도는 그것보다 훨씬 더 크게 기여하는 복사와 물질에 비해 미미한 수준이었다. 사전에 답을 아는 처지가 아니었다면, 물리학자들은 아마 암흑 에너지 밀도가 현재보다 무려 120자릿수가 더 큰 수준이어야 한다고 추정했을 것이다. 우주 상수가 왜 이렇게 작은가 하는 것은 오랫동안 물리학자들을 당황스럽게 만들고 있는 문제이다.

천문학자들은 오늘날 우리가 우주론의 르네상스를 맞이했다고 말하고는 한다. 이론과 관측이 충분히 발전하여, 여러 가설들 중 실제 우주에서 구현된 것이 무엇인지 정확히 짚어내도록 돕는 정밀 시험을 수행할 수 있는 시기라는 것이다. 그러나 암흑 에너지와 암흑 물질이 압도적인 상황을 고려할 때, 또한 왜 보통 물질이 오늘날까지 이렇게 많이 살아남았는가 하는 수수께끼도 풀리지 않았음을 감안할 때, 물리학자들은 농담 삼아 현대는 사실 '암흑 시대'라고 말한다.

그러나 바로 이런 수수께끼들 덕분에, 우주를 탐구하는 사람에게 현재는 더없이 흥미진진한 시대이다. 과학자들은 그동안 암흑 분야를 이해하는 데 대단한 진전을 이뤘지만 굵직한 문제들은 아직 풀지 못한 상황인데, 바야흐로 이제 우리가 그 문제들에서 진전을 이룰 참이다. 그러니 나 같은 연구자에게 지금은 최적의 상황이 아닐 수 없다.

'암흑'을 연구하는 물리학자들은 약간 추상적인 형태의 코페르니쿠스 혁명에 참가한 셈이라고 할 수 있다. 지구는 물리적으로만 우주의 중심에 놓여 있지 않은 게 아니다. 그 물리적 조성도 우주의 에너지 예산에서 중심이 아닌 것으로 드러났다. 물질 예산만 따져도 그렇다. 인류가 우주에서 최초로 연구한 대상이 지구였던 것처럼, ― 왜냐하면 가장 익숙한 대상이니까. ― 물리학자들이 물질에서 맨 먼저 초점을 맞춘 대상은 우리를 구성하는 보통 물질이었다. 접근하기 쉽고, 가장 확연하고, 우리 삶에서 핵심적인 물질이기 때문이다. 인류가 지리적으로 다채롭고 위험천만한 지구의 곳곳을 탐험하는 것은 늘 쉬운 일만은 아니었다. 그러나 지구를 속속들이 이해하는 것이 제아무리 만만찮은 작업이었다고 해도, 그것보다 더 먼 존재, 즉 태양계의 머나먼 영역과 그 너머 우주를 연구하는 것에 비하면 접근하기도 조사하기도 한결 쉬운 과제였을 게 분명하다.

마찬가지로, 보통 물질을 구성하는 기본 요소들을 알아내는 일이 만만찮았을망정, 눈에 보이지 않지만 어디에나 존재하는 '투명한' 암흑 물질을 조사하는 것보다야 훨씬 간단할 게 분명하다.

그러나 상황은 바뀌고 있다. 오늘날 암흑 물질 연구는 전도유망하다. 암흑 물질도 결국에는 기존의 입자 물리학 원리로 설명되어야 하고, 나아가 현재 가동 중인 다양한 검출기들에서 포착되어야 하기 때문이다. 암흑 물질의 상호 작용이 미약하기는 하지만, 과학자들은 앞으로 10년 내에 암흑 물질의 정체를 확인하고 그 속성을 알아낼 수 있으리라는 희망을 품고 있다. 그리고 암흑 물질은 한데 뭉쳐서 은하를 비롯한 여러 구조들을 만들 수 있기 때문에, 물리학자들과 천문학자들은 은하와 우주에 대한 향후 관측 결과를 통해서 새로운 방식으로 암흑 물질을 측정할 수도 있을 것이다. 게다가 암흑 물질은 우리 태양계의 몇몇 특이한 속성까지 설명해 줄지도 모른다. 특히 유성체 충돌에 관한 문제와 지구 생명의 발달 경로에 관한 문제를. 암흑 물질은 우주 공간에 어디 따로 떨어져 있는 게 아니기 때문에(그리고 정말 실재하는 물질이다.), 우주선 엔터프라이즈 호가 우리를 그곳으로 데려다 줄 수는 없을 것이다. 그러나 현재 개발되고 있는 여러 개념들과 기술들 덕분에, 머지않아 암흑 물질은 인류가 최후로 개척하는 변경이 될 것이다. 설령 최후는 아니더라도, 최소한 우리가 다음번으로 탐사할 흥미진진한 변경일 것이다.

2장
암흑 물질의 발견

　맨해튼 거리를 걷거나 할리우드에서 차를 몰다 보면, 유명한 사람이 근처에 있다는 것을 느낄 때가 있다. 조지 클루니를 직접 보지는 못해도, 휴대 전화와 카메라로 무장하고 기다리는 인파 때문에 교통 흐름에 지장이 생긴 것만 보아도 근처에 유명 인사가 있음을 알 수 있다. 우리 자신은 클루니의 존재를 간접적으로만 감지하더라도, 그가 주변 다른 사람들에게 미치는 크나큰 영향력을 통해 우리도 누군가 특별한 인물이 가까이 있다는 사실을 확신할 수 있다.

　숲 속을 걸으면, 머리 위에서 갑자기 새 떼가 퍼드득 날아오르거나 수사슴이 불쑥 나타나 산책길을 가로지를 때가 있다. 우리는 그 동물을 움직이게끔 만든 등산객이나 사냥꾼을 직접 만나지 못할 수도 있다. 그래도 동물의 움직임이 그런 사람의 존재를 알려주고, 그 사람의 사연을 짐작하도록 돕는다.

우리는 암흑 물질을 보지 못한다. 그러나 암흑 물질은 — 유명 인사나 사냥꾼처럼 — 제 주변에 영향을 미친다. 천문학자들은 그 간접적 영향을 이용해서 암흑 물질의 존재를 유추한다. 오늘날의 측정 기술은 암흑 물질의 에너지 기여도를 보다 더 정확하게 알 수 있도록 해 주었다. 중력은 약한 힘이지만, 암흑 물질이 충분히 많이 모이면 측정 가능한 영향을 미칠 수 있다. 그리고 실제로 우주에는 암흑 물질이 아주 많다. 우리는 아직 암흑 물질의 진정한 속성을 모르지만, 내가 지금부터 설명할 측정 기법들은 암흑 물질이 세상에 실존하는 핵심 구성 요소임을 똑똑히 보여 준다. 암흑 물질은 아직까지 우리 눈과 직접 관측에서 보이지 않는 존재이지만, 그렇다고 해서 완벽하게 꽁꽁 숨어 있는 것은 아니다.

암흑 물질 탐색의 짧은 역사

프리츠 츠비키는 여러 인상적인 통찰들은 물론이거니와 터무니없는 생각들도 떠올린 독립적인 사상가였다. 그는 자신이 괴짜 같다는 사실을 잘 알았다. "독불장군 작전"이라는 제목으로 자서전을 쓰려던 적도 있었다. 그런 평판은 그가 1933년에 20세기 최고로 멋진 발견 중 하나로 꼽힐 만한 것을 해 내고도 이후 40년 동안 진지한 반응을 얻지 못했던 데 대한 약간의 설명이 되어 준다.

츠비키의 1933년 추론은 정말로 주목할 만했다. 그는 머리털자리 은하단 속 은하들의 속도를 관측했다. (은하단이란 중력으로 한데 묶인 거대한 은하 집단을 말한다.) 은하단에 포함된 전체 물질의 중력이 은하단 속 별들의 운동 에너지와 밀고 당겨서, 은하단은 안정된 계를 이룬다. 그런데 만일 은하단의 질량이 너무 작다면, 그 중력이 별들의 운동 에너지를 상쇄하지 못해서 별들이 서로 밀어내는 것을 막지 못할 것이다. 츠비키는 별들의 속도를 측정한 결과에 바탕을 두고, 은하단이 충분한 중력을 갖는 데 필요한 질량은 측정된 발광 물질이, 즉 빛을 내는 물질이 기여하는 양보다 400배 더 크다는 계산을 해 냈다. 그리고 잉여의 물질을 설명하기 위해서, 둥클레 마테리(dunkle Materie)라고 직접 명명한 물질이 존재한다는 가설을 내놓았다. 이 말은 독일어로 '암흑 물질'을 뜻하는데, 발음하기에 따라서 불길하게도 들리고 웃기게도 들린다.

다양한 업적을 남긴 탁월한 네덜란드 천문학자 얀 오르트도 츠비키보다 1년 앞서서 암흑 물질에 관해 비슷한 결론을 내렸다. 오르트는 우리 은하 속 별들의 속도가 빛을 내는 물질의 중력으로만 설명하기에는 너무 빠르다는 것을 깨달았다. 그의 결론도 츠비키처럼 무언가 빠졌다는 것이었다. 하지만 오르트는 새로운 물질을 가정하지는 않았다. 그저 보통 물질이되 빛을 내지 않는 물질이 있을 것이라고 생각했다. 그러나 이 가설은 앞으로 내가 이야기할 여러 이유 때문에 지금은 기각되었다.

그런데 어쩌면 오르트도 이 발견을 처음 한 사람은 아니었을지 모른다. 내가 최근 스톡홀름에서 열린 우주론 학회에 참석했을 때, 스웨덴 물리학자 라르스 베리스트룀이 스웨덴 천문학자 크누트 룬드마르크의 비교적 덜 알려진 관측을 알려주었다. 룬드마르크가 오르트보다 2년 전에 은하에 물질이 부족하다는 사실을 관측했다는 것이다. 오르트와 마찬가지로 룬드마르크는 완전히 새로운 형태의 물질을 대담하게 제안하지는 않았지만, 암흑 물질과 가시 물질의 비에 대한 룬드마르크의 계산값은 실제 값에 가장 근접하다. 우리가 지금 알기로 그 값은 약 5배이다.

이런 초기의 관측에도 불구하고, 암흑 물질은 오랫동안 사실상 잊혔다. 이 아이디어가 부활한 것은 1970년대 들어서였다. 천문학자들이 위성 은하들의 ─ 큰 은하 근처에 있는 작은 은하들의 ─ 움직임을 관측했더니 눈에 보이지 않는 추가의 물질이 존재한다고 가정해야만 설명되는 현상이 포착되었던 것이다. 이것을 비롯한 여러 관측들 때문에, 암흑 물질은 드디어 진지한 탐구 대상으로 바뀌었다.

그러나 암흑 물질의 지위를 정말로 굳게 다진 것은 워싱턴의 카네기 연구소 천문학자로서 천문학자 켄트 포드와 함께 일했던 베라 루빈의 작업이었다. 루빈은 조지타운 대학교에서 박사 학위를 받은 뒤, 안드로메다 은하부터 시작하여 여러 은하들 속 별들의 각운동량을 측정하는 작업을 다음 과제로 설정했다. 부분적으로는 다른 과학자들이 지나치게 텃세를 부리고 있는 분야를 침범하지 않으려는 의도에서 내린 결정이었다. 그녀가 연구 방향을 바꾼 것은 은하들의 속도를 측정하여 은하단의 존재를 확인한 그녀의 박사 논문이 과학계로부터 거부당했던 경험 때문이었는데, 그때 졸렬한 거부 이유 중 하나는 그녀가 남들의 연구 영역을 침범했다는 것이었다. 그래서 그녀는 박사 후 연구 과제로 덜 붐비는 분야를 선택하기로 했고, 그래서 별들의 궤도 속 력을 연구하기 시작했다.

루빈의 선택은 결국 그녀의 시대에 가장 흥분되는 발견이라고 꼽을 만한 결과를 낳았다. 1970년대에 루빈과 켄트 포드는 별들이 은하 중심으로부터 얼마나 떨어져 있든 회전 속도가 거의 다 같다는 사실을 발견했다. 별들은 일정한 속도로 공전하고 있었다. 발광 물질이 포함된 지역을 한참 벗어나 있는 별이라도 말이다. 유일하게 가능한 설명은 아직 정체가 밝혀지지 않은 어떤 물질이 있어서 예상보다 훨씬 빠르게 움직이는 멀리 떨어진 별들의 고삐를 당기는 데 기여한다는 가설이었다. 이런 추가의 기여가 없다면, 루빈과 포드가 속도를 측정한 별들은 은하 바깥으로 튕겨나가 버릴 것이다. 두 연구자는 이것으로부터 놀라운 추론을 끌어냈다. 보통 물질은 별들을 궤도에 붙잡아 두는 데 필요한 질량에서 6분의 1만 기여한다는 결론이었다. 루빈과 포드의 관측은 당시로서 암흑 물질의 가장 강력한 증거였으며, 은하의 회전 속도 그래프는 이후에도 천문학자들에게 중요한 단서가 되어 주었다.

1970년대 이래 암흑 물질의 존재와 우주의 총 에너지 밀도에서 암흑 물질이 차지하는 비에 대한 증거는 갈수록 더욱 묵직해졌고 더욱 정확하게 결정되었다. 방금 말한 은하 속 별들의 회전 속도는 우리에게 암흑 물질에 관한 정보를 주는 역학 현상 중 하나이지만, 나선 은하에 대해서만 그 속도를 측정할 수 있다는 게 문제이다. 우리 은하처럼 중심에 가시 물질로 된 원반이 있고 그것으로부터 나선들이 팔처럼 뻗어나온 은하에게만 적용된다는 말이다. 은하의 또 다른 중요한 종류는 발광 물질이 좀 더 둥근 형태를 취하고 있는 타원 은하이다. 이런 타원 은하에 대해서는 츠비키가 은하단에 대해서 측정했던 것 같은 속도 분산을 측정해 볼 수 있다. 은하 속 별들의 속도가 어떻게 분포되어 있는지를 알아보는 것이다. 이 속도는 은하 내부 질량에 따라 결정되기 때문에, 은하의 질량을 대신하는 지표로 기능한다. 그리고 이렇게 타원 은하들을 측정한 결과도 그 속에 담긴 별들의 역학을 설명하기 위해서는 발광 물질만으로는 부족하다는 결론에 도달했다. 게다가 성간 가스(gas, 기체), 즉 별에 포함되지 않은 가스의 역학을 관측한 결과에서도 암흑 물질의 필요성이 드러났다. 특히 이 관측은 가시 물질이 분포한 범위보다 은하의 중심으로부터 10배 더 먼 지점에서 이뤄졌기 때문에, 암흑 물질이 실제로 존재하는 것은 물론이거니와 그것이 은하의 가시적인 부분을 한참 넘어선 지점까지 뻗어 있다는 사실도 알려주었다. 가스의 온도와 밀도에 대한 엑스선 측정 결과도 이 결론을 확인해 주었다.

중력 렌즈

은하단의 질량은 빛의 **중력 렌즈** 효과로도 측정할 수 있다. (그림 1) 암흑 물질을 직접 본 사람은 아무도 없다는 것을 다시 명심하자. 그러나 어쨌든 암흑 물질은 중력을 통해서 주변 물질에, 심지어 빛에도 영향을 미친다. 일례로 츠비키의 머리털자리 은하단 관측에서는 암흑 물질

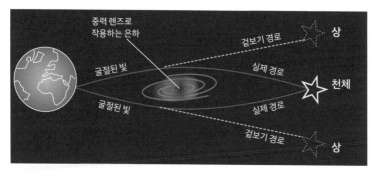

중력 렌즈로
작용하는 은하

겉보기 경로 **상**

굴절된 빛

실제 경로 **천체**

굴절된 빛

실제 경로

겉보기 경로 **상**

그림 1 별이나 은하 같은 밝은 천체가 방출한 빛은 은하단 같은 무거운 천체 주변에서 휜다. 지구의 관찰자가 그 빛을 보면 원래 광원이 다중상으로 나타난다.

이 은하들의 움직임에 미친 영향을 그가 관찰할 수 있었다. 암흑 물질 자체는 보이지 않지만 그것이 가시 물체에게 미치는 영향은 우리가 얼마든지 측정할 수 있는 것이다.

다재다능한 프리츠 츠비키가 처음 제안했던 중력 렌즈 개념의 요지는 암흑 물질의 중력이 다른 곳의 광원이 낸 빛의 경로를 바꾸는 데 영향을 미치리라는 것이었다. 광원에서 나온 빛이 이동하는 길 중간에 은하단 같은 무거운 천체가 있다면, 그 천체의 중력에 영향을 받아 빛이 휜다. 은하단이 충분히 무겁다면, 빛의 경로 굴절이 우리 눈에도 보일 정도가 된다.

빛이 새로 취하는 방향은 애초에 오던 방향에 달려 있다. 은하단의 위를 넘어오던 빛은 아래로 꺾이고 오른쪽을 지나가던 빛은 왼쪽으로 꺾이는 식이다. 이때 빛이 직선으로 달려온 것처럼 가정하여 경로를 거꾸로 연장해 보면, 애초에 빛을 낸 천체의 영상이 여러 개로 보이는 결과가 나온다. 따라서 츠비키는 빛의 변화와 겉보기 다중상을 관측함으로써 은하단의 암흑 물질을 감지할 수 있음을 깨달았다. 다중상은 중간에 낀 은하단의 총 질량에 따라 달라질 것이기 때문이다. 강한 중력 렌즈 현상에서는 광원이 또렷한 다중상으로 드러난다. 약한 중력 렌즈 현상에서는 상이 왜곡되기는 하지만 중복되지는 않는데, 이것은 중력의 영향이 그렇게까지 현저하지 않은 은하단 가장자리에 적용될 수 있다.

츠비키가 은하단 속 은하들의 속도를 측정하여 처음으로 급진적인 결론을 내놓은 것처럼, 중력 렌즈 현상의 영향을 받은 빛을 연구하면 은하단의 총 질량이 얼마나 되는지를 가시적으로 알아낼 수 있다. 암흑 물질 자체는 여전히 보이지 않겠지만 말이다. 그리고 과학자들은 실제로 이 극적인 관측을 해 냈다. 다만 처음 개념이 제안된 때로부터 오랜 시간이 흐른 뒤였다.

이후 중력 렌즈 현상은 암흑 물질 연구에서 가장 중요한 관측 결과들을 안겨 주었다. 중력 렌즈가 흥미로운 것은 그것이 ─ 어떤 의미에서는 ─ 암흑 물질을 직접 보게 해 주는 방법이기 때문이다. 빛을 내는 물체와 관측자 사이에 있는 암흑 물질이 빛을 휘는 것이니까. 이것은 별이나 은하 속도 측정에 사용된 다른 역학적 가정들과는 무관한 현상이다. 중력 렌즈는 광원과 우리 사이에 존재하는 질량을 직접 측정하게끔 해 준다. 은하단 ─ 혹은 암흑 물질을 포함한 다른 물체 ─ 너머에 있는 무언가가 우리 시선 방향으로 빛을 내면 은하단이 그 빛을 휘는 것이다. 중력 렌즈 현상은 은하 내부의 암흑 물질을 측정하는 데도 사용된다. 은하 너머에서 퀘이사가 낸 빛이 은하 내부 물질의 중력 효과 때문에 굴절되어 다중상으로 보이는 현상을 이용하는 것이다. 물론 그 은하 내부 물질에는 빛을 내지 않는 암흑 물질도 포함되어 있다.

총알 은하단

중력 렌즈 현상은 암흑 물질에 대한 가장 설득력 있는 증거라고 해도 좋을 관측에서도 중요한 역할을 했다. 그 증거는 하나로 융합하는 은하단들인데, 이제는 유명해진(적어도 물리학자들 사이에서는 유명하다.) 총알 은하단이 그 예이다. (그림 2) 총알 은하단은 1개가 아니라 최소 2개의 은하단이 융합하여 만들어졌다. 원래의 두 은하단은 암흑 물질과 보통 물질을 둘 다 포함하고 있었다. 후자는 엑스선을 방출하는 가스를 말한다. 그런데 가스는 전자기 상호 작용을 하기 때문에, 두 은하단의 가스는 서로를 그냥 지나쳐서 계속 흘러가지 못한다. 원래 각자 소속된 은하단을 따라 움직이던 가스가 중앙에서 교착 상태를 빚고 마는 것이다. 반면에 암흑 물질은 상호 작용을 거의 하지 않는다. 가스와도 그렇고, 총알 은하단이 보여 주듯이 자기들끼리도 그렇다. 따라서 암흑 물질은 방해받지 않은 채 계속 흘러가고, 그 결과 융합된 은하단의 양쪽에 미키 마우스의 귀 같은 모양으로 두 덩어리가 불룩 솟아났다. 가스가 마치 서로 반대 방향으로 나 있던 두 차선이 통합되는 바람에 달리던 차들이 엉켜서 교통 정체를 빚은 것처럼 행동한다면, 암흑

그림 2 은하들이 융합하여 하나의 총알 은하단을 형성했다. 가스는 가운데 융합 지역에 갇혀 있고, 암흑 물질은 서로 스쳐 지나가 바깥쪽으로 불룩 튀어나와 있다.

물질은 그 속을 거침없이 뚫고 지나가는 호리호리하고 자유로운 모페드(모터 달린 자전거)처럼 행동한다.

천문학자들은 중력 렌즈 현상을 관측함으로써 바깥쪽에 암흑 물질이 있다는 것을 확인했고, 엑스선 관측을 통해서 중앙에 가스가 머물러 있다는 것을 확인했다. 이것은 암흑 물질의 존재에 대해서 우리가 현재 가지고 있는 가장 강력한 증거일 것이다. 어떤 사람들은 차라리 중력 이론을 수정하면 어떨까 하는 고민을 계속하고 있지만, 상호 작용하지 않는 모종의 물질이 이 희한한 형태를 만들었다고 해석하지 않고서는 총알 은하단의 독특한 구조를 ― 또한 이와 비슷한 다른 관측들을 ― 설명하기 어렵다. 총알 은하단과 이것과 비슷한 다른 은하단들은 암흑 물질의 존재를 가장 직접적인 방식으로 보여 준다. 은하들이 융합할 때 방해받지 않고 스쳐 지나는 물질이 곧 암흑 물질이다.

암흑 물질과 우주 배경 복사

우리는 앞에서 소개한 관측들 덕분에 암흑 물질의 존재를 확인했다. 그러나 여전히 문제가 남는다. 우주에서 암흑 물질이 차지하는 총 에너지 밀도는 얼마일까? 우리가 은하와 은하단에 암흑 물질이 얼마나 포함되어 있는지를 안다고 해도 그게 곧 총량은 아니다. 물론 대부분의 암흑 물질은 은하단에 묶여 있을 것이다. 종류를 불문하고 모든 물질의 특징은 뭉친다는 것이니까. 따라서 암흑 물질은 우주 전체에 넓게 퍼져 있기보다는 중력으로 묶인 구조에서 주로 발견될 것이므로, 은하단에 포함된 암흑 물질의 양은 총량에 아주 근접한 값일 것이다. 그럼에도 불구하고, 이런 가정 없이 암흑 물질이 지닌 에너지 밀도를 측정할 수 있다면 아주 좋을 것이다.

암흑 물질의 총량을 좀 더 분명하게 측정하는 방법이 실제로 있다. 암흑 물질의 양은 우주 배경 복사에 영향을 미쳤다. 우주 배경 복사란 우주가 생겨난 가장 이른 시점에 방출되었던 복사, 다시 말해 태초의 빛이 지금까지 남은 것을 말한다. 과학자들은 이 복사의 속성을 아주 정밀하게 측정해 왔는데, 그 속성이 이제 정확한 우주론을 구축하는

데 결정적인 역할을 하고 있다. 암흑 물질의 양에 대한 최선의 추정값도 바로 이 복사를 연구하는 과정에서 나왔다. 이 복사는 우주의 최초 단계를 가장 깨끗하게 잡아내는 탐색기나 마찬가지이다.

미리 경고하는데, 계산은 꽤 복잡하다. 물리학자들에게도 그렇다. 하지만 분석에 사용된 핵심 개념들은 훨씬 간단하다. 그중에서도 결정적인 정보는 최초에는 원자가, 즉 양전하를 띤 원자핵과 음전하를 띤 전자가 결합하여 전기적으로 중성을 띤 상태가 존재하지 않았다는 것이다. 전자와 원자핵은 온도가 원자의 결합 에너지 미만으로 떨어진 뒤에야 비로소 안정적인 원자 상태로 결합할 수 있었다. 그것보다 높은 온도에서는 복사가 양성자와 전자를 자꾸 유리시키기 때문에 원자는 형성되지 않고 자꾸 쪼개질 것이다. 초기 우주에는 하전 입자가 아주 많았기 때문에, 우주에 퍼져 있던 복사는 처음에는 자유롭게 이동할 수 없었다. 대신 초기 우주가 품고 있던 많은 하전 입자들에게 부딪쳐 산란되었다.

그러나 우주가 차츰 식어 이른바 재결합 온도 미만으로 떨어지자, 하전 입자들은 서로 결합하여 중성 원자를 이루었다. 그래서 결합하지 않은 하전 입자가 사라지자, 이제 광자는 방해받지 않고 자유롭게 이동할 수 있었다. 그 시점 이후로 하전 입자들은 더 이상 따로따로 움직이지 않고 서로 결합한 원자 상태로 존재했다. 부딪쳐서 산란될 하전 입자가 없어졌으니, 재결합 사건 이후에 방출된 광자는 우리 망원경을 향해 똑바로 전진할 수 있었다. 따라서 우리가 우주 배경 복사를 볼 때는 비교적 일렀던 그 시기를 들여다보는 셈이다.

측정의 관점에서, 이것은 환상적인 일이다. 그 시점은 우주의 생애에서 충분히 일렀고 — 대폭발 후 약 38만 년이 지난 시점이었다. — 아직 아무 구조도 형성되지 않은 상황이었다. 현대의 초기 우주론이 암시하는 바에 따르면, 당시 우주는 비교적 단순했다. 그때의 우주는 대체로 균일하고 등방적이었다. 이것은 우리가 하늘의 어느 부분을 조사하든, 혹은 어느 방향을 선택하든 온도가 거의 같게 측정된다는 말이다. 하지만 1만분의 1 수준으로 벌어진 미세한 온도 요동이 균일성을 약간 훼손시켰는데, 우리는 그 요동을 측정함으로써 우주의 최초 내용물과 뒤이은 진화에 관한 정보를 엄청나게 많이 얻어 낸다. 그 결과로부터 우주 팽창의 역사를 유추할 수 있으며, 그때 혹은 지금 존재하는 복사, 물질, 에너지의 양을 짐작하게끔 하는 다른 속성들도 유추할 수 있다. 그럼으로써 우주의 속성과 내용물에 관해서 자세한 통찰을 끌어낼 수 있다.

이 오래된 복사가 왜 그렇게 많은 정보를 담고 있는지 이해하려면, 초기 우주의 두 번째 속성을 알아야 한다. 그 속성이란, 마침내 중성 원자가 형성되던 시점인 재결합 시기에 우주의 물질과 복사가 진동하기 시작했다는 것이다. 음향 진동(acoustic oscillation)이라고 불리는 이 과정에서, 물질의 중력은 물질을 안으로 끌어당겼지만 복사의 압력은 물질을 바깥으로 밀어냈다. 서로 겨루는 두 힘 때문에, 붕괴하던 물질은 수축과 팽창을 반복하면서 진동을 일으켰다. 이때 암흑 물질의 양은 밖으로 밀어내는 복사의 힘에 저항하여 물질을 안으로 끌어당기는 중력 퍼텐셜의 세기를 결정했다. 요컨대 암흑 물질의 양이 진동 형태를 결정짓는 데 기여했기 때문에, 오늘날 천문학자들이 당시 존재했던 암흑 물질의 총 에너지 밀도를 측정할 수 있는 것이다. 암흑 물질은 그것보다 좀 더 복잡한 영향도 미쳤다. 물질이 붕괴하기 시작한 시점부터 (즉 물질의 에너지 밀도가 복사의 에너지 밀도를 능가하는 시점부터) 재결합 시점까지(즉 물질이 진동하기 시작한 시점까지) 시간이 얼마나 흘렀는가 하는 문제에도 영향을 미친 것이다.

우주 파이

이쯤이면 정말 많은 정보이다. 비록 우리가 세부 사항을 일일이 알지는 못하더라도, 그 측정이 엄청나게 정밀하다는 것과 그 덕분에 우리가 많은 우주론 변수들의 값을 정확하게 짚어 말할 수 있다는 것은 안다. 여기에는 암흑 물질의 총 에너지 밀도도 포함된다. 우주 배경 복사 측정은 암흑 에너지와 암흑 물질의 존재만 확인해 주는 게 아니라 우주의 총 에너지에서 암흑 에너지와 암흑 물질이 각각 차지하는 비에 대해서도 한계를 그어 주는 것이다. 암흑 물질의 에너지 비는 약 26퍼센트이고, 보통 물질은 약 5퍼센트, 암흑 에너지는 약 69퍼센트이다. (그림 3) 보통 물질의 에너지는 대개 원자들이 지니고 있다. 우주의 파이 그래프에서 '원자'와 '보통 물질'이 서로 바꿔 써도 괜찮은 말로 표시된 것은 그 때문이다. 요컨대, 암흑 물질은 보통 물질보다 5배 많은 에너지를 가지고 있다. 암흑 물질의 에너지가 우주의 총 물질 에너지의

85퍼센트를 차지한다는 말이기도 하다. 우리가 우주 배경 복사에서 유도한 암흑 물질 기여도가 이전에 은하단 측정에서 얻었던 값과 일치한다는 것, 그래서 우주 배경 복사에서 얻은 결과가 보강된다는 것은 안심되는 일이었다.

우주 배경 복사 측정 결과는 암흑 에너지의 존재도 확인해 주었다. 암흑 물질과 보통 물질은 — 대폭발 때부터 현재까지 살아남은 복사인 — 배경 복사의 요동에 서로 다른 방식으로 영향을 미치기 때문에, 배경 복사 데이터는 암흑 물질의 존재는 물론이거니와 암흑 물질의 양도 측정하게 해 준다. 그런데 암흑 에너지도 — 앞 장에서 설명했듯이, 우주에 존재하지만 어떤 형태의 물질에도 담기지 않은 수수께끼 같은

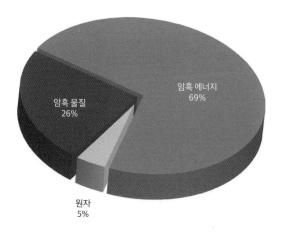

그림 3　보통 물질(원자), 암흑 물질, 암흑 에너지에 저장된 에너지의 상대량을 보여 주는 파이 그래프. 암흑 물질이 총 에너지 밀도에서는 26퍼센트를 차지하지만 물질로 된 에너지 중에서는 85퍼센트를 차지한다는 점을 눈여겨보라. 물질 에너지에는 원자와 암흑 물질의 기여만 포함될 뿐 암흑 에너지는 포함되지 않기 때문이다.

에너지를 말한다. ─ 바로 이 요동에 영향을 미치는 것이다.

하지만 암흑 에너지가 정말 확실하게 발견된 것은 초신성 측정을 통해서였다고 말해야 한다. 그것은 서로 독립적으로 작업하던 두 물리학 연구진의 발견이었는데, 한쪽은 솔 펄머터가 이끌었고 다른 쪽은 애덤 리스와 브라이언 슈밋이 이끌었다. 우리의 진정한 관심사는 암흑 물질이기에, 암흑 에너지 발견 과정은 약간 여담인 셈이다. 하지만 암흑 에너지도 충분히 흥미롭고 중요한 존재이므로, 잠시 둘러갈 가치가 있다.

Ia형 초신성과 암흑 에너지 발견

Ia형 초신성은 암흑 에너지 발견에 특히 중요한 역할을 했다. Ia형 초신성은 백색 왜성(white dwarf)이 핵폭발을 해서 만들어진다. 백색 왜성은 어떤 별들이 열핵융합을 통해 핵에 있던 수소와 헬륨을 다 태워 버린 뒤 겪는 종말 상태를 말한다. 백색 왜성은 언뜻 무해해 보이지만, 일정 질량을 넘어서면 불안정해져서 폭발하고 만다. 석유가 풍부한 나라가 자원을 깡그리 수출해 버린 뒤 혁명을 목전에 둔 불만 가득한 과밀 인구만 남았음을 발견하는 것처럼, 백색 왜성은 물질을 마구 흡수하다가 무거워진 질량 때문에 그만 폭발의 목전에 다다른다.[1] 폭발로 Ia형 초신성을 만들어 내는 백색 왜성은 질량이 다 같기 때문에, Ia형 초신성은 모두 같은 밝기로 빛난다. 그래서 천체 물리학자들은 Ia형 초

신성을 **표준 촉광**(standard candle)이라고 부른다.[2]

밝기가 다 같다는 점과 밝아서 멀리 있어도 비교적 알아보기 쉽다는 점 때문에 Ia형 초신성은 우주 팽창 속도 측정에서 유용한 탐색기가 되어 준다. 더구나 Ia형 초신성은 표준 촉광이므로 겉보기 광도가 오직 우리와의 거리에 따라서만 달라진다.

그러니 만일 천문학자들이 어떤 은하가 후퇴하는 속도와 그 은하의 광도를 둘 다 측정할 수 있다면, 은하가 몸을 맡긴 우주의 팽창 속도를 계산할 수 있을 뿐 아니라 은하가 얼마나 멀리 있는지도 알 수 있다. 이 정보를 얻는다면, 우주의 팽창을 시간에 따른 함수로 표현할 수 있다.

초신성을 연구한 두 팀은 이 통찰을 활용함으로써 1998년에 암흑 에너지를 발견했다. 그들이 한 일은 Ia형 초신성이 있는 은하들의 적색 이동을 측정한 것이었다. 적색 이동이란 우리로부터 멀어지는 물체가 내는 빛의 주파수가 변하는 것을 말하는데, 구급차가 우리로부터 멀어질 때 그 사이렌 소리가 점점 낮아지는 것처럼, 적색 이동은 우리에게 빛이나 소리의 근원이 얼마나 빠르게 움직이는가를 알려준다. 연구자들은 조사한 초신성들의 적색 이동과 밝기를 둘 다 앎으로써 우주의 팽창 속도를 계산할 수 있었다.

그들의 발견에 따르면 놀랍게도 초신성은 예상보다 더 희미했는데, 그것은 곧 당시 정설로 통하던 우주 팽창 속도에 따라 예측한 것보다 초신성이 더 멀리 있다는 뜻이었다. 연구자들은 이 관측으로부터 놀라운 결론을 끌어냈다. 우리가 미처 알지 못한 모종의 에너지원이 있어서 우주 팽창을 가속한다는 것이었다. 암흑 에너지는 그 후보로 딱

들어맞는다. 암흑 에너지가 미치는 중력은 우주를 시간이 갈수록 더 빠르게 팽창하게끔 만들기 때문이다. 우주 배경 복사 측정 결과와 더불어, 초신성 측정 결과는 암흑 에너지의 존재를 굳게 확인해 주었다.

람다시디엠 패러다임

요즘은 모든 측정 결과가 훌륭하게 들어맞는 상황이기 때문에, 우주론 학자들은 람다시디엠(LCDM) 패러다임이 구축되었다고 말하고는 한다. 여기에서 L는 '람다(Λ)'이고 CDM은 '차가운 암흑 물질(Cold Dark Matter)'의 머리글자이다. 람다는 우리가 이제 그 존재를 아는 암흑 에너지를 가리키는 기호이다. 암흑 에너지, 암흑 물질, 보통 물질이 앞에서 본 우주 파이 그래프처럼 분포되어 있다고 가정하면, 현재까지의 모든 측정 결과가 예측과 들어맞는다.

우리는 우주 배경 복사의 미세하지만 풍성한 밀도 요동을 정밀하게 측정함으로써 많은 우주론 변수들의 값을 확정했다. 우주의 나이와 형태뿐 아니라 보통 물질, 암흑 물질, 암흑 에너지의 에너지 밀도도 그런 값이다. 5장에서 설명할 WMAP 위성과 플랑크 위성이 보내온 최신 데이터가 Ia형 초신성 연구 같은 옛 관측에서 얻었던 데이터와 훌륭하게 일치한다는 사실은 현재의 우주론 모형을 확증하는 중요한 증거이다.

그런데 나는 암흑 물질의 존재를 지지하는 아주 중요한 마지막 증거

하나를 아직 소개하지 않았다. 우리에게는 아마 가장 중요한 요소일지도 모르는 그 증거는 바로 우주에 은하와 같은 구조들이 존재한다는 사실이다. 만일 암흑 물질이 없었다면 그런 구조들이 형성될 시간이 없었을 것이기 때문이다.

그 중요한 구조 형성 과정에서 암흑 물질이 맡았던 결정적 역할을 이해하려면, 우주 역사의 초기 단계가 어땠는지를 알아야 한다. 그러니 구조 형성을 이야기하기 전에, 우주가 시간에 따라 어떻게 변했는지를 연구하는 학문인 우주론을 먼저 살펴보자.

3장
거창한 질문들

내가 사람들에게 우주론(cosmology)을 전공한다고 말했을 때, 사람들이 그 말을 미용학(cosmetology)이라고 잘못 알아들은 적이 두어 번 있었다. 내 입장에서는 아주 재미있는 반응이다. 내가 그 직업을 갖기에는 자질이 얼마나 부족한 사람인지 잘 알기 때문이다. 어쨌든 그런 착각 때문에 두 단어에 대해 찾아볼 마음이 들었는데, 실제로 두 단어는 ─ 귀 기울여 듣지 않는다면 ─ 발음이 무척 비슷하다. 「온라인 어원 사전」(구체적으로 다음 웹사이트를 가리킨다. http://www.etymonline.com. ─ 옮긴이)을 보면 두 단어는 모두 그리스 어 단어 코스모스(kosmos)를 라틴어화한 말에서 유래했다고 하니, 착각은 얼추 정당화되는 셈이다. 코스모스라는 단어를 우주를 가리키는 말로 처음 사용한 사람은 아마도 기원전 6세기 사모스의 피타고라스였을 것이다. 그러나 1200년 무렵에는 코스모스가 '질서, 훌륭한 질서, 혹은 질서정연한 배치'를 뜻하는 표현으로 쓰이게 되었다. 이 단어가 정말로 인기를 끈 것은 19세기 중반 들어서였다. 당시 독일의 과학자 겸 탐험가 알렉산더 폰 훔볼트가 연속 강연의 내용을 책으로 묶고서 거기에 『코스모스』라는 제목을 붙였던 것이 계기였다. 이 책은 에머슨, 소로, 포, 휘트먼 같은 작가들을 포함하여 많은 독자들에게 영향을 미쳤다. 그러니 칼 세이건은 원조 「코스모스」 시리즈를 되살린 것이었을 뿐이라고 농담할 수도 있겠다.

한편 코스메틱(cosmetic)이라는 단어의 유래는 1640년대로 거슬러 올라간다. 이 단어는 프랑스 어 코스메티크(cosmétique)에서 왔고, 이 단어는 또 그리스 어에서 "장식이나 정돈에 재주가 있음"을 뜻하는 코스메티코스(kosmetikos)에서 왔다. 온라인 사전에 나와 있는 중의적 정의는 내가 생각하기로 로스앤젤레스 사람들만이 온전히 이해할 수 있을 듯한데, "따라서 코스모스는 '우주, 세상'이라는 뜻뿐 아니라 '장식, 여성의 드레스, 치장'이라는 중요한 부차적 뜻도 갖게 되었다."라는 설명이다. 아무튼 내가 겪었던 유사성이 ― 또한 그것으로 인한 당황스러운 혼동이 ― 그냥 우연의 일치만은 아니었던 셈이다. 우주론과 미용학은 모두 코스모스에서 유래했으니까. 사람의 얼굴처럼, 우주는 아름다움과 질서를 둘 다 가지고 있다.

우주 진화를 연구하는 과학인 우주론은 오늘날에 들어서야 비로소 진가를 발휘하고 있다. 실험과 이론 양쪽에서 벌어진 혁명적 발전들 덕분에, 우주론은 불과 30년 전만 해도 대부분의 사람들이 미처 가능하다고 생각하지 못했던 수준으로 광범위하고 상세하게 우주를 이해하는 단계에 접어들었다. 일반 상대성 이론과 입자 물리학에 바탕을 둔 이론이 발전된 기술과 결합함으로써 우주의 초기 단계에 대한 자세한 그림을 알려주었고, 그 초기 단계가 어떤 과정을 거쳐서 우리가 현재 목격하는 우주로 진화했는지도 알려주었다. 다음 장에서 나는 20세기에 벌어진 그런 발전 덕분에 우주 역사에 관한 지식이 얼마나 방대하고 깊어졌는지 설명할 것이다. 그러나 그 놀라운 성취를 이야기하기 전에, 철학적인 이야기를 좀 하고 싶다. 인류의 가장 오래되고 심오한 질문들에 답하는 데 있어서 과학은 우리에게 무엇을 말해 줄 수 있고 말해 줄 수 없는지를 분명히 밝혀 두기 위해서이다.

답이 없는 질문들

우주론은 큰 질문(big question)을 탐구하는 학문이다. 우주는 어떻게 시작되었고 이후 어떻게 발달하여 현재 상태에 이르렀을까? 실로 거창한 질문이다. 과학 혁명 이전의 사람들은 이런 질문에 답할 때 당시 그들의 수중에 있던 유일한 기법을 활용하는 수밖에 없었는데, 그것은 곧 철학과 제한된 관찰이었다. 당시 사람들이 떠올렸던 발상들 중 일부는 후대에 옳은 것으로 드러났지만 그보다 더 많은 수는 틀린 것으로 드러났는데, 이것은 놀라운 일이 아니다.

이후 많은 발전이 이뤄졌음에도 불구하고, 요즘도 사람들은 우리가 아직 대답하지 못한 질문들과 우주에 관해서 생각할 때 자신도 모르게 철학에 기댄다. 그러니 우리는 먼저 철학과 과학을 제대로 구분해야 한다. 과학은 이론적으로나마 실험과 관찰로 확증하거나 반증할 수 있는 개념들을 다루는 데 비해, 철학은 최소한 과학자가 보기에는 영영 믿을 만한 답을 기대할 수 없는 질문들을 다룬다. 때로는 기술이 약간 뒤처지는 경우도 있지만, 우리는 이론적으로나마 언젠가는 모든 과학적 가설이 확증되거나 반증될 수 있다고 믿고 싶어 한다.

그렇다면 이 대목에서 과학자는 딜레마에 처한다. 우주는 우리가 관찰할 수 있는 영역을 벗어난 곳까지 뻗어 있는 게 거의 확실하다. 빛의 속도가 정말로 유한하고 우주가 정말로 고정된 시간 동안만 존재했다면, 기술이 아무리 발전하더라도 우리가 접근할 수 있는 우주의 영역은 늘 유한할 것이다. 우리는 우주의 수명 중에 빛을 통해서 — 혹은 다른 무엇이 되었든 광속으로 움직이는 것을 통해서 — 다다를 수 있는 영역만을 볼 수 있기 때문이다. 그런 영역에서 온 신호만이 우주가 존재하는 시간 중에 우리에게 다다를 가능성이 있는 것이다. 그것보다 더 먼 영역은 — 물리학자들이 우주의 **지평선**(cosmic horizon)이라고 부르는 경계를 넘어선 영역은 — 우리가 현재 할 수 있는 어떤 관측으로도 접근이 불가능하다.

그것은 곧 그 영역 너머에서는 진정한 형태의 과학이 적용되지 않는다는 뜻이다. 누구도 지평선 너머에 대한 추측을 실험적으로 확증하거나 반증할 수 없다. 따라서 앞에서 내린 과학의 정의에 따르면, 그 머나먼 영역은 철학이 다스리는 영역이다. 그렇다고 해서 그 영역에 적용될 물리 원리나 과정에 관한 큰 질문들을 묻는 호기심 많은 과학자들이 없다는 뜻은 아니다. 실제로 많은 과학자가 그러고 있다. 나는 그런 탐구를 일축하고 싶지 않다. 그런 탐구는 종종 심오하고 매력적이다. 그러나 한계를 감안할 때, 그런 영역에 대한 과학의 답을 너무 많이 믿어서는 안 된다. 최소한 다른 학문들의 답보다 더 믿어서는 안 된다. 하지만 나도 그런 큰 질문들에 관한 질문을 자주 받기 때문에, 이 장을 빌려서 사람들이 답을 듣고 싶어 하는 그런 질문들 중 몇 가지에 대해 내 의견을 밝히겠다.

내가 자주 듣는 한 질문은 왜 세상에 아무것도 없지 않고 뭔가가 있는가 하는 것이다. 진짜 이유를 아는 사람은 아무도 없지만, 나는 나름대로 두 가지 대답을 가지고 있다. 첫째, 이것은 누구도 부인할 수 없는 사실인데, 만일 세상에 아무것도 없었다면 여러분이 지금 이 질문을 던지고 내가 지금 거기에 대답하는 일도 있을 수 없었다는 것이다. 내두 번째 대답은 더 간단하다. 내가 보기에는 뭔가가 존재하는 편이 가능성이 더 높다는 것이다. 따지고 보면, 아무것도 없는 것은 아주 특별한 상태이다. 수직선에서 '0'은 우리가 고를 수 있는 무한한 가짓수의 숫자들 중 무한히 작은 하나의 점에 지나지 않는다. '아무것도 없음'은 너무나 특별한 상태이기 때문에, 바탕에 깔린 모종의 이유가 없는 한 누구도 우주의 상태가 그러하리라고 기대하지 않을 것이다. 그런데 그 바탕의 이유라는 게 있다면, 그것부터가 이미 뭔가가 있는 것이다. 최소한 아주 비(非)무작위적인 사건을 설명할 수 있는 물리 법칙 정도는 필요하니까 말이다. 원인이란 곧 뭔가가 있어야만 한다는 뜻이다. 이 말이 말장난처럼 들릴 수도 있겠지만, 나는 정말로 그렇다고 믿는다.

우리가 무언가 찾던 것을 늘 발견할 수 있다는 보장은 없지만, 무작위적으로 아무것도 없는 상태를 발견하기란 더 어렵다.

한편 철학적이라기보다 과학적인 질문도 있다. 물리학자들이 우리를 구성하는 물질, 즉 우리가 이미 잘 이해한다고 여기는 물질을 생각할 때 떠올리는 질문이다. 왜 우주에는 우리를 구성하는 물질이 — 양성자, 중성자, 전자 등이 — 지금처럼 이렇게 많을까? 우리는 보통 물질에 대해 상당히 많이 알지만, 그럼에도 불구하고 왜 그것이 지금까지도 이렇게 많이 존재하는가 하는 이유는 완벽하게 알지 못한다. 보통 물질에 간직된 에너지의 양은 아직 풀리지 않은 의문이다. 우리는 왜 그것이 지금까지 이렇게 풍부하게 살아남았는가 하는 이유를 아직 모른다.

이 문제는 결국 왜 물질과 반물질이 늘 똑같은 양으로 존재하지 않았을까 하는 의문으로 귀결된다. 반물질이란 보통 물질과 질량이 같지만 전하가 반대인 물질이다. 물리학 이론에 따르면, 모든 물질 입자마다 그것에 상응하는 반물질 입자가 반드시 존재한다. 따라서 우리가 전자의 전하가 -1이라는 것을 알면, 그것과 질량은 같지만 전하는 +1인 양전자라는 이름의 반물질이 존재하리라는 것을 알 수 있다. 혼란을 피하기 위해서, 반물질은 암흑 물질이 아니라는 것을 분명히 짚고 넘어가자. 반물질은 보통 물질과 같은 종류의 전하를 띠므로 빛과 상호 작용을 한다. 유일한 차이점은 반물질의 전하가 그 짝이 되는 물질의 전하와는 반대라는 것뿐이다.

반물질은 보통 물질과 반대되는 전하를 띠므로, 물질과 반물질의 알짜 전하는 0이다. 물질과 반물질을 합하면 전하가 없는 셈이므로, 전하 보존 법칙과 아인슈타인의 유명한 $E = mc^2$ 공식에 따르면 물질과 반물질이 만날 경우 둘 다 사라지면서 순수한 에너지로 바뀔 수 있다. 에너지도 전하가 없으니까.

그렇다면 우리는 우주가 식는 과정에서 당시 존재하던 거의 모든 물질 입자들이 반물질 입자들을 만나 소멸되었을 것이라고 예측해 볼 수 있다. 즉 물질과 반물질이 결합하여 순수한 에너지로 바뀌면서 모두 사라졌을 것이다. 그러나 지금 우리가 버젓이 이 의문을 토론하고 있는 데서도 알 수 있듯이, 그런 일은 일어나지 않았다. 우리에게는 물질이 남았다. 그림 3에서 보았던 우주 총 에너지의 5퍼센트에 해당하는 물질이 남았다. 따라서 우주 물질의 총량은 반물질의 양보다 더 컸던 게 분명하다. 우리 우주와 우리 자신의 결정적인 특징은, 표준 열역학의 예측과는 달리 보통 물질이 동물, 도시, 별을 형성할 만큼 충분히 많이 살아남았다는 것이다. 이것은 물질의 양이 반물질의 양을 압도했기 때문에 가능한 일이었다. 요컨대 물질-반물질 비대칭이 있는 것이다. 만일 두 양이 늘 같았다면, 물질과 반물질은 쌍소멸함으로써 모두 사라지고 말았을 것이다.

물질이 지금까지 남아 있기 위해서는, 초기 우주의 어느 시점엔가 물질과 반물질의 비대칭이 확립되어야 했다. 물리학자들은 무엇이 그 불균형을 초래했는가에 대해서 여러 그럴싸한 시나리오들을 제안했다. 우리는 아직 그중 어느 아이디어가 옳은지, 옳은 게 있기나 한지조차 모른다. 이 비대칭의 기원은 우주론에서 가장 중요하면서도 풀리지 않은 문제들 중 하나이다. 그것은 곧 우리가 암흑 요소들만 모르는 게 아니라 보통 물질도 완전히는 모른다는 뜻이다. 우주의 파이에서 알려진 물질에 해당하는 작은 조각마저도 말이다. 이 파이 조각이 지금껏 살아남은 이유가 설명되려면, 우주 진화 초기에 뭔가 특별한 일이 일어났어야만 한다.

두 번째로 현재 답할 수 없는 질문을 꼽으라면, 대폭발이 일어나는 도중에 정확히 무슨 일이 벌어졌는가 하는 질문이다. 과학자들과 대중 매체는 우주의 나이가 10^{-43}초도 안 되었고 우주의 크기가 10^{-33}센티미터에 불과했던 순간에 벌어진 대규모 폭발을 즐겨 이야기하며, 심지어 화려한 총천연색 그림으로 폭발 장면을 '묘사'하고는 한다. 그러나 '대폭발(big bang)'이라는 용어는 오해의 소지가 있다. 자세한 이유는 다음 장에서 설명하겠다. 이 용어는 정적(靜的) 우주론을 선호했던 천문학자 프레드 호일이 1949년에 만들었는데, 그는 자신이 믿지 않았던 이 이론을 조롱하는 의미로 BBC 방송에 출연했을 때 이 표현을 처음 썼다.

대폭발 우주론은 우주가 시작된 지 1초도 안 된 시점부터 우주가 진화해 온 과정을 성공적으로 설명해 낸다. 그러나 여러분이 이 우주론에 대해서 어떤 태도를 취하든, 그 이른 순간에 정확히 어떤 일이 벌어졌는지는 아무도 모르는 게 사실이다. 대폭발을 — 그리고 아마 그 전에 일어났던 일도 — 믿을 만하게 기술하려면 **양자 중력**(quantum gravity) 이론이 있어야 한다. 우주의 그 이른 시점에 존재했던 작디작은 거리 규모에서는 양자 역학과 중력이 둘 다 중요했다. 하지만 아직까지는 그 무한히 작은 거리 규모에 적용되면서도 해가 있는 이론을 발견하는 데 성공한 사람이 아무도 없다. 우리는 그토록 작은 거리 규모에서 벌어지는 물리 과정에 대해 좀 더 알아낸 뒤에야 비로소 우주의 시작에 관한 통찰을 얻을 수 있을 것이다. 그리고 설령 그런 날이 오더라도, 결론을 확증하는 관측을 해 내기는 아마도 불가능할 것이다.

내가 자주 받는 질문 **중**에서 이것보다 더 답하기 어려운 것은 "대폭발 이전에는 무슨 일이 있었나요?" 하는 질문이다. 이 질문에 답하려면, 대폭발 자체에 대한 지식뿐 아니라 더 많은 지식이 필요할 것이다. 우리는 대폭발 시점에 무슨 일이 벌어졌는지 모르고, 대폭발 이전에 무슨 일이 벌어졌는지도 모른다. 나도 모르고 아무도 모른다. 그러나 여러분이 이런 답 없는 상태에 너무 실망하기 전에, 어떤 답이 주어지더라도 여러분은 똑같이 불만스러울 것이라는 점을 알려드리고 싶다. 우주는 무한히 오래 존재했거나 특정 시점에 시작되었거나, 둘 중 하나일 것이다. 어느 쪽이든 혼란스러워 보이기는 마찬가지지만, 선택지는 둘뿐이다.

여기서 한 단계 더 나아가 보자. 만일 우주가 영원히 존재했고 대폭발은 그 역사의 일부에 지나지 않는다면, 우리 우주가 세상에 존재하는 전부이거나 아니면 다른 대폭발로 다른 우주들도 생겨났거나 둘 중 하나일 것이다. 우리 우주뿐 아니라 다른 우주들도 많이 있는 시나리오를 가리켜 다중 우주(multiverse)라고 부른다. 이 시나리오가 옳다면, 서로 무관하게 각자 팽창하는 여러 영역들이 있을 것이고 그 각각마다 우주가 존재할 것이다.

이렇게 추론하다 보면, 우리에게는 세 가지 선택지가 남는다. 우리 우주가 대폭발로 시작된 경우, 우주는 이전부터 존재했지만 그러다 어느 순간에 대폭발 이론이 예측하는 팽창을 겪은 경우, 우리 우주는 이전부터 존재했던 우주/다중 우주 세상에서 자라난 수많은 우주들 중 하나에 지나지 않는 경우. 세 가지가 모든 가능성을 다 아우른다. 그리고 내가 보기에는 마지막 경우가 제일 가능성이 높을 것 같다. 우리 우주이든 다른 어떤 우주이든 특별하다고 가정하지 않는다는 점에서 그렇다. 이런 논증은 코페르니쿠스 시대 이래 줄곧 제기되어 온 관점이었다. 또한 이 선택지는 우주의 공간적 범위가 — 최소한 내 생각으로는 — 유한하기보다는 무한할 가능성이 높은 것처럼, 진화하는 우주가 시간 면에서도 시작이나 끝이 있을 것 같지 않다는 관점을 반영한다. 설령 우리 우주 자체는 시작과 끝이 있더라도 말이다. 이처럼 여러 우주가 생겨났다가 사라지고는 한다는 발상은 완전히 헤아리기 어려운 세 가능성 중에서도 제일 불만족스러운 경우일 것이다.

이 이야기는 마지막 철학적 탐구로 이어진다. 앞의 질문에서 이어지는 질문으로, 정말로 그런 다중 우주가 존재하는가 하는 것이다. 현재의 물리학 이론은 다중 우주의 가능성이 높은 편이라고 본다. 특히 현재 구축된 양자 중력 이론들이 가능한 해를 여러 개 가질 수 있기 때문에 그렇다. 나는 그 계산이 엄밀한 점검을 견뎌 내든 견뎌 내지 못하든, 우리가 접근할 수 없는 다른 우주들이 존재한다는 쪽에 걸겠다. 이유는 간단하다. 다른 우주가 없어야 할 이유가 없지 않은가? 물리 법칙과 현재 기술의 한계를 고려하자면, 다른 우주가 없다고 결정해 버리는 것은 비유적으로나 문자적으로나 근시안적인 판단이다. 우리 우주의 어떤 특징도 다중 우주의 존재와 모순되는 것은 없다.

그렇다고 해서 우리가 언젠가 진실을 알게 될 것이라는 말은 아니다. 무엇도 광속보다 빠르게 움직일 수 없다면, 너무 먼 영역은, 즉 우주의 지평선 너머는 어디든 우리로서는 관찰이 불가능하다. 그런데 이론적으로 그런 영역에 우리 우주와는 완전히 동떨어진 다른 우주가 존재할 수 있다. 시간이 흘러 별개의 우주들이 서로 접촉하는 일이 벌어진다면, 우리가 다른 우주의 신호를 발견할 가능성이 없지 않겠지만, 그 가능성은 대단히 낮다. 일반적으로 우리는 다른 우주들에 접근할 수 없다.

내가 쓴 다른 책도 읽은 충실한 독자를 위해서, 이 대목에서 분명하게 밝히고 넘어갈 점이 있다. 내가 지금 이야기하는 다중 우주는 내가 첫 책『숨겨진 우주(Warped Passages)』에서 설명했던 다차원 시나리오를 뜻하는 게 아니다. 우주의 지평선 안쪽에 있되 우리와는 동떨어진 다른 차원의 공간에 다른 우주가 존재할 가능성도 있기는 하다. 우리가 관찰하는 3차원, 즉 왼쪽-오른쪽, 위-아래, 앞-뒤의 차원을 넘어선 차원에 말이다. 직접 본 사람은 아직 없지만, 그런 차원은 존재할 수 있다. 그리고 그런 차원에 우리와는 동떨어진 다른 우주가 존재할 가능성도 이론적으로는 있다. 이런 종류의 우주는 브레인 세계(braneworld)라고 불린다.『숨겨진 우주』를 읽은 독자라면 알겠지만, 브레인 세계 중에서도 내가 가장 흥미롭게 여기는 종류는 우리에게 관찰 가능한 영향을 미칠 잠재력이 있다. 그런 브레인 세계가 우리로부터 반드시 아주 멀리 떨어져 있으란 법은 없기 때문이다. 그러나 사람들이 일반적으로 이야기하는 다중 우주 시나리오, 즉 우리와 중력으로도 상호작용하지 않는 다른 우주들에 대한 시나리오에서 말하는 것은 이런 브레인 세계가 아니다. 다중 우주들은 워낙 멀리 있기 때문에, 그중 한 우주에서 무언가가 광속으로 달려오더라도 우리 우주의 수명이 다할 때까지도 우리에게 도달하지는 못할 것이다.

그럼에도 불구하고, 다중 우주 개념은 대중의 상상력에 크나큰 흥미를 불러일으키고 있다. 내가 최근에 대화를 나눈 친구도 다중 우주 개념에 열광했는데, 그는 내가 자신처럼 이 개념을 흥미롭게만 여기지 않는 이유를 이해하지 못하는 듯했다. 내 첫 번째 이유는 앞에서 말했다. 우리가 사는 세상이 다중 우주인지 아닌지를 확실히 알 수 있는 날은 모르면 몰라도 아마 영영 오지 않으리라는 것이다. 설령 다른 우주가 존재하더라도 우리는 그것을 영영 감지하지 못할 가능성이 높다. 그러나 친구는 이 사실에 살짝만 실망했고, 흥미를 아예 잃지는 않았다. 내가 짐작하기에 그가 ― 그리고 다른 많은 사람들이 ― 이 개념을 좋아하는 것은 머나먼 세상들 중 어딘가에는 자신의 분신이 살고 있으리라고 상상하기 때문이다. 분명히 말해 두는데, 나는 그런 견해를 지지하지 않는다. 다른 우주들이 존재하더라도, 그것들은 거의 틀림없이 우리 우주와는 전혀 다를 것이다. 우리와 같은 형태의 물질이나 힘이 존재하지 않을 수도 있다. 그곳에 생명이 있더라도, 우리는 거의 틀림없이 그것을 알아보지 못할 것이고 애초에 감지하지도 못할 것이다. 그곳이 그렇게까지 멀지 않더라도 말이다. 하물며 어떤 한 인간을 형성해 낸 무한한 수의 우연한 사건들이 똑같이 일어난다는 것은 더욱 더 가능성이 낮은 일이다. 다른 우주가 아무리 많더라도 가능성의 우주는 늘 그것보다 훨씬 더 클 것이라는 점을 설명하자, 친구는 그제서야 내 말뜻을 이해하는 눈치였다.

사실은 설령 다중 우주 시나리오가 옳더라도, 대개의 다른 우주들은 지속 가능하지 않아서 금세 붕괴하거나 폭발할 것이다. 그래서 거의 순간적으로 무(無)의 상태로 희석되어 버릴 것이다. 우리 우주처럼 오래 살아남아서 구조를 발달시키고 심지어 생명을 발달시킬 수 있는 우주는 소수일 것이다. 코페르니쿠스의 통찰 넘치는 관점에도 불구하고, 우리 우주는 정말로 독특한 특징을 많이 가지고 있는 것 같다. 그 독특한 특징들 덕분에 은하, 태양계, 생명이 존재할 수 있었다. 어떤 사람들은 다중 우주를 가정함으로써 우리 우주의 특수성을 설명하려고 시도하기도 하는데, 최소한 많은 우주들 가운데 하나만큼은 우리가 존재하는 데 필요한 특성들을 갖추고 있는 게 분명하다. 그런 설명을 시도하는 사람들은 이른바 인간 원리(anthropic principle, '인류 원리'라고도 한다.)에 따라 추론할 때가 많다. 이것은 우리 우주의 어떤 특성들이 생명이 존재하는 데 꼭 필요하다는 이유에서, 혹은 생명을 뒷받침하는 은하가 존재하는 데 꼭 필요하다는 이유에서 그 특성들을 정당화하는 관점이다. 그러나 이때 문제는 과연 어떤 특성이 인간 원리에 따라 결정된 것이고 어떤 특성은 기본 물리 법칙에 따라 결정된 것인지, 혹은 어떤 특성이 모든 생명에게 필수적이고 어떤 특성은 우리가 아는 형태의 생명에게만 필요한 것인지 알 도리가 없다는 점이다. 인간 원리에 따른 추론은 몇몇 경우에서는 옳을 수도 있다. 그러나 그 발상을 시험해 볼 방법이 없다는, 예의 문제점이 있다. 모르기는 몰라도, 우리는 이것보다 더 훌륭하고 예측력이 뛰어난 발상이 나타난 뒤에야 비로소 인류 중심주의적인 원리를 배제하게 될 것이다.

내가 지금까지 이야기한 생각들은 모두 추측이었다. 흥미로운 문제들이기는 하지만, 우리는 답을 알 수 없을 것이다. 적어도 당장 알 수는 없을 것이다. 나는 그것보다도 지금 여기에 존재하며 우리가 이해하기를 바라도 되는 물질들의 '다중 우주'를 고민하는 편이 더 좋다. 이때 '다중 우주'는 비유적인 표현이지만, 진실에서 그다지 먼 말은 아닐 것이다. 암흑 물질의 우주는 우리 코앞에 있다. 그러나 우리는 일반적으로 그것과 상호 작용하지 않고, 그것의 정체도 아직 모른다. 하지만 현재 이론 물리학자들과 실험 물리학자들은 '암흑 우주'의 정체에 관한 지식을 넓혀 가고 있다. 조만간 우리는 답을 알게 될지 모른다. 그 발견은 충분히 기다릴 가치가 있다.

4장
거의 맨 처음

  좀 웃기고 직설적인 어느 러시아 이론 물리학자가 얼마 전에 함께 커피를 마시던 사람들을 놀라게 했다. 다음 주에 열릴 콜로키엄에 대해서 그가 설명하던 차였다. 물리학 콜로키엄은 학생, 박사 후 연구원, 교수를 대상으로 한 토론회이다. 다들 물리학을 전공한 사람들이지만, 발표자의 좁은 전문 분야를 꼭 아는 것은 아니다. 그런데 이 물리학자는 자신이 제안한 콜로키엄의 내용을 이렇게 설명했다. "우주론에 대해서 말할 겁니다." 누군가 그건 좀 방대하지 않느냐고 지적하자, ― 우주론은 아예 하나의 학문 분야이지 않은가. ― 그는 우주론의 여러 개념들과 양들 중 측정할 가치가 있는 것은 한 줌에 불과하며 자신은 1시간짜리 발표에서 그것을 모두 아우를 수 있다고 주장했다. 자신이 기여한 내용까지 포함해서.

  우주론에 대한 이런 극단적 시각이 옳은지 여부는 여러분이 판단할 몫으로 남겨두겠다. 다만 내 의견을 말하자면, 나는 좀 미심쩍게 여긴다. 아직 우리가 탐구하고 이해해야 할 주제가 아주 많기 때문이다. 하지만 우주의 초기 진화가 아름다운 것은 많은 측면에서 놀랍도록 단순하기 때문이라는 것도 분명한 사실이다. 오늘날 천문학자들과 물리학자들이 관측하고 연구하는 하나의 하늘을 바라보는 것만으로도, 우리는 수십억 년 전 우주의 조성과 활동에 관한 여러 사실들을 추론해 낼 수 있다. 이 장에서는 우리가 지난 세기의 아름다운 이론들과 측정들 덕분에 우주의 역사를 얼마나 많이 알게 되었는지, 그 내용을 살펴보자.

대폭발 이론

우리에게는 태초에 있었던 일을 믿을 만하게 기술하는 데 쓸 도구가 없다. 그러나 우주가 어떻게 시작되었는지를 모른다고 해서 우리가 많이 알지 못한다는 것은 아니다. 알려진 어떤 이론으로도 기술할 수 없는 우주의 시작과는 달리, 우주가 시작된 지 1초도 안 된 시점부터 우주는 이미 확립된 물리 법칙들을 따라 진화했다. 물리학자들은 상대성 이론 방정식을 적용하고 우주의 내용물을 단순화한 가정들을 사용함으로써, 우주의 시작으로부터 극히 짧은 시간이 흐른 뒤부터 — 아마도 약 10^{-36}초 뒤부터 — 우주가 어떻게 행동했는지 알아냈다. 그 순간부터는 우주 팽창을 기술하는 대폭발 이론이 적용된다. 그 이른 시점에 우주는 물질과 복사로 채워져 있었고, 균일성과 등방성을 띠고 있었다. 어느 장소에서든 어느 방향으로든 다 같았다는 뜻이다. 따라서 초기 우주의 물리적 성질은 소수의 물리량들만으로도 충분히 기술된다. 그 덕분에 우주의 초기 진화 과정은 단순하고, 예측 가능하며, 우리가 충분히 이해할 수 있다.

대폭발 이론의 골자는 우주가 팽창한다는 사실이다. 1920년대와 1930년대에 러시아의 기상학자 알렉산드르 프리드만, 벨기에의 사제 겸 물리학자 조르주 르메트르, 미국의 수학자 겸 물리학자 하워드 퍼시 로버트슨, 영국의 수학자 아서 제프리 워커는 — 마지막 두 사람은 함께 연구했다. — 아인슈타인의 일반 상대성 이론 방정식을 풂으로써 우주가 시간에 따라 점차 커져야 한다는, 혹은 수축해야 한다는 결론을 끌어냈다. 그들은 우주의 팽창 속도가 물질과 복사의 중력에 어떻게 반응할지도 계산했는데, 그 물질과 복사의 에너지 밀도도 우주가 진화함에 따라 변한다.

우주가 팽창한다는 개념은 희한하게 들릴 수도 있다. 우주는 줄곧 무한했을 가능성이 높으니까. 그러나 이때 팽창하는 것은 우주 공간 자체이다. 요컨대 은하와 같은 천체들 사이의 거리가 시간이 흐를수록 멀어진다는 말이다. 나는 이런 질문을 자주 받는다. "우주가 팽창한다면, 어느 공간으로 팽창해 나가는 거죠?" 답은 어디로도 팽창해 나가지 않는다는 것이다. 공간 그 자체가 커질 뿐이다. 우주를 풍선의 표면으로 상상한다면, 풍선 자체가 늘어나는 것이다. (그림 4) 이때 풍선 표면에 두 점이 찍혀 있다면, 두 점은 갈수록 더 멀어진다. 마찬가지

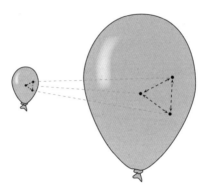

그림 4 풍선이 부풀면 그 위에 그려진 점들이 서로 멀어지듯이, 우주가 팽창하면 그 속의 은하들이 서로 멀어진다.

로, 팽창하는 우주에서는 은하들이 서로 멀어진다. 사실 이 비유가 완벽하지는 않다. 풍선 표면은 2차원일 뿐이고 실제로는 그것이 3차원 공간으로 팽창해 나가기 때문이다. 이 비유는 풍선 표면이 전부라고 상상해야만, 즉 그것이 공간 자체라고 상상해야만 통한다. 만일 그렇다면, — 어디로 팽창해 나갈 다른 공간이 존재하지 않더라도 — 표시된 점들은 어쨌든 서로 멀어질 것이다.

풍선 우주

비유가 좀 더 정확하려면, 점들 사이의 공간이 늘어날 뿐 점들 자체는 커지지 않는다고 생각해야 한다. 팽창하는 우주에서도 별들이나 행성들, 그 밖에 좀 더 강한 중력이나 다른 힘으로 단단히 묶인 물체라면 은하들을 자꾸만 멀리 떨어뜨리려고 하는 팽창의 힘에 굴복하지 않을 것이다. 원자는 전자기력으로 바싹 묶인 원자핵과 전자로 이뤄져 있기 때문에, 우주가 팽창하더라도 따라서 커지지는 않는다. 은하처럼 비교적 밀도 높게 뭉친 구조들도 마찬가지이다. 우리 몸도 그 점에서는 마찬가지이다. 인체의 밀도는 우주의 평균 밀도보다 수조 배더 크다. 물론 팽창을 일으키는 힘은 이런 밀도 높은 계들에게도 똑같이 작용하지만, 그것보다는 다른 힘들이 훨씬 더 강하기 때문에 인체나 은하가 우주 팽창에 발맞추어 커지는 일은 없다. 커지더라도 무시할 만한 수준이라서, 우리가 그 효과를 알아차리거나 측정할 수는 없을 것이다. 팽창을 일으키는 힘보다 강한 힘으로 묶인 물질은 늘 같은 크기이다. 공간이 점점 더 커지면서 그런 물체들을 점점 더 멀리 떨어뜨림에 따라 그들 사이의 거리가 점점 더 멀어질 뿐이다.

아인슈타인은 상대성 이론의 방정식으로부터 우주가 팽창한다는 결과를 처음 유도해 낸 것으로 유명하다. 그러나 그 발견은 실제 팽창이 측정되기 전에 이뤄졌기 때문에, 그는 자신이 도출한 결과를 받아들이지도 옹호하지도 않았다. 오히려 자기 이론의 예측을 정적 우주와 조화시키려는 마음에서 새로운 에너지 공급원을 방정식에 도입했다. 그 요소가 예측된 팽창을 저지해 줄 것처럼 보였기 때문이다. 이 임시방편의 해결책이 그릇되었음을 증명한 사람은 에드윈 허블이었다. 허블은 1929년에 우주가 실제로 팽창함을 발견했다. 은하들은 정말로 시간이 흐를수록 점점 더 멀어지고 있었다. (다만 허블은 어떤 특정 이론도 믿지 않았던 순수한 관측자로서, 자신의 측정 결과를 이렇게 해석하는 것을 받아들이지 않았다.) 아인슈타인은 임시방편으로 도입했던 요소를 방정식에서 얼른 지웠고 — 아마도 꾸며진 일화이겠지만 — 그것을 자기 생애 "최대의 실수"라고 불렀다.

그러나 아인슈타인의 수정이 전적으로 실수만은 아니었다. 그가 제안했던 종류의 에너지가 실제 존재하기 때문이다. 최근의 측정에 따르면, 아인슈타인이 도입했던 새로운 에너지, 즉 오늘날 우리가 '암흑 에너지'라고 부르는 에너지는 — 크기도 다르고 우주 팽창을 저지하는 역할도 아니지만 — 정확히 그 반대 현상을 보여 주는 최근 관측을 설명하는 데, 즉 우주 팽창이 가속되는 현상을 설명하는 데 꼭 필요한 요소이다. 그래도 나는 아인슈타인이 자신의 실수를 — 그가 실제로 그런 표현을 썼다면 — 진짜 실수로 여겼으리라고 생각한다. 우주가 팽창한다는 예측은 그의 이론에서 핵심적으로 따라 나오는 결과라고 볼 수 있음에도 불구하고 그는 애초의 그 결과가 정확하고 중요하다는 사실을 깨닫지 못했기 때문이다.

공정함을 기하기 위해서 밝히자면, 허블이 관측 결과를 내놓기 전에는 우리가 우주에 대해서 아는 바가 거의 없었다. 일찍이 할로 섀플리가 은하수의 폭은 30만 광년이라고 계산한 바 있었지만, 그는 우리 은하가 우주에 존재하는 유일한 은하라고 믿었다. 그러나 1920년대에 허블은 그것이 사실이 아님을 깨달았다. 많은 성운들이 — 섀플리는 성운이 '별구름'이라는 뜻의 밋밋한 이름에 걸맞은 먼지 구름에 불과하다고 여겼지만 — 실제로는 수백만 광년 떨어진 다른 은하들이라는 사실을 발견했던 것이다. 허블은 1920년대 말에는 그보다 더 유명한 발견을 해 냈다. 은하들의 **적색 이동**, 즉 은하들이 내는 빛의 주파수가 달라진다는 사실을 발견한 것이었다. 이 발견은 과학자들에게 우주가 팽창하고 있음을 알려주었다. 은하들의 적색 이동은 ― 구급차의 사이렌 소리가 점차 낮아지는 것을 들으면 구급차가 우리로부터 멀어지고 있다는 것을 알 수 있듯이 ― 다른 은하들이 우리 은하로부터 멀어지고 있음을 알려주는 증거였고, 그것은 곧 우리 우주는 은하들이 서로 점점 더 멀어지는 우주라는 뜻이었다.

요즘 과학자들은 우주의 현재 팽창 속도를 뜻하는 용어로 허블 상수라는 표현을 쓰고는 한다. 왜 상수인가 하면, 현재 이 값이 우주 어디에서나 다 같기 때문이다. 그러나 허블 상수는 사실 고정된 값이 아니다. 시간에 따라 변하는 값이다. 지금보다 밀도가 더 높았고 중력의 영향이 더 강했던 초기 우주는 지금보다 훨씬 더 빠르게 팽창했다.

상당히 최근까지만 해도 허블 변수의 '측정값'은 범위가 꽤 넓었다. 그런데 이 값은 현재 우주의 팽창 속도를 정량화한 것이므로, 그것은 곧 우리가 우주의 나이를 정확히 짚어낼 수 없다는 뜻이었다. 우주의 나이는 허블 변수에 반비례하므로, 허블 변수의 측정값이 최대 2배 차이 날 정도로 불확실하다면 우주의 나이도 그럴 수밖에 없었다.

나는 어릴 때 신문에서 당시의 최신 측정 결과에 따라 우주의 나이가 정말로 2배로 달라졌다는 기사를 읽었던 기억이 있다. 당시에 나는 그것이 팽창 속도를 측정했다는 뜻인지 몰랐기 때문에, 극단적인 수정에 깜짝 놀랐다. 우주의 나이처럼 중요한 값이 어떻게 이토록 제멋대로 바뀔 수 있지? 나중에 알게 된 바, 우리는 비록 우주의 정확한 나이는 모르더라도 정성적인 차원에서는 우주 진화 과정을 꽤 상세히 알 수 있다. 그러나 물론, 우주의 나이를 좀 더 정확하게 안다면 우주의 내용물과 우주에 작용하는 기저의 물리 과정들에 관해서 좀 더 많이 알 수 있다.

그리고 지금은 그런 불확실성이 훨씬 더 많이 통제되고 있는데, 카네기 재단의 관측소에서 일하던 웬디 프리드먼과 동료들이 팽창 속도를 측정해 논쟁을 종식시킨 덕분이었다. 허블 변수 값은 우주론에서 너무나 중요한 요소이기 때문에, 그들 외에도 많은 사람들이 합심해서 그 값을 최대한 정확히 알아내려고 노력했다. 천문학자들은 허블 우주 망원경(참으로 적절한 이름이다.)을 써서 그 값이 11퍼센트 정확도 내에서 74킬로미터/초/메가파섹임을 알아냈다. 허블이 원래 제안했던 부정확한 측정값은 500킬로미터/초/메가파섹이었으니, 틀려도 이만저만 틀린 게 아니었다.

메가파섹(Mpc)은 100만 파섹(parsec)을 뜻한다. 그리고 파섹은, 천문학의 단위가 대개 그렇듯이, 고대의 거리 측정 방식이 남긴 역사적 유물이다. 파섹은 '시차(parallax second)'를 줄인 말로서 천체의 대각(對角)과 관계가 있다. 각 측정 단위인 '초(second)'가 포함된 것은 그 때문이다. 역사적 의미가 있을 뿐 직관적이지 않은 많은 측정 단위들처럼, 파섹은 천문학자들 사이에서는 아직도 많이 쓰이지만 대부분의 다른 사람들은 이 단위로 따지지 않는 편을 선호한다. 우리에게 그나마 좀 더 익숙한 거리 단위로 변환하면, 1파섹은 약 3.3광년이다. 케케묵은 단위가 그것보다 좀 더 해석하기 쉬운 단위와 대충 비슷한 규모라는 것은 참으로 다행스러운 우연이다.

허블 망원경이 내놓은 좀 더 정확한 허블 변수의 값은 불확실성이 10에서 15퍼센트 정도였을 텐데, 그래도 2배로 달라질 만큼 큰 불확실성은 아니었다. 우주 배경 복사 측정에 의존한 최근 계산 결과는 이것보다 더 낫다. 이제 우주의 나이는 약 2억 년의 오차 범위 내로 알려져 있고, 측정은 갈수록 향상되고 있다. 내가 첫 책을 썼을 때에는 우주의 나이가 137억 년이었지만, 지금은 그것보다 약간 더 길다고 여겨지고 있어 이른바 대폭발로부터 138억 년이라고 한다. 단, 결과가 이렇게 다듬어진 것은 허블 변수 값이 달라졌기 때문만은 아니다. 1장에서 말했던 것처럼 암흑 에너지가 발견된 것도 한 요인이었다. 우주의 나이는 둘 다에 따라 달라지기 때문이다.

대폭발 이론의 예측

대폭발 이론에 따르면, 138억 년 전에 생겨난 초기 우주는 1조×1조 배도 넘는 온도를 띠고서 상호 작용하는 수많은 입자들로 구성된, 고밀도의 뜨거운 불덩어리였다. 우리가 아는 모든 입자들은(아마 우리가 아직 모르는 입자들도) 광속에 가까운 속도로 사방을 쌩쌩 날아다니면서 쉼 없이 상호 작용하고, 소멸하고, 그리하여 아인슈타인의 이론에 부합하는 에너지를 생성해 냈다. 충분히 강하게 상호 작용하는 물질이라면 종류를 불문하고 모두 같은 온도였다.

물리학자들은 이 초기 단계에 우주를 메웠던 뜨거운 고밀도 기체를 복사(radiation)라고 부른다. 우주론에서 말하는 복사란 상대론적 속력으로 움직이는 모든 것, 즉 광속이거나 광속에 가까운 속력으로 움직이는 모든 것을 가리킨다. 어떤 물체가 복사로 간주되려면, 물체의 운동량이 질량 형태로 간직된 에너지를 한참 능가할 만큼 커야 한다. 초기 우주는 엄청나게 뜨겁고 에너지가 넘치는 세상이었기 때문에, 그 속에 담긴 기본 입자들의 기체는 이 기준을 쉽게 충족시켰다.

그 우주에는 기본 입자만 있었다. 원자 같은 더 큰 입자는 없었다. 원자는 원자핵이 전자와 — 혹은 양성자와 — 결합하여 이뤄진 것이고, 이런 입자들은 또 그것보다 더 기본적인 입자인 쿼크들이 결합하여 이뤄진 것이다. 열과 에너지가 엄청났던 초기 우주에서는 어떤 물체도 계속 결합된 상태로 묶여 있을 수 없었다.

이후 우주가 계속 팽창하자, 공간을 메우고 있던 복사와 입자는 점점 더 희박해지고 차가워졌다. 그것들은 마치 풍선에 갇힌 뜨거운 공기와 같았는데, 풍선이 팽창하자 자연히 밀도와 온도가 낮아진 셈이었다. 그런데 여러 에너지 구성 요소들이 중력으로 팽창에 미치는 영향은 요소들마다 다르기 때문에, 천문학자들은 우주의 팽창을 조사함으로써 그 과정에 복사, 물질, 암흑 에너지가 각각 얼마나 기여했는지를 구별해 낼 수 있다. 물질과 복사는 우주가 팽창함에 따라 점차 희박해진다. 특히 복사는 — 사이렌 소리가 멀어질 때 주파수가 낮아지는 것처럼 — 적색 이동을 통해 더 낮은 에너지로 떨어지면서 물질보다 더 빨리 희박해진다. 반면에 암흑 에너지는 전혀 희석되지 않는다.

우주가 식자, 온도와 에너지 밀도가 특정 입자를 생성하기에 더 이상 충분하지 않은 순간이 올 때마다 주목할 만한 사건이 벌어졌다. 그 순간은 해당 입자의 운동 에너지가 더 이상 mc^2을 넘지 못하는 시점을 말하는데, 여기서 m은 입자의 질량이고 c는 광속이다. 하나씩 하나씩, 무거운 입자들은 차가워지는 우주에서 살아남기에는 너무 무거운 존재가 되어 버렸다. 무거운 입자들은 반입자들과 결합하여 쌍소멸하면서 에너지로 전환되었고, 그 에너지는 남아 있는 가벼운 입자들을 덥혔다. 무거운 입자들은 이렇게 해서 사실상 다 사라졌다.

우주의 내용물이 이렇게 조금씩 변하기는 했어도, 대폭발이 몇 분가량 진행되기 전까지는 관측 가능한 사건은 아무것도 벌어지지 않았다. 그러니 시간을 앞으로 좀 건너뛰어 우주의 내용물이 상당히 변했던 시점으로 가 보자. 더구나 그 변화는 우리가 확인할 수 있는 방식이었다. 앞에서 말했던 허블 팽창은 대폭발 이론을 뒷받침하는 증거 가운데 하나일 뿐이다. 물리학자들에게 대폭발 이론이 옳다는 확신을 주는 측정 결과는 주요한 것으로 두 가지 더 있는데, 둘 다 우주의 내용물과 관계된다. 첫 번째는 초기 우주에서 형성된 여러 원자핵들의 상대적인 존재비 예측이다. 이 예측은 실제 관측된 원자핵들의 밀도에 상당히 정확하게 들어맞는다.

'대폭발' 후 몇 분이 지났을 때, 양성자들과 중성자들은 뿔뿔이 떨어져 날아다니기를 그만두었다. 온도가 충분히 떨어졌기 때문에, 이 입자들이 한데 결합하여 원자핵을 이루고 강한 핵력으로 계속 뭉쳐

있게 되었다. 역시 이 시점에, 원래 양성자와 중성자의 수를 같게 유지해 주던 물질 상호 작용이 더 이상 유효하지 않게 되었다. 중성자는 약한 핵력을 통해 더 붕괴하여 양성자가 될 수 있기 때문에, 두 입자의 상대적 존재비가 바뀌게 되었다.

그런데 이 중성자 붕괴는 퍽 느리게 벌어지므로, 여전히 충분한 양의 중성자가 살아남아서 역시 남아 있던 양성자와 함께 원자핵에 흡수되고는 했다. 그렇게 해서 헬륨, 중수소, 리튬의 원자핵이 형성되었으며, 오늘날 우주에 남아 있는 이 원소들의 양이 결정되었다. (이 과정을 핵합성(nucleosynthesis)이라고 부른다.) 물론 수소의 양도 — 헬륨이 형성될 때 밀도가 줄기는 했지만 — 결정되었다. 그런데 이 원소들의 잔존량은 양성자와 중성자의 상대비에 달려 있었을 뿐 아니라 형성에 요구되는 물리 과정들의 속도가 우주 팽창 속도에 비해 얼마나 빠른가 느린가 하는 점에도 달려 있었다. 따라서 핵합성 이론의 예측들은 핵물리학 이론의 시험대가 될 뿐 아니라 대폭발 팽창의 세부 사항들에 대한 시험대도 된다. 그리고 실제 관측 결과는 예측과 놀랍도록 잘 들어맞아, 대폭발 이론과 핵물리학을 모두 다 든든하게 뒷받침해 주었다.

이런 측정 결과는 기존 이론을 확증하는 것을 넘어서 새로운 이론에 대한 제약으로도 작용한다. 왜냐하면 원자핵들의 존재비가 결정되던 시점의 우주 팽창 속도는 우리가 이미 아는 형태의 물질이 지닌 에너지로 거의 다 설명되기 때문이다. 당시 어떤 새로운 물질이 더 존재했든, 그것이 기여한 에너지는 그다지 크지 않았을 것이다. 그렇지 않다면 팽창 속도가 너무 빨랐을 테니까. 이 제약은 나와 동료들이 우주에 무엇이 더 존재할 수 있는가에 대해서 추론에 가까운 발상들을 떠올릴 때 중요하게 고려해야 하는 요소이다. 새로운 물질은 무엇이 되었든 소량만 존재하여 다른 물질과 평형 상태를 이루고 있었을 것이고, 따라서 이미 알려진 물질이 핵합성 시점에 취했던 온도와 같은 온도를 취하고 있었을 것이다.

이런 예측의 성공이 우리에게 알려주는 바가 하나 더 있다. 오늘날 보통 물질의 양이 지금까지 관측된 양보다 훨씬 더 클 수는 없다는 점이다. 보통 물질이 이것보다 더 많다면, 핵물리학의 예측은 현재 관측된 우주의 중원소 존재비와 일치하지 않을 것이다. 앞 장에서 이야기했던 측정 결과는 발광 물질만으로 현재의 관측을 모두 설명하기에는 부족하다는 것을 암시했는데, 여기에 더해서 핵합성 이론의 성공적인 예측은 보통 물질이 우주에서 관측된 물질의 전부를 차지할 수는 없음을 암시하는 셈이다. 그러니 보통 물질이 현재 관측된 양보다 더 많이 존재하지만 연소되지 않거나 반사율이 낮은 형태라서 우리 눈에 보이지 않는 것일 수도 있다는 희망은 대체로 기각된다. 보통 물질이 현재 관측된 발광 물질보다 더 많이 존재한다면, 성공적이었던 핵물리학의 예측들은 더 이상 유효하지 않을 것이다. 모종의 새로운 요소가 도입되지 않는 한 말이다. 보통 물질이 핵합성 과정 중에 어떤 방법으로든 숨어 있었던 게 아닌 이상, 우리는 암흑 물질이 존재해야 한다는 결론을 내릴 수밖에 없다.

그러나 우주의 진화에서 가장 중요한 이정표에 해당하는 사건은, 적어도 우주론의 예측들을 자세히 시험하는 문제에서만큼은 그렇다고 말할 수 있는 사건은, 좀 더 나중에 벌어졌다. 대폭발 후 약 38만 년이 흐른 시점이었다. 최초에 우주에는 전하를 띤 입자와 전하를 띠지 않은 입자가 모두 있었다. 그러나 이 시점에 이르러서는 이미 우주가 충분히 식었기 때문에, 양전하를 띤 원자핵들이 음전하를 띤 전자들과 결합하여 중성 원자를 이루었다. 이때부터 우주는 중성 물질, 즉 전하를 띠지 않은 물질로 구성되었다.

전자기력을 전달하는 입자인 광자(photon)에게는 하전 입자들이 원자로 포섭된 것이 상당히 큰 변화였다. 이제 전하를 띤 물질에 부딪혀 산란될 일이 없으니, 광자는 방해받지 않고 자유롭게 우주를 달릴 수 있었다. 이것은 이후 우주가 아무리 복잡하게 진화했더라도 초기 우주의 복사와 빛이 우리에게 곧장 도달할 수 있다는 뜻이다. 오늘날 우리가 관측하는 우주 배경 복사는 우주 진화 과정에서 첫 38만 년 동안 존재했던 복사이다.

이 복사는 우주가 대폭발 팽창을 시작한 직후부터 존재했지만, 지금은 온도가 한층 낮아졌다. 광자는 식는다. 하지만 사라지지는 않는다. 오늘날 이 복사의 온도는 2.73켈빈으로, 엄청나게 차가운 수준이다. 0켈빈, 달리 말해 절대 영도는 세상에서 가능한 가장 차가운 온도인데 그것보다 겨우 몇 도 더 높을 뿐이니까 말이다.

과학자들이 이 복사를 감지한 것은 어떤 의미에서 대폭발 이론의 결정적 증거였다. 대폭발 이론의 방정식들이 옳다는 것을 보여 주는 가장 설득력 있는 증거였다. 1963년에 미국 뉴저지 주 벨 연구소의 망원경으로 우주 배경 복사를 우연히 발견한 장본인은 독일 출신의 천문학자 아노 펜지어스와 미국인 로버트 윌슨이었다. 두 사람이 원래 찾던 것은 우주가 남긴 유물과도 같은 이 복사가 아니었다. 그들은 천문학 연구에 전파 망원경을 쓸 수 있을까 하는 점에 흥미가 있었다. 전화 회사와 관계가 있는 벨 연구소는 당연히 전파에도 흥미가 있었다.

그러나 펜지어스와 윌슨이 망원경을 보정하다 보니, 균일한 배경 잡음이 자꾸만 녹음되었다. 그 잡음은 사방에서 왔고, 계절에 따라 바뀌지 않았다. 잡음이 한시도 사라지지 않았으므로, 두 사람은 이것을 무시할 수 없음을 깨달았다. 잡음이 특정 방향에서 오지 않는 것으로 보아 그것이 가까운 뉴욕 시에서, 혹은 태양에서, 혹은 전해에 벌어졌던 핵폭탄 시험에서 생성된 것은 아닐 터였다. 두 사람은 망원경에 둥지를 튼 비둘기들의 똥까지 싹싹 청소해 본 끝에, 펜지어스의 점잖은 표현을 빌리자면 그 잡음이 비둘기들이 남긴 "흰 유전체 물질"에서 온 것도 아니라는 결론에 도달했다.

나는 로버트 윌슨으로부터 그들의 발견 시점이 얼마나 절묘했던가 하는 이야기를 직접 들었다. 당시 펜지어스와 윌슨은 대폭발 이론을 전혀 몰랐다. 그러나 근처 프린스턴 대학교의 이론 물리학자 로버트 딕케와 제임스 피블스는 알고 있었다. 두 프린스턴 물리학자는 잔존 복사가 대폭발 이론에 중대한 의미를 지닌다는 것을 깨닫고서 한창 그것을 측정할 실험을 설계하던 중이었는데, 이미 남들에게 선수를 빼앗겼다는 사실을 알게 된 것이었다. 더구나 자신들이 무엇을 발견했는지를 깨닫지 못한 벨 연구소 과학자들에게. 펜지어스와 윌슨에게는 다행스럽게도, 매사추세츠 공과 대학(MIT)의 천문학자 버니 버크는 프린스턴에서 진행되는 연구를 알았고 펜지어스와 윌슨이 해 낸 수수께끼의 발견도 알았다. 윌슨이 자신의 초창기 개인용 인터넷과 다름없었다고 묘사한 버크는 두 사실을 하나로 묶어 냈고, 문제의 관계자들이 만나도록 주선함으로써 연결을 성사시켰다. 펜지어스와 윌슨은 이론 물리학자인 딕케에게 자문을 구하고서야 자신들이 해 낸 발견의 중요성과 가치를 깨달았다. 훨씬 더 전에 이뤄진 허블 팽창 발견과 더불어, 이들의 우주 배경 복사 발견은 우주가 팽창하며 식고 있다고 주장하는 대폭발 이론을 결정적으로 매듭 지은 증거였다. 벨 연구소의 두 물리학자는 이 연구로 1978년에 노벨상을 받았다.

이 일화는 과학 활동이 어떻게 이뤄지는지를 잘 보여 준 사랑스러운 사례이다. 연구는 원래 특정한 과학적 목적을 달성하고자 수행되었으나, 그것으로부터 부가적인 기술적, 과학적 이득이 생겨났다. 두 천문학자는 그들이 결국 발견하게 될 것을 처음부터 찾아보지는 않았다. 하지만 두 사람은 기술적으로나 과학적으로나 뛰어났기 때문에, 한 번 걸려든 발견을 놓치지 않았다. 원래 비교적 작은 목표를 추구했던 연구는 엄청나게 심오한 의미를 지닌 발견으로 귀결되었다. 그리고 그 발견은 남들도 같은 시기에 큰 그림을 그리고 있었기 때문에 가능했다. 벨 연구소 과학자들의 발견은 우연이었지만, 그 우연은 우주론을 영원히 바꿔 놓았다.

게다가 우주 배경 복사는 처음 발견된 때로부터 몇 십 년이 지난 뒤에 우주론의 또 다른 중요한 통찰을 발전시키는 데도 기여했다. 또 하나의 그 눈부신 성취란, 우주가 아주 초기에 폭발적으로 팽창하는 단계를 겪었다고 주장하는 우주 급팽창(cosmological inflation) 이론의 예측이 상세한 우주 배경 복사 측정에 힘입어 사실로 확인된 것이다.

우주 급팽창

과학적 돌파구는 변화가 점진적으로 벌어지는가, 갑자기 벌어지는가, 그것도 아니면 고르게 벌어지는가 하는 — 변화가 애초에 벌어진다면 말이지만 — 근본적인 논쟁에서 등장할 때가 많다. 우리가 처음에 우주의 팽창을 잘 몰랐을 때도 그랬다. 사람들은 변화의 속도라는 이 중요한 요인의 타당성을 곧잘 간과하지만, 오늘날의 세상에서도 변화의 속도를 이해하는 것은 유용할 수 있다. 가령 기술의 영향을 고려

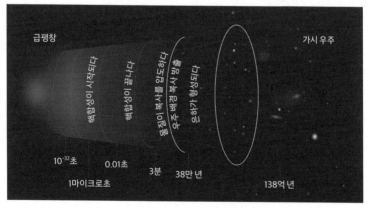

그림 5 급팽창과 대폭발 진화를 겪은 우주의 역사. 원자핵이 형성된 시점, 구조가 형성되기 시작한 시점, 우주 배경 복사가 하늘에 새겨진 시점, 은하와 은하단이 확립된 현대 우주가 나타난 시점이 표시되어 있다.

할 때도 그렇고 환경 변화를 평가할 때도 그렇다.

변화의 속도에 관한 토론은 19세기에 다윈주의 진화 이론을 둘러싸고 벌어졌던 여러 논쟁에서도 중요하게 작용했다. 11장에서 이야기하겠지만, 지질학 분야에서는 이 논쟁이 찰스 라이엘과 그의 제자라고 할 수 있는 찰스 다윈의 점진론과 프랑스 인 조르주 퀴비에의 격변론이 맞대결한 구도였다. 천변지이론을 주장한 퀴비에는 또 다른 종류의 급진적 변화도 발견했다. 그는 생물종들은 다윈이 확실히 보여 준 것처럼 진화를 통해 새롭게 생겨나기도 하지만 다른 한편으로는 멸종을 통해 급작스럽게 사라지기도 한다는 논쟁적 주장을 처음 펼친 인물이었다.

변화의 속도에 관한 논쟁은 우주의 진화를 이해하는 일에서도 중요한 요소였다. 우주론의 경우에도 처음에는 우주가 진화했다는 사실자체가 충격을 주었다. 20세기 초에 제안된 대폭발 이론은 애초에 신학자들이나 좋아하는 이론이었다. 당시 대부분의 사람들이 받아들이고 있었던 정적 우주론과는 전혀 달랐다. 또 다른 충격은 우주가 아주 초기에 폭발적인 팽창을 겪었다는 것을 알게 되면서 찾아왔다. 그것이 바로 급팽창이다. 지구 생명의 역사에서도 그랬듯이, 점진적 과정과 격변적 과정은 우주 역사에서도 둘 다 중요한 역할을 했다. 우주에서 '격변'이란 곧 급팽창을 말하는데, 이때 격변이란 이 단계가 아주 급작스럽고 신속하게 벌어졌다는 뜻일 뿐이다. 급팽창은 애초에 우주에 있던 내용물을 파괴했지만, 동시에 폭발이 끝난 뒤 우주를 메울 물질을 탄생시켰다.

내가 앞에서 설명했던 우주의 역사는 표준 대폭발 이론에 따라 확장되고 식어 가고 늙어 가는 우주의 이야기였다. 이 이론은 놀랍도록 성공적이지만, 이것이 이야기의 전부는 아니다. 우주 급팽창은 표준 대폭발 이론의 진화가 바통을 넘겨받기 전에 벌어진 사건이었다. 나는 우주가 시작된 첫 순간에 무슨 일이 벌어졌는지를 여러분에게 알려드릴 수 없지만, 진화 과정 중 아주 이른 시점에 — 아마도 10^{-36}초 정도로 이른 시점에 — 급팽창이라고 불리는 대단한 사건이 벌어졌다는 것만큼은 합리적인 근거에 따라 확실하다고 말할 수 있다. (그림 5) 급팽창 시기에 우주는 표준적인 대폭발 진화에서보다 훨씬 더 급속히 팽창했다. 아마도 기하 급수적으로 팽창했을 것이다. 따라서 급팽창 중에 우주는 크기가 시시각각 배가되었다. 기하 급수적 팽창이란, 우주가 급팽창이 시작된 순간으로부터 가령 60배만큼 나이를 더 먹었을 때는 그 크기가 1조의 1조 배 넘게 더 커졌으리라는 것이다. 대조적으로 만약 급팽창이 없었다면, 같은 기간 동안 우주는 고작 8배 더 커졌을 것이다.

급팽창이 끝난 자리 — 우주가 진화하기 시작한 지 1초도 안 지난 시점이었다. — 에는 크고, 매끄럽고, 평탄하고, 균일한 우주가 남았다. 그 우주가 이후 진화한 과정은 전통적인 대폭발 이론에 따라 예측된다. 어떤 의미에서 급팽창은 우주가 좀 더 느리고 매끄럽게 진화할 수 있도록 만들어 준 최초의 '폭발'이었다. 급팽창을 겪으면서, 최초에 존재했던 물질과 복사는 한층 희박해졌다. 급속한 냉각으로 온도가 거의 절대 영도에 가깝게 떨어졌기 때문이다. 뜨거운 물질이 다시 생겨난 것은 급팽창이 끝난 뒤, 즉 급팽창을 추진하던 에너지가 엄청나게 많은 기본 입자들로 모두 전환된 뒤였다. 그렇게 급팽창이 끝나자, 이 제는 우리가 잘 아는 느린 팽창이 바통을 넘겨받았다. 이 단계부터는 예의 대폭발 우주론이 적용된다.

물리학자 앨런 구스가 급팽창 이론을 전개한 것은 대폭발 이론이 — 성공적이기는 해도 — 여러 풀리지 않은 문제를 남긴 탓이었다. 우주가 무한히 작은 영역에서 자라난 게 사실이라면, 어떻게 그 속에 그렇게 많은 것이 담겨 있었을까? 그리고 어떻게 우주가 이렇게 오래 살아남을 수 있었을까? 중력 이론에 따르면, 이렇게 많은 것을 담고 있는 우주는 자꾸만 팽창해서 아무것도 안 남거나 순식간에 붕괴해서 사라지거나 둘 중 하나여야 했다. 그런데 우주는 엄청난 양의 물질과 에너지를 담고 있으면서도 그 무한한 3차원 공간이 거의 평평하다. 더 구나 그 진화 속도는 오늘날 우리가 138억 년 우주 역사를 운운할 수 있을 만큼 충분히 느렸다.

원래의 대폭발 우주론이 빠뜨렸던 또 하나의 중요한 문제는 우주가 왜 이토록 균일한가 하는 문제였다. 오늘날 관측되는 우주 배경 복사가 처음 방출되었던 시점에 우주는 현재 크기의 1,000분의 1 정도였다. 그것은 곧 빛이 여행할 수 있는 거리가 훨씬 짧았다는 뜻이다. 그런 데 그 시점에 하늘의 서로 다른 영역들에서 방출되었던 복사를 관측한 결과는 전부 다 같아 보인다. 달리 말해, 우주 배경 복사의 온도와 밀도 편차는 미미하다. 이것은 수수께끼 같은 현상이다. 원래의 대폭발 시나리오에 따르자면 우주 배경 복사가 전기를 띤 물질들과 분리되던 시점에 우주는 너무 어렸으므로 빛이 하늘의 1퍼센트도 가로지를 시간이 없었기 때문이다. 다르게 설명해 보자. 우리가 만일 시간을 거슬러 올라가서 오늘날 서로 분리된 하늘의 여러 영역들로 귀결된 복사가 당시에는 신호를 주고받을 수 있었는지 살펴본다면, 그 답은 "아니오."일 것이다. 그러나 서로 분리된 영역들이 한번도 소통했던 적이 없었다면, 어째서 지금 이렇게 다 같아 보인단 말인가? 이것은 당신을 비롯하여 서로 다른 장소에서 살면서 서로 다른 가게에서 옷을 사고 서로 다른 잡지를 읽으며 취향을 키워 온 낯선 사람 1,000명이 어느 날 모두 똑같은 옷을 입고 극장에서 만난 것과 같다. 당신들이 이전에 한번도 접촉한 적이 없고 공통의 매스컴을 경험한 적도 없다면, 모두 똑같은 옷을 입고 나타난 것은 대단한 우연일 것이다. 하늘의 균일성은 이것보다 더 놀랍다. 균일성이 1만분의 1 수준으로 정밀하기 때문이다. 그리고 우주는 무려 10만 개 이상의 서로 소통하지 않는 영역들로 시작되었던 것 같다.

원래의 대폭발 이론이 설명하지 못하는 이런 측면에 비추어 볼 때, 구스가 1980년에 내놓은 가설은 아주 매력적이었다. 그는 우주가 초기에 어마어마하게 빠르게 팽창한 시기를 겪었다고 주장했다. 표준 대폭발 시나리오에서는 우주가 차분하고 착실하게 자라는 데 비해, 급팽창 이론에서 우주는 폭발적인 팽창을 겪었다. 급팽창 이론에 따르면, 아주 초기의 우주는 굉장히 짧은 시간 만에 작디작은 영역에서 기하 급수적으로 커져 광대한 영역으로 자라났다. 덕분에 빛이 가로지를 수 있는 영역의 넓이는 1조의 1조 배까지 커졌을지도 모른다. 급팽창이 언제 시작되었고 얼마나 지속되었느냐에 따라, 빛이 가로지를 수 있는 영역은 처음에 10^{-29}미터였으나 급팽창을 겪으면서 최소 약 1밀리미터까지 커졌을 수 있다. 이것은 모래알보다 약간 더 큰 규모이다. 그러니 급팽창 덕분에 우리는 윌리엄 블레이크가 옳았던 것처럼 모래알 속에 우주를 갖게 된 셈이다. 정확히 말하자면, 당시 우주에서 관측 가능한 영역의 넓이를 재어 보았다면 그것이 최소한 모래알만 한 우주였으리라는 뜻이다.

우주가 엄청나게 빠른 속도로 급팽창했다는 가설은 우주의 거대함, 균일성, 평평함을 설명해 준다. 우주가 거대한 것은 기하 급수적으로 자랐기 때문이다. 아주 짧은 시간 만에 아주 커질 수 있었으니까. 기하 급수적으로 팽창한 우주는 원래 대폭발 시나리오에서처럼 느린 속도로 팽창한 우주보다 훨씬 더 넓은 영역을 아우른다. 한편 우주가 균일한 것은 시공간 구조에 나 있던 주름들이 엄청난 급팽창 과정에서 매끄럽게 펴졌기 때문이다. 우리가 재킷 소매를 잡아 늘이면 천에 나 있던 주름들이 사라지는 것과 비슷하다. 급팽창 이론에서는, 모든 것이 복사를 통해 서로 소통할 수 있을 만큼 가까이 있었던 작디작은 영역이 오늘날 우리가 보는 크디큰 우주로 자랄 수 있다.

급팽창은 평평함도 설명해 준다. 역학적 관점에서 우주가 평평하다는 것은 우주의 총 밀도가 우주의 긴 수명을 가까스로 보장해 주는 아슬아슬한 경계에 놓여 있다는 뜻이다. 에너지 밀도가 그것보다 약간이라도 더 컸다면, 공간이 양의 곡률 — 구면 같은 곡면이 양의 곡률을 가지고 있다. — 을 띠게 되어 우주는 금방 붕괴했을 것이다. 반면에 밀도가 그것보다 약간이라도 더 작았다면, 우주는 훨씬 더 빠르게 팽창했을 테니 어떤 구조도 응집되거나 형성되지 못했을 것이다. 사실 엄밀히 따지자면 이 말은 약간 과장이다. 곡률이 있더라도 아주 작은 정도라면 우주가 지금처럼 오래 지속될 수 있었을 것이기 때문이다. 하지만 그러려면 그 곡률이 신비로울 만큼 작아야 할 테니, 역시 급팽창을 끌어들이지 않고는 그 값을 정당화할 수 없을 것이다.

급팽창 시나리오에서 현재 우주가 이렇게 큰 것은 초기에 워낙 크게 자랐기 때문이다. 우리가 풍선을 원하는 만큼 한껏 분다고 하자. 풍선 위 특정 영역에 집중해서 보면, 풍선이 커질수록 그 영역은 점차 평평해질 것이다. 이것과 마찬가지로, 옛사람들은 지구가 평평하다고 믿었다. 큰 구와도 같은 지구에서 지표면의 아주 좁은 일부만을 보았기 때문이다. 우주도 마찬가지이다. 우주는 팽창하면서 평평해졌다. 차이라면 1조의 1조 배를 넘을 만큼 어마어마하게 팽창했다는 것뿐이다.

우주의 지나친 평평함은 급팽창 이론을 확증한 주된 요소였다. 사실 급팽창 이론이 애초에 해결하려고 했던 여러 문제 중 하나가 평평함이었음을 감안하면, 이 성공은 그다지 놀랍지 않을 수도 있다. 그러나 급팽창 이론이 처음 고안되었을 때 과학자들은 우주가 단순한 예상보다 좀 더 평평하다는 것은 알았어도 정확히 얼마나 평평한지는 몰랐기 때문에 급팽창의 극적인 예측을 확인해 볼 도리가 없었다. 하지만 현재는 우주가 1퍼센트 수준으로 평평하다는 사실이 측정으로 확인되었다. 만일 이 사실이 확인되지 않았다면, 급팽창 이론은 기각되었을 것이다.

내가 대학원생이었던 1980년대만 해도 대부분의 입자 물리학자들은 급팽창을 흥미로운 아이디어로 여기기는 했으나 그다지 진지하게 여기지는 않았다. 입자 물리학의 관점에서 보자면 기하 급수적 팽창이 오래 지속되는 데 필요한 조건은 실현 가능성이 대단히 낮았기 때문이다. 사실은 지금도 그렇다. 급팽창은 우주 팽창의 초기 조건들을 자연스럽게 만들기 위한 가설이었지만, 만일 급팽창 자체가 부자연스럽다면 문제가 완벽하게 풀린 것은 아닌 셈이다. 급팽창이 어떻게 발생했는가 하는 문제는, 즉 그 바탕이 되는 물리학 모형은 아직 추측의 대상이다. 1980년대에 물리학자들을 괴롭혔던 모형 구축의 문제들은 여태 골칫거리로 남아 있다. 한편 어떤 물리학자들은 급팽창이 처음 제안된 순간부터 그것이 옳을 수밖에 없다고 생각했다. 현재 스탠퍼드에 있는 러시아 출신 물리학자 안드레이 린데가 대표적으로 그런 입장인데, 급팽창을 처음 연구한 사람들 중 하나였던 그는 우주의 크기, 평평함, 균일성이라는 수수께끼를 다른 해법으로는 풀지 못하지만, 급팽창은 그 문제들을 일거에 해결해 줄 수 있으니 급팽창이 옳다고 주장했다.

최근 자세히 관측된 우주 배경 복사에 근거하여, 이제는 대부분의 물리학자들이 급팽창 이론에 동의한다. 급팽창의 이론적 토대는 아직 알아내지 못한 데다가 급팽창이 너무 오래전에 벌어진 사건이라는 것도 문제이지만, 이 이론은 우리에게 시험 가능한 예측을 제공한다. 그래서 이제 대부분의 사람들은 급팽창, 혹은 급팽창과 아주 비슷한 모종의 사건이 실제로 발생했었다고 믿는다. 그 증거가 되어 주는 관측들 중에서 가장 정밀한 것은 펜지어스와 윌슨이 발견한 2.73켈빈의 우주 배경 복사에 관한 세부 사항이다. NASA의 우주 배경 복사 탐사 위성(Cosmic Background Explorer, COBE)은 좀 더 광범위하게, 또한 좀 더 넓은 주파수 영역에서 우주 배경 복사를 측정해서 그 복사가 온 하늘에서 대단히 균일하다는 것을 재차 확인했다.

그런데 COBE 발견에서 가장 놀라웠던 점은 — 거의 모든 급팽창 회의론자들을 넘어오게 만든 증거였다. — 오히려 초기 우주가 완벽하게 균일하지는 않았다는 발견이었다. 급팽창은 우주를 전반적으로 대단히 균일하게 만들었지만, 아주 작은 **불균일성**, 즉 완벽한 균일성으로부터의 편차도 심어 놓았다. 양자 역학에 따르면, 급팽창이 끝나는 정확한 시점은 불확실할 수밖에 없다. 그것은 곧 하늘의 여러 영역들에서 급팽창이 서로 조금씩 다른 시점에 끝났다는 뜻이다. 바로 그 작은 양자적 효과가 복사에 각인되어, 완벽한 균일성으로부터의 작은 편차로 드러난다. 규모야 훨씬 작지만, 이것은 우리가 연못에 조약돌을 퐁 던졌을 때 물결이 요동치는 현상과 비슷하다.

이 발견은 지난 몇 십 년 동안의 발견들 중에서 가장 대단하다고 말해도 좋을 것이다. COBE는 우주가 대략 모래알만 했을 때 생성된 양자 요동을 발견했는데, 그 요동이 결국에 가서는 당신과 나와 은하들과 그 밖에도 우주에 존재하는 모든 구조들의 기원이 되었던 것이다. 최초의 이 불균일성은 급팽창이 끝나 가던 시점에 생겨났다. 처음에는 미시적인 규모였으나, 급팽창하는 우주에 의해 잡아 늘여짐으로써 결국 은하를 비롯하여 측정 가능한 모든 구조들의 씨앗이 될 수 있을 만큼 크게 자랐다. 그 자세한 과정은 다음 장에서 설명하겠다.

일단 이 밀도 요동 — 온도와 물질 밀도에 드러난 작은 편차를 이렇게 부른다. — 을 발견하자, 그것을 좀 더 자세히 조사하는 것은 시간 문제였다. 2001년부터 윌킨슨 마이크로파 비등방성 탐사 위성(Wilkinson Microwave Anisotropy Probe, WMAP)은 밀도 요동을 좀 더 좁은 각도에서 좀 더 정확하게 측정했다. 남극점에 있는 망원경들과 더불어, WMAP은 갓 형성되기 시작한 복잡성을 배태한 복사의 밀도에 드러난 파문을, 즉 요동을 관측했다. 그 상세한 관측 결과는 우리에게 우주의 평평함을 확인시켜 주었고, 암흑 물질의 총량을 결정해 주었으며, 나아가 초기의 기하 급수적 팽창에 대한 예측을 확증해 주었다. 급팽창 패러다임을 실험적으로 확인해 준 것은 WMAP의 가장 근사한 결과 중 하나였다.

유럽 우주국(ESA)은 이 요동을 그것보다 더 자세히 조사하기 위해서 2009년 5월에 플랑크 계획이라는 이름으로 자체 위성을 쏘아올렸다. 이 위성의 측정 결과는 정말로 많은 우주 상수들의 정밀도를 향상시켜 주었고, 초기 우주에 관한 지식을 강화해 주었다. 또한 플랑크 위성의 중요한 성취는 급팽창을 추동한 메커니즘이 무엇이었는지에 관해서 단서가 되어 주는 또 다른 상수의 값을 정확히 알려준 점이었다. 우주가 대체로 균일하되 그 균일성을 깨는 미세한 요동이 있는 것처럼, 요동의 진폭은 대체로 공간적 범위에 무관하되 작은 정도로나마 규모 의존성을 드러낸다. 이 규모 의존성은 급팽창이 끝나던 순간에 우주의 에너지 밀도가 변했다는 사실을 반영한 현상이다. WMAP, 그리고 그것보다 더 정밀한 플랑크 위성은 바로 이 규모 의존성을 측정함으로써 급팽창의 역학이 어땠는지를 인상적으로 보여 주었다. 초기의 급속한 팽창이 점진적으로 끝났다는 것을 확인해 주었으며, 급팽창의 역학에 제약이 되는 어떤 값을 측정해 주었다.

현재 우리가 아는 정도는 완벽함과는 거리가 한참 멀지만, 이제 우주론 학자들은 급팽창과 뒤이은 대폭발 팽창이 우주 역사의 확실한 일부였음을 인정한다. 우리가 이런 이론을 자세히 구축할 수 있는 것은 대단히 균일했던 초기 우주가 비교적 조사하기 쉬운 대상이기 때문이다. 우리는 그 우주에 관련된 방정식을 풀 수 있고, 데이터를 쉽게 평가해 볼 수 있다.

하지만 지금으로부터 수십억 년 전에 구조들이 형성되기 시작하자, 우주는 비교적 단순한 계에서 훨씬 더 복잡한 계로 바뀌었다. 따라서 우주의 이후 진화를 설명하는 것은 우주론 연구자들에게 훨씬 더 어려운 과제이다. 별, 은하, 은하단 같은 구조들이 형성되기 시작하면 우주 내용물의 분포를 예측하고 해석하기가 더 까다로워지기 때문이다.

그럼에도 불구하고, 늘 진화하는 이런 구조들 속에는 많은 정보가 담겨 있다. 우리는 관측, 모형, 컴퓨터의 연산력으로써 결국 그 정보를 밝혀낼 수 있을 것이다. 책의 후반부에서 이야기하겠지만, 우리는 그런 구조들을 측정하고 예측하는 작업에서 많은 것을 배울 수 있을 것이다. 심지어 암흑 물질이 우리 세상에 미치는 영향에 관해서도. 그러나 우선 지금은 애초에 그런 구조들이 어떻게 생겨났는지부터 살펴보자.

5장
은하의 탄생

　내가 뮌헨의 어느 저녁 모임에서 마시모라는 브랜드 전문가와 대화를 나눴다던 이야기를 기억할 것이다. 그가 '암흑 물질'이라는 이름에 반대했다는 이야기 말이다. 역시 그 모임에서, 마시모가 소개해 준 또 다른 콘퍼런스 참가자 맷은 내게 우리가 그 정체 묘연한 물질의 힘을 이용할 가능성이 있겠느냐고 물었다. 그가 게임 디자이너라는 점을 고려한다면 이해할 만한 질문이었다. 그 직후에 극작가인 다른 친구도 내게 똑같은 질문을 물었다. 그녀가 과학 소설(SF)을 좋아한다는 것을 떠올리면 역시 놀라운 일은 아니었다.

　그러나 이런 의문은 희망 섞인 생각일 뿐이다. 나는 이번에도 그 원인을 잘못된 작명 탓으로 돌리겠다. 암흑 물질은 우리 가까운 주변에서 군사 전략적 힘을 제공해 줄 수 있는 불길한, 그러나 풍요로운 에너지원이 아니다. 알려진 물질이 암흑 물질에게 미치는 영향은 엄청나게 약할 것이라는 점을 고려할 때, 누구도 암흑 물질을 지하실이나 차고에 수집할 수 없을 것이다. 우리의 손과 도구는 보통 물질로 만들어졌기 때문에, 우리가 암흑 물질 미사일이나 암흑 물질 덫을 만들 수는 없을 것이다. 암흑 물질을 찾는 것만 해도 어려운데, 그것을 이용하기는 훨씬 더 어렵다. 설령 암흑 물질을 가둘 방법을 찾아내더라도, 그것이 눈에 띄는 방식으로 우리에게 영향을 미치지는 않을 것이다. 암흑 물질은 중력을 통해서만, 혹은 너무 미약해서 — 민감한 감지기를 쓰더라도 — 아직 감지되지 않은 다른 종류의 힘을 통해서만 상호 작용하기 때문이다. 엄청나게 큰 천문학적 규모를 이루지 않는 한, 암흑 물질이 지구에 미치는 영향은 너무 작아서 신경 쓸 필요도 없다. 애초에 암흑 물질을 찾기 힘든 이유도 그것이다.

그러나 우주 전체가 수집한 다량의 암흑 물질이라면 이야기가 다르다. 우주 전역에 퍼진 엄청난 양의 암흑 물질은 결국 붕괴하고 응집하여 은하단과 은하를 만들었고, 그것들이 다시 별을 형성했다. 암흑 물질이 사람들이나 실험실에서 벌어지는 실험들에 조금이라도 인식 가능한 방식으로 직접 영향을 미친 바는 (아직) 없지만, 암흑 물질의 중력은 우주의 구조들이 형성되는 데는 결정적인 영향을 미쳤다. 그리고 암흑 물질은 거대한 붕괴로 형성된 영역, 즉 현재 물질이 존재하는 영역에 다량으로 몰려 있기 때문에 오늘날에도 별들의 움직임과 은하들의 궤적에 영향을 미친다. 앞으로 이야기하겠지만, 통상적인 종류와는 다른 새로운 종류의 암흑 물질은 이것보다 더 높은 밀도로 붕괴하여 역시 태양계의 궤적에 영향을 미치고 있을지도 모른다. 그러니 비록 우리는 암흑 물질의 힘을 이용할 수 없어도, 우리보다 훨씬 더 강력한 우주는 할 수 있다. 이 장에서는 암흑 물질이 우주 진화에 미친 결정적인 역할을 살펴보고, 잘 알려진 과정에 따라 유한한 수명을 살아가는 은하들의 형성에 미친 역할도 살펴보자.

달걀과 닭

구조 형성 이론은 어떻게 급팽창이 남긴 최후의 유물로부터, 그러니까 대단히 — 하지만 완벽하게는 아니다. — 지루하고 균일한 우주로부터 별들과 은하들이 발달했는지를 알려준다. 이 책에 소개된 이론들이 대부분 그렇듯이, 구조 형성을 설명하는 일관된 그림은 비교적 최근에서야 정립되었다. 그러나 이제 이 이론은 가령 급팽창으로 보강된 대폭발 이론 같은 우주론의 다른 발전 성과들, 그리고 가령 암흑 물질처럼 예전보다 더 정확하게 측정된 구성 요소들을 튼튼한 기반으로 삼고 있다. 이런 토대 덕분에 우리는 갓 시작된 우주의 뜨겁고 무질서하고 분화되지 않은 영역들이 어떻게 오늘날 우리가 보는 은하들과 별들로 발달했는지를 설명할 수 있게 되었다.

처음에 우주는 뜨겁고, 밀도 높고, 대체로 균일했다. (공간의 어느 지점에서나 성질이 같았다는 뜻이다.) 또한 등방성이 있었다. (모든 방향에 대해서 다 같았다는 뜻이다.) 입자들은 끊임없이 상호 작용하고 생겨나고 사라졌지만, 입자들의 밀도와 행동은 어디에서나 다 같았다. 물론 이것은 오늘날 우주를 그린 그림들이 보여 주는 풍경, 혹은 우리가 직접 눈을 들어 밤하늘의 아름다움을 찬미할 때 목격하는 풍경과는 전혀 다른 풍경이다.

오늘날 우주는 더 이상 균일하지 않다. 드넓은 공간에 띄엄띄엄 박힌 별들, 은하들, 은하단들은 그것들이 창공에 고르지 않게 분포되어 있다는 사실을 알려준다. 그런데 우주의 핵심인 그런 구조들은 밀도 높은 항성세 없이는 탄생할 수 없었을 것이다. 그런 항성계가 중원소를 비롯한 모든 멋진 물질을 형성하는 데 결정적으로 기여했기 때문이다. 알다시피 그런 집중된 항성 환경 중 적어도 한 군데에서는 생명까지 발달했고 말이다.

우주의 가시 구조는 가스와 항성계(stellar system)로 구성된다. 항성들의 집합을 뜻하는 항성계는 크기가 대단히 다양하고 형태도 여러 가지이다. 한 별이 다른 별을 도는 쌍성도 항성계이고, 별이 10만 개에서 1조 개까지 모인 다양한 규모의 은하들도 항성계이다. 별이 그것보다 1,000배 더 많은 은하단도 역시 항성계이다.

이런 다양한 종류들을 좀 더 잘 이해하기 위해서, 우리 우주에 담긴 천체들의 전형적인 질량과 크기가 얼마나 되는지 생각해 보자. 천문학적 거리는 보통 파섹이나 광년으로 측정되고, 천문학적 질량은 보통 태양 질량 단위로 측정된다. 태양 질량이란 해당 질량에 우리 태양의 질량이 몇 번이나 들어가겠는가를 따지는 것이다. 은하는 약 1000만 태양 질량의 왜소 은하들부터 약 100조 태양 질량의 초대형 은하들까지 다양하다. 우리 은하는 약간 작은 편에 속하는 전형적인 은하로, 질량은 약 1조 태양 질량이다. 이 값은 여러 구성 요소들 중 양이 제일 많은 암흑 물질까지 포함한 총 질량이다. 대부분의 은하들은 지름이 수천 광년에서 수십만 광년이다. 한편 은하단은 질량이 100조 태양 질량과 1000조 태양 질량 사이이고, 지름은 보통 500만 광년에서 5000만 광년 수준이다. 은하단은 최대 약 1,000개의 은하를 품고 있지만, 그 10배를 품는 초은하단도 있다.

그런데 오늘날 존재하는 이런 천체들은 초기 우주에는 없었다. 초기 우주는 밀도가 극도로 높았기 때문에, 그것보다 밀도가 한참 낮은 별이나 은하가 존재할 수 없었다. 항성계는 우주가 나중에 형성될 천체들의 평균 밀도보다 더 낮은 평균 밀도를 띠는 온도까지 식은 뒤에야 비로소 형성될 수 있었다. 구조 형성은 또 우주에서 물질이 복사보다 더 많은 에너지를 가지게 되는 시점까지 기다려야 했다. 여기에서 말하는 복사란 우주론의 정의에 따른 것, 즉 광자를 비롯하여 광속이나 광속에 가깝게 달리는 모든 입자를 가리키는 것임을 명심하자. 뜨거운 초기 우주는 온도가 하도 높아서 거의 모든 입자가 이 기준을 충족시켰기 때문에, 당시에는 복사가 우주의 총 에너지에서 가장 많은 양을 차지했다.

이후 우주가 팽창하자, 복사와 물질은 둘 다 희박해졌다. 각각의 에너지 밀도도 그것에 따라 낮아졌다. 그런데 적색 이동을 통해 에너지가 더 낮아지는 복사의 에너지는 물질보다 더 빨리 희박해지기 때문에, 결국에는 물질이 — 스포트라이트를 받을 날을 10만 년이나 기다린 끝에 — 우주의 총 에너지에서 가장 큰 양을 차지하게 되었다. 이 기념비적인 시점에 물질은 우주 에너지에서 최대 기여자의 자리를 복사로부터 넘겨받았다.

우리가 구조 형성 과정을 쫓기에 알맞은 시작점은 바로 이때이다. 그러니까 물질이 압도하기 시작한 시점, 우주가 진화한 지 10만 년쯤 되던 시점이다. 이 시기는 요동이 최초로 생겨난 시점에 비하면 비교적 나중이지만, 오늘날 우리가 관측하는 우주 배경 복사가 각인된 시점으로부터 그렇게까지 많이 이른 것은 아니었다. 물질이 복사를 압도한 것은 우주론에서 의미심장한 사건이었다. 느리게 움직이는 물질의 압력은 복사의 압력보다 훨씬 낮아서 우주 팽창에 복사와는 다른 영향을 미치기 때문이다. 그래서 물질이 우위를 넘겨받자, 우주의 팽창 속도가 달라졌다. 그런데 구조 형성 측면에서 그것보다 더 중요한 점은 덕분에 비로소 작고 밀도 높은 구조들이 생겨날 수 있었다는 것이다. 복사는 광속이나 광속에 가깝게 움직이기 때문에, 중력으로 묶인 작은 계에 속박될 만큼 감속되는 경우가 없다. 마치 해변의 모래에 새겨진 파문을 바람이 지워 버리는 것처럼, 복사는 요동을 씻어낸다. 반면에 물질은 속도가 느려지면 서로 뭉친다. 요컨대 느리게 움직이는 물질만이 붕괴를 통해 구조를 형성할 수 있는 것이다. 우주론 연구자들이 가끔 암흑 물질을 **차갑**다고 표현하는 것은 그 때문이다. 암흑 물질은 뜨겁지 않고, 상대론적이지 않고, 복사처럼 행동하지도 않는다는 뜻이다.

우주의 에너지 밀도에서 물질이 압도하게 되자, 밀도 요동이 — 급팽창이 끝난 시점에 어떤 영역은 주변보다 밀도가 약간 더 높고 어떤 영역은 약간 더 낮은 식으로 편차가 생긴 것을 말한다. — 물질 붕괴를 촉발했다. 그리고 그 붕괴 지점들은 앞으로 구조가 자랄 씨앗으로 기능했다. 요동은 이후 좀 더 커져서, 원래 균일했던 우주를 서로 다른 여러 영역들로 증폭되는 우주로 탈바꿈시켰다. 밀도 변화가 1만분의 1보다 낮은 미미한 수준이었는데도 거의 균일한 우주로부터 구조를 생성해 내기에 충분했던 것은 우주가 아주 평평했기 때문이다. 달리 말해, 우주의 에너지 밀도는 급속한 붕괴와 급속한 팽창의 경계선에 아슬아슬하게 걸친 임곗값이었다. 그 임계 밀도의 값은 우주가 천천히 팽창하면서 오래 살아남아서 구조를 형성하도록 허락하기에 딱 알맞았다. 그렇게 섬세한 조건을 갖춘 환경에서는 아주 작은 밀도 요동이라도 일부 영역의 물질을 붕괴시키기에 충분했고, 그럼으로써 구조 형성이 촉발되었다.

붕괴로 인한 구조 형성이 시작되는 데는 서로 경쟁하는 두 힘이 기여했다. 중력은 물질을 안으로 끌어당겼고, 복사는 ― 비로 이제는 우세한 에너지가 아니었지만 ― 물질을 밖으로 밀어냈다. 이때 질량이 일정 수준을 넘어서면 이 균형이 깨지는데, 그 문턱값을 진스 질량(Jeans mass)이라고 부른다. 밖으로 밀어내는 복사의 압력이 안으로 당기는 중력의 인력과 균형을 이루지 못하면 영역 내부의 가스가 붕괴한다. 그리고 물질과 그 인력 퍼텐셜로부터 자라난 물체들은 결국 빛을 내는 은하와 별을 형성하는 씨앗이 되었다.

밀도가 높은 영역은 낮은 영역보다 더 큰 중력을 발휘했으므로, 안 그래도 희박한 주변을 더욱더 고갈시키면서 밀도가 점점 더 높아졌다. 우주는 (물질이) 풍부한 영역은 좀 더 풍부해지고 (물질이) 가난한 영역은 좀 더 가난해지면서 점점 더 덩어리를 짓게 되었다. 이런 물질 응집은 계속 이어졌으며, ― 그럼으로써 중력으로 묶인 천체들이 탄생했다. ― 물질은 양의 되먹임 과정을 겪으면서 계속 붕괴했다. 별들, 은하들, 은하단들은 급팽창이 남긴 최초의 미미한 양자 역학적 요동에 중력이 작용한 결과로 모두 이때 탄생했다.

암흑 물질은 복사에 영향받지 않는 데다가 양이 훨씬 더 많았기 때문에, 처음에 인력 퍼텐셜 우물을 형성함으로써 좀 더 많은 물질을 끌어당겨 붕괴시킨 것은 보통 물질이 아니라 암흑 물질이었다. 우리가 오늘날 별과 은하를 볼 수 있는 것은 그것들이 내는 빛 때문이지만, 처음에 그런 가시 물질을 고밀도 영역으로 끌어당겨서 은하를, 나중에는 별을 생겨나게 만든 것은 암흑 물질이었다. 충분히 큰 영역이 붕괴하면, 암흑 물질은 대충 구처럼 생긴 헤일로를 형성했다. 그 속에서 보통 물질의 가스는 충분히 식었고, 중심으로 응집되었고, 결국 조각조각 나뉘어 별이 되었다.

보통 물질만 있을 때보다 암흑 물질이 함께 있을 때 붕괴가 더 빨리 벌어지는 것은 물질의 총 에너지 밀도가 높을수록 물질이 복사보다 더 빨리 우위를 차지할 수 있기 때문이다. 그러나 암흑 물질은 다른 측면에서도 중요했다. 처음에는 전자기 복사가 보통 물질이 은하의 100분의 1쯤 되는 규모의 구조를 발달시키는 것을 막았으므로, 보통 물질이 은하 규모의 천체와 별의 씨앗을 형성할 시간을 확보하기 위해서는 암흑 물질에 편승해야만 했다. 만일 암흑 물질이 붕괴를 개시해 주지 않았다면, 별들은 현재의 개수와 분포에 도달하지 못했을 것이다.

요컨대, 구조를 형성하는 붕괴를 개시한 것은 암흑 물질이었다. 암흑 물질은 양이 더 많았을 뿐 아니라 빛의 영향에서 사실상 자유로웠기 때문에, 보통 물질을 뿔뿔이 흩어 버리는 전자기 복사도 암흑 물질을 흩어 내지는 못했다. 따라서 암흑 물질은 물질 분포에 요동을 야기할 수 있었고, 보통 물질은 복사와 분리된 뒤 그 요동에 반응했다. 암흑 물질은 보통 물질에게 유리한 출발의 조건을 마련해 준 셈이었다. 은하와 항성계가 형성될 길을 앞서 닦아 준 셈이었다. 암흑 물질은 복사의 영향을 받지 않기 때문에 보통 물질이 붕괴할 수 없는 지점에서도 붕괴할 수 있었고, 그렇게 붕괴하는 영역은 양성자와 전자를 끌어들이는 바탕이 되어 주었다.

이처럼 암흑 물질과 보통 물질이 동시에 붕괴하여 은하나 별 같은 가시 물체를 이루었다는 사실은 비단 구조 형성에서만이 아니라 우리의 관측에도 중요하다. 우리가 직접 볼 수 있는 것은 보통 물질뿐이지만, 그래도 우리는 암흑 물질과 보통 물질이 한 은하에 함께 존재할 것이라고 꽤 자신 있게 말할 수 있다. 보통 물질은 암흑 물질의 씨앗에 의존하여 구조를 형성했으므로, 암흑 물질에 편승했던 보통 물질이 많이 담겨 있는 구조에는 암흑 물질도 상당량 담겨 있으리라고 짐작할 수 있다. 따라서 암흑 물질의 경우에는 어쩌면 등잔 밑을 찾아보는 게 제일 나은 수색 방법일지도 모른다.

암흑 물질이 오늘날에도 계속 중요한 역할을 한다는 것 또한 지적해 둘 만하다. 암흑 물질은 중력을 발휘하여 별들이 날아가 버리지 않게 붙들어 둘 뿐 아니라, 초신성에서 분출된 물질의 일부를 은하로 도로 끌어들이는 데도 기여한다. 그럼으로써 은하가 이후 별 형성에, 나아가 생명 형성에 필요한 중원소들을 보유하도록 돕는다.

하지만 물리학자들이 이론에 근거하여 초기의 구조 형성을 예측할 수는 있어도, 초기 구조 형성 과정에서 우주가 정확히 어떻게 변했는지를 직접 목격한 사람은 아무도 없다. 우리가 망원경으로 감지하는 빛은 그것보다 좀 더 나중에 방출된 것뿐이다. 그 방법으로는 수십억 년 전에 형성된 최초의 은하들까지만 조사할 수 있다. 한편 역시 오늘날 우리가 관측할 수 있는 우주 배경 복사는 우주가 복사로 가득했지만 아직 붕괴하여 중력으로 묶인 천체는 형성되지 않았던 시점에 방출된 것이다. 우주 배경 복사는 우주가 진화하기 시작하여 38만 년이 흐른 시점의 초기 밀도 요동이 후대가 볼 수 있도록 하늘에 새겨진 것이지만, 별들이나 은하들이 나타나서 관측 가능한 빛을 내려면 그로부터 5억 년은 더 흘러야 했다.

중성 원자가 형성되고 우주 배경 복사가 각인된 재결합 시점으로부터 가시 물체가 나타난 시점까지의 시기는 현재의 어떤 관측 도구로도 관찰할 수 없는 캄캄한 암흑기이다. 별이 형성되기 전이었으니 빛을 내는 물체는 아무것도 없었고, 이전에 어디에나 있었던 전기를 띤 물질과 상호 작용하던 우주 배경 복사는 더 이상 하늘을 밝히지 않았다. 그 시기는 통상의 망원경으로는 눈에 보이지 않는다. (그림 6) 그러나 바로 그 시기에 우주의 원시 수프는 오늘날 우리가 관측하는 풍요롭고 복잡한 우주의 선조에 해당하는 구조들로 바뀌었던 것이다.

하버드 대학교의 천체 물리학자 아비 러브는 우리가 현재의 기술로

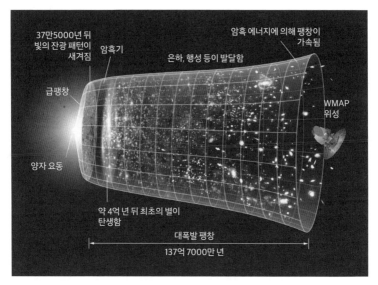

그림 6 우리가 우주 배경 복사로 관측할 수 있는 시점 이후에 암흑기가 이어졌다. 그때 구조들이 형성되었다. 그다음에는 최초의 별들이 등장했고(그랬다가 사라졌고), 뒤이어 은하들과 다른 구조들이 형성되었으며, 암흑 에너지가 우주의 팽창을 도맡기 시작했다. (NASA 제공)

최초의 별이 형성되는 과정을 목격할 수 없는 이 상황을 달걀에서 닭이 형성되는 과정을 볼 수 없는 상황에 비유했다. 달걀에는 질척거리는 수프 같은 구조가 담겨 있을 뿐이다. 하지만 암탉이 그것을 오래 품으면, 그것으로부터 제대로 된 병아리가 나온다. 그리고 그 병아리는 장성한 닭으로 자란다. 우리가 깨진 달걀에서 목격하는 노른자와 흰자는 나중에 생겨날 존재와는 전혀 다르게 생겼지만, 어쨌든 그 속에 나중에 생겨날 병아리의 씨앗이 죄다 담겨 있는 것이다. 그러나 전환은 껍데기 속에서 벌어지므로, 특수한 도구 없이는 아무도 속에서 벌어지는 과정을 볼 수 없다.

그것과 비슷하게, 우주에서 최초의 구조가 형성되었던 과정을 목격하려면 뭔가 새로운 기술이 필요하다. 현재 제안된 방법이 몇 가지 있기는 하지만, 어쨌든 지금은 아무도 우주 진화의 암흑기를 볼 수 없다. 그래도 우리는 마치 달걀처럼 우주의 밀도 요동에 나중에 등장할 구조의 씨앗들이 담겨 있다는 것을 안다. 그리고 닭이냐 달걀이냐의 수수께끼와는 달리, 우주에 대해서는 최소한 무엇이 먼저 나타났는지 안다.

위계 구조

구조 형성에 관한 앞의 그림, 다시 말해 독립적 요동 과정들이 독립적 은하들을 낳았고 그것들이 이후 독립적으로 진화했다는 그림에는 붕괴에 관한 물리학이 많이 담겨 있다. 거기에 더해 이후 더 밝혀진 내용을 살펴보자. 맨 처음 형성된 것은 거성들이었다. 그러나 그 별들은 금세 폭발하여 초신성이 됨으로써 최초의 중원소를 우주로 내뿜거나, 아니면 금세 붕괴하여 블랙홀로 변했다. 그 중원소들은 이후 우주가 발달하는 데 중요한 역할을 했다. 금속 — 천문학자들이 중원소라고 부르는 것이 바로 금속이다. — 이 있어야만 더 차갑고 밀도 낮은 영역에서 (태양처럼) 더 작은 별이 형성될 수 있었고 우리가 현재 관측하는 구조들이 생겨날 수 있었기 때문이다.

그런데 그런 별들이 형성되기 전에 먼저 은하들이 등장해야 했다.

은하야말로 맨 먼저 등장한 복잡한 구조였다. 은하들은 — 언뜻 저마다 자족적인 구조처럼 보이지만, 잠시 뒤에 살펴볼 텐데, 사실은 모두 연결되어 있었다. — 많은 면에서 우주를 만든 기본 벽돌이었다. 일단 형성된 은하들은 서로 융합하여 은하단처럼 더 큰 구조를 이룰 수 있었고, 은하가 충분히 붕괴한 뒤에는 그 속에서도 가장 밀도 높은 영역에서 별이 형성될 수 있었다. 어쨌든 오늘날 우리가 보는 모든 구조들이 형성되는 과정은 맨 먼저 은하들이 형성되면서 시작되었다.

그러나 은하들이 저마다 개별적으로 형성되었다고 보는 시각은 지나치게 단순화한 그림이다. 실제 은하들은 그런 시각에서 상상하는 것과는 달리 독립된 섬들이 아니었다. 은하가 다른 은하와 만나고 융합하는 과정이 은하들의 발달에 중요하게 기여했기 때문이다. 은하 형성은 위계적인 과정이었다. 맨 먼저 작은 은하들이 생긴 뒤, 그보다 큰 은하들이 생겼다. 독립 은하처럼 보이는 것도 그것보다 더 큰 암흑 헤일로에 둘러싸여 있었는데, 최소한 그 헤일로는 다른 은하들의 헤일로와 인접해 있었다. 은하가 공간에서 차지하는 비는 상당히 크기 때문에, — 1,000분의 1쯤을 차지한다. — 공간을 1000만분의 1쯤 차지하는 별들과는 달리 자기들끼리 더 자주 충돌한다. 은하들은 융합이나 그 밖의 중력 상호 작용을 통해서 서로에게 영향을 미친다. 그리고 가스, 별, 암흑 물질을 계속 제 휘하에 끌어들이면서 계속 진화한다.

그렇다면 이렇게 추가로 알게 된 내용까지 고려하여, 구조 형성 과정을 다시 살펴보자. 부익부 빈익빈의 비유는 이 과정을 이해하는 데 놀랍도록 잘 맞는다. 모든 것이 갈수록 빨라지고 급해지는 오늘날의 세상에서는 원래 가난한 사람이 더 가난해지기만 하는 게 아니라 가난한 사람의 수도 더 많아진다. 가끔 인류의 종말적 시나리오들에 대한 열띤 토론을 귀동냥해 보면, 미래에는 부자들보다 수가 훨씬 더 많은 가난한 사람들의 거주지가 점점 더 확산되는 바람에 부자들은 가장자리로 몰려나서 좁은 곳에서 몰려 살게 될 것이라는 예측이 있다. 썩 내력직이지는 않은 이 시나리오대로라면, 부자들은 결국 도시 외곽에서 살게 될 것이다. 내가 남아프리카 공화국 더반 교외의 백인 주거지에서 본 것이 바로 그런 모습이었다. 그런데 — 비유를 계속 이어가자면 — 한 도시만 그런 게 아니라 이웃의 다른 도시들도 비슷한 현상을 겪을 것이다. 충분히 확산된 동네들은 결국 서로 접할 것이고, 부자들은 그 교차점에 몰리게 될 것이다. 부유하고 격리된 인구는 각종 사업과 보안에 투자하겠지만, 그것으로 인한 발전과 빠른 성장은 특권 계급의 거주지들이 교차하는 소수의 마디(node)들에만 적용될 것이다.

사회에게는 그다지 매력적인 그림이 못 되지만, 이 과정은 우주에서 구조가 형성된 과정과 대단히 비슷하다. 우주에서 밀도가 낮은 영역은 주변보다 더 빨리 팽창하고, 밀도가 높은 영역은 더 느리게 팽창한다. 그 결과 저밀도 영역이 고밀도 영역을 부피로 압도하여 몰아내므로, 고밀도 영역은 팽창하는 저밀도 영역의 가장자리에 몰리게 된다. 상대적으로 희박한 영역들은 갈수록 고갈되면서 진공으로 진화하고, 그러는 동안 계속 팽창하며, 물질을 계속 가장자리에 있는 고밀도 시트로 몰아낸다.

그런 시트들이 서로 만나면, 마치 섬유처럼 생긴 고밀도 영역이 형성된다. 그런 영역은 주변에 남은 다량의 '부유' 물질을 중력으로 끌어당겨 몽땅 모은다. 그렇게 계속 불어난 물질은 진공을 둘러싼 얇은 고밀도 시트들의 망에 속박된다. 우주의 이 그물은 섬유들로 짜인 망의 형태이고, 그 속에서도 섬유들이 교차하는 마디에서 물질 밀도가 가장 높다. 요컨대, 물질은 그냥 단순하게 구형으로 붕괴하는 게 아니다. 먼저 시트로 몰렸다가, 섬유가 되었다가, 섬유들이 교차하는 마디로 몰린다. (그림 7) 바로 이 마디들이 은하를 형성하는 씨앗으로 기능하는 것이다. 게다가 이 과정은 오래 지속되며, 갈수록 더 큰 규모에서 구조

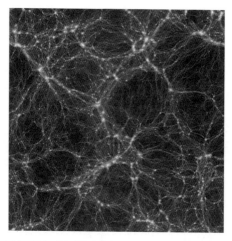

그림 7   물질이 이룬 '우주의 그물' 시뮬레이션. 어둡고 상대적으로 속이 빈 공간을 둘러싸고서 암흑 물질로 이뤄진 섬유들이 얽혀 있고, 그 섬유들은 마디에서 서로 교차한다. 마디에 나타난 밝은 지점들이 은하단이다. (두께 18메가파섹, 길이 179메가파섹의 공간에서 암흑 물질 밀도를 예상한 이 이미지는 베네딕트 디머와 필립 맨스필드가 켈러, 한, 아벨의 2012년 시각화 알고리듬을 써서 만들었다.)

형성의 형태와 패턴이 반복된다. 작은 구조에서 큰 구조가 생겨나는 상향식 위계 구조 모형인 셈이다. 그리고 그때 맨 먼저 형성된 것은 작은 은하들이었다.

수치 시뮬레이션 결과, 이 예측은 큰 규모에서는 옳다고 확인되었다. 암흑 물질은 우주의 밀도와 구조의 형태를 정확하게 설명해 주었다. 하지만 그것보다 작은 규모에서는 불일치가 드러났는데, 이 불일치는 앞으로 이론을 더 다듬을 때 쓸 실마리일지도 모른다. 그러나 정립이 덜 된 이 예측과 관측, 이 문제를 해결해 줄지도 모르는 모형에 관한 토론은 훗날의 일로 남기자.

보통 물질과 암흑 물질은 동시에 붕괴하기 때문에, 은하들이 내는 복사는 암흑 물질이 풍부한 지점을 알려주는 단서인 셈이다. 지구를 뒤덮은 불빛들이 도시들의 위치를 보여 주는 것처럼, 우주에서 가장 밝은 영역들은 별이 많아서 밀도가 높은 영역들의 위치를 보여 준다. 그리고 지구의 빛의 세기가 인구 밀도를 반영하는 것처럼, 우주의 빛의 세기는 총 질량 밀도를 반영한다.

그러나 한 가지 염두에 두어야 할 점이 있다. 지구의 빛과 마찬가지로, 우리가 우주에서 보이는 빛과 실제 질량의 비는 얼마든지 달라질 수 있다는 점이다. 암흑 물질 대 발광 물질의 비는 천체가 가령 왜소 은하이냐, 은하이냐, 은하단이냐에 따라 달라진다. 이처럼 비는 달라질지언정, 빛이 있는 곳에 암흑도 있음은 분명한 사실이다. 이 원리는 구조 형성 이론을 확인할 때 도움이 되어 주는 귀중한 관측 도구이다.

국부 은하군

이 장을 — 또한 1부를 — 마치기 전에, 우리가 제일 잘 아는 은하와 그 속에서도 우리가 제일 좋아하는 별에서 보통 물질이 어떻게 분포되어 있고 어떤 영향을 미치는지를 살펴보자. 우리 은하와 우리 태양이다. 우리 은하가 은하수라고 불리는 것은 맑고 건조한 밤하늘에 보이는 우윳빛 빛의 띠 때문이다. 그 빛은 우리 은하의 은하면에 원반 모양으로 퍼져 있는 수많은 희미한 별들의 빛이 합쳐진 것이다. 딴말인데, '밀키웨이' 다크 초컬릿 바의 포장에 은하수가 그려져 있기는 하지만 (나는 이 초컬릿 바를 꽤 좋아하고 너무 많이 먹는다.), 사실 이 초컬릿 바의 이름은 은하수가 아니라 몰트 밀크셰이크에서 땄다고 한다. 산업적으로 만들어 낸 이 간식의 맛은 몰트 밀크셰이크를 흉내 낸 맛이라는 것이다.

우리 은하는 국부 은하군(local group)이라고 불리는 은하 집단에 속한다. 국부 은하군은 여러 은하들이 중력으로 묶여 있어서 밀도가 평균보다 높은 지역을 말한다. 우리 은하, 그리고 M31이라고도 불리는 안드로메다 은하가 국부 은하군의 질량을 거의 다 차지하지만, 더 작은 은하들도 수십 개 소속되어 있다. 주로 두 큰 은하에 딸린 위성 은하들이다. 우리 은하와 안드로메다 은하가 허블 팽창에 따라 서로 멀어지지 않는 것은 국부 은하군이 중력으로 묶어 주기 때문이다. 오히려 두 은하의 경로는 수렴하고 있으며, 약 40억 년 뒤에는 충돌하여 융합할 것이다.

우리 은하

은하수, 다시 말해 우리 은하는 가스와 별로 이뤄진 원반이다. 가로로는 13만 광년쯤 뻗어 있고 세로로는 2,000광년쯤 뻗어 있는 '플랫랜드' 같은 구조라서 원반처럼 보인다. 원반에는 별들뿐 아니라 수소 가스, 그리고 성간 물질이라고 불리는 작고 단단한 먼지 입자들도 담겨 있는데 이것들의 총 질량은 별들의 질량을 모두 합친 것의 10분의 1쯤 된다. 사실 우리가 보는 은하수는 별이 가장 많아서 빛이 가장 밝은 은하 중심은 아니다. 성간 물질이 그 빛을 가리고 있기 때문이다. 하지만 천문학자들은 적외선 대역에서 은하 중심을 볼 수 있다. 가시광선보다 주파수가 낮은 적외선은 먼지에 흡수되지 않기 때문이다. 우리 은하 중심에는 400만 태양 질량쯤 되는 블랙홀도 있다. 궁수자리 A^* 별이라고도 불리는 블랙홀이다.

은하 중심의 블랙홀과 암흑 물질은 전혀 다른 존재이다. 하지만 암흑 물질도 폭이 65만 광년쯤 되는 거대한 구형의 헤일로 형태로 우리 은하에 존재한다. 이 헤일로는 크기와 질량 면에서 우리 은하 최대의 구성 요소인데, 대충 구형인 그 공간 속에 은하 원반이 모두 담겨 있으며 그 속의 질량은 1조 태양 질량쯤 된다. 여느 은하와 마찬가지로, 우리 은하도 먼저 암흑 물질이 응집된 뒤에 그것이 가시 은하를 이루는 보통 물질을 끌어들임으로써 형성되었다. (그림 8)

나는 원반이 왜, 어떻게 형성되는지는 아직 설명하지 않았다. 그런데 이 주제는 내가 나중에 이야기할 암흑 물질 원반과 그것이 유성체에 미치는 영향에 관한 논의에서 중요한 요소일지 모른다. 보통 물질이 흥미로운 것은 그것이 은하 속에서 암흑 물질과는 사뭇 다르게 분포될 수 있기 때문이다. 암흑 물질은 희박하게 퍼진 구형 헤일로를 형성하는 데 비해, 보통 물질은 붕괴하여 원반을 이룰 수 있다. 우리가 익숙한 은하수를 흐르는 별들의 원반처럼 말이다.

보통 물질이 붕괴를 일으키는 것은 전자기 복사와 상호 작용하기 때문이다. 보통 물질과 암흑 물질을 구분짓는 중요한 특징은 보통 물질은 복사를 낸다는 점이다. 만일 그 복사에도 불구하고 온도가 떨어지지 않는다면, 보통 물질도 암흑 물질처럼 계속 희박하게 퍼져 있을 것이다. 더구나 보통 물질의 에너지 예산은 많아야 암흑 물질의 5분의 1 수준이므로, 암흑 물질보다 오히려 밀도가 더 낮을 것이다. 하지

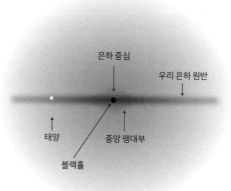

그림 8 우리 은하 원반에는 중앙에 팽대부와 블랙홀이 있고, 그 주변을 암흑 물질 헤일로가 감싸고 있다. 태양의 위치도 확인하라. (축적은 무시했다.)

만 실제 보통 물질은 광자와 상호 작용하여 에너지를 발산함으로써 식고, 그래서 좀 더 집중된 영역으로 붕괴한다. 그것이 바로 원반이다. 이렇게 보통 물질이 광자를 방출하여 에너지를 잃는 과정은 우리 살갗에서 물이 증발할 때 에너지를 가지고 나가는 것과 비슷하다. 그야 물론, 에너지를 발산하는 물질과는 달리 우리는 땀을 흘려 몸이 식었다고 해서 붕괴하지는 않지만 말이다. 어쨌든 보통 물질은 에너지를 발산하기 때문에, 붕괴하여 좀 더 좁은 영역에 집중된 가스는 그 영역에서 암흑 물질보다 더 높은 밀도로 응축된다.

이때 보통 물질이 작은 공 모양으로 뭉치는 것이 아니라 하필이면 원반을 이루는 것은 물질의 회전 때문이다. 그 회전은 물질이 형성될 때 가스 구름으로부터 물려받았던 각운동량(회전의 운동량)에서 왔다. 물질이 식으면 붕괴에 대한 저항이 낮아져서 한 방향으로 붕괴되지만, 나머지 두 방향으로의 붕괴는 가스의 회전 때문에 생기는 원심력으로 방지되거나 최소한 약화된다. 우리가 구슬을 원형 트랙에 굴린다면, 마찰이나 그 밖의 힘이 가해지지 않는 한 구슬은 언제까지나 영원히 구를 것이다. 마찬가지로, 일단 회전하기 시작한 물질은 모종의 토크(회전력)를 받거나 스스로 각운동량을 에너지로 발산해 내지 않는 한 언제까지나 최초의 각운동량을 간직한다.

이처럼 각운동량이 보존되기 때문에, 가스 영역은 수직으로는 잘 붕괴하지만 방사상으로는 효과적으로 붕괴하지 못한다. (이때 방향은 회전에 따라 정의된다.) 물질은 회전축에 평행한 방향으로는 붕괴하지만, 각운동량이 어떤 방식으로든 제거되지 않는 한 방사상으로는 붕괴하지 않는다. 밤하늘에 길게 걸친 은하수의 납작한 원반은 이런 차별적 붕괴 때문에 만들어졌다. 다른 나선 은하들의 원반도 대부분 이렇게 만들어졌다.

태양과 태양계

우리 은하의 총 질량은 암흑 물질이 압도하고 있지만, 은하면에서 벌어지는 물리적 과정들을 지배하는 것은 은하 원반에 집중된 보통 물질이다. 보통 물질은 구조가 처음 생겨나는 과정에서는 제한적인 역할만 맡았지만, 밀도가 높은 데다가 핵력과 전자기력으로 상호 작용하기 때문에 여러 물리적 과정들에서는 중심적인 역할을 맡는다. 별 형성도 그런 과정이다.

별은 뜨겁고 밀도가 높고 중력으로 한데 묶인 가스의 공이다. 별은 핵융합에서 나오는 에너지를 연료로 삼아 타오른다. 별은 은하에서 가스가 고밀도로 몰린 지점에서 탄생한다. 원반 속 가스가 은하 중심을 둘러싼 궤도를 공전하다 보면, 상대적으로 밀도가 높은 구름으로 쪼개지고는 한다. 그리고 그 구름은 좀 더 붕괴할 수 있다. 별은 그렇게 헤일로 내에서 가스가 고밀도로 붕괴한 지점에서 형성된다.

가스로 된 공들 중 하나인 우리 태양은 45억 6000만 년 전에 탄생했다. 태양계는 중력, 가스의 압력, 자기장, 회전이 각자 역할을 수행하여 빚어낸 역동적인 계였다. 운석 중에는 태양계의 나이만큼 오래된 물질을 간직한 것이 많은데, 여러 박물관에 그런 표본이 전시되어 있다. 태양은 수직으로는 우리 은하 원반의 중간면에 가깝게 놓여 있고, 중심으로부터의 수평 거리는 약 2만 7000광년이다. 다른 별들의 최소 4분의 3보다 방사상으로 좀 더 멀리 있는 셈이다.

우리 은하 원반에 있는 다른 수천억 개 별들과 마찬가지로, 태양은 초속 약 220킬로미터의 속력으로 은하를 공전한다. 그 속도라면 태양이 은하 중심을 둘러싼 궤도를 한 바퀴 도는 데 2억 4000만 년쯤 걸린다. 은하면의 나이는 100억 년이 채 못 되므로, 은하면의 별들이 그동안 공전한 횟수는 50바퀴 미만일 것이다. 은하계 전반에서 몇몇 주요한 속성들이 균일해지기에는 충분한 시간이지만, 그렇게 많이 돌았다고는 할 수 없다.

태양계의 형성이라는 주제는 지난 몇 십 년 동안 지식이 활짝 꽃핀 과학 이슈 중 하나였다. 여느 별과 마찬가지로, 태양과 태양계는 거대한 가스 분자 구름에서 생겨났다. 아직 태양이 탄생하기 전, 미래의 태양 근처에서는 모든 물질이 빠르게 움직였고 충돌이 자주 벌어졌다. 10만 년쯤 지나자, 이 분자 구름의 계가 붕괴하여 원시별(protostar)을 이루었다. 이것은 아직 핵융합이 벌어지지 않는 상태를 뜻한다. 또한 원시 행성계(protoplanetary) 원반도 형성되었는데, 이것은 나중에 태양계 속 행성들과 다른 천체들로 바뀔 것이다. 그로부터 약 5000만 년이 지난 뒤, 수소가 융합하기 시작하여 우리가 오늘날 태양이라고 여기는 것이 나타났다. 그 태양이 성운의 분자 구름에 있던 질량을 대부분 삼켜 버리기는 했지만, 그래도 일부 질량이 남아서 태양 주변에서 원반을 형성했다. 바로 그 원반으로부터 행성들은 물론이거니와 혜성이나 소행성 같은 태양계의 다른 천체들이 생겨났다. 태양이 내는 에너지가 중력으로 인한 수축을 버틸 수 있게 된 순간, 태양계가 탄생한 것이다.

그런데 나와 동료들이 정말로 놀란 점은, 별이 형성될 수 있도록 가스가 충분히 식는 과정에서 분자들과 중원소들이 결정적인 역할을 맡았다는 것이다. 중원소는 핵 연소에만 중요한 게 아니다. 애초에 물질이 산란을 통해 충분히 식어서 연소 가능한 수준으로 떨어지는 데도 결정적이다. 태양만 한 별이 형성되려면 온도가 엄청나게 낮아야 한다. 수십 켈빈 수준이어야 한다. 가스가 지나치게 뜨거우면 충분히 응축될 수 없고, 그러면 핵융합 반응이 점화될 수 없다. 만일 보통 물질이 중원소와 분자 덕분에 냉각되지 않았다면, 태양의 재료가 될 가스는 충분히 식지 못했을 것이다. 이것은 물질의 기본 과정들과 우주의 속성들이 이어져 있음을 보여 주는 또 하나의 멋진 사례이다.

나는 이전의 입자 물리학 연구보다는 천문학적 세계들의 세부 사항에 좀 더 집중한 최근의 연구를 시작하고서야 우주의 역학계들이 얼마나 아름답고 일관성 있는지를 절실히 느꼈다. 은하들이 형성되고, 별들이 탄생하고, 그 별들이 만들어 낸 중원소와 별들이 뿜어낸 가스가 더 많은 별들을 형성하는 데 기여한다. 인간의 시간 규모에서 보는 모습과는 달리, 우주와 그 속의 모든 것은 결코 정적이지 않다. 별만 진화하는 게 아니라 은하도 진화한다.

이 책의 2부는 태양계에 집중하겠다. 소행성, 혜성, 충돌, 나아가 생명의 탄생과 소멸을 이야기하겠다. 여러분은 우리와 가까운 환경에서도 똑같은 상호 작용과 변화의 패턴이 존재한다는 것을 보게 될 것이다.

2부

살아 움직이는
태양계

6장
유성체, 유성, 운석

콜로라도 주 그랜드정크션 근처 사막을 찾아갔을 때, 누군가 내게 야간 투시경을 빌려 주었다. 무척 기뻤다. 그 특수한 안경은 워낙 강력하기 때문에 현재 미국 밖으로 반출하는 것이 법으로 금지되어 있는데, 보통의 상황에서는 너무 희미해서 맨눈으로 볼 수 없는 빛을 굉장히 밝게 증폭시켜 준다. 군대는 적군 전투원을 찾아내는 데 이 안경을 쓰고, 산촌 사람들은 야행성 동물을 발견하는 데 쓴다.

두 용도에는 흥미가 없는 나는 이 기회에 하늘을 올려다보았다. 너무 희미해서 투시경의 도움 없이는 결코 알아보지 못할 천체들을 발견하기 위해서. 머리 위 청명한 하늘에서 가장 압도적으로 다가오는 것은 '별똥별'이 정말로 많다는 점이었다. 대기권으로 들어와서 타오르는 작은 유성체 말이다. 불과 몇 분 만에 별똥별이 5개에서 10개쯤 시야를 가로질렀다. 운이 좋았다. 내가 하늘을 올려다본 시점은 마침 유성우 기간이었기 때문이다. 그래서 평소보다 하늘을 달려가는 빛줄기가 더 자주 나타났다. 하지만 유성우로 빈도가 높아지지 않더라도, 모래알이 대기에 들어와서 타오르는 일은 늘 벌어지고 있다.

그런 모래알이 낳은 유성은 정말로 흥분되는 광경이다. 우주 공간을 나는 먼지나 자갈이 내는 장엄한 빛이 우리 머리 위에 나타나서 낭만과 미스터리를 뿜어내다니. 물론 그 모습에서 파괴적인 상상이 떠오르지 않을 때의 이야기이다. 아무리 작은 돌이라도 고속으로 나는 돌멩이에 맞고 싶은 사람은 아무도 없다. 그리고 큰 돌멩이가 지구를 때리기를 바라는 사람은 분명 아무도 없다. 다행스럽게도, 비록 피해를 입힐 만한 크기의 천체가 드물게 지구를 때리거나 근접하기는 해도, 어쩌다 우리 근처에 다다른 대부분의 천체들에 대해서는 우리가 걱정할 이유가 없다. 매일 외계에서 온 물질 약 50톤이 작은 유성체 수백만 개의 형태로 대기로 들어오지만, 그것 때문에 눈에 띄는 방식으로 영향을 입는 사람은 아무도 없다.

이 책의 1부는 암흑 물질과 우주 전반에 집중했고, 끝에서 우리 은하와 태양계를 잠시 다뤘다. 이제 2부는 태양계에 집중하겠다. 특히 암흑 원반과 모종의 관련이 있을지도 모르는 천체들에 집중할 것이다. 우주의 물질 중 무엇이 지구나 그 주변으로 다가올 수 있는지를 살펴보고, 여러 천문학적 속성들이 그동안 지구 생명에게 미친 몇 가지 중요한 영향도 살펴보겠다. 이번 장에서는 행성, 소행성, 유성, 유성체, 운석을 이야기하겠고, 혼란스러운 데다가 종종 바뀌는 천문학 용어에 대해서도 이야기하겠다. 그다음 장에서는 지구로 향하는 궤적을 밟는 또 다른 천체인 혜성을 살펴보겠다. 태양계에서 훨씬 더 멀리, 혜성의 선구체가 머물고 있는 영역도 살펴보겠다.

헷갈리는 천문학 용어

나와 내 동료들은 주로 이론을 다루는 입자 물리학자들이다. 물질의 기본 구성 요소인 기본 입자들의 성질을 연구한다는 뜻이다. 한편 천문학자들은 하늘에 있는 가장 큰 물체들을 연구하는 데 집중한다. 그들은 그 천체들의 정체가 무엇인지, 어떻게 기본 물질들이 응집하여 오늘날 우리가 보는 천체들을 이루게 되었는지를 조사한다. 입자 물리학자들은 아직 발견되지 않은 ─ 더구나 가끔은 그저 가설에 지나지 않는 ─ 대상에게 세례명을 붙일 때 공상적인 용어를 지어내거나 남의 이름을 마구 가져다 쓰는 것으로 유명하다. '쿼크'니 '힉스 보손'이니 '액시온'이니 하는 식이다. 그러나 그런 우리의 명명법도 대개의 천문학 용어들에 비교하면 너무나 체계적으로 보일 지경이다. 그래서 입자 물리학자들은 종종 천문학의 명명법을 농담거리로 삼는다. 천문학의 명명 관행과 측정 단위는 우리가 지금 아는 과학에 의거한 해석을 따르는 게 아니라 역사적 맥락에서 발생한 것이어서, 오늘날에는 케케묵은 데다가 혼란스러울 정도로 직관에 어긋나게 느껴질 때가 많다. 그런 용어들은 현재 우리가 아는 지식이 아니라 뭔가가 처음 발견된 시점에 사람들이 알았거나 추측만 했던 내용을 서술한 것일 때가 많다.

예를 들어, '종족 I'이라는 이름은 우주에 최초로 생겨난 별들을 가리키는 용어로 적당하겠다는 느낌이 든다. 하지만 이미 '종족 I'은 그것보다 후대에 나타난 별들을 가리키는 이름으로 쓰이고 있고, 또 다른 종류의 별들에 대해서는 '종족 II'라는 이름이 쓰이고 있다. 그래서 맨 먼저 생겼다가 사라진 별들에 관한 가설이 제기되었을 때, 천문학자들은 그 별들을 '종족 III'이라고 부르기로 했다. 행성상 성운(planetary nebula)이라는 용어도 이 못지않게 혼란스럽다. 이것은 석색거성의 마지막 단계를 뜻할 뿐, 행성과는 아무 관계가 없다. 그런데도 이런 헷갈리는 이름이 붙은 것은 천문학자 윌리엄 허셜이 18세기 말에 처음 망원경으로 이런 천체를 관측했을 때 자신이 본 것을 행성으로 착각했기 때문이다.

천체 물리학에 헷갈리는 용어가 유달리 많은 것은 사람들이 오래전부터 천문 관찰을 해 왔기 때문일 것이다. 그때 무슨 결론이 내려졌든 그것은 해당 용어가 가리키는 현상을 정확하게 설명할 이론이 전무한 상태에서 내려진 것이었다. 발견 시점에 누군가 좀 더 온전한 그림을 파악하는 경우는 극히 드물었으며, 그런 이해는 보통 나중에서야 나타났다. 잘 모르는 상태에서 지어진 이름은 체계적인 유효 원리에 뿌리 내리고 있을 수 없었다.

행성, 소행성, 운석에 사용되는 용어들도 예외가 아니다. 애초의 범주들은 지나치게 광범위하여, 서로 다른 종류의 천체들을 한데 아우르고는 했다. 사람들은 새로운 천체가 발견되어 원래 용어의 부적절함이 밝혀진 뒤에야 잘못을 깨달았다. 그런데도 보통 원래 이름들은 살아남았다. 다만 그 정의가 시간에 따라 바뀌었다. 나는 일반적으로 이름 변경을 경계하는 편인데, 왜냐하면 그런 행동은 산업계나 정치계에서 진정한 문제로부터 사람들의 주의를 돌리기 위한 술책으로 사용되는 경우가 많기 때문이다. 하지만 천문학 용어의 진화는 대부분 진정한 과학 발전을 반영한다. 요즘 이 분야의 용어들이 폭발적으로 생겨나는 현상은 우리가 그동안 태양계를 이해하는 일에서 얼마나 큰 진전을 이뤘는지를 반영하는 흥미로운 결과이다.

행성

애초에 행성(planet)이라는 용어는 몹시 자유분방하게 적용되던 단어였다. 이 단어의 어원을 처음 고안했던 고대 그리스 인들은 여러 천체들 사이의 차이점을 알지 못했다. 언뜻 다 같아 보이는 하늘의 빛들에도 차이가 있음을 깨닫기 위해서는 과학자들에게 더 세련된 측정 도구가 있어야 했다. 고대 천문학자들이 관측할 수 있었던 한 가지 사실은 어떤 천체들은 움직인다는 것이었다. 그들은 그런 천체에게 '돌아다니는 별'이라는 뜻의 아스테레스 플라네타이(*asteres planetai*)라는 별도의 용어를 붙여 주었다. 하지만 이 단어의 첫 정의는 행성뿐 아니라 태양과 달까지 포함했다.

이후 더 많은 발견이 이뤄지자, 용어를 더 개선할 필요가 생겼다. 행성은 원래 아주 포괄적인 용어였지만, 시간이 갈수록 제한적으로 쓰이게 되었다. 처음에는 맨눈에 보이는 다섯 행성만을 가리켰으나(지구는 천동설 모형에서는 행성에 해당하지 않았으므로 제외되었다.), 나중에는 망원경으로 발견한 다른 행성들도 포함했다.

우리가 현재 이해하는 의미의 행성들은 태양이 탄생한 직후에 만들어졌다. 먼지 알갱이들이 모여서 점점 더 큰 덩어리를 이루었고, 그것들이 서로 충돌하여 점점 더 커졌다. 그 과정이 아마 수백만 년에서 수천만 년의 기간에 걸쳐 이어져서 — 천문학적 관점에서는 아주 짧은 기간이다. — 현재에 이르렀다.

행성의 조성과 상태는 그 온도에 달려 있다. 온도는 소행성과 혜성에서도 중요한 영향을 미치는 요소이다. 쉽게 예측할 수 있듯이, 태양에 가까운 행성들에게 들러붙는 물질은 더 먼 행성들에게 붙는 물질보다 훨씬 더 뜨거웠다. 뜨거운 온도 때문에, 태양으로부터의 거리가 현재 지구 거리의 4배에 해당하는 영역 내에서는 물과 메탄이 기체 상태였다. 따라서 처음에 그 영역에서는 그런 물질이 많이 응축될 수 없었다. 더군다나 태양이 내뿜는 하전 입자들이 태양과 가까운 영역에서 수소와 헬륨을 휩쓸어 버렸다. 그래서 내행성에서는 고온에서도 녹지 않는 단단한 물질, 가령 철, 니켈, 알루미늄, 규산염만이 응축될 수 있었다.

태양계 안쪽에 있는 네 지구형 행성 — 수성, 금성, 지구, 화성 — 은 실제 그런 물질로 구성되어 있다. 이런 원소들은 밀도가 비교적 낮았기 때문에, 내행성들이 자라는 데는 시간이 걸렸다. 내행성들이 현재의 크기를 확보하는 데는 충돌과 융합이 중요했는데, 그럼에도 불구하

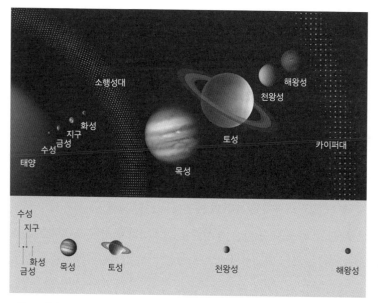

그림 9 암석으로 이뤄진 내행성 4개와 가스로 이뤄진 큰 외행성 4개. 상대 크기가 반영되어 있다. 소행성대와 카이퍼대도 표시되어 있다. 아래 범례에는 행성들의 이름과 태양계 내에서의 상대 위치가 표시되어 있다.

고 바깥의 외행성들에 비하면 내행성들은 작다. (그림 9)

태양으로부터 더 멀리 나아가서 화성과 목성 사이의 경계를 넘어서면, 이제 물이나 메탄 같은 휘발성 화합물이 꽁꽁 언 얼음 형태로 존재한다. 그 경계 너머에 있는 행성들은 지구형 행성을 구성하는 재료보다 훨씬 더 풍성한 재료를 썼기 때문에 훨씬 더 효과적으로 자랄 수 있었다. 재료 중 하나는 수소였다. 행성들은 수소를 잔뜩 축적하여 상당히 빨리 자랐다. 거대 가스 행성이라고도 불리는 네 외행성의 — 목성, 토성, 천왕성, 해왕성 — 질량을 다 합한 것은 태양계 총 질량의 99퍼센트를 차지하고(태양의 질량은 제외한 것이다.), 그중에서도 그런 재료가 축적될 수 있는 경계선에 제일 가까운 목성이 대부분의 질량을 차지한다.

지난 20년 동안, 태양계 바깥 가장자리에서 행성을 닮은 천체들이 여럿 발견되었다. 우리 태양이 아닌 다른 별을 공전하는 다른 행성들도 발견되었다. 그래서 이제 '행성'은 더 이상 단순하고 깔끔한 범주가 아니다. 크기가 달보다 작은 것부터 별처럼 핵융합 반응을 일으킬 수 있을 만큼 큰 것까지 다양해졌기 때문이다. 사정이 그렇다 보니 정의를 좀 더 형식화하자는 제안이 예전에도 여러 차례 나왔다. 가령 세레스는 발견 뒤 50년 동안은 행성으로 여겨지다가 이후 소행성으로 재분류되었다. 그중 마지막 토론은 아주 최근의 사건이었기 때문에 우리도 그 논쟁을 실시간으로 지켜보았다.

여러분도 명왕성을 행성으로 계속 인정해야 하느냐 마느냐에 관한 뉴스들을 기억할 것이다. 천문학자들은 아직 이 주제를 놓고 비공식적으로 입씨름을 벌이고 있으며, 명왕성을 예전 지위로 복귀시키기 위해서 투표에 나선 사람들도 있다. 논쟁은 열렬했지만 약간 자의적이었는데, 그 계기는 비교적 최근에 밝혀진 과학적 사실들이었다. 이 논쟁이 완전히 예상 밖의 일은 아니었다. 사람들은 명왕성이 처음 발견된 1920년대부터도 명왕성이 좀 희한하다는 것을 알았다. 명왕성의 궤도는 다른 행성들의 궤도보다 이심률이 훨씬 더 크다. 훨씬 더 길쭉하다는 뜻이다. 태양계 평면과 이루는 경사도도 훨씬 더 크다. 명왕성은 또 태양계의 다른 먼 행성들에 비해서, 즉 가스와 얼음으로 된 거대 행성들에 비해서 아주 작다. 명왕성은 분명 행성들의 왕국에서 별난 괴짜였다.

그러나 명왕성의 발견으로부터 70년이 흐른 뒤에야 그 궤도 근처에서 비슷한 다른 천체들이 여럿 발견되어, 괴짜 같은 명왕성이 사실은 그다지 특별하지 않으며 애초에 그것만 콕 집어서 행성의 지위를 부여할 이유가 없었다는 사실이 드러났다. 명왕성의 범주를 수정해야 한다고 주장하는 논증은 사람들이 자의적 규칙을 세울 때 종종 사용하는 논증과 비슷했다. 말하자면 "우리가 당신을 받아들인다면 다른 사람들도 다 받아들이지 않을 수 없다."는 식이었다. 이런 논증은 세심한 구분을 회피하기 위한 게으른 논증이다. 만족스럽거나 설득력 있는 경우는 거의 없다. 하지만 크기와 궤도 위치가 명왕성과 엇비슷한 천체들이 발견되었으니 달리 어쩌겠는가. 만일 명왕성을 계속 행성으로 봐준다면, 2005년에 발견된 에리스라는 엇비슷한 천체도 그렇게 봐 줘야 할 것이다. 소수의 다른 천체들도 마찬가지일 것이다. 에리스는 특히 명왕성보다 27퍼센트 더 무거운 것 같다는 측정 결과가 있었기 때문에 유독 골칫거리였다. 그런 발견이 앞으로도 더 등장할 위협이 어른거리는 상황이었으니, 누군가 (혹은 어떤 조직이) 나서서 천체가 행성 지위를 얻으려면 최소 질량 기준이 얼마나 되어야 하는지를 정해야 했다. 하지만 그러는 대신 명왕성을 강등시키면, 문제가 바로 해결된다. 국제 천문 연맹(International Astronomical Union, IAU)이 2006년 프라하 총회에서 내린 결정은 후자였다. 연맹은 사람들이 그런 상황에 처했을 때 택하곤 하는 각본을 선택했다. 그냥 가입 규칙을 바꿔 버린 것이다.

그래서 이제 행성은 자신의 중력 때문에 형태가 둥글며 원래 그 근처에서 함께 태양을 공전했던 더 작은 천체들을 "주변에서 싹 치워 버린" 천체로 정의된다. 명왕성이나 에리스는 그 근처에서 독자적으로 공전하는 다른 많은 천체들로 이뤄진 띠에 속하기 때문에, 이 기준에 따르자면 더 이상 행성이 아니다. 반면에 수성이나 목성 같은 천체들은 대충 공 모양이고 자기만의 고립된 궤도를 가지고 있다. 따라서 수성과 목성은 서로 전혀 다른데도 불구하고 둘 다 행성의 자격이 있다.

이것은 곧 우리 중 대부분은 태양계에 행성이 9개 있는 세상에서 태어났지만 이제 8개밖에 없는 세상에서 살게 되었다는 뜻이다. 이 사실에 왠지 실망한 사람도 있을 것 같지만, 1984년에 미국에서 대학에 입학한 사람들이 겪었던 실망에 비하면 아무것도 아니라고 말해 주고 싶다. 그해 7월 17일에 법이 바뀌는 바람에, 그 신입생들은 순식간에 법적 음주 가능 연령에서 미성년으로 강등되었다. 그것과 마찬가지로, 명왕성은 IAU가 2006년에 행성 가입 규칙을 바꾼 순간 곧바로 강등되고 말았다.

흥미롭게도, 에리스와 명왕성의 상대 크기에 관한 애초의 추정은 오해의 소지가 있는 것으로 밝혀졌다. 에리스가 명왕성보다 클 것 같기는 했지만, 오차 범위가 너무 컸기 때문에 천문학자들은 그 주장을 확인하기 위해서 좀 더 상세한 관측을 해야 했다. 그러던 2015년 7월, 마침내 뉴호라이즌스 호가 명왕성에 근접 비행하여 멋진 영상과 자세한 정보를 얻어 냈다. 그 결과, 명왕성은 에리스보다 — 더 무겁지는 않더라도 — 더 크다는 사실이 확인되었다. 만일 이 모호한 문제가 처음부터 해소되었다면, 명왕성이 아직 '엘리트'의 반열에 올라 있었을지도 모르는 노릇이다.

위로상이라도 주려는 것이었을까? '행성'을 (재)정의했던 회의에서, IAU는 명왕성처럼 소행성과 행성의 틈새에 (비유적으로) 떨어지는 천체를 지칭하는 말로 왜소 행성(dwarf planet, 왜행성이라고 하기도 한다.)이라는 용어를 새로 만들었다. 명왕성은 새로 창단된 이 클럽의 첫 회원이자 예시가 되었다. 왜소 행성이라는 이름 자체는 그때나 지금이나 논란의 대상이다. 왜냐하면 — 왜성이 실제로 별인 것과는 달리 — 왜소 행성은 행성이 아니기 때문이다. 사실은 이 이름이 생겨난 것부터가 애초에 구분이 명확하지 않았기 때문이지만 말이다. 그래도 '미소 행성(planetoid)'이니 '아행성(subplanet)'이니 하는 다른 이름 후보들은 더 이상했을지도 모른다.

행성과 마찬가지로, 왜소 행성은 달처럼 다른 행성을 돌아서는 안 되고 태양을 공전해야 한다. 왜소 행성이 소행성과 다른 점은 그냥 아무렇게나 생긴 돌덩어리가 아니라는 것이다. 정의에 따르면, 소행성보다 큰 왜소 행성은 자신의 중력으로 거의 구형을 이룰 만큼은 커야 한다. 그러나 왜소 행성은 진짜 행성처럼 독립된 궤도를 가지고 있지 않다. 다른 많은 천체들이 근처에서 함께 공전할 수 있다. 왜소 행성이 행성 지위에서 축출당한 것은 바로 이 독립성 부족 — 주변을 싹 치워 버리지 못했다는 점 — 때문이다. 그래서 어느 천체 물리학자는 이런 농담을 했다. 행성이 제 주변의 다른 궤도들을 없애 버린 게 꼭 종신 교수를 닮았다는 것이다. 그렇다면 왜소 행성은 박사 후 연구원을 닮았다. 독자적으로 일하되 대학원생들과 가까운 연구실을 가지고 있으니까. 한편 대학원생은 덜 여물었다는 점에서 소행성과 비슷하다.

왜소 행성은 현재로서는 다소 제한된 범주이다. 왜소 행성이라고 확실히 입증된 천체는 명왕성과 세레스뿐이다. 세레스는 소행성대에서는 제일 큰 천체이지만 알려진 왜소 행성들 중에서는 제일 작다. 그것보다 훨씬 더 멀리 있는 하우메아, 마케마케, 에리스도 공식적으로 왜소 행성으로 인정된다. 그것들도 충분히 크기 때문에 거의 틀림없이 구형에 가까울 것이다. 하지만 정확한 형태는 아직 확실히 관측되지 않았다. 조건에 맞는 후보는 그 밖에도 더 있을 수 있다. 가령 수수께끼의 천체 세드나가 그렇지만, 사실을 확인하려면 더 나은 측정이 이뤄져야만 한다. 어쨌든 많은 천문학자들은 왜소 행성이 더 많이 있다고 생각하며, 내가 잠시 뒤에 설명할 머나먼 카이퍼대에는 왜소 행성이 최대 100개나 200개쯤 있으리라고 본다. 이 카이퍼대는 아마도 앞에서 언급된 천체들이 최초에 생겨난 장소일 것이고, 앞으로 발견될 비슷한 천체들을 더 많이 만들어 내는 근원이기도 할 것이다.

소행성

'행성'과 '왜소 행성'과는 달리, '소행성'이라는 용어는 여전히 약간 애매하고 구어적인 표현이다. 천문학 학회들이 공식적으로 그 뜻을 정의한 적이 한 번도 없기 때문이다. 19세기 중엽까지도 '소행성'과 '행성'은 서로 바꿔 쓸 수 있는 단어로 사용되었고, 보통은 동의어로 여겨졌다. 오늘날 우리가 소행성(asteroid)이라고 말할 때는 보통 유성체보다 크지만 행성보다 작은 천체를 가리킨다. 안쪽 태양계에 있는 천체들 중 폭이 수십 미터에서 거의 1,000킬로미터에 달하는 다양한 크기의 천체들을 통칭하는 것이다. 《뉴요커》 기자 조너선 블리처는 이렇게 묘사했다. "소행성은 태양계의 베테랑 조난자들이다. 이 돌덩어리들은 태양을 공전하지만, 태양계 형성에서 누락된 존재들이다. 행성이 되기에는 너무 작고 무시되기에는 너무 큰 이들은 태양계 태고의 역사에 관해서 많은 것을 알려줄 수 있다."

왜소 행성과는 달리, 소행성은 보통 울퉁불퉁 불규칙하게 생겼다.

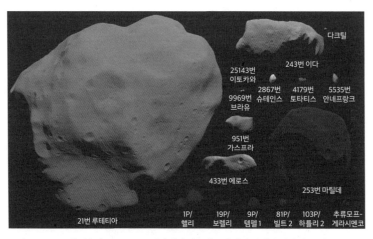

그림 10 2014년 8월 기준으로 우주 탐사선이 방문한 소행성과 혜성의 이미지. 크기는 폭이 약 100킬로미터인 것부터 1킬로미터 미만인 것까지 다양하다. (에밀리 라크다왈라가 여러 이미지를 합성해서 만든 그림이다. NASA/JPL/JHUAPL/UMD/JAXA/ESA/OSIRIS팀/러시아 과학 아카데미/중국 국가 항천국의 데이터를 에밀리 라크다왈라, 대니얼 마차첵, 테드 스트릭, 고든 우가르코비치가 가공했다.)

(그림 10) 소행성의 자전 속도 관측값의 상한선이 낮은 것으로 보아, 과학자들은 대부분의 소행성이 단단히 뭉친 물체가 아니라 파편들이 엉성하게 모인 것뿐이리라고 짐작한다. 자전 속도가 그것보다 더 높다면 돌멩이들은 뿔뿔이 날아가 버렸을 테니까. 이 추측을 뒷받침하는 증거는 소행성을 방문한 탐사선, 그리고 소행성의 위성들에 대한 몇몇 관측에서 나왔는데, 둘 다 소행성의 밀도가 낮다는 것을 보여 주었다.

소행성은 결코 적지 않다. 아마 수십억 개는 있을 것이다. 그리고 그 조성은 매우 다양하다. 대부분은 암석으로 이뤄진 S형 혹은 탄소가 풍부한 C형인데, S형은 보통의 규산염 암석으로 이뤄졌고 주로 화성 근처에서 발견되는 데 비해 C형은 주로 목성에 더 가까운 지점에서 발견된다. C형은 사람들이 태양계 내에서 생명의 기원을 찾으려 할 때

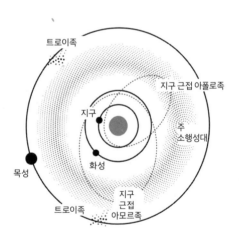

그림 11 주 소행성대는 화성과 목성 사이에 있다. 트로이족도 표시했고, 아폴로족과 아모르족도 그들의 여러 궤도에서 각각 한 사례씩 골라 표시했다.

특별히 관심을 쏟는 대상이다. 우리가 아는 형태의 생명에는 탄소가 꼭 필요하기 때문이다. 흥미롭게도 운석을 실험실에서 조사한 바에 따르면 어떤 소행성들은 아미노산도 미량 가지고 있다고 하므로, 이 관점에서 좀 더 흥미로운 대상이 된다. 다음 장에서 이야기하겠지만, 이 점은 혜성도 마찬가지이다. 그래서 혜성도 생명의 기원을 논할 때 중요한 주제이다. 생명에 꼭 필요한 또 다른 요소는 물이다. 일부 소행성은 물도 가지고 있다. 하지만 일반적으로는 혜성이 더 많이 가지고 있다. 주로 철과 니켈로 이뤄진 금속형 소행성도 있지만 그 수는 적다. 전체 소행성의 몇 퍼센트에 불과하다. 다만 비교적 면밀하게 조사된 한 소행성은 니켈-철 핵과 현무암 지질을 가지고 있는 것이 확인되었다.

행성과는 달리 소행성은 혼자 있는 경우가 드물다. 소행성들은 태양계에서 특정 영역에 존재하며, 가까이 있는 다른 많은 소행성들과 함께 돈다. 대부분은 주 소행성대에 있다. 소행성대는 화성에서 시작하여 목성 궤도를 포함하는 지점까지 뻗은 영역으로, 지구형 바위 행성들의 영역 맨 바깥쪽부터 더 멀리 있는 언 가스 행성들의 영역 안쪽까지에 해당한다. (그림 11) 태양으로부터의 거리는 약 2천문단위에서 4천문단위까지이므로, 대략 2억 5000만 킬로미터와 6억 킬로미터 사이이다. 주 소행성대 바깥에는 또 다른 소행성 종류인 **트로이족**(Trojans) 소행성들이 있다. 이 소행성족의 궤도는 더 큰 행성이나 그 위성의 궤도에 묶여 있기 때문에, 시간이 지나도 흔들리지 않는다.

소행성의 분포

소행성대 형성에 관한 연구는 그동안 많은 진전을 이뤘다. 그 출발은 2000년대에 천문학자들이 초기 태양계의 행성 이동을 이해하기 시작하면서부터였다. 이제 우리는 행성들이 형성되기 시작한 때로부터 몇 백만 년쯤 흐른 뒤에 태양에서 분출된 하전 입자들이 원반에 남아 있던 가스와 먼지를 대부분 날려 버렸다는 것을 안다. 그 때문에 행성 형성은 끝났지만, 태양계 형성은 끝나지 않았다. 행성들은 그 뒤에도 이리저리 움직였다. 가끔은 아주 급작스럽게 움직여, 물질을 아예 태양계 밖으로 쫓아내거나 자신보다 작은 천체를 이리저리 옮겼다. 지난 몇 십 년 동안 행성 과학의 중요한 발전 중 하나는 그런 행성 이동이 오늘날의 태양계를 형성하는 데 기여한 바를 깨닫고 이해하게 된 것이다. 가장 많이 이동한 것은 가스 행성들로, 이들은 소행성과 혜성이 발달하는 데 영향을 미쳤다. 내행성들도 좀 더 안쪽으로 이동했지만, 아주 약간이었기 때문에 영향은 적게 미쳤을 것이다. 여러 외행성이 좀 더 바깥쪽으로 이동하고 목성이 좀 더 안쪽으로 이동했을 때 수많은 소행성들이 그에 따라 태양계 안쪽으로 몰려들었을 가능성이 있는데, 지금으로부터 약 40억 년 전이었던 그 시점은 후기 대폭격기(Late Heavy Bombardment)라고 불리는 사건의 시작이었다. (태양계가 형성된 시점으로부터 약 5억 년이 지난 뒤였다.) 달과 수성에 나 있는 수많은 크레이터들은 그 당시의 충돌로 형성된 것으로서, 이 사건에 대한 증거와 같다.

천문학자들은 소행성을 행성들이 형성되기 전에 존재했던 원시 행성형 원반의 잔재로 본다. 소행성대는 원래 지금보다 질량이 훨씬 더 컸겠지만, 태양계 초기의 역동적인 시절에 그 대부분을 잃었다. 이 영역에 있던 천체들이 서로 융합하기 전에 목성이 그중 많은 수를 흩어버렸던 것이다. 지금 이 영역에 다른 행성이 없는 것은 그 때문일 것이다. 소행성대는 그때 물질을 아주 많이 잃었기 때문에 — 지름 1킬로미터가 넘는 천체가 수십만 개나 있음에도 불구하고 — 오늘날 총 질량은 달의 25분의 1에 불과하다. 더구나 세레스 하나가 그중 3분의 1을 차지한다. 세레스와 그다음으로 큰 소행성 3개의 질량을 합하면 소행성대 총 질량의 절반을 차지하고, 수백만 개의 더 작은 소행성들이 그 나머지를 차지한다. 소행성대에는 폭이 1킬로미터가 넘는 소행성이 수십만 개, 혹은 100만 개까지 있을 뿐 아니라 그것보다 더 작은 소행성도 많다. 우리가 눈으로 알아보기는 더 어렵지만, 작은 소행성의 수는 빠르게 늘고 있다. 경험 법칙에 따르자면, 천체의 크기가 10분의 1로 작아지면 그 수는 대략 100배로 늘 것이다.

목성이 소행성대에 있던 작은 미행성체들을 내쫓는 과정에서, 물을 간직한 천체가 지구로 떨어졌을 수 있다. 우리는 지구의 물의 기원에 관해서 아직 아는 바가 없지만, 목성이 유도했던 초기 충돌은 지구가 지금처럼 풍부한 물을 확보하는 데 모종의 역할을 했을지도 모른다. 초기에 물은 태양계 바깥쪽의 좀 더 추운 지역에서 더 많은 양이 더 쉽게 축적될 수 있었기 때문이다. 흥미로운 점은, 후기 대폭격 사건이 끝난 후 지질학적 시간 규모로 보면 '금세' — 약 38억 년 전에 — 지구에 생명이 등장했다는 것이다. 이후에는 소행성과 혜성이 이전처럼 위험한 수준으로 마구 퍼붓지 않아, 생명이 영속하기에 알맞았다. 그것보다 규모가 작고 드문 충돌은 오늘날까지 이어지고 있지만 말이다.

행성과 마찬가지로, 처음 발견된 소행성들에게는 다양한 기호가 부여되었다. 1855년 무렵에는 알려진 소행성이 약 20개였다. 이름은 신화에서 따서 짓는 경우가 많았지만, 최근에 발견된 것들에게는 좀 더 기발한 이름이 붙었다. 대중 문화의 아이콘이나 ― '제임스 본드'나 '체셔 고양이' ― 심지어 발견자의 친척 이름을 따는 식이었다. 과거에 소행성들에게 주어졌던 기호를 보노라면, 상형 문자 점토판이라도 보는 듯한 기분이다. (그림 12) 내 동료의 말마따나, 이 이름들은 "프린스라고 불렸던 가수"라는 명칭을 닮았다. 프린스와 마찬가지로 이 천체들에게도 이제는 더 쉽게 발음되는 이름이 있기에, 이 비유는 더 적절하게 느껴진다.

옛 과학자들이 자신들의 발견을 대한 태도는 신비감에 사로잡힌 고대 이집트 인의 태도와 크게 다르지 않았을 것이다. 그렇다고 해서 고대인들이 질서를 발견하려고 애쓰지 않았다는 말은 아니다. 하지만 우주는 복잡한 곳이고, 그 속에 담긴 천체들의 속성을 제대로 분류하려면 시간과 헌신과 기술이 필요하다. 관측 능력이 제한된 상태에서는 천체가 희미하거나 밝은 것이, 혹은 크거나 작은 것이 그 크기 때문인지, 조성 때문인지, 위치 때문인지 가려 말하기 어렵다. 오직 시간만이 ― 그리고 더 나은 측정 도구만이 ― 진정한 과학적 이해를 안긴다.

원래 '행성'으로 통칭되었던 소행성이 처음 발견되었을 때, 사람들은 소행성에 대해서 아무것도 몰랐다. 소행성은 ― 행성과 마찬가지

소행성	기호		연도 (년)
1 세레스		케레스 여신의 낫을 문자 C처럼 보이도록 반전한 것	1801
2 팔라스		팔라스라는 이명을 가진 아테나 여신의 창	1801
3 유노		천상의 여왕 유노의 홀 꼭대기에 별이 얹힌 것	1804
4 베스타		베스타의 화로와 성스러운 불	1807
5 아스트라이아		정의의 상징인 천칭, 혹은 뒤집힌 닻	1845
6 헤베		여신 헤베의 컵	1847
7 이리스		무지개와 별(이리스는 무지개의 여신이다.)	1847
8 플로라		꽃(특히 영국의 장미. 플로라는 꽃의 여신이다.)	1847
9 메티스		지혜의 눈과 별	1848
10 히기에이아		히기에이아의 뱀과 별, 혹은 그 아버지 아스클레피우스의 지팡이	1849

그림 12 처음 발견된 소행성 10개의 이름, 기호, 발견 연도. 주로 여신들의 이름을 땄다.

로 ― 가시적인 빛을 내지 않는다. 행성, 소행성, 유성체는 태양 빛을 반사함으로써만 빛난다. 그중에서도 소행성은 찾기가 어려운 편이다. 훨씬 더 작아서 훨씬 더 희미하므로, 우리가 발견하기가 어렵다. 혜성은 밝은 꼬리를 끌고 다니고, 유성은 우리와 비교적 가까이 있는 데다가 밝다. 반면에 소행성은 쉽게 눈에 띄는 속성이 없기 때문에, 예나 지금이나 소행성 발견은 어려운 과제이다.

사람들이 하늘을 올려다보면서 그곳에 소행성들이 장식되어 있다는 사실을 깨달은 것은 천문학적 관측을 시작하고서 최소한 2,000년이 지난 뒤였다. 민감한 도구가 없는 경우, 이 희미한 천체를 발견하는 유일한 방법은 오래오래 쳐다보는 것밖에 없었다. 그러나 어디를 봐야 할지를 미리 안다면 도움이 되었을 것이다. 최초의 시도들은 실제로 이 논리에 의지했다. 천문학자들은 최선의 표적이 되어 주는 위치가 어디인시를 징획히 알지는 못했지만, 수색에 도움이 되리라고 믿은 경험 법칙을 하나 알았다. 그들이 적용했던 이른바 티티우스-보데 법칙은 이미 알려진 행성들의 위치에 부합하는 듯했고, 알려지지 않은 다른 행성들의 위치를 예측하는 데 성공하기도 했다. 이 법칙이 예측한 지점에서 1781년에 실제로 천왕성이 발견된 사건은 대단한 성공처럼 보였다. 그러나 사실 이 '법칙'은 진정한 이론에 의해 정당화되는 것이 아니었다. 더구나 해왕성의 위치는 법칙이 내린 예측에 부합하지 않는 듯했다.

법칙이 제안한 위치들이 임의적인 선택이기는 했지만, 사람들이 행성 수색에 적용했던 기법은 18세기 기술임에도 불구하고 아주 탄탄했다. (당시에 소행성은 아직 하나도 발견되지 않았다.) 관측자들은 서로 다른 날 밤에 작성된 하늘 지도를 비교하여, 위치가 달라진 천체를 찾아보았다. 가까운 행성들은 눈에 띄게 많이 움직이는 데 비해 먼 별들은 고정된 것처럼 보였다. 이 기법을 써서 ─ 그리고 티티우스-보데 법칙의 안내를 받아 ─ 시칠리아 팔레르모 천문대의 설립자 겸 소장이었으며 가톨릭 사제이기도 했던 주세페 피아치는 1801년 정초에 화성과 목성 사이 궤도를 도는 천체를 발견했다. 뒤이어 수학자 카를 프리드리히 가우스는 그 천체와 지구 사이의 거리를 계산해 냈다.

우리는 그들이 발견한 천체 세레스가 행성이 아니라 최초로 발견된 소행성임을 알고 있다. 세레스는 화성과 목성 사이, 오늘날 우리가 주소행성대라고 부르는 영역에 있었다. 이후에도 비슷한 발견이 뒤를 잇자, 천문학자 윌리엄 허셜 경은 그것들을 가리킬 말로 소행성이라는 별도의 용어를 제안했다. 이 이름은 그리스 어로 별 모양을 뜻하는 아스테로에이데스(asteroeides)에서 왔는데, 소행성들이 행성보다 좀 더 뾰족하게 생긴 것처럼 보였기 때문이다. 요즘 우리가 알기로 형태는 거의 구형이고 지름은 1,000킬로미터쯤 되는 세레스는 사실 다른 소행성들보다 특별한 존재였다. 나중 일이지만, 최초로 발견된 왜소 행성으로 신분이 바뀔 것이었기 때문이다.

기술과 우주 탐사 프로그램이 발전하여 그런 천체들을 잘 관측할 수 있을 때까지, 우리가 소행성에 대해서 아는 바는 몹시 적었다. 이 분야 연구자들이 이뤄 낸 발전은 놀라운 수준이다. 소행성을 발견하는 것도 흥미로운 일이지만, 소행성을 관측하고 탐사하는 것은 그보다 더 흥미롭다. 현재 진행되는 우주 탐사 사업들은 최근 이 목표를 염두에 둔 프로그램을 여럿 설계했다. 덕분에 좀 더 직접적인 탐사가 이뤄진다면, 1970년대에 소행성의 클로즈업 영상을 처음 얻어서 그 불규칙한 형태를 확인했던 때로부터 쌓아 온 과거의 덜 자세한 관측 결과가 크게 향상될 것이다.

과거의 소행성 탐사 사업 중에서 주목할 만한 것으로는 니어슈메이커 탐사선이 있었다. 소행성을 집중 조사하는 첫 탐사선이었던 니어슈메이커 호는 2001년에 지구 근접 소행성들 중에서 처음 발견된 소행성 에로스의 사진을 찍고 심지어 착륙하는 데 성공했다. 일본의 하야부사 탐사선은 2010년에 소행성의 암석 표본을 가지고 돌아왔다. 최근 일본 과학자들은 그것보다 더 야심 찬 하야부사 2호를 쏘아 올렸다. 이 탐사선은 2010년대 말에 소행성에 내릴 것이고, 탐사차 세 대를 풀어서 너 많은 표본을 수집할 것이다. 한편 NASA는 오시리스-렉스 호를 발사하여 탄소질 소행성에서 표본을 수집할 계획이다.

최근 이것보다 더 눈에 띄었던 뉴스는 유럽의 로제타 우주선 소식이었다. 최근 혜성과의 랑데부에 성공하여 유명해진 로제타 호는 그 전에 소행성 루테티아와 슈테인스를 거치면서 상세한 정보를 수집했었다. NASA의 돈 호도 소식을 전해오고 있다. 돈 호는 벌써 소행성 베스타를 방문했고, 지금은 왜소 행성 세레스에 도달했다.

현재 야심 찬 소행성 채굴 사업이 구상되고 있으므로, 앞으로 우리가 더 많은 소행성에서 탐광을 할 가능성도 있다. (이런 사업이 경제적으로 반드시 이득이 되리라는 보장은 없지만 말이다.) 한편 소행성의 진로를 꺾는 사업도 구상되고 있는데, 그 사업을 염두에 두고 설계되는 우주선들도 탐사에 도움이 될지 모른다. NASA가 야심 차게 추진하고 있는 소행성 궤도 변경 계획(Asteroid Redirect Mission, ARM)이 그런 예이다. 현재 미국의 우주 탐사 프로그램은 소행성에게 많은 관심을 쏟고 있으므로, ― 소행성은 행성보다 덜 화려하지만 접근하기는 더 쉬운 대안이다. ― 덕분에 우리는 태양계에 대해서 많은 것을 배울 수 있을 것이다.

유성, 유성체, 운석

이제 소행성보다 더 작은 유성체로 시선을 돌려 보자. 유성체를 연구하는 분야인 유성학은 '메테오리틱스(meteoritics)'라는 어색한 이름으로 불린다. 그것보다는 하늘에 있는 작은 돌덩어리들을 연구한다는 의미에서 '메테오롤로지(meteorology)'가 좀 더 합리적인 이름이었을 텐데 말이다. 그러나 그리스 어로 '하늘 높이'를 뜻하는 메테오로스(meteoros)와 '지식'을 뜻하는 로고스(logos)를 합한 이 용어를 천문학이 차지하기 전에 기상 연구자들이 한 발 앞서 가져가 버리고 말았다. 오늘날의 용어 사용에는 안된 일이지만, 고대 그리스 인은 하늘에 있는 물체를 연구한다는 뜻인 메테오롤로지가 기상학에 더 알맞다고 여겼던 것이다.

국제 천문 연맹(IAU)은 1961년에서야 유성체(meteoroid)에 대한 최초의 표준 정의를 내렸다. 유성체란 행성간 공간을 움직이는 단단한 천체로, 소행성보다는 상당히 작고 원자보다는 상당히 큰 물체라고 했다. 천문학의 관점에서는 그냥 '메테오롤로지'라고 부르는 것보다야 합리적인 묘사이겠지만, 이 정의도 그다지 구체적이지는 않다. 1995년에는 두 과학자가 나서서 유성체의 크기를 100마이크로미터와 10미터 사이로 제한하자고 제안했다. 그러나 소행성 중에서도 폭이 10미터 미만인 것이 발견되었기 때문에, 유성학회 과학자들은 유성체의 크기를 10마이크로미터와 1미터 — 지금까지 관측된 가장 작은 소행성의 크기가 이쯤 된다. — 사이로 바꾸자고 제안했다. 하지만 이후에도 변경이 공식화되지는 않았다. 나는 하늘에 있는 중간 크기의 천체를 가리키는 말로 '유성체'를 상당히 자유롭게 사용하겠다. 하지만 그것보다 더 작은 천체를 가리킬 때는 좀 더 정확한 이름인 미소 유성체(micrometeoroids) 혹은 우주진(유성진, cosmic dust)을 쓰겠다.

소행성과 마찬가지로, 유성체는 성격이 극단적으로 다양하다. 아마 태양계에서 기원한 장소가 대단히 다양하기 때문일 것이다. 어떤 유성체는 밀도가 얼음의 4분의 1밖에 안 되는 눈덩이와 같고, 어떤 유성체는 니켈와 철이 풍부한 바위로 만들어진 고밀도 천체이고, 어떤 유성체는 탄소를 좀 더 많이 가지고 있다.

'유성'이라는 용어를 구어적으로 쓸 때는 그 기원이 된 유성체나 미소 유성체까지 포함하는 경우가 많지만, 단어의 그리스 어 어원에 상응하는 정확한 의미는 '공중에 걸린 것'이기 때문에 엄밀하게 말하자면 우리가 하늘에서 목격할 수 있는 것만을 가리킨다. 즉 유성(meteor)은 유성체나 미소 유성체가 지구 대기로 들어와서 눈에 보이는 빛줄기를 형성한 것을 말한다. 정의가 이런데도, 많은 사람들은 ― 심지어 기자들도 ― 유성이 우주에서 지구로 떨어진다는 부정확한 표현을 곧잘 사용한다. 사람들이 너나 없이 규탄했던 1979년 영화 「유성」에서의 용법도 마찬가지였다. (로널드 님 감독이 연출하고 숀 코너리가 출연했던 이 영화는 우리나라에 비디오 테이프로 출시된 바 있다. 제목은 「지구의 대참사」였다. ― 옮긴이) 솔직히 이 영화에도 재미난 순간이 몇 장면 있기는 했지만 말이다.

재미나게도, '메테오롤로지'처럼 '유성'도 처음에는 날씨와 연관된 정의를 가지고 있었다. 이 단어는 원래 우박이나 태풍 같은 대기 현상들을 통칭하는 표현이었다. 가령 바람은 '기체 유성(aerial meteors)'이라고 했고, 비나 눈이나 우박은 '액체 유성(aqueous meteors)'이라고 했고, 무지개나 오로라 같은 광학 현상은 '발광 유성(luminous meteors)'이라고 했고, 번개나 오늘날 우리가 유성이라고 부르는 것은 '불 유성(igneous meteors)'이라고 했다. 이런 용어들은 무언가가 공중에서 얼마나 높이 떠 있는지 알 도리가 없었던 데다가 기상학적 현상은 천문학적 현상과는 기원이 전혀 다르다는 것도 알 수 없었던 과거의 유물이다. 기상 현상이 태양계 속 지구의 위치와도 관련되어 있다는 점을 감안하자면, '메테오롤로지'가 '기상학'을 뜻하는 것이 말짱 오류만은 아닐지도 모른다. 그러나 물론 그 관련성은 옛사람들이 생각했던 것과는 전혀 다른 방식이다. 기상학자들의 초창기 오해에도 불구하고, 다행히 '유성'은 이제 기상학에 관련된 용법으로는 쓰이지 않는다.

우리가 유성을 쉽게 목격할 수 있는 것은, 유성의 기원이 된 천체가 대기권에 진입하면서 뜨거워져서 우리가 빛으로 인식하는 발광 물질을 뿜어내기 때문이다. 유성체의 빠른 속력 때문에 그 빛은 호(弧)를 그리는 것처럼 보인다. 어느 시점이든 많은 유성들이 무작위로 발생하고 있지만, 지구가 혜성의 잔재를 통과할 때 나타나는 현상인 유성우는 그것보다 좀 더 규칙적인 주기로 발생한다. 유성은 당연히 햇빛 때문에 그 빛이 가려지지 않는 밤중에 더 쉽게 목격된다. 여기에는 "듣는 사람이 아무도 없는 숲에서 쓰러진 나무는 쿵 소리를 낸 걸까 안 낸 걸까?" 하는 식의 수수께끼가 없다. 유성의 존재는 누가 관찰하고 있는가 아닌가에 달려 있지 않기 때문이다. 이론적으로는 낮에도 유성의 빛줄기가 보여야 한다.

대부분의 유성은 크기가 먼지나 자갈쯤 되는 물체에서 생겨난다. 매일 그런 물체 수백만 개가 지구 대기로 쏟아진다. 대개의 유성체는 상공 50킬로미터 이상에서 부서지므로, 유성은 대부분 중간권이라고 불리는 해발 75킬로미터와 100킬로미터 사이에서 발생한다. 유성의 정확한 속력은 물체의 구체적인 성질과 지구에 대한 상대 속도가 어느 방향이냐에 따라 달라지지만, 어쨌든 유성이 되는 물체들의 속력은 보통 초속 수십 킬로미터 수준이다. 과학자들은 유성의 궤적을 확인함으로써 그 유성체가 어디에서 왔는지를 알 수 있고, 유성이 내는 가시 광선의 스펙트럼과 그것이 전파 신호에 미치는 영향을 조사함으로써 유성체의 조성을 짐작할 수 있다.

대기권을 끝까지 뚫고 내려와서 지구에 부딪치는 유성체는 운석 (meteorite)이 된다. 운석은 외계 물체가 지구와 충돌하고, 해체되고, 녹고, 부분적으로 기화한 뒤에 남은 돌덩이를 말한다. 운석은 지구가 본질적으로 우주 환경에 속한 일부라는 사실을 환기시키는 구체적인 증거 중 하나이다. 여러분도 운이 좋다면 유성체가 충돌한 지점 근처에서 운석을 발견할 수 있겠지만, 그것보다는 실험실이나 박물관, 혹은 몹시 강박적이거나 운이 좋거나 부유한 사람들의 집에서 더 쉽게 만날 수 있을 것이다. 바티칸 천문대 박물관에는 꽤 괜찮은 컬렉션이 있고, 역시 훌륭한 컬렉션을 가지고 있는 스미스소니언 미국 자연사 박물관에는 지금까지 발견된 운석들 가운데 제일 큰 것이 있다. 그리고 내가 3성 장군에게 들은 말인데, 국방부도 썩 괜찮은 표본들을 가지고 있다고 한다. 그 컬렉션은 미사일 방어와 관계가 있는데, 안타깝게도 유성체 충돌에 관한 국방부 데이터는 기밀로 분류되어 있다. 과학자들이 그런 운석들을 조사해 알아낸 바는 태양계와 그 기원에 관해서 많은 것을 알려주었다.

운석은 혜성에서도 생겨난다. 바깥 태양계에 있는 혜성들에 대해서는 다음 장에서 설명하겠다. 태양계 안쪽을 노는 천체들과 태양계 바깥쪽을 도는 천체들은 사뭇 다르기 때문에, 우리는 목성 궤도 안쪽에 있는 천체들만을 소행성체(minor planet)라고 부른다. 혜성과 소행성은 확실히 구별되는 것처럼 보일지도 모르겠지만, 사실은 구분이 애매한 편이다. (가장 두드러진 차이는 혜성에게는 눈에 띄는 꼬리가 있다는 점이다.) 혜성은 일반적으로 궤도가 좀 더 길쭉하다. 그러나 소행성 중에서도 어떤 것은 혜성처럼 궤도 이심률이 큰데, 아마도 원래 혜성에서 생겨났기 때문일 것이다. 게다가 물을 간직한 소행성들은 바깥 태양계의 혜성들과 확실히 다른 종류라고 보기가 애매하다. 소행성의 조성이 이처럼 다양한 것으로 보아, 우리가 소행성으로 여기는 집단과 혜성으로 여기는 집단은 일부 겹칠 수도 있다.

이렇듯 구분이 상당히 흐릿하기 때문에, 2006년에 국제 천문 연맹(IAU)은 둘 다를 포괄할 요량으로 태양계 소천체(Small Solar System body, SSSB)라는 용어를 새로 만들었다. 여기에 왜소 행성은 포함되지 않는다. 왜소 행성도 충분히 태양계 소천체로 간주될 수 있겠지만, 그것들은 더 크고 더 구형이기 때문에 — 중력이 더 강해서 단단한 물체일 가능성이 높다는 뜻이다. — 국제 천문 연맹은 이 범주에 포함시키는 대신 별도의 이름으로 부르기로 결정했다. 연맹은 '소행성'보다는 '태양계 소천체'라는 용어를 선호하는 편이다. 소행성대의 천체들 중에서 가끔 혜성 핵의 특징을 띤 것들이 있기 때문이다. 따라서 둘 다를 아우르는 용어를 쓰면 — 정보는 적게 전달될지라도 — 오해를 막을 수 있다. 그래도 어쨌든 소행성은 보통 돌에 더 가깝고 혜성은 휘발성 물질을 더 많이 가지고 있으므로, 대부분의 천문학자들은 둘을 구분하기를 고집한다.

이토록 어정쩡한 용어 상황은 내게 난처한 일이다. 앞으로 이 책에서 지구에 부딪힌 큰 천체를 언급할 일이 많기 때문이다. 하늘에서 타오르는 작은 물체는 대개 유성체 혹은 미소 유성체다. 그런데 이따금 그것보다 큰 물체도, 즉 소행성이나 혜성에서 비롯한 물체도 지표면이나 대기에 부딪히고는 한다. 하지만 우리는 그 물체의 궤적을 직접 관찰했을 때만 그것이 둘 중 어느 쪽에서 기원했는지를 알 수 있다. 따라서 우리에게는 둘 다를 지칭하는 용어가 필요하다. '태양계 소천체'라는 거추장스러운 용어는 기술적 요건을 충족하지만, 하늘을 가로지르는 물체를 가리키는 말로는 거의 쓰이지 않는다. 특히 지표면에 가까이 다가오거나 아예 부딪힌 물체를 가리킬 때는 전혀 쓰이지 않는다. 뉴스 기사들의 제목에서는 '유성'도 '유성체'도, 심지어 '운석'도 쓰인다. 기술적으로 따지자면 물체의 폭이 1미터가 넘는 경우에는 죄다 틀린 말이지만 말이다. 일상어 중에서는 구체적인 용어가 없는 듯하므로(가끔 "충돌체(impactor)"나 "볼리드(bolide)"라는 말이 쓰이기는 한다.), 나는 앞으로 지구 대기에 들어오거나 지표면에 부딪힌 외계 물체를 가리킬 때 줄곧 '유성체'라고 하겠다. 못마땅한 여러 용어들 중에서 그나마 이것이 제일 덜 거슬리기 때문이다. 유성체가 보통은 더 작은 물체만을 가리킨다는 점을 고려하자면 약간 그릇된 용법이겠지만, 그래도 내가 이 용어로 말하려는 게 무엇인지는 맥락에서 분명히 드러날 것이다.

7장
짧고 영광스러운 혜성의 생애

만일 이탈리아 도시 파도바를 여행할 기회가 있다면, 스크로베니 예배당을 꼭 방문하기를 바란다. 14세기 초에 지어져 지금껏 잘 보존된 그 보석 같은 건물에는 초기 르네상스 화가 조토가 그린 장엄한 프레스코 연작이 있다. 그중에서 내가 제일 좋아하는 장면은 — 그곳에 사는 물리학자 동료들도 가장 아끼는 그림이다. —「동방 박사의 경배」이다. (그림 13) 고전적인 성탄 풍경 위로 혜성이 날아가는 모습이 뚜렷하게 그려진 그림이다. 예술사 학자 로버타 올슨이 주장했듯이, 좀 더 익숙한 구성 요소인 베들레헴의 별을 대신한 혜성은 그림이 완성되기 불과 몇 년 전에 사람들이 하늘에서 목격했던 밝고 극적인 물체를 반영한 것일지도 모른다. 알레고리적인 의도야 어떻든, 구유 위를 날아가는 섬광은 틀림없는 혜성이다. 아마 핼리 혜성이었을 것이다. 당시 지구의 그 지역에서는 누구나 그 혜성을 볼 수 있었기 때문이다. 1301년

9월과 10월 하늘에 제법 길게 늘어졌던 거대한 혜성 꼬리는 그야말로 장관이었을 것이다. 전깃불이 없던 시대에는 더욱더.

　14세기 초 이탈리아 사람들이 요즘 우리처럼 하늘을 올려다보며 똑같은 천체 물리학적 경이를 감상했던 모습을 상상하면, 기분이 좋다. 고대 그리스와 중국 문명이 남긴 자료를 보면, 사람들은 최소 2,000년 선에도 혜성을 관측하고 감상했다. 아리스토텔레스는 나아가 혜성의

그림 13　조토가 그린 「동방 박사의 경배」. 전통적인 구유 장면 위로 혜성이 날아가고 있다.

성질을 이해하려고 애썼는데, 그는 그것을 상층 대기에서 건조하고 뜨거운 물질이 타오르기 시작하여 발생하는 현상으로 해석했다.

우리는 고대 그리스 시대로부터 먼 길을 왔다. 최근 과학자들이 수학과 훨씬 더 나은 관측에 기반하여 얻은 통찰에 따르면, 혜성은 활활 타기는커녕 차갑다. 혜성이 태양에 충분히 가까워지면 혜성이 가지고 있던 휘발성 물질이 쉽게 기체 형태의 증기나 물로 변할 뿐이다.

지금까지 태양계에서도 우리로부터 비교적 가까운 곳에서 오는 소행성들의 성질을 살펴보았으니, 지금부터는 혜성을 살펴보자. 혜성은 그것보다 더 먼 곳에서 온다. 카이퍼대와 겹치는 산란 원반(scattered disk)이라는 영역, 그리고 태양계에서도 가장 바깥쪽에 있는 오르트 구름(Oort cloud)에서 온다. 혜성은 다른 항성계에서도 발생하지만, 우리는 우리가 제일 잘 아는 우리 태양계의 혜성들에게만 집중하자.

혜성의 성질

요즘 우리는 혜성이 우리로부터 아주 먼 곳에서 생겨나며 그중 극히 일부만이 지구로 가까이 다가온다는 것을 알지만, 16세기에 튀코 브라헤가 혜성은 지구 대기 밖에 있는 물체라고 결론 내렸던 것은 과학적 이해에 있어서 초기의 이정표와 같은 중대한 발견이었다. 그는 1577년에 나타났던 대혜성을 여러 관찰자들이 여러 장소에서 목격한 결과를 통합하여 그 연주 시차를 계산해 보았다. 그러고는 혜성이 달보다 적어도 4배 더 멀리 있다고 결론 내렸다. 거리는 물론 과소 평가 된 것이었지만, 당시로서는 대단한 진전이었다.

아이작 뉴턴도 중요한 추론을 해 냈다. 혜성이 비딱한 궤도를 움직 인다는 사실을 깨달았던 것이다. 그는 가령 2배 더 먼 물체에게 작용 하는 중력은 4분의 1로 약해진다고 규정한 자신의 역제곱 법칙을 적 용하여, 전체들이 따를 수 있는 궤도에는 타원, 포물선, 쌍곡선이 있다 는 것을 증명했다. 그다음에 1680년 대혜성의 경로를 포물선에 겹쳐 보았더니, 점들을 말 그대로 하나의 곡선으로 이을 수 있었다. 사람들 이 여러 지점에서 목격하고서 서로 다른 물체라고 믿었던 것들이 사실 은 하나의 궤적에 놓인다는 것, 즉 하나의 물체가 이동한 경로라는 것 을 보여 준 것이었다. 사실 혜성의 정확한 궤적은 길쭉하게 잡아늘여 진 타원이지만, 그 형태는 포물선에 충분히 가까웠다. 그러므로 그 궤 적이 하나의 물체가 이동한 경로라고 본 뉴턴의 추론은 옳았다.

과거에 발견된 혜성들은 혜성이 나타난 해를 따서 이름이 지어졌다. 그러다가 20세기 초에 명명 관행이 바뀌어, 혜성의 궤도를 예측한 사 람의 이름을 따게 되었다. 가령 독일 천문학자 요한 프란츠 엥케나 독 일-오스트리아의 군인 겸 아마추어 천문학자 빌헬름 폰 비엘라는 둘 다 그런 이유로 자기 이름을 딴 혜성을 가지고 있다.

20세기 이전에도 정체가 알려져 있기는 했지만, 핼리 혜성 또한 그 궤 적을 파악하여 회귀를 예측했던 사람의 이름을 딴 혜성이다. 1705년, 뉴턴의 친구이자 출판업자였던 에드먼드 핼리는 뉴턴의 법칙들을 적 용하고 목성과 토성의 섭동을 감안함으로써 1378년, 1456년, 1531년,

1607년, 1682년에 나타났던 혜성이 1758~1759년에도 나타날 것이라고 예측했다. 핼리는 혜성이 주기 운동을 한다는 사실을 처음 주장한 사람이었고, 그의 말이 옳았다. 이후 프랑스의 세 수학자는 그보다 더 정확한 계산으로 1759년에 혜성이 나타날 시점을 한 달 이내로 좁혔다. 우리도 비슷한 계산을 해 볼 수 있는데, 그러면 지구에 있는 사람이 핼리 혜성을 다시 목격하려면 2061년까지 기다려야 한다는 결과가 나온다.

명명 관행은 20세기 후반에 다시 바뀌어, 이제 발견자의 이름을 따서 혜성의 이름을 짓게 되었다. 그리고 이후 혜성 발견이 발전된 관측 도구에 의지한 단체 작업이 되자, 혜성을 발견한 도구의 이름을 따서 짓게 되었다. 현재 혜성 목록에는 약 5,000개의 혜성이 올라 있다. 그러나 혜성의 총 개수를 현실적으로 추정하자면 최소한 그 1,000배는 될 것이고, 어쩌면 그것보다 훨씬 더 많을 수도 있다. 최대 1조 개나 될지도 모른다.

혜성의 성질과 조성을 이해하려면, 물질의 상태에 관한 지식이 좀 있어야 한다. 우리가 친숙한 물질 상태는 고체, 액체, 기체이다. 물의 경우에는 각각 얼음, 물, 수증기에 해당한다. 상태마다 원자들의 배열이 다른데, 단단한 얼음일 때 구조가 가장 정연하고 기체 상태의 수증기일 때 가장 무질서하다. 상전이가 일어나서 물이 끓을 때처럼 액체가 기체로 바뀌거나 얼음이 녹을 때처럼 고체가 액체로 바뀌더라도 물질은 달라지지 않고 똑같다. 모든 원자와 분자가 여전히 그 자리에 있기 때문이다. 그러나 물질의 성격은 크게 달라진다. 물질이 취하는 형태는 온도와 조성에 따라 달라지고, 그 조성은 물질의 끓는점과 녹는점을 결정짓는다.

최근에 재미난 이야기를 하나 들었다. 어떤 사람이 물질의 여러 상태를 이용하여 공항 보안 검색대에서 물병을 통과시키려고 했다는 이야기였다. 그는 물을 얼린 뒤, 물병에 든 단단한 얼음은 액체 반입 금지 규정에 위배되지 않는다고 주장했다. 교통 보안청 요원은 안타깝게도 그 말에 넘어가지 않았지만 말이다. 만일 그 요원이 물리학을 공부했다면 상온과 대기압에서 고체로 존재하는 물질만이 반입이 허락된다고 설득력 있게 논박할 수 있었겠지만, 모르기는 몰라도 그런 말은 나오지 않았을 것이다. (온도와 압력이 둘 다 영향을 미친다는 것을 명심하자. 해발 2,400미터나 되는 콜로라도 주 애스펀에서 파스타를 삶으려고 시도해 본 사람이라면 누구나 알겠지만, 녹는점과 끓는점은 기압에 따라서도 달라진다.)

녹는점과 끓는점은 어떤 구조에서든 중요하다. 그것이 그 물질이 취할 상태를 결정하기 때문이다. 수소나 헬륨 같은 일부 원소들은 끓는점과 녹는점이 극도로 낮다. 헬륨은 4켈빈까지 떨어져야만 액체가 된다. 행성학자들은 녹는점이 100켈빈 미만인 그런 원소들을 그 물질이 실제로 취한 상태와는 무관하게 무조건 가스(gas, 기체)라고 부른다. 녹는점이 낮지만 가스만큼 낮지는 않은 원소들은 — 역시 행성학자들의 표현이다. — 얼음(ice)이라고 부른다. 그 물질이 실제로 얼어 있느냐 아니냐는 실제 온도에 달려 있지만 말이다. 행성학자들이 목성과 토성을 거대 가스(기체) 행성이라고 부르고 천왕성과 해왕성을 거대 얼음 행성이라고 부르는 것은 그 때문이다. 두 경우 모두 행성의 내부는 뜨겁고 밀도 높은 액체로 이루어져 있다.

천문학에서 가스는 ─ 행성학자들이 쓰는 의미에 따르면 ─ 휘발성 물질(volatiles)의 하위 집합이다. 휘발성 물질이란 끓는점이 낮아서 행성이나 대기에 존재할 수 있는 원소와 화합물을 말한다. 가령 질소, 수소, 이산화탄소, 암모니아, 메탄, 이산화황, 물 등이다. 녹는점이 낮은 물질은 기체로 쉽게 변한다. 여러분도 차가운 액체 질소로 만든 아이스크림을 본 적이 있을 것이다. (이것은 현대적인 레스토랑들이 자랑하는 이른바 분자 요리의 단골 메뉴이고, 과학 박람회의 표준 전시물이다. 하버드 과학 센터 앞에 있는 간식 트럭에서도 그런 아이스크림을 파는데, 내 건강을 위해서는 다행스럽게도 보통 내가 별로 안 좋아하는 맛이다.) 그런 아이스크림을 본 적이 있다면, 실온에서 액체 질소 원자들이 얼마나 쉽게 기체가 되어 탈출하는지 보았을 것이다. 그 덕분에 기구는 아주 드라마틱해 보인다. (그리고 과학 실험이라고 할 때 흔히 떠올리는 전형적인 장면처럼 보인다.)

우리 달에는 휘발성 물질이 거의 없다. 달은 주로 규산염으로 이루어져 있고, 수소나 질소나 탄소는 별로 없다. 반면에 혜성은 휘발성 물질을 잔뜩 가지고 있다. 혜성에게 극적인 꼬리가 생기는 것은 그 때문이다. 혜성은 목성보다 한참 더 먼 태양계 바깥쪽에서 생겨나는데, 그곳에서는 물과 메탄이 늘 차갑게 얼어 있다. 태양에서 한참 먼 그 차디찬 영역에서는 얼음이 기체로 바뀌지 않는다. 늘 얼어 있다. 그러다가 혜성이 안쪽 태양계를 통과하여 태양의 열기에 가까워지면, 그제서야 혜성이 가지고 있던 휘발성 물질이 기화하여 뿜어져나온다. 먼지와 함께 쏟아져나온 휘발성 물질은 혜성 핵을 둘러싼 대기, 즉 **코마**(coma)를 형성한다. 코마는 핵보다 훨씬 더 클 수 있다. 너비가 수천 킬로미터, 심지어 수백만 킬로미터일 수 있고 가끔은 태양만큼 커진다. 굵은 먼지 입자들은 코마에 남지만, 그것보다 더 가벼운 먼지 입자들은 태양이 뿜어내는 복사와 하전 입자들에게 떠밀려 꼬리처럼 늘어진다. 요컨대 혜성은 코마, 코마 속 핵, 뒤로 늘어진 꼬리로 구성된다.

혜성이 지나간 길에 남긴 단단한 부스러기들 때문에 벌어지는 유성우(meteor shower)는 혜성의 존재를 입증하는 근사한 증거이다. 유성우는 혜성이 지구 궤도와 교차하는 바람에 버려진 물질 중 일부가 지구 궤도에 남을 때 발생한다. 지구는 이후 규칙적인 주기로 그 부스러기들을 통과하므로, 우리가 보기에 너무나 멋진 유성우가 주기적으로 발생한다. 스위프트-터틀 혜성의 부스러기는 8월 초에 벌어지는 페르세우스 유성우를 낳는다. 나는 물리학 연구소가 여름 워크숍을 열었던 애스펀의 깨끗한 밤하늘에서 기대도 안 했던 그 유성우를 만난 적이 있다. 핼리 혜성이 흩뿌린 파편 때문에 10월에 발생하는 오리온자리 유성우도 또 다른 예다.

혜성은 우리가 맨눈으로 하늘에서 목격할 수 있는 가장 근사한 천체 중 하나이다. 대부분은 아주 희미하지만, 핼리 혜성처럼 망원경 없이 보이는 것도 10년에 몇 번쯤은 지나간다. 혜성이 태양을 돌 때 뒤에 끌리는 환한 이온 꼬리와 그것과 별개인 먼지 꼬리는 보통 서로 다른 방향을 가리킨다. 혜성의 이름은 그렇게 환하게 늘어지는 먼지와 가스에서 비롯했다. 혜성을 뜻하는 영어 단어 코멧(comet)의 어원은 그리스어로 '긴 머리카락을 가진'이라는 뜻의 단어였기 때문이다. 먼지 꼬리는 보통 혜성이 움직이는 경로를 따르지만, 이온 꼬리는 태양으로부터 멀어지는 방향으로 늘어진다. 이온 꼬리는 태양의 자외선 복사가 혜성의 코마에 부딪혀 그 속에 있는 원자들 중 일부로부터 전자를 떼어내기 때문에 생긴다. 그렇게 이온화된 입자들은 **자기권**(magnetosphere)이라고 불리는 자기장을 형성한다.

혜성이 밝은 모습을 드러내는 데는 이른바 **태양풍**(solar wind)의 역할이 크다. 태양이 복사를 방출한다는 사실은 누구나 안다. 그 복사가 곧 지구에서 우리가 열과 빛으로 경험하는 광자이기 때문이다. 한편 태양이 하전 입자도 — 전자와 양성자도 — 방출한다는 사실은 덜 알려져 있는데, 바로 그 입자들이 태양풍을 구성한다. 1950년대에 독일 과학자 루트비히 비어만은 혜성의 환한 이온 꼬리가 늘 태양으로부터 멀어지는 방향으로 늘어진다는 이상한 사실을 발견하고(또 다른 독일인 파울 아네르트도 독자적으로 같은 발견을 했다.), 태양이 방출하는 입자들이 혜성 꼬리를 그 방향으로 '민다.'는 가설을 세웠다. 비유적 의미에서 '태양풍'이 이온 꼬리를 '나부끼는' 것이다. 과학자들은 이 현상을 이해하는 과정에서 혜성과 태양 양쪽을 더 많이 알게 되었다. 나 또한 덕분에 혜성의 신비로운 이름의 유래를 알게 되었다.

혜성 꼬리는 최대 수천만 킬로미터까지 뻗는다. 혜성 핵은 물론 그것보다 훨씬 더 작지만, 전형적인 소행성에 비하면 그래도 꽤 크다. 핵은 중력이 충분히 크지 않아서 둥글지는 않고 불규칙한 형태이며, 폭은 수백 미터에서 수십 킬로미터까지 다양하다. 어쩌면 여기에는 관측 편향이 개입할 수도 있는데, 왜냐하면 큰 혜성일수록 우리가 알아차리기 쉽기 때문이다. 하지만 충분히 민감한 도구를 적용해서 더 작은 천체를 찾아본 수색에서도 현재까지는 별 소득이 없었다.

가시성 측면에서, 혜성에게 코마와 꼬리가 있다는 것은 잘된 일이다. (여러분이나 나처럼) 타오르지 않는 물체를 보는 흔한 방법은 그 물체에 반사된 빛을 보는 것인데, 혜성 핵은 반사율이 대단히 낮아서 우리가 눈으로 보기가 유달리 어렵다. 잘 알려진 예를 하나만 들자면, 헬리 혜성의 핵은 그것에게 부딪치는 빛의 25분의 1만을 반사한다. 이것은 아스팔트나 숯의 반사율에 맞먹는 수준인데, 여러분도 알다시피 아스팔트나 숯은 몹시 까맣다. 다른 혜성들의 핵은 이것보다도 덜 반사한다. 혜성 표면은 실제로 태양계를 통틀어 가장 암흑 같은 물체인 듯하다.[1] 휘발성이 있고 가벼운 화합물들은 태양의 열기에 제거되지만, 더 검고 무거운 유기 화합물들은 혜성에 남는다. 검은 물질은 빛을 흡수하므로, 얼음이 녹아 증기가 되어 꼬리로 흘러나간다. 숯과 혜성의 반사율이 비슷하다는 것은 우연의 일치가 아니다. 타르도 석유에 든 큰 유기 분자들로부터 만들어졌으니까. 그런 아스팔트가 머리 위 수십억 킬로미터에 떠 있다고 상상해 보자. 우리가 수색에 엄청난 노력을 기울이지 않는 한, 그렇게 어두운 물체는 우리 눈에 띄지 않고 어둠에 묻혀 있을 것이다.

혜성이 바깥 태양계에 있을 때는 그냥 캄캄하게 얼어 있을 뿐, 가시적 배출물은 적다. 그래서 아주 희미하다. 혜성이 태양에 접근하기 전에 우리가 그것을 관찰하는 방법은 혜성이 내는 적외선을 관측하는 것뿐이다. 혜성이 안쪽 태양계로 다가오기 전에는 그것을 우리 눈에 잘 보이게 만들어 주는 코마와 꼬리가 형성되지 않는다. 혜성이 태양계 안쪽으로 들어온 뒤에야 비로소 먼지가 햇빛을 반사하고 이온 때문에 가스가 밝아져서 우리가 좀 더 쉽게 관찰할 수 있는 빛이 난다. 그런 상태라도 대부분의 혜성은 망원경으로만 볼 수 있다.

혜성의 정확한 화학적 조성을 아는 것은 그냥 혜성을 관측하는 것보다 더 어렵다. 지상에서 발견되는 운석이 약간의 단서가 되어 주는데, 운석은 실제 혜성 물질의 일부가 우리 앞마당에 떨어진 것이기 때문이다. 과학자들은 또 혜성의 다채로운 색깔에 주목하여 스펙트럼선의 일부를 관찰했다. 그리고 이것을 비롯한 몇몇 부족한 단서들에 의지하여, 혜성은 물이 언 얼음, 먼지, 자갈 같은 돌덩이들, 그리고 이산화탄소, 일산화탄소, 메탄, 암모니아 같은 기체들의 동결 상태로 만들어져 있다고 결론 내렸다. 핵 표면은 바위인 것 같고, 표면 아래에 얇게 얼음이 묻혀 있는 듯하다.

당시 천문 관측 결과가 제한적이었던 점을 감안할 때, 17세기의 아이작 뉴턴은 혜성의 정체를 놀랍도록 정확하게 해석했다. 혜성을 단단하고 부서지지 않는 고체로 여긴 것은 착각이었지만, 그는 혜성 꼬리란 태양열에 데워진 증기가 가늘게 흐르는 것이라는 사실을 제대로 깨달았다. 혜성의 조성에 관한 한, 철학자 이마누엘 칸트는 1755년에 뉴턴보다 더 나은 연구를 발표했다. 칸트는 혜성이 휘발성 물질로 이뤄져 있으며 그것이 기화하여 꼬리를 만들어 낸다고 주장했다. 이후 1950년대에 하버드 대학교의 천문학 교수이자 스스로 혜성을 6개나 발견했던 프레드 휘플은 혜성에는 얼음이 압도적으로 많고 먼지와

돌은 부차적일 뿐이라는 유명한 이론을 제기했다. 여기에서 나온 것이 여러분도 아마 들어보았을 듯한 "더러운 얼음덩어리" 모형이다. 그러나 혜성의 조성은 아직 완벽하게 밝혀지지 않았으며, 어떤 혜성들은 보통보다 유난히 더 더러운 듯하다. 어쨌든 더 나은 관측이 지금도 지식을 발전시키고 있다.

혜성의 조성에서 하나 더 매력적인 특징은 유기 화합물도 담겨 있다는 것이다. 메탄올, 시안화수소, 포름알데히드, 에탄올, 에탄은 물론이고 생명의 전구(前驅) 물질인 긴 사슬 탄화수소와 아미노산도 들어 있다. 지구에 떨어진 운석 중에는 심지어 DNA와 RNA의 구성 요소를 가지고 있는 것도 발견되었는데, 이런 운석은 소행성 아니면 혜성에서 왔을 것이다. 물과 아미노산을 가지고 있으며 주기적으로 지구를 때린 천체란 분명 우리의 관심을 끌 만하다.

환상적인 구조, 그리고 생명과 관련 있을지도 모른다는 점 때문에 혜성은 많은 우주 탐사 프로그램에서 중요한 표적이었다. 혜성을 조사했던 최초의 탐사선은 꼬리와 핵 표면에 바짝 다가가서 먼지 입자를 수집하고 분석하며 사진을 찍는 것을 목표로 삼았지만, 충분히 접근하지 못한 데다가 높은 해상도를 얻지 못해서 별다른 유의미한 세부 사항은 알려주지 못했다. 1985년, NASA가 기존 탐사선의 임무를 변경하고 유럽의 지원을 조금 받아서 마련한 국제 혜성 탐사선(International Cometary Explorer, ICE)은 혜성 꼬리에 다가간 최초의 우주선이었다. 그러나 혜성과의 거리는 3,000킬로미터나 되었다. 그로부터 얼마 후 러시아의 베가 탐사선 두 대, 일본의 스이세이 탐사선 두 대, 유럽의 조토 우주선으로 이뤄진 이른바 핼리 함대가 혜성의 핵과 코마를 좀 더 자세히 연구하려고 나섰다. 그러나 그 모두를 뛰어넘은 것은 조토 로봇 탐사선이었다. 그렇다. 내가 앞에서 언급했던, 혜성이 그려진 작품 「동방 박사의 경배」를 그렸던 화가의 이름을 딴 탐사선이었다. 이 우주선은 핼리 혜성의 핵에 600킬로미터까지 다가가는 데 성공했다.

혜성과 그 조성을 좀 더 직접적으로 탐사하려고 나선 최근 작업들은 더 나은 성과를 거두었다. 스타더스트 우주선은 2004년 초에 빌트 2 혜성의 코마에서 먼지 입자를 수집하여 분석했고, 2006년에 그 물질을 지구로 가져와서 과학자들이 좀 더 조사할 수 있도록 해 주었다. 먼 오르트 구름에서 형성된 천체이니 주로 항성간 매질로 이뤄졌으리라는 당초 예상과는 달리, 이 혜성의 물질은 주로 태양계 내에서 가열된 재료로 이뤄져 있었다. 과학자들은 이 혜성에 철과 구리와 황으로 된 광물질이 담겨 있음을 확인했는데, 이 화합물은 액체 물이 없으면 형성되지 않는다. 그 말인즉 혜성이 처음에는 따뜻한 곳에 있었다는 것, 태양에서 좀 더 가까운 곳에서 형성되었다는 것이다. 게다가 분석 결과에 따르면 혜성과 소행성의 조성은 이전에 과학자들이 예상했던 것처럼 늘 다른 것만은 아니었다.

그리고 "딥 임팩트(Deep Impact)"는 — 좀 혼란스러운 면은 있어도 — 야심만만한 영화의 제목만은 아니다. 2005년에 템펠 1 혜성으로 충돌체를 보냈던 우주 탐사선의 이름이기도 하다. 우주선은 혜성 내부를 조사하고 충돌 크레이터의 사진을 찍을 목적으로 설계되었으나, 충돌이 일으킨 먼지 구름 때문에 영상이 약간 흐려졌다. 이 조사에서는 결정 물질이 발견되었는데, 그런 결정은 혜성의 현재 온도보다 훨씬 더 높은 온도에서 형성되기 때문에 혜성이 안쪽 태양계에서 그 물질을 얻었거나 아니면 애초에 현재 위치와는 다른 먼 곳에서 형성되었을 것임을 암시했다.

최근의 혜성 탐사선들은 한층 더 흥분되는 소득을 올렸다. 가장 놀라운 진진은 2004년에 유럽 우주국(ESA)이 쏘아 올린 로제타 우주선이었다. 로제타의 목표는 67P/추류모프-게라시멘코 혜성으로 다가가서 주변을 돌면서 좀 더 직접적으로 혜성을 조사할 수 있는 탐사차 필레를 표면에 착륙시키고, 그럼으로써 핵의 조성과 내부를 좀 더 면밀히 연구한다는 것이었다. 그리고 2014년 11월, 사람들의 관심을 끈 주요 뉴스 중 하나는 필레가 착륙하다가 — 계획처럼 순조롭게 안착하지 못하고 — 몇 차례 튕겨서 불안정한 위치에 내렸다는 소식이었다. 말 그대로 손에 땀을 쥐게 하는 광경이었던 그 사건은 과학자들이 애초 의도했던 목표들 중 상당수를 달성했다. 착암에는 성공하지 못했지만, 필레는 — 의도했던 표면 고정 메커니즘이 제대로 작동되지 않은 채 잘못된 장소에 내렸음에도 불구하고 — 혜성의 형태와 대기를 이전보다 훨씬 더 자세히 조사했다.

이제 로제타는 혜성을 공전하고 있다. 혜성이 안쪽 태양계로 들어오는 동안 계속 그럴 것이다. 로제타 미션은 이미 놀라운 성과를 거둔 것이나 다름없다. 로제타 우주선의 발사 시점이 라이트 형제가 최초의 비행기를 띄운 시점으로부터 고작 한 세기가 지난 뒤라는 사실을 떠올리자면 더욱더 인상적이다.

단주기 혜성과 장주기 혜성

많은 진전에도 불구하고, 혜성에 관해서는 아직도 흥미로운 의문들이 많이 남아 있다. 과학자들은 혜성이 무엇으로 이뤄졌는지를 좀 더 자세히 아는 문제와 더불어, 혜성의 궤도와 혜성이 형성되는 방식에 대한 이해도 늘리고 싶어 한다. 과학자들이 꼭 하나의 통일된 설명을 기대하는 것은 아니다. 혜성은 서로 뚜렷하게 차이 나는 두 부류로 나뉜다는 증거가 있기 때문이다. 혜성은 공전 주기를 마무리하는 데 걸리는 시간에 따라 단주기 혜성과 장주기 혜성으로 나뉜다. 두 주기를 나누는 경계는 200년이라고 하지만, 실제 주기는 몇 년과 몇 백만 년 사이에 고르게 퍼져 있다.

혜성은 해왕성 너머에서 생겨난다. 그런 해왕성 바깥 천체들이 놓인 영역은 태양으로부터의 거리가 다른 몇 군데 지점에서 서로 독립된 궤도를 도는 여러 띠들로 나뉘어 있다. 그중에서 단주기 혜성을 공급하는 안쪽 영역은 카이퍼대와 산란 원반이라고 불리고, 훨씬 더 멀리에서 장주기 혜성을 공급할 것으로 여겨지는 가설적 영역은 **오르트 구름**이라고 불린다. 오르트 구름으로는 잠시 뒤에 (비유적으로) 돌아가도록 하자. 그 밖에도 천체 물리학자들이 제안했지만 이 책에서는 주목하여 다루지 않을 영역이 하나 더 있는데, 산란 원반과 오르트 구름 사이에 퍼져 있다는 이른바 **독립 천체**(detached object)들이다.

혜성의 발원지가 안쪽이냐 바깥쪽이냐에 따라 나눈 분류는 궤도 주기에 따라 나눈 분류와 대체로 겹친다. 우리가 자주 보는 혜성은 헬리 혜성 같은 단주기 혜성들이다. 단주기 혜성은 우리가 그럭저럭 인식할 수 있는 간격으로 방문하기 때문에, 과거 여러 세대 사람들이 그것을 목격했다. 단주기 혜성은 우리와 좀 더 가까운 영역에서 오고, 장주기 혜성은 대부분 훨씬 더 먼 곳에서 온다. 우리는 이따금 장주기 혜성도 보는데, 다만 그것이 먼 오르트 구름에 벌어진 섭동 때문에 흔들려서 안쪽 태양계로 떨어진 경우에만 가능하다. 태양의 중력은 오르트 구름에 있는 천체들을 약하게만 묶어두기 때문에, 그곳에서는 삭은 교란만 일어나도 천체가 제 궤도를 벗어나 안쪽으로 태양을 향해 돌진할 수 있다. 핼리 혜성 같은 단주기 혜성도 처음에는 더 먼 장주기 궤도를 돌다가 거기에서 쫓겨나서 안쪽 태양계의 단주기 궤도로 옮긴 것일지도 모른다.

단주기 혜성은 또 두 하위 범주로 나뉜다. 주기가 20년 이상인 핼리형 혜성과 주기가 그것보다 짧은 목성형 혜성이다. 단주기 궤도를 도는 천체들 중에는 소행성이나 휴면 혜성/죽은 혜성도 있을 수 있겠지만, 소행성 중에서 궤도 주기가 20년이 넘는 것은 극히 드물 것이다. 한편 장주기 혜성은 궤도 이심률(eccentric)이 더 크다. 단주기 궤도보다 좀 더 길쭉하게 늘여져 있다는 뜻이다. 혜성이 태양에 근접할 때만 우리 눈에 보인다는 점을 고려할 때, 이것은 합리적인 일이다. 단주기 혜성은 태양 근처에서 도는 데 비해, 우리에게 관측될 가능성이 있지만 주기가 긴 혜성은 태양에 바싹 다가왔다가도 바깥으로 나갈 때는 훨씬 더 멀리 나가는 경로를 따라야만 긴 여행 시간이 설명되기 때문이다. 또 단주기 혜성의 궤도는 행성들이 움직이는 황도면(ecliptic plane)에 더 가깝게 놓인 듯하며, 대체로 행성들과 같은 방향으로 궤도를 도는 듯하다.

이런 천체들이 안쪽 태양계에 진입한 뒤에 겪는 운명은 이후 어떤 섭동을 겪는가에 달려 있다. 우리와 비교적 가까운 영역에서 가장 큰 영향력을 발휘하는 것은 목성이다. 목성의 질량은 다른 모든 행성들의 질량을 다 합한 것보다도 2배 더 크기 때문이다. 안쪽 태양계에 새로 들어온 혜성은 새 궤도에 안착할 수도 있고, 아니면 단 한 번만 모습을 드러냈다가 태양계 밖으로 영영 쫓겨나거나 행성과 충돌하여 사라질 수도 있다. 1994년에 슈메이커-레비 혜성이 목성과 장엄하게 충돌했던 것은 후자의 유명한 사례이다.

카이퍼대와 산란 원반

이제 교란을 받으면 안쪽 태양계로 떨어져서 혜성이 되는 천체들, 즉 얼어 있는 태양계 소천체들이 몰려 있는 영역을 살펴보자. 맨 먼저 살펴볼 곳은 카이퍼대다. (그림 14) 카이퍼대는 그 자체가 단주기 혜성을 담고 있지는 않지만, 단주기 혜성을 담고 있는 산란 원반을 찾는 데 중요한 이정표가 되어 준다.

1940년대와 1950년대에 그 존재가 예측된 카이퍼대에 관해서 가장 흥미로운 점은 그것이 이렇게 늦게서야 발견되었다는 사실인 것 같다. 천문학자들은 1992년이 되어서야 태양계에 관한 기존 지식을 수정할 필요가 있다고 결정했다. 대부분의 사람들이 초등학교에서 배웠으며 아주 튼튼하게 구축되었다고 여겨 온 지식이 사실은 틀렸다는 것이다. 천문학자들은 그제서야 카이퍼대, 그리고 내가 곧 소개할 다른 발전 사항들을 포함시키기로 결정했다. 여러분이 카이퍼대를 처음 들어봤더라도, 그곳에 있거나 그곳에서 생겨난 몇몇 천체는 익숙하게 알고 있을지 모른다. 3개의 왜소 행성이 그런 사례인데, 그중 하나는 바로 한때 행성으로 불렸던 명왕성이다. 해왕성의 위성 트리톤과 토성의 위성 포이베도, 비록 지금은 카이퍼대에서 한참 먼 곳에 있지만, 크기와 조성으로 보아 원래 카이퍼대에서 생겼을 것이다. 그랬다가 행성 이동 시기에 딴 곳으로 끌려나왔을 것이다.

1AU, 즉 1천문단위는 지구에서 태양까지 거리의 근삿값인 약 1억 5000만 킬로미터로 정의된다. 카이퍼대는 태양으로부터 지구보다 30배 더 먼 곳, 즉 30에서 55천문단위 영역에 있다. 그 속에는 수많은 혹성들이 담겨 있는데, 대부분은 42~48천문단위의 고전 카이퍼대(classical Kuiper belt)에 있다. 이 영역은 황도면에서 수직으로 약 10도까지 퍼져 있지만, 평균 위치의 경사도는 몇 도 되지 않는다. 이렇게 제법 두껍기 때문에, 카이퍼대는 띠라기보다는 도넛 모양에 가깝다. 그래도 오해의 소지가 약간 있는 이름은 살아남았다.

카이퍼대라는 이름은 다른 이유에서도 좀 공정하지 못하다. 과거에 꽤 많은 사람들이 카이퍼대에 관해서 다양한 추측을 내놓았기 때문에, 정확히 누구를 카이퍼대를 제안한 사람으로 인정해야 하는가가 명확하지 않다. 1920년대에 카이퍼대가 발견된 직후부터 많은 천문학

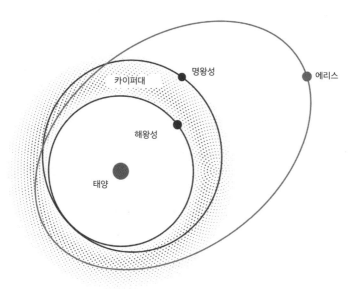

그림 14 해왕성 너머에 위치한 카이퍼대의 천체들 중 제일 큰 것은 명왕성이다. 산란 원반은 카이퍼대보다 약간 더 바깥쪽에 있는데, 여기에는 명왕성보다 큰 에리스가 있다.

자들은 그곳에 명왕성만 있는 것은 아닐 거라고 짐작했다. 과학자들은 1930년부터 그 밖의 해왕성 바깥 천체들에 대한 다양한 가설을 내놓았다. 그중에서도 제일 인정받을 만한 사람이라면 천문학자 케네스 에지워스일 것이다. 1943년에 그는 초기 태양계에서 해왕성 너머 영역에는 물질이 워낙 희박했기 때문에 행성이 형성될 수 없었을 테고 그 대신 좀 더 작은 천체들이 집단으로 생겼을 것이라는 가설을 내놓았다. 그리고 가끔 그런 천체들 중 하나가 안쪽 태양계로 들어와서 혜성이 될 것이라는 추측도 내놓았다.

요즘 과학자들이 선호하는 시나리오는 에지워스의 시나리오와 아주 비슷하다. 즉 초기 태양계 원반이 응집되어 행성보다 작은 천체들, 이따금 미행성(planetesimal)이라고도 불리는 천체들을 형성했다는 것이다. 한편 카이퍼대라는 이름의 원조인 제러드 카이퍼는 그것보다 더 늦게 — 1951년에 — 가설을 내놓았을 뿐 아니라 내용도 그다지 정확하지 않았다. (제러드 피터 카이퍼는 원래 네덜란드 사람이다. 1933년 미국으로 건너갔고 1937년 미국에 귀화했다. — 옮긴이) 그는 그 구조가 일시적인 것이라서 오늘날에는 이미 사라졌을 것이라고 보았다. 그는 명왕성을 실제보다 더 크게 생각했기 때문에, 명왕성이 여느 행성처럼 제 주변을 깨끗이 치웠을 것이라고 보았다. 그러나 실제 명왕성은 카이퍼의 예상보다 상당히 더 작다. 그래서 그런 일은 벌어지지 않았고, 명왕성 궤도와 비슷한 영역에서 그 밖에도 많은 천체들이 함께 도는 카이퍼대는 사라지지 않고 살아남았다.

가끔은 에지워스의 추론을 기리는 뜻에서 에지워스-카이퍼대라는 이름을 쓰기도 한다. 그러나 긴 이름들이 대개 그렇듯이, — 적어도 미국에서는 그렇다. — 그것보다는 짧은 이름이 더 자주 쓰인다. '알프레드 노벨을 기념하는 스웨덴 중앙 은행 경제학상'은 진짜 노벨상들이 제정되고 나서 추가된 상의 본명이지만, 보통은 그 거추장스러운 본명이 아니라 '노벨 경제학상'으로 불린다. 마찬가지로, 에지워스의 업적을 제대로 인정하는 긴 용어는 여간해서는 쓰이지 않는다.

에지워스와 카이퍼의 제안에 따라, 과학자들은 혜성 자체가 카이퍼대의 존재를 암시하는 단서임을 깨달았다. 1970년대까지 발견된 단주기 혜성들의 수는 모두 오르트 구름에서 왔다고 설명하기에는 지나치게 많았다. 카이퍼대보다 훨씬 더 먼 혜성 발원지인 오르트 구름에 대해서는 잠시 뒤에 다시 이야기하겠다. 단주기 혜성들이 태양계 평면과 좀 더 가까운 곳에서 생겨난 데 비해, 오르트 구름 혜성들은 태양을 중심에 둔 구에 가까운 형태로 분포되어 있다. 이 계산 결과에 기반하여, 우루과이 천문학자 훌리오 페르난데스는 단주기 혜성들이 오르트 구름이 아니라 현재 카이퍼대가 있다고 알려진 영역에 존재하는 띠에서 왔다고 설명하면 말이 된다고 주장했다.

늘 그렇듯이, 이런 추론들에도 불구하고 발견은 충분히 민감한 관측 도구가 있어야만 가능했다. 작고 멀고 빛을 내지 않는 천체를 발견하기는 쉽지 않기 때문에, 카이퍼대에서 명왕성을 제외한 천체가 처음 발견된 것은 1992년과 1993년 초였다. 제인 루와 데이비드 주이트는 주이트가 MIT 교수이고 루가 학생일 때 함께 연구하기 시작하여, 애리조나의 키트피크 국립 천문대와 칠레의 세로톨롤로 범미주 천문대에서 관측을 수행했다. 두 사람은 주이트가 하와이 대학교로 옮긴 뒤에도 연구를 이어 갔는데, 그곳에서는 현재 휴화산인 마우나케아의 정상에 위치한 대학의 구경 2.24미터 망원경을 썼다. 그곳은 대단히 깨끗한 밤하늘을 볼 수 있는 아름다운 관측 장소이다. (하와이 섬에 가게 된다면 꼭 한번 방문할 만하다.) 두 사람은 5년의 수색 끝에 카이퍼대 천체를 2개 발견했다. 1992년 여름에 하나, 이듬해 초에 또 하나였다. 이후 비슷한 천체가 더 많이 발견되었으나, 지금까지 발견된 개수는 거의 틀림없이 실제 존재하는 것의 아주 작은 일부에 지나지 않을 것이다. 우리는 이제 그 띠에 카이퍼대 천체(Kuiper belt object, KBO)라고 불리는 천체가 1,000개 넘게 있다는 것을 안다. 심지어 어떤 계산에 따르면 지름이 100킬로미터가 넘는 천체가 최대 10만 개까지 존재할 수도 있다고 한다.

한 가지 짚어둘 점은, 비록 명왕성이 행성 지위를 박탈당하기는 했어도 그것이 여전히 특별하다는 사실이다. 애초에 명왕성이 카이퍼대의 다른 천체들보다 먼저 발견된 것이 그 때문이었다. 우리가 그 주변 천체들의 질량에 대해서 알게 된 바에 따르면, 명왕성은 우리 예상보다 더 크다. 명왕성 하나가 카이퍼대 총 질량의 몇 퍼센트를 차지하는 듯하며, 명왕성이 그곳 천체들 중 제일 클 가능성도 높다. 사실 카이퍼대의 총 질량이 작다는 점은 그 기원에 대한 흥미로운 실마리가 되어 준다. 현재 추정값은 지구 질량의 4~10퍼센트인데, 태양계 형성 모형에 따르자면 카이퍼대는 지구 질량의 30배가 넘는 질량을 가지고 있어야 한다. 만일 그 질량이 늘 지금처럼 작았다면, 지름 100킬로미터 이상의 천체는 띠에 합류하지 못했을 것이다. 하지만 이 예측은 명왕성의 존재로 반박된다. 그렇다면 아마도 질량의 큰 부분이 — 예측 질량의 99퍼센트 이상이 — 이제는 그곳에 없다는 뜻일 것이다. 카이퍼대 천체들이 다른 곳에서 — 태양과 좀 더 가까운 곳에서 — 형성되었거나, 아니면 무언가가 애초 그곳에 있던 질량의 대부분을 흩어 버렸을 것이다.

명왕성과 비슷한 궤도를 도는 다른 많은 천체들은 **명왕성족**(plutinos)이라고 불린다. 그것들은 태양으로부터 40천문단위에 약간 못 미치는 거리에 있지만, 궤도 이심률이 크기 때문에 실제 거리는 큰 폭으로 달라질 것이다. 명왕성족은 **공명 카이퍼대 천체**(resonant Kuiper-belt object)

라고도 불린다. 궤도를 도는 주기가 해왕성 공전 주기와 정수비라는 뜻이다. 이를테면 해왕성이 태양을 세 번 도는 동안 명왕성족 천체는 두 번 도는 것이다. 이렇게 고정된 공전 주기 비가 이 천체들이 해왕성에 너무 가까이 다가가는 것을 막아 주므로, 이 천체들은 자칫 그 영역에서 쫓겨나는 계기가 될 수도 있는 해왕성의 강력한 중력장으로부터 벗어나 있다. 재미나게도 국제 천문 연맹(IAU)은 명왕성족 천체들에게도 명왕성처럼 지하 세계 신들의 이름을 붙여야 한다고 규정해 두었다. 우리는 이제 그런 천체를 최소 1,000개 알고 있지만, 지금까지 조사가 제한적이었음을 감안할 때 — 내가 지금까지 이야기했던 다른 모든 범주의 천체들이 그렇듯이 — 실제 개수는 훨씬 더 많을 것이라고 짐작된다.

하지만 카이퍼대 천체에서 가장 많은 수를 차지하는 것은 명왕성족이 아니라 고전 카이퍼대에 속한 천체들이다. 지금까지의 조사로 많은 고전 카이퍼대 천체들이 확인되었고, 현재 이른바 Pan-STARRS 프로젝트가 태양계에서 눈에 띄게 움직이는 물체라면 뭐든 찾아내는 데 전념하고 있으므로 곧 더 많은 사례가 발견될 것이다. 고전 카이퍼대 천체들은 해왕성에 교란되지 않는 안정된 궤도를 취한다. 해왕성과 주기가 공명하기 때문에 해왕성으로부터 일정한 거리를 유지하는 경우가 아니더라도 말이다. 좀 더 붉은 이 고전적 천체들 중 상당히 많은 수는 궤도가 원형에 가깝다. 그것과는 달리 궤도 이심율이 크고 경사도 큰 — 최대 약 30도까지 기울어 있다. — 천체들도 있지만, 수는 훨씬 더 적다. 그래서 카이퍼대 속에는 밀도가 비교적 낮고 궤도가 불안정한 영역이 존재하며, 그곳에는 비교적 최근에 카이퍼대에 도착한 천체들만이 담겨 있다.

한때 카이퍼대에 있었던 천체들은 우리가 목격하는 혜성의 전구 물질일 가능성이 높다. 꼭 그렇지 않더라도 어떤 식으로든 관련되었을 가능성이 높으므로, 그 조성이 사실상 혜성과 같은 것은 그다지 놀라운 일이 아니다. 카이퍼대 천체들은 주로 메탄, 암모니아, 물 같은 물질의 얼음으로 이뤄져 있다. 가스가 아니라 얼음 상태인 것은 카이퍼대의 위치 때문에 온도가 약 절대 온도 50도로 낮은 탓이다. 이것은 물의 어는점보다 200도나 더 낮은 수준이다. 뉴호라이즌스 호는 명왕성과 카이퍼대에 대해서 많은 정보를 수집했을 텐데, 과학자들이 그 데이터 분석을 마친다면 우리는 카이퍼대에 대해서 제법 많이 알게 될 것이다.

하지만 카이퍼대의 궤도들은 안정하다. 따라서 혜성이 거기에서 왔을 리는 없다. 카이퍼대의 영구 주민들은 태양을 향해 날아오지 않는다. 단주기 혜성은 그 대신 산란 원반에서 온다. 얼음 혹성들을 담고 있으며 상대적으로 밀도가 낮은 이 영역은 카이퍼대와 겹치지만 그것보다 훨씬 더 멀리까지, 태양으로부터 100천문단위 너머까지 뻗어 있다. 산란 원반에 있는 천체들의 궤도는 해왕성 때문에 불안정해질 수 있다. 더 큰 이심률, 더 폭넓은 위치, 더 큰 경사도는 — 최대 약 30도까지 기울어 있다. — 산란 원반 천체들을 카이퍼대 천체들과 구분하는 요소이고, 물론 불안정성도 그렇다. 산란 원반 천체들의 궤도 이심률은 보통에서 높은 수준에 걸쳐 있는데, 그것은 그 궤도들이 원형이라기보다는 길쭉하게 늘여진 형태라는 뜻이다. 이심률이 워낙 크기 때문에, 최대 도달 범위가 해왕성으로부터 한참 먼 천체라도 궤도를 돌다보면 언젠가는 해왕성의 중력장에 들어올 만큼 가까이 다가오기 마련이다. 그때 해왕성의 영향력이 이따금 산란 원반 천체를 안쪽 태양계로 밀어내고, 안으로 날아온 천체는 점차 뜨거워져서 가스와 먼지를 방출하며 우리가 혜성이라고 알아보는 존재가 된다.

그런 혹성들 중에서 유일하게 명왕성에 비견할 만큼 큰 에리스는 카이퍼대 바깥 산란 원반에 있다. 에리스는 산란 원반에서 확인된 최초의 천체이기도 하다. 에리스를 찾을 때, 마우나케아의 천문학자들은 전하 결합 소자 — 디지털 카메라에 쓰이는 기술의 발전된 형태라고 보면 된다. — 와 더 나은 컴퓨터 처리 기법을 동원했다. 그런 도구 덕분에 과학자들은 더 먼 천체를 관측할 수 있었고, 상당히 늦은 시점이라고 할 수 있는 1996년에 에리스를 발견해 냈다. 천문학자들은 몇 년 뒤에 산란 원반 천체를 3개 더 발견했다. 또 다른 천체는 — 멋없게도 (48639) 1995 TL_8이라고 명명되었다. — 사실 그것보다 이른 1995년에 발견되었지만, 나중에서야 산란 원반 천체로 분류되었다. 이후 산란 원반 천체는 수백 개 더 발견되었다. 총 개수는 아마 카이퍼대 천체에 맞먹을 테지만, 더 멀리 있기 때문에 관측하기가 더 어렵다.

카이퍼대 천체들과 산란 원반 천체들이 가지고 있는 화합물은 비슷하다. 여느 해왕성 바깥 천체들과 마찬가지로, 산란 원반 천체들은 밀도가 낮고 주로 물이나 메탄 같은 휘발성 화합물의 얼음으로 이뤄져 있다. 많은 천문학자들은 카이퍼대 천체와 산란 원반 천체가 애초에 같은 영역에서 생겨났을 것이라고 본다. 그러나 중력 상호 작용 때문에 — 주로 해왕성 중력과의 상호 작용 때문에 — 일부는 카이퍼대의 안정한 궤도로 이동했고, 다른 일부는 더 안쪽으로 들어와서 목성과 해왕성 궤도 사이에서 센타우루스족(Centaurs)이라고 불리는 천체들이 담긴 영역으로 이동했다는 것이다. 그리고 나머지 천체들은 역시 중력 상호 작용 때문에 산란 원반의 불안정한 궤도들로 이동했다.

외행성들의 중력은 거의 틀림없이 카이퍼대와 산란 원반의 구조에 큰 영향을 미쳤을 것이다. 목성은 어느 시점엔가 태양계 중심을 향해 좀 더 안쪽으로 이동했던 것 같고, 토성과 천왕성과 해왕성은 바깥쪽으로 이동했던 것 같다. 목성과 토성은 서로를 이용하여 궤도를 안정화했다. 목성은 토성보다 정확히 2배 빠르게 태양을 공전한다. 그러나 이 행성들 때문에 천왕성과 해왕성은 도리어 불안정해졌다. 두 행성은 서로 다른 궤도를 취하게 되었는데, 그중 해왕성은 좀 더 이심률이 크고 좀 더 멀리까지 나가는 궤도를 취하게 되었다. 최종 목적지로 이동하는 과정에서, 해왕성은 많은 미행성체들을 이심률이 좀 더 큰 궤도로 흩어 내고 또 다른 미행성체들은 좀 더 안쪽 궤도로 흩어 버렸을 것이다. 이때 안쪽으로 밀려난 미행성체들은 다시 흩어지거나, 아니면 목성의 영향으로 도로 밖으로 밀려났을 것이다. 이런 과정에서 원래 카이퍼대에 있던 천체들 중 1퍼센트 미만만이 온전히 남았을 것이고, 나머지 대다수는 흩어져 버렸을 것이다.

앞의 가설과 경쟁하는 또 다른 가설은 카이퍼대가 먼저 형성되었고 산란 원반 천체들은 그 카이퍼대에서 왔다는 것이다. 이 가설에서 ― 많은 측면에서 앞선 가설과 비슷하다. ― 해왕성을 비롯한 외행성들이 흩어낸 천체들은 이심률과 경사가 좀 더 큰 궤도로 이동하여, 안쪽 태양계로 들어오거나 훨씬 더 먼 태양계 바깥쪽으로 나갔다. 이때 카이퍼대에서 바깥으로 흩어졌던 천체들 중 일부가 산란 원반이 되었다는 것이다. 그 나머지는 센타우루스족이 되었을지도 모른다. 이 가설은 왜 센타우루스족이 궤도가 불안정하고 겨우 몇 백만 년만 그 영역에 머물 수 있음에도 불구하고 오늘날까지 계속 존재하는가 하는 수수께끼를 풀어 줄 수 있다. 카이퍼대가 센타우루스족을 계속 보충해 줄지도 모르는 것이다. 혜성도 (화려하지만) 유한한 수명을 가지고 있다. 태양열은 혜성 표면의 휘발성 물질을 승화시켜서 혜성을 차츰 침식한다. 그러니 어디선가 새로운 천체가 지속적으로 공급되지 않는 한, 혜성은 오늘날 우리 곁에 있을 수 없을 것이다.

오르트 구름

산란 원반이 단주기 혜성의 공급원이라면, 장주기 혜성의 공급원으로 여겨지는 것은 오르트 구름이다. 오르트 구름은 얼음덩어리 미행성체들이 거대한 구형의 '구름'처럼 분포된 구조를 말하는데, 그 속에는 작은 행성이 1조 개쯤 들어 있을 것이다. (그림 15) 오르트 구름은 네덜란드 천문학자 얀 헨드릭 오르트의 이름을 땄다. 오르트는 여러 중요한 업적을 남긴 천문학자로, 최소한 2개의 물리학 용어에도 그의 이름이 붙어 있다. 그의 주목할 만한 업적 중 하나는 은하에 존재하는 물질의 양을, 암흑 물질까지 포함하여, 관측을 통해 측정하는 방법을 1932년에 확립한 것이다.

오늘날 오르트 구름이라고 불리는 구조에 대한 추론을 내놓은 사람도 오르트였다. 일찍이 1930년대에 에스토니아 천문학자 에른스트 율리우스 외피크가 장주기 혜성의 기원지로 그런 구름의 존재를 제안하기는 했지만, 오르트는 아주 먼 천체들이 구형의 구름을 이루고 있

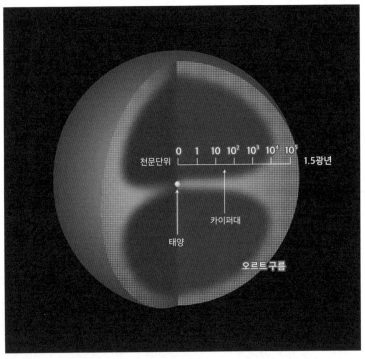

그림 15 태양계의 가장 먼 영역에 있는 오르트 구름은 아마 1,000천문단위에서 5만 천문단위 너머까지 뻗어 있을 것이다. 행성들과 카이퍼대의 영역을 한참 벗어난 지점이다.

다는 추측에 대한 이론적 근거와 실험적 근거를 1950년까지 둘 다 갖췄다. 첫째, 그는 사방에서 날아오는 장주기 혜성들의 궤도가 어마어마하게 크다는 것을 확인했다. 그것은 그 기원이 카이퍼대보다 훨씬 더 멀다는 뜻이었다. 오르트는 또 혜성들의 궤도가 과거에도 늘 현재와 같았다면 혜성들이 오늘날까지 관찰될 만큼 오래 살아남을 수 없었으리라는 사실을 깨달았다. 혜성의 궤도는 불안정하다. 그래서 행성에 의해 교란되면 태양과 충돌하거나, 행성과 충돌하거나, 아예 태양계 밖으로 쫓겨날 수 있다. 게다가 혜성은 너무 여러 차례 태양에 가까이 다가오고 나면 '기력이 다한다.' 기체 분출이 영원할 수는 없기 때문에 언젠가는 사라지고 마는 것이다. 오르트의 가설은 우리가 현재 오르트 구름이라고 부르는 것이 늘 새 혜성을 공급해 주기 때문에 우리가 지금까지 계속 혜성을 볼 수 있다는 것이었다.

현재 제안된 오르트 구름의 거리는 엄청나다. 지구와 태양의 거리는 1천문단위이고, 태양계에서 제일 먼 행성인 해왕성의 거리는 30천문단위이다. 천문학자들은 오르트 구름이 태양으로부터 가깝게는 1,000천문단위로부터 멀게는 5만 천문단위까지 뻗어 있을 것이라고 본다. 이것은 우리가 지금까지 이야기했던 그 무엇보다도 훨씬 더 먼 거리이다. 태양에서 오르트 구름까지의 거리는 태양계와 제일 가까운 별인 센타우루스자리 프록시마까지의 거리에서 ― 약 27만 천문단위(또는 4.2광년)이다. ― 상당한 부분을 차지할 정도이다. 오르트 구름에서 나온 빛이 우리에게 도달하려면 족히 1년은 걸린다.

태양계의 그 머나먼 가장자리에서는 중력이 천체들을 묶어 두는 힘이 약할 테니, 천체들은 중력의 작은 섭동에도 취약하여 쉽게 우리가 보는 혜성으로 변할 수 있다. 그곳의 천체들은 살짝만 밀려도 제 궤도를 이탈하여 안쪽 태양계로 들어옴으로써 장주기 혜성이 되는 것이다. 약하게 묶인 천체가 섭동을 받아 안쪽으로 들어온 뒤 그 궤도가 행성에 의해 또 다시 꺾인다면 단주기 혜성이 될 수도 있을 것이다. 따라서 오르트 구름은 아마도 ― 최근 관측된 헤일-밥 혜성과 같은 ― 모든 장주기 혜성을 공급하는 것은 물론이거니와 단주기 혜성도 일부 공급할지 모른다. 어쩌면 핼리 혜성도 그런 사례일 수 있다. 그리고 목성형 단주기 혜성은 대개 산란 원반에서 왔겠지만, 그중 일부의 탄소와 질소 동위 원소 비가 오르트 구름에서 온 장주기 혜성의 값과 비슷한 것으로 보아 어쩌면 그것들도 오르트 구름에서 기원했을지 모른다. 마지막이자 좀 더 파괴적인 가능성은 오르트 구름에서 흔들린 천체가 안쪽 태양계로 들어와서 행성과 ― 어쩌면 지구와 ― 부딪침으로써 혜성 충돌을 일으키는 것이다. 이 흥미로운 가능성에 대해서는 뒤에서 다시 이야기하겠다.

　장주기 혜성은 오르트 구름에 거주하는 천체들의 속성을 짐작해 볼 단서인 셈이다. 여느 혜성들과 마찬가지로 오르트 구름 천체들도 물, 메탄, 에탄, 일산화탄소를 가지고 있다. 그러나 오르트 구름의 일부 구성원은 조성이 소행성과 좀 더 비슷한 돌덩어리일지도 모른다. '구름'이라고 불리기는 하지만, 혜성들의 저장고인 그 영역은 뚜렷한 구조를 가지고 있는 듯하다. 안쪽에는 도넛 모양의 영역이 있고(1981년에 별개의 안쪽 영역을 제안한 잭 힐스를 기리는 의미에서 힐스 구름(Hills cloud)이라고도 불린다.) 그 바깥을 혜성 핵들이 구형의 구름처럼 덮고 있다. 바깥 구름은 훨씬 더 멀리까지 뻗어 있다.

엄청난 크기에도 불구하고, 바깥 오르트 구름의 총 질량은 지구의 5배에 지나지 않을 수도 있다. 그러나 그곳에는 지름이 200킬로미터가 넘는 저밀도 천체 수십억 개와 지름이 1킬로미터가 넘는 천체 수조 개가 포함되어 있을 가능성이 있다. 모형에 따르면, 약 2만 천문단위까지 뻗은 안쪽 영역에 포함된 천체의 수는 이것보다 몇 배 더 많을지 모른다. 그리고 그것보다 좀 더 약하게 묶인 바깥 오르트 구름의 천체들이 사라진 빈자리를 안쪽 구름이 계속 채워 주는지도 모른다. 그런 공급이 없다면 구름이 오래 살아남을 수 없을 테니까 말이다.

오르트 구름은 워낙 멀기 때문에, 우리가 그 얼음덩어리 천체들이 제자리에 있는 모습을 직접 볼 방법은 없다. 태양계의 가장 먼 변방에 있는 데다가 빛을 거의 반사하지 않는 작은 천체를 관측하기란 아주 어려운 일이다. 엄청나게 먼 오르트 구름의 천체들을 — 태양으로부터의 거리가 카이퍼대보다 1,000배 더 멀다. — 관측하기란 현재로서는 불가능하다. 따라서 오르트 구름은 아직 누구도 그 구조나 그 속에 담긴 천체를 직접 관측하지 못했다는 점에서는 가설적인 존재에 불과하다. 그래도 천문학자들은 오르트 구름을 태양계의 구성 요소로서 거의 확실하게 인정한다. 장주기 혜성의 궤적은, 즉 장주기 혜성이 사방에서 온다는 점은 오르트 구름이 존재한다는 것과 그 머나먼 영역으로부터 혜성들이 온다는 것을 설득력 있게 뒷받침하는 증거이기 때문이다.

오르트 구름은 아마 원시 행성계 원반에서 생겨났을 것이다. 사실은 태양계 구조의 대부분이 원시 행성계 원반에서 생겨났다. 혜성 충돌, 은하계의 조력(潮力), 다른 별들과의 상호 작용이 — 그런 상호 작용이 지금보다 더 잦았을 듯한 과거에는 더욱더 — 오르트 구름의 형성에 모두 영향을 미쳤을 것이다. 역동적이었던 초기 태양계에서 태양에 가까이 형성되었던 천체들이 거대 가스 행성들의 영향을 받아 바깥으로 밀리면서 오르트 구름을 형성했을 수도 있고, 아니면 산란 원반에 있던 불안정한 천체들이 오르트 구름을 형성했을 수도 있다.

우리는 아직 모든 답을 다 알지는 못한다. 그러나 최근의 관측과 이론 작업 덕분에 태양계의 맨 바깥 가장자리인 그곳에 대해서 많은 것을 알아 가고 있다. 그곳이 아주 매혹적이고 역동적인 장소로 밝혀지더라도 놀랄 일은 아닐 것이다.

8장
태양계 가장자리

1977년, 미국 항공 우주국(NASA)은 향후 4년 동안 토성과 목성을 조사할 임무를 띤 보이저 1호를 쏘아 올렸다. 우주선은 이후 수십 년 동안 ─ 대단한 지구력과 튼튼함을 과시하면서 ─ 지구로부터 125천 문단위가 넘게 여행했고(그곳에서 나온 빛이 우리에게 도달하려면 하루의 대부분이 걸릴 만한 거리이다.), 그러고도 여전히 멀쩡했다. 보이저 호와 거기 실린 측정 기구들은 이제껏 어떤 우주 탐사 사업도 진입하지 못했던 머나먼 영역으로 다가가고 있었다. 물론 8트랙 테이프에 기반한 데이터 수집 시스템은 도중에 약간 손봐야 했고, 카메라는 더 이상 작동하지 않으며, 거기 실린 장치의 기억 용량은 요즘 스마트폰의 100만분의 1 정도밖에 안 된다. 그러나 우주선은 여전히 작동하고 있으며, 인간이 만든 모든 물체 중에서 현재 지구와 태양으로부터 가장 멀리 떨어져 있는 물체가 되었다.

보이저 1호는 ─ 그렇게 노후했음에도 불구하고 ─ 2013년에 다시 뜨거운 화젯거리로 떠올랐다. NASA가 2012년 8월 25일자로 우주선이 항성간 공간에 진입했다고 발표했던 것이다. 보이저 1호가 태양계 경계에 도달했다고 말하는 뉴스가 쏟아지자, 꽤 활발한 토론이 ─ 과학계에서는 물론이고 그 바깥에서도 ─ 벌어졌다. 특히 트위터에서는 대화가 끈질기고 재미나게 이어졌는데, 보이저 호가 태양계를 벗어난 데 대해 한껏 기뻐하는 말들이 있는가 하면 그렇게 말하는 사람들에게 보이저 호가 태양계를 떠났다는 말을 그만 하라고 요구하며 짜증을 부리는 말들도 있었다. 나는 후자의 태도를 취하는 사람들이 첫눈에는 잘 이해되지 않았지만, 곧 그들이 반복되는 이야기에 질려서 그러는 게 아니라 그 명제의 유효성에 의문을 제기하는 것임을 깨달았다. 태양계의 끝이라는 게 정확히 무슨 뜻이란 말인가?

앞에서 우리는 ─ 태양계의 경계를 논할 때 합리적인 후보 중 하나인 ─ 오르트 구름까지의 여행을 비유적으로 마쳤다. 그러나 보이저 호든 다른 어떤 우주선이든, 그 머나먼 영역에 얼추 가깝게라도 다가간 우주선은 없다. 암흑 물질과 유성체의 연관성은 오르트 구름과 그 근처의 영역에 달린 문제이므로, 여기에서 잠깐 보이저 호가 그 영역을 벗어났다는 게 정확히 무슨 뜻인지 알아보고 넘어가자. 태양계의 한계는 어디일까? 그 경계를 정의하는 게 왜 그렇게 어려울까?

보이저 호는 태양계 안에 있을까 밖에 있을까?

태양계는 가시 우주의 크기에서 극히 작은 부분을 차지할 뿐이다. 그래도 물론 어마어마하게 크다. 가장 합리적인 계산에 따르자면, 태양계는 지구에서 태양까지 거리(1천문단위)의 최소 5만 배까지 뻗어 있으며 어쩌면 그것보다 2배나 더 멀리 뻗어 있을지도 모르는 오르트 구름을 포괄한다. 즉 1광년이 넘는 거리이다. 이것이 얼마나 먼 거리인지 감을 잡으려면, 현재 기술로 제작된 우주선이 그 바깥 영역까지 도달하는 데 시간이 얼마나 걸릴지 따져보자. 우주선은 지구가 태양을 공전하는 속도와 거의 비슷하게 움직이므로, 우주선이 지구 궤도의 원주와 거의 같은 거리를 가는 데는 1년이 걸린다. 이 추정값을 적용한다면, 우주선이 우리 태양계 너머 제일 가까운 별까지의 거리에서 약 5분의 1에 해당하는 5만 천문단위에 도달하려면 대충 8,000년에서 9,000년이 걸릴 것이다. 하지만 태양계의 크기는 정확히 몇 천문단위일까?

여기에는 현재 서로 다른 답을 내는 두 가지 정의가 있다. 그리고 그중 두 번째 정의만이 태양계 경계를 어디에서 그을 것인가에 대해서 모호하게나마 결론을 내려 준다. 첫 번째 정의에서, 태양계란 태양의 중력 퍼텐셜이 외계 중력의 영향을 압도하는 영역을 말한다. 태양의 중력을 언급하는 이 정의에 따르면, 보이저 호는 아직 태양계 안에 있다. 오르트 구름은 태양계의 일부라고 인정되기 때문에, 아직 오르트 구름에도 진입하지 못한 보이저 호가 벌써 태양 곁을 떠났다고 인정하기 어렵다. (현재의 계산에 따르자면 앞으로도 최소한 300년은 벗어나지 못할 것이고 어쩌면 3만 년 뒤에도 그럴지 모르기 때문이다.)

그러나 태양의 중력이 어디에서 끝나는지가 명확하지 않기 때문에 첫 번째 정의는 애매할 수 있다. 그래서 항성간 공간으로의 진입을 기준으로 삼는 두 번째 정의가 있다. 이때 항성간 공간은 태양풍의 자기상이 끝나는 지점으로 규정되는데, 그 거리는 약 150억 킬로미터 혹은 약 100천문단위이다. 그것도 아주 먼 거리라서, 그곳에서 방출된 전파 신호가 우리에게 닿기까지 하루쯤 걸린다. 하지만 오르트 구름에 비한다면 썩 가까운 편이다.

앞 장에서 잠깐 소개했던 태양풍은 태양이 방출하는 전자와 양성자같은 하전 입자로 구성된다. 이 입자들이 조성하는 자기장은 초속 약 400킬로미터의 속력으로 항성간 공간을 향해 흘러나간다. 항성간 공간은 정의상 별들 사이의 공간을 뜻하지만, 텅 비어 있지는 않다. 거기에는 차가운 수소 가스, 먼지, 이온화된 가스, 그리고 폭발한 별들에서 나온 다른 물질들과 태양 외의 다른 별들이 내뿜은 항성풍이 담겨 있다. 태양풍은 어느 지점에선가는 항성간 매질과 접하기 마련이다. 그 영역에 생성되는 공동을 태양권(heliosphere)이라고 부르며, 두 영역 사이 경계는 태양권계면(heliopause)이라고 부른다. 태양계가 가만히 있지 않고 움직이기 때문에, 경계는 구형이 아니라 물방울 모양에 가깝다.

어떤 과학자들은 태양권계면을 태양계와 항성간 공간의 경계로 여긴다. 그렇다면 보이저 호가 태양권 가장자리에 도달하여 바깥 우주로 진입했음을 알리는 신호는 우주선에 가 닿는 태양권 내부의 하전 입자는 줄고 외부로부터 온 입자는 늘어나는 것이다. 두 종류의 입자가 구별되는 것은 에너지가 다르기 때문이다. 태양계 밖 먼 초신성들에서 방출된 우주선(宇宙線, cosmic ray)의 하전 입자들은 에너지가 높다. 2012년 8월, 보이저 호의 데이터는 그런 입자들이 현격하게 증가했음을 보여 주었다. 또한 저에너지 입자의 검출량은 두드러지게 줄었음을 보여 주었다. 저에너지 입자들은 태양에서 온 것이고 고에너지 입자들은 항성간 매질에서 온 것이므로, 두 측정 결과는 탐사선이 태양권을 벗어났다는 강력한 증거가 되었다.

그러나 태양권을 정의하는 기준에는 자기장의 강도와 방향이 태양권 바깥 상태와 일치하도록 바뀌어야 한다는 조건도 포함되어 있다. 이 조건은 시간적으로 일정하지 않고, 태양계의 '기후', 즉 주어진 순간에 태양풍이 어떤 상태이냐에 따라 달라진다. 그런데 보이저 호에서 측정된 하전 입자 플라스마의 성질은 태양계를 벗어난 상태에 부합하는 데 비해, 자기장에 관한 좀 더 엄격한 기준은 충족되지 않는 것 같았다. 자기장 변화는 관찰되지 않았던 것이다.

그러니 2012년 8월 25일에 플라스마 환경이 변한 것은 사실일지라도, 보이저 호가 항성간 공간에 진입했는가 못했는가 하는 문제는 2013년 3월까지도 토론 대상이었다. 그럼에도 불구하고, NASA는 2013년 9월 12일에 보이저 호가 태양계를 벗어났다고 선언했다. 과학자들의 결론은 자기장 변화가 애초에 꼭 필요한 기준은 아니라는 것이었다. 그들은 덜 엄격한 기준을 따르기로 결정했다. 그 기준이란 전자 밀도가 100배 가까이 증가하는 것인데, 태양권계면을 넘어서면 당장 그렇게 되리라고 예상된다.

그러니 첫 번째 정의에 따르면 — 태양의 중력에 달린 정의 — 보이저 호는 아직 태양계 안에 있고, 앞으로도 꽤 오랫동안 그럴 것이다. 반면에 (새로 개정된) 두 번째 정의에 따르면, 보이저 호는 이미 항성간 공간에 진입했다. 보이저 호가 태양계를 벗어났는가 아닌가에 대한 답은 둘 중 어떤 정의를 채택하는가에 따라 달라지는 듯하다.

보이저 1호에는 재미난 부록이 딸려 있다. 만에 하나 외계인이 우주선을 수거할 경우에 대비하여 인간 사회에 관한 정보를 담은 금제 시청각 디스크가 실려 있는 것이다. 그 음반 속에 어떤 인물이 수록되어 있든 무작위적인 선택으로 느껴지기는 다 마찬가지였을 것 같지만, 아무튼 그 속에는 발사 시점에 미국 대통령이었던 지미 카터가 영어로 말한 인사말, 그 밖의 49가지 언어로 말한 인사말, 고래들의 소리, 척 베리의 노래 「조니 B. 구드」 등이 담겨 있다. (척 베리는 발사식에도 참석했다.) 우리 문명이 어찌 될지는 둘째 치더라도 불과 수백 년 안에 다른 외계 문명이 이 음반을 재생할 수 있으리라고 보는 것은 내게는 약간 가망 없는 일로 느껴진다. 외계인의 체구가 우리와 엇비슷하리라고 가정하는 것이나 그들이 적절한 재생 장치를 가지고 있으리라고 보는 것도 마찬가지이다. 지구에 있는 우리도 요즘 그런 장치를 찾으려면 애깨나 먹을 텐데 말이다. 설령 조우가 이뤄지더라도 통역은 어떻게 되나 하는 문제, 혹은 그들이 들을 수 있는 가청 범위가 얼마일까 하는 문제까지는 따지지도 않겠다. 그래도 아무튼 앞일을 생각해 두는 것은 좋은 일이라고 본다. 그리고 금제 음반은 최소한 한 가지 긍정적인 결과를 낳왔다. 앤 드루얀이 음반의 제작 책임을 맡아서 칼 세이건과 함께 일하게 되었던 것이다. 그 음반은 어쩌면 존재할지도 모르는 외계 생명에게는 아마 해독 불가능한 것이겠지만, 적어도 멋진 러브 스토리를 탄생시키는 데 기여했다.

외계의 손님들 이야기는 이쯤 하고, 이제 외계와의 만남 중에서도 우리가 좀 더 확실하게 말할 수 있는 것으로 시선을 돌리자. 지구에 부딪치거나 지구 대기에 진입하는 유성체들이다. 마호메트가 산으로 갈 수 없다면 산이 마호메트에게 와야 하는 법. 우리 중 누군가가 조만간 오르트 구름에 도달할 일은 없더라도, 오르트 구름에서 생겨난 듯한 태양계 소천체들이 지구로 오는 일은 종종 있다.

9장
생명, 그 아슬아슬한 존재

얼마 전, 내가 교편을 잡고 있는 하버드 대학교의 봄방학을 이용하여 콜로라도로 친구들을 만나러 갔다. 가서 일도 좀 하고 스키도 탔다. 로키 산맥은 가만히 앉아서 생각하기에 더없이 좋은 장소이다. 그곳의 밤은 낮처럼 휘황한 영감을 준다. 맑고 건조한 밤에 하늘은 간헐적으로 환한 점을 찍는 듯한 '별똥별'로 밝혀진다. 그것은 작고 오래된 유성체가 우리 머리 위에서 해체되는 모습이다. 어느 날 밤, 친구와 나는 내가 묵고 있던 숙소 밖에 서서 밤하늘 전체에 빽빽하게 흩뿌려진 환한 천체들의 숨 막히는 모습에 홀려 있었다. 나는 유성을 벌써 두어 개 목격한 뒤였는데, 어느 순간 친구와 내가 몇 초 정도 지속된 큰 유성을 동시에 목격했다.

나는 물리학자이지만, 그런 장엄한 환경 앞에서는 생각을 멈추고 그저 그 장면을 즐기는 데 만족하고는 한다. 그러나 그 순간에는 그 천체가 무엇이었을지, 그 궤적은 무엇을 알려줄 수 있을지에 대해서 생각해 보았다. 유성은 몇 초쯤 빛났는데, — 45억 년 동안 이어진 이야기의 결말인 셈이다. — 그것은 우리 눈에 뜨인 상공의 유성체가 아마도 50에서 100킬로미터쯤 난 뒤 기화하여 사라졌다는 뜻이다. 유성체가 상공에서 취한 높이도 그쯤 되었을 것이다. 그렇기 때문에 하늘에서 꼭 커다란 호를 그리는 것처럼 보이는 것이다. 그것은 우리가 부분적으로나마 이해할 수 있는 아름다움이었다. 내가 먼지 혹은 자갈만한 물체가 창공을 가르고 떨어지는 모습이 얼마나 멋진지 모르겠다고 말하자, 친구는 — 과학자가 아니다. — 놀라워하면서 자기는 그 물체가 폭이 최소 1킬로미터는 될 줄 알았다고 말했다.

근사한 하늘을 차분하게 감상하던 우리의 대화는 폭 1킬로미터의 물체가 지구에 떨어져서 입힐 피해에 관한 상상으로 빠지고 말았다. 그렇게 크고 위험한 물체가 지구를 때릴 확률은 낮다. 제법 큼직한 물체가 인구 밀집 지역에 떨어져서 상당한 피해를 입힐 확률은 그것보다 더 낮다. 그래도 달 표면을 근거로 추정하자면(지구에는 살아남은 크레이터가 너무 적어서 유용한 길잡이가 못 된다.), 지구의 생애를 통틀어 폭이 1킬로미터가 넘고 최대 약 1,000킬로미터에 이르는 물체가 수백만 개는 떨어졌을 것이다. 그러나 충돌의 대부분은 지금으로부터 수십억 년 전인 후기 대폭격기에 발생했다. 후기 대폭격기는 이름과는 달리 태양계가 형성된 시점으로부터 그다지 오래 지나지 않았을 때, 즉 태양계가 아직 온전히 안정된 상태로 정착하지 못했던 때를 말한다.

오늘날 큰 유성체의 충돌 빈도는 그때보다 훨씬 낮다. 대폭격기가 끝난 뒤로는 죽 그랬다. 이것은 생명이 살아남으려면 꼭 필요한 조건이다. 최근 시베리아에 떨어진 유성은 자동차 대시보드 카메라나 비디오에 녹화되어 법석을 일으켰지만 — 하늘과 유튜브에서 밝게 타올랐던 첼랴빈스크 유성체 말이다. — 그것도 폭이 겨우 20미터였다. 내 친구가 상상한 것처럼 큰 물체가 최근 나타났던 사건이라면 1994년에 슈메이커-레비 9 혜성이 남긴 킬로미터 크기의 파편들이 목성에 부딪혔던 일이 있다. 원래의 천체는 그것보다 더 컸다. 산산이 쪼개지기 전에는 폭이 몇 킬로미터는 되었을 것이다. 킬로미터 크기의 파편들이 어떤 피해를 일으킬 수 있는가는 그때 목성 표면에서 지구만 한 검은 구름이 피어올랐던 것을 보면 알 수 있다. 20미터도 크지만, 1킬로미터는 차원이 다른 문제이다.

유성체 이야기가 전적으로 파괴의 이야기만은 아님을 명심하자. 지구에 쏟아진 유성체들과 미소 유성체들이 좋은 결과를 낳은 경우도 있었다. 운석은 — 지표면까지 도달한 유성체의 파편은 — 생명에 필수적인 아미노산을 공급해 준 장본인이었을지도 모른다. 또한 우리가 아는 형태의 생명에 꼭 필요한 또 다른 요소인 물도 공급해 주었을지 모른다. 우리가 지구에서 파내는 금속의 대부분은 틀림없이 외계 물체와의 충돌에서 왔다. 그리고 유성체 충돌로 지상의 공룡들이 다 죽은 뒤 포유류가 빠르게 우세를 점하는 일이 없었다면 인간은 생겨나지도 못했을 것이라고 주장할 수도 있다. (이 이야기는 12장에서 더 자세히 하겠다.) 뭐, 그 사건을 꼭 좋은 일로 여기는 사람들만 있는 것은 아니지만 말이다.

그러나 6600만 년 전에 벌어졌던 그 대량 멸종 사건은 지구의 생명과 나머지 태양계를 묶어 주는 수많은 관계들 중 하나이다. 이 책은 내가 연구하는 암흑 물질처럼 언뜻 추상적인 듯한 소재를 다루지만, 한편으로는 지구가 주변 우주와 맺는 관계도 다룬다. 그러면 지금부터는 지구를 때린 소행성과 혜성에 대해서, 그리고 그것들이 남긴 상처에 대해서 우리가 아는 바를 살펴보겠다. 미래에 무엇이 지구를 때릴 가능성이 있는가에 대해서도, 우리가 그 파괴적인 불청객을 어떻게 막을 수 있을까에 대해서도 알아보겠다.

청천벽력

우주에서 날아온 물체가 지구를 때리는 괴상한 현상이 있다는 이야기는 믿기 힘든 소리로 들린다. 실제로 과학계는 처음에 그런 주장들의 진실성을 대체로 인정하지 않았다. 물론 고대부터 사람들은 우주의 물체가 땅에 떨어질 수 있다고 믿었지만 — 좀 더 최근에도 시골 사람들은 그렇게 믿었다. — 식자층은 19세기 들어 한참 지나서까지도 그런 생각을 미심쩍게 여겼다. 무지렁이 목동들은 하늘에서 물체가 떨어지는 것을 직접 목격했고 자신이 본 광경이 무엇인지도 알았지만, 사람들은 그런 목격을 신뢰하지 않았다. 알다시피 목동들은 지어낸 이야기를 보고하기를 좋아하는 사람들이라는 평판이 있었으니까 말이다. 과학자들도 마침내 이따금 하늘에서 물체가 떨어진다는 사실을 인정하기는 했지만, 그래도 처음에는 그런 돌덩이가 우주에서 왔다고는 믿지 않았다. 그것보다는 지구의 현상으로 설명하는 편을 선호했다. 이를테면 화산에서 분출된 물질이 떨어진 것이라고 보았다.

유성체가 우주에서 왔다는 것을 모두가 확실한 사실로 인정하게 된 것은 1794년 7월이었다. 요행히 시에나의 과학 아카데미에 돌이 떨어졌고, 그곳에 있던 많은 지적인 이탈리아 인들과 영국인 관광객들이 사건을 직접 목격했던 것이다. 극적인 현상은 하늘 높이 떠 있던 까만 구름이 연기, 불똥, 느리게 움직이는 시뻘건 번개를 내뿜으면서 시작되었고 이어 돌들이 비처럼 쏟아졌다. 시에나의 아베 암브로조 솔다니는 낙하한 물질을 흥미롭게 여겨, 목격자 증언을 수집하고 그 표본을 나폴리에 살던 화학자에게 가져갔다. 그 화학자는 굴리엘모 톰슨이라고 했는데, 사실 그 이름은 옥스퍼드에서 시종 소년과 불미스러운 일을 벌여 이탈리아로 이주한 윌리엄 톰슨의 가명이었다. 톰슨의 세심한 조사에 따르면 그 물체는 정말로 외계에서 온 것 같았다. 그런 설명이 당시 언급되던 훨씬 덜 그럴싸한 다른 가설들보다 좀 더 말이 되는 것 같았다. 다른 가설이란 그 물체가 달에서 왔다고 보거나 먼지가 벼락을 맞은 것이라고 보는 것이었다. 그것보다 더 신빙성 있는 경쟁 가설은 당시 분화하던 베수비오 화산에서 분출된 물체라는 가설이었는데, 이것보다는 외계 기원설이 더 나았다. 화산 활동을 원인으로 보는 생각은 사실 이해할 만했다. 베수비오 화산이 우연히도 그 사건으로부터 불과 18시간 전에 분출했기 때문이다. 하지만 베수비오 화산은 시에나로부터 320킬로미터쯤 떨어져 있는 데다가 방향도 달랐다. 따라서 화산 기원설은 기각되었다.

마침내 유성체의 기원에 관한 이론을 정리한 사람은 화학자 에드워드 하워드였다. 그는 프랑스 귀족 출신의 과학자로서 1800년 프랑스혁명 중에 런던으로 망명한 자크루이, 일명 부르농 백작과 함께 연구했다. 두 사람은 인도 베나레스에 떨어진 운석을 분석해 보았다. 그 결과 니켈이 확인되었는데, 그 양은 지표면에서 나왔다고 보기에는 너무 많았다. 또한 돌이 고압에서 융합된 것 같은 부분도 있었다. 톰슨, 하워드, 부르농 백작의 화학 분석은 독일 과학자 에른스트 플로렌스 프리드리히 클라드니가 자신의 가설을 확증하기 위해서 수행해야 할 것이라고 제안한 작업과 비슷했는데, 클라드니의 주장이란 그런 물체가 몹시 빠른 속도로 떨어지는 것을 볼 때 다른 가설들로는 설명되지 않는다는 것이었다. 사실 시에나에 운석이 떨어진 것은 클라드니의 책 『철덩어리의 기원에 관하여(On the Origin of Ironmasses)』가 출간된 지 불과 두 달 뒤였다. 그러나 안타깝게도 책은 부정적인 평가와 호의적이지 않은 반응을 받았다. 베를린 신문들이 시에나 운석 낙하를 보도한 것은 사건이 벌어진 시점으로부터 2년이나 지난 뒤였다.

영국에서는 그 책보다도 왕립 협회 회원 에드워드 킹이 쓴 짧은 책이 더 널리 읽혔다. 같은 해에 출간되었던 킹의 책은 시에나 사건을 소개했고, 클라드니의 책 내용도 많이 소개했다. 그런데 사실 영국에서는 그것보다 더 이전에도 운석에 대한 가설을 굳혀 주는 사건이 있었다. 1795년 12월 13일에 25킬로그램짜리 돌이 요크셔의 월드코티지에 떨어졌던 것이다. 사람들이 화학적 기법을 차츰 인정하게 된 데다가 ― 화학은 막 연금술로부터 분리된 터였다. ― 직접적인 증거가 그렇게 많이 등장했으니, 운석은 19세기 들어 드디어 정확한 정체를 인정받게 되었다. 이후 지구에 떨어진 많은 물체들은 어엿한 외계의 정체성을 인정받았다.

최근 사건들

유성체와 운석에 관한 뉴스는 거의 틀림없이 사람들의 관심을 끈다. 그러나 그런 놀라운 사건들을 열심히 쫓더라도, 한 가지 명심할 점이 있다. 오늘날 우리 지구는 태양계와 대체로 균형을 이루고 있으며 극적인 혼란은 거의 일어나지 않는다는 사실이다. 대부분의 유성체들은 워낙 작기 때문에 상층 대기에서 전부 해체된다. 고체 물질이 대부분 기화해 버리는 것이다. 그것보다 큰 물체는 어쩌다 가끔씩만 들어온다. 하지만 작은 물체는 확실히, 그것도 노상 들어오고 있다. 대기로 들어오는 물체는 대부분이 미소 유성체인데, 이런 입자는 워낙 작기 때문에 타지도 않는다. 한편 밀리미터 크기의 물체도 빈도는 낮지만 꽤 자주 — 아마 30초에 하나씩 — 지구로 진입하는데, 이것들은 아무 결과도 남기지 않은 채 확 타 버린다. 2~3센티미터는 되는 물체라야 대기에서 다 타지 않아서 파편이 땅에 떨어질 가능성이 있지만, 그런 파편은 너무 작아서 별 의미가 없을 것이다.

하지만 몇 천 년에 한 번씩 큰 물체가 들어와서 하층 대기에서 폭발을 일으킬 가능성이 있다. 기록으로 남은 그런 사건 중 규모가 제일 컸던 것은 1908년에 러시아 퉁구스카에서 벌어진 사건이었다. 유성체는 꼭 운석이 되어 땅에 떨어지지 않더라도 대기에서 폭발하는 것만으로도 지구에 눈에 띄는 영향을 미칠 수 있다. 문제의 그 소행성 혹은 혜성은 — 어느 쪽인지 모를 때가 많다. — 시베리아 숲 속 퉁구스카 강 근처의 하늘에서 폭발했다. 크기가 약 50미터였던 그 볼리드의 위력은 TNT 10·15메가톤에 맞먹었다. (볼리드는 우주에서 온 물체가 대기에서 해체되는 것을 뜻하는 용어이다.) 히로시마에서 터진 원자 폭탄보다 1,000배 더 강력하지만 지금까지 터진 모든 원자 폭탄들 중 가장 강력한 것에는 못 미치는 수준이다. 그 폭발로 숲 2,000제곱킬로미터가 파괴되었고, 리히터 규모로 5.0쯤 되었을 만한 충격파가 발생했다. 특이한 점은 낙하 지점일 것이 거의 확실한 영역에 있던 나무들은 멀쩡히 서 있는 데 비해 주변 나무들만 납작하게 짓눌렸다는 것이다. 나무들이 똑바로 선 영역의 넓이를 보건대 — 그리고 크레이터가 생기지 않은 것을 볼 때 — 충돌체는 지상 6~10킬로미터쯤에서 해체된 듯하다.

위험 평가 결과는 분분하다. 퉁구스카 물체의 크기 추정값이 30미터와 70미터 사이에서 계속 변하는 탓도 있다. 그 정도 크기의 물체가 지구에 떨어지는 빈도는 수백 년마다 한 번에서 2,000년마다 한 번 사이일 것이다. 아무튼, 땅에 떨어지거나 근접하는 유성체는 대부분 사람이 비교적 적은 지역에 떨어진다. 지상의 인구 밀집 지역은 드문드문 분포되어 있기 때문이다.

퉁구스카 유성체도 그 점에서 예외가 아니었다. 유성체는 시베리아의 인적 없는 장소 상공에서 폭발했는데, 가장 가까운 교역소가 70

킬로미터나 떨어져 있고 가장 가까운 마을 — 니즈네-카렐린스키라는 마을이다. — 은 그것보다 더 멀리 있었다. 그래도 폭발은 가깝다고 할 수 없는 그 마을의 유리창을 깨뜨리고 행인들을 쓰러뜨릴 만큼 강력했다. 마을 사람들은 하늘에서 터진 섬광에 눈이 멀 듯하여 고개를 돌려야 했다. 폭발로부터 20년이 흐른 뒤에 과학자들이 그 동네로 들어가서 조사한 바에 따르면, 몇몇 목동들이 소음과 충격으로 트라우마를 겪었고 실제 충돌 때문에 죽은 사람도 둘이나 있었다고 한다. 동물계에 미친 영향은 더 참혹했다. 충돌이 일으킨 산불 때문에 순록이 1,000마리쯤 죽었을 것이라고 한다.

사건의 영향은 그것보다 훨씬 더 넓은 영역에까지 미쳤다. 폭발 중심지로부터 프랑스 면적만큼 먼 곳에서 사는 사람들도 폭발음을 들었고, 지구 전체의 기압이 변했다. 폭발이 일으킨 파동은 지구를 세바퀴 돌았다. 그것보다 더 컸고 더 자세히 연구된 칙술루브 충돌의 파괴적 여파도 — 공룡들을 죽인 충돌이었는데, 조금 뒤에 이야기하겠다. — 통구스카 사건과 마찬가지로 바람, 불, 기후 변화, 대기의 오존 중 절반가량이 사라지는 현상 등으로 나타났다고 한다.

그러나 유성체가 폭발한 곳이 외지고 인적 없는 지역이었던 데다가 대중 매체가 변변하지 않던 시절과 장소였기 때문에, 대부분의 사람들은 엄청난 폭발에 거의 관심을 쏟지 않았다. 수십 년이 지나 과학적 조사로 참상의 진면모가 드러난 뒤에야 사람들은 그 사건을 알게 되었다. 통구스카는 외딴 곳이었고, 더구나 제1차 세계 대전과 러시아 혁명으로 더욱더 고립되어 있었다. 만일 지구로 떨어지던 유성체가 딱

1시간만 더 일찍 혹은 더 늦게 폭발했다면, 인구가 꽤 많은 지역에서 이 사건이 일어났을지도 모른다. 만일 그랬다면, 대기 현상이나 바다의 쓰나미 때문에 수천 명이 죽었을 수도 있다. 정말로 그랬다면 충돌은 지표면을 바꿔 놓았을 뿐 아니라 20세기 역사도 바꿔 놓았을 것이다. 그 여파로 정치와 과학은 사뭇 다르게 전개되었을 것이다.

통구스카 폭발로부터 100년이 흐르는 동안, 그것보다 작지만 뉴스가 될 만한 하늘의 손님들이 여럿 지구로 떨어졌다. 기록이 부실하기는 해도, 1930년에 브라질 아마존 상공에서 폭발했던 볼리드는 그중 가장 큰 것이었을지도 모른다. 그때 발생한 에너지는 통구스카 때보다 적었는데, 추정값은 100분의 1과 2분의 1 사이이다. 그래도 유성체의 질량은 1,000톤이 넘었으며, 최대 2만 5000톤이나 되었을 수도 있다. 그 에너지는 TNT 약 100킬로톤에 맞먹는다. 위험 평가 결과도 폭이 넓지만, 크기가 10~30미터의 물체가 떨어질 빈도는 대충 10년마다 한 번과 몇 백 년마다 한 번 사이로 추정된다. 크기 추정값이 최대 2배까지 차이 난다면 다른 계산은 최대 10배까지 차이 날 수 있다.

아마존 상공에서 폭발했던 것과 크기가 비슷한 또 다른 볼리드가 그로부터 2년 뒤에 스페인 상공 약 15킬로미터 지점에서도 나타나, TNT 약 200킬로톤에 맞먹는 에너지를 터뜨렸다. 이후 약 50년 동안에도 폭발이 많이 있었지만, 규모는 다들 브라질의 것만큼도 못 되었다. 그러니 일일이 나열하지는 않겠다. 다만 하나 주목할 만한 것은 1979년의 벨라 폭발 사건이었다. 남대서양과 인도양 사이에서 벌어진 사건으로, 미국의 벨라 보안 위성이 관찰했기 때문에 그런 이름이 붙었다. 처음에 사람들은 유성체 폭발이 아닐까 생각했지만, 지금은 지상에서 핵폭탄이 터졌던 것이라고 해석하는 편이다.

물론 감지기들도 실제 볼리드를 알아차린다. 미국 국방부의 적외선 감지기들과 에너지부의 가시광선 감지기들은 1994년 2월 1일에 마셜 제도 부근 태평양 상공에서 폭이 5~15미터쯤 되는 유성체가 폭발했다는 신호를 감지했다. 충돌 지점으로부터 몇 백 킬로미터 떨어진 미크로네시아 코스라에 섬 앞바다에 나가 있던 두 어부도 폭발을 감지했다. 그것보다 최근에 발생한 또 다른 사건은 2002년에 그리스와 리비아 사이 지중해 상공에서 폭 10미터 물체가 폭발하여 TNT 약 25킬로톤에 맞먹는 에너지를 발생시킨 일이었다. 그것보다 더 최근에는 2009년 10월 8일에 인도네시아 보네 만 근처에서 폭발이 발생했는데, 아마도 지름 약 10미터의 물체가 폭발하여 최대 50킬로톤의 에너지를 냈던 것 같다.

길을 잃은 혜성이나 소행성은 둘 다 유성체가 될 수 있다. 먼 혜성의 궤적은 우리가 예측하기 어렵지만, 소행성은 충분히 크다면 도착하기 한참 전에 감지할 수 있다. 2008년 수단에 떨어졌던 소행성은 이 점에서 의미가 있었다. 그해 10월 6일, 과학자들은 자신들이 방금 발견한 소행성이 이튿날 오전에 지구로 떨어질 것이라는 계산을 해 냈다. 실제로 그랬다. 그다지 큰 충돌은 아니었고, 근방에 사는 사람도 없었다. 그러나 그 사건은 우리가 일부 충돌을 예측할 수 있다는 것을 보여 주었다. 얼마나 일찍 경고를 받을 수 있느냐는 우리 감지 능력의 민감도가 물체의 크기와 속력에 비해 얼마나 되느냐에 달렸지만 말이다.

가장 최근에 뉴스거리가 된 사건은 2013년 2월 15일 떨어진 첼랴빈스크 유성이었다. 이 유성은 사진뿐 아니라 지금 살아 있는 사람들의 기억에도 새겨졌다. 러시아 우랄 지역 남부의 상공 20~50킬로미터에서 폭발한 볼리드는 TNT 약 500킬로톤에 맞먹는 에너지를 냈다. 에너지의 대부분은 대기가 흡수했지만, 일부 에너지를 간직한 충격파가 몇 분 뒤에 지구를 때렸다. 사건을 일으킨 원인은 폭이 15~20미터쯤 되는 소행성으로, 무게는 1만 3000톤쯤 나갔고 초속 18킬로미터로 추정되는 속력으로 떨어졌다. 음속의 60배쯤 된다. 사람들은 폭발 장면을 목격했을 뿐 아니라 물체가 대기로 진입할 때 발생된 열기도 느꼈다.

그 사건으로 1,500명 정도가 다쳤는데, 대부분은 깨진 유리창 같은 2차 원인에 피해를 입은 경우였다. 부상자가 늘었던 것은 많은 목격자들이 뭔가 희한한 일이 발생했음을 알리는 첫 징조였던 눈부신 섬광을 — 광속으로 달리는 섬광을 — 보려고 창가로 다가갔기 때문이다. 괜찮은 공포 영화의 한 장면으로 써도 될 듯한 불운한 반전이었으니, 하늘의 빛이 사람들을 위험한 지점으로 꾀어서는 곧 충격파를 터뜨려 대부분의 피해를 입혔던 것이다.

그때 언론의 호들갑을 가중했던 것은, 또 다른 소행성이 지구로 접근하는 것 같다는 경고였다. 첼랴빈스크 소행성은 감지되지 않은 채은밀하게 닥쳤지만, 크기 30미터의 두 번째 물체는 — 약 16시간 뒤에 가장 가까이 접근했다. — 결국 지구 대기로 들어오지 않았다. 많은 사람들은 두 소행성의 기원이 같을 것이라고 추측했으나, 후속 조사에 따르면 아마도 그렇지 않았던 것 같다.

지구 근접 천체들

2013년 2월에 예측되었던 소행성처럼, 지구로 가까이 다가오지만 결국 땅에 떨어지지 않고 대기에도 진입하지 않는 다른 천체들에게도 사람들은 많은 관심을 쏟았다. 물론 실제로 지구에 도착하는 천체도 있지만, 그중에서도 압도적 다수는 무해하다. 그럼에도 불구하고 과거의 충돌들은 지구의 지질학과 생물학에 영향을 미쳤으며, 앞으로도 그럴 가능성이 충분하다. 우리가 소행성에 대해 더 많이 알고 그것에 잠재된 위험을 ─ 아마도 과장된 것이겠지만 ─ 더 많이 인식함에 따라, 지구 궤도와 교차할 가능성이 있는 소행성을 찾으려는 노력이 그동안 강화되었다.

우리가 가장 자주 만나는 것은 ─ 비록 규모가 가장 큰 것은 아니지만 ─ 이른바 **지구 근접 천체**(near-Earth object, NEO)들이다. 이것은 태양에 가장 근접한 거리가 지구-태양 거리에서 30퍼센트 이상 더 멀지 않은 천체들, 즉 지구에 상당히 가까운 천체들을 말한다. 약 1만 개의 지구 근접 소행성들과 그것보다 좀 적은 수의 혜성들이 기준을 만족하며, 추적 범위 내에 들어오는 큰 유성체 몇 개도 그렇다. 기술적으로 따지자면 태양을 도는 몇몇 우주선도 포함된다고 봐야 할 것이다.

지구 근접 천체는 또 몇 가지 범주로 나뉜다. (그림 16) 지구 영역에 들어오지만 지구 궤도와 교차하지는 않는 천체들은 **아모르족**(Amors)이다. 1932년에 지구로부터 1600만 킬로미터, 즉 0.11천문단위 거리까지 접근했던 아모르 소행성의 이름을 땄다. 이 천체들은 현재로서는 우리 궤도와 교차하지 않지만, 목성이나 화성이 일으킨 섭동 때문에 궤도 이심률이 커져서 우리 궤도와 교차하게 될지도 모른다는 우려가 있다. 아폴로족(Apollos) — 역시 특정 소행성의 이름을 딴 것이다. — 의 궤도는 현재 방사상으로 지구 궤도와 교차하는데, 다만 황도면보다 위나 아래에 놓여 있기 때문에 보통은 실제로 지구 궤도와 만나지는 않는다. (하늘에서 태양이 지나는 겉보기 경로, 즉 지구 궤도가 놓인 평면을 뜻한다.) 그러나 시간이 흐르면 경로가 바뀔 수 있으므로, 이 소행성들 역시 탈선하여 위험한 영역으로 들어올 우려가 있다. 지구와 교차하는 소행성 중 두 번째 종류는 궤도 영역이 지구 궤도보다 작다는 점에서 아폴로족과 구별되는데, 아텐족(Atens)이라고 불린다. 아텐족 역시 그 종류를 대표하는 특정 소행성의 이름을 땄다. 지구 근접 천체의 마지막 범주는 아티라스족(Atiras)이다. 이 소행성들은 궤도 영역이 지구 궤도 안에 쏙 들어가 있다. 아티라스족은 발견하기 어렵기 때문에 소수만 알려져 있다.

지구 근접 천체들은 지질학적 시간 규모로 보나 우주적 시간 규모로 보나 그다지 오래 살지 못한다. 고작 수백만 년쯤 얼쩡거리다가 태양계 밖으로 내동댕이쳐지거나 태양 혹은 행성과 충돌한다. 그렇다면 지구 궤도와 가까운 영역에 이런 소행성들이 계속 출몰하기 위해서는 어디로부터든 새 소행성이 꾸준히 공급되어야 한다는 말이다. 아마 목성이 소행성대에 일으키는 섭동이 그 공급원일 것이다.

대부분의 지구 근접 천체는 암석으로 된 소행성이다. 그러나 탄소를 함유한 소행성도 꽤 많다. 폭이 10킬로미터를 넘는 것은 현재 우리

아모르족
지구와 가깝다.

 아텐족
지구 궤도와 교차한다.

 아폴로족
지구 궤도와 교차한다.

 아티라스족
지구 궤도 안에 있다.

그림 16 지구 근접 소행성의 네 종류. 아모르족의 궤도는 지구와 화성 궤도 사이에 있다. 아폴로족과 아텐족의 경로는 지구 궤도와 교차하지만, 궤도 주기의 일부분에서 지구 궤도보다 좀 더 바깥으로 나간다. 아폴로족의 궤도 장반경은 지구보다 크고, 아텐족의 궤도 장반경은 지구보다 작다. 아티라스족의 궤도는 지구 궤도 내에 완전히 들어와 있다.

와 교차하지 않는 아모르족뿐이다. 하지만 아폴로족 중에는 지름이 5킬로미터를 넘는 것이 꽤 많은데, 그 정도면 만일 불행한 궤도를 밟게 되었을 때 우리에게 상당한 피해를 안기기에 충분하다. 지구 근접 천체 중 제일 큰 것은 폭이 32킬로미터인 1036 가니메드다. 영어권 사람들이 가니메데라고 부르는 그리스 신화 속 트로이 왕자의 이름을 독일식으로 읽은 것에서 따온 이름이다. 목성의 위성 중 하나인 가니메데는 이것과는 전혀 다른 천체이지만, 태양계 최대의 위성으로서 크기 경쟁에서 일등이라는 점은 가니메드와 같다.

지구 근접 천체는 지난 50년 동안 무르익은 또 하나의 연구 분야이다. 이전에는 아무도 천체와의 충돌이라는 발상을 그다지 심각하게 생각하지 않았다. 그러나 지금은 전 세계 사람들이 어디든 가능한 곳에서 지구 근접 천체를 목록화하고 추적하고 있다. 나는 최근 카나리아 제도에 갔을 때 테네리페 섬의 망원경을 보러 갔는데, 그곳 소장은 학생 10여 명과 함께 망원경의 데이터를 점검하여 지구 근접 천체를 찾고 있었다. 테네리페 섬의 작고 낡은 망원경은 최첨단 기술이 아니지만, 나는 학생들의 의욕에, 그리고 그들이 천체 수색에 쓰이는 기법을 잘 이해하고 있는 데 감동받았다.

그보다 더 발전된 오늘날의 망원경들은 전하 결합 소자를 써서 소행성을 찾는다. 반도체를 이용하여 광자를 하전된 전자로 바꿈으로써 광자가 때린 지점이 어디인지 알려주는 기술이다. 자동화된 판독 장치도 발견률을 끌어올리는 데 한몫한다. 하버드 스미스소니언 천체 물리학 연구소에 설치된 국제 천문 연맹의 소행성 센터 웹사이트(http://www.minorplanetcenter.net/)에는 지금까지 발견된 소행성, 혜성, 근접 사건의 수가 최신 숫자로 올라 있다.

당연한 이유 때문에, 사람들의 관심이 제일 많이 쏠리는 것은 지구에 가까운 궤도들이다. 미국과 유럽 연합은 스페이스가드(Spaceguard) ― 아서 클라크의 과학 소설 『라마와의 랑데부(Rendezvous with Rama)』에 등장하는 프로그램에 대한 공개적인 답신으로서 붙여진 이름이다. ― 라는 프로젝트를 발족하여 그런 궤도들을 공동 수색하고 있다. 스페이스가드 프로그램의 첫 임무는 1992년 미국 의회 조사 보고서에서 결정되었는데, 그 내용은 앞으로 10년 안에 지구 근접 천체 중 크기가 1킬로미터 이상인 것을 모두 목록화하는 것이었다. 이 1킬로미터는 크다. 우리에게 피해를 끼칠 잠재력이 있는 최소 크기보다 크다. 그러나 굳이 1킬로미터를 기준으로 삼은 것은 그 정도 천체는 찾기가 쉬운 데다가 지구 규모의 피해를 일으킬 수 있기 때문이다. 다행히 우리가 아는 킬로미터 크기의 천체들은 대부분 화성과 목성 사이 주 소행성대에서 돌고 있다. 그것들은 궤도를 바꾸어 지구 근접 천체가 되기 전에는 우리에게 위협이 되지 못할 게 분명하다.

천문학자들은 관측, 궤도 예측, 컴퓨터 시뮬레이션을 세심하게 활용함으로써 킬로미터 크기의 지구 근접 천체 대부분을 확인한다는 스페이스가드의 목표를 2009년에 달성했다. 이만하면 일정에 거의 맞춘 셈이다. 현재까지 발견 결과, 1킬로미터가 넘는 지구 근접 소행성은 약 940개가 있다. 미국 국립 과학 아카데미 산하 위원회는 총 개수가 1,100개 미만일 것이라고 본 이 수치가 불확실성을 고려하더라도 꽤 정확한 값이라고 평가했다. 이 수색에서는 1킬로미터 미만의 소행성 약 10만 개, 지구 근접 천체 약 1만 개도 함께 확인되었다.

스페이스가드 수색의 표적이었던 큰 지구 근접 천체들은 대부분 소행성대 안쪽이나 중간 영역에서 온다. 미국 국립 과학 아카데미 산하 위원회는 자신들이 통계를 가지고 있는 궤도들 중 약 20퍼센트가 지구로부터 0.05천문단위 이내의 거리를 지난다고 판단하고, 그렇게 좀 더 위험한 위치에 있는 천체들을 '지구 위협 천체(potentially hazardous NEOs)'로 명명했다. 그러나 위원회는 그런 천체들 중 앞으로 1세기 내에 우리를 위협할 것은 없다고도 발표했다. 물론 반가운 소식이지만, 이 결과가 딱히 놀라운 것은 아니다. 어차피 1킬로미터 크기의 천체가 지구를 때릴 확률은 몇 십만 년에 한 번밖에 안 된다고 예상되기 때문이다.

사실 지구 근접 천체들 중 가까운 미래에 지구를 때려서 피해를 입힐 확률이 측정 가능한 수준으로 있는 것은 딱 하나뿐이다. 그나마 그것이 가까이 다가올 확률은 겨우 0.3퍼센트이고, 그 사건마저도 서력 2880년은 되어야 벌어질 것으로 예상된다. 모든 불확실성을 감안하더라도, 우리는 — 적어도 당분간은 — 아주 안전한 게 분명하다. 이전에 일부 천문학자들은 또 다른 소행성에 대한 우려를 제기한 적이 있었다. 폭이 300미터로 아포피스라는 흉악한 이름을 가진 소행성인데 (아포피스는 고대 이집트 신화에서 태양신 라의 숙적인 악마적 뱀의 이름이다. — 옮긴이), 천문학자들은 이 소행성이 2029년에 지구에 근접했다가 가까스로 빗나가겠지만 2036년이나 2037년에 도로 돌아와서 충돌할지 모른다고 예측했다. 그 소행성이 "중력 열쇠 구멍(gravitational keyhole)"을 통과함으로써 지구 방향으로 던져질 가능성이 있다고 본 것이었다. 하지만 후속 계산으로 이 경고는 오보로 밝혀졌다. 아포피스이든 우리가 아는 다른 어떤 천체이든, 가까운 미래에 우리와 부딪칠 가능성은 없다.

그러나 안도의 한숨을 크게 내쉬기 전에, 우리에게는 그보다 더 작은 천체들도 걱정거리라는 사실을 잊지 말자. 스페이스가드가 원래 표적으로 삼았던 킬로미터 크기의 천체보다 더 작은 천체들은 비록 피해는 덜 입히겠지만 더 자주 근접하거나 충돌할 것이다. 그래서 미국 의회는 2005년에 폭이 140미터 이상인 지구 근접 천체들 중 위험할 가능성이 있는 것의 최소 90퍼센트를 추적하고 목록화하고 규명할 것을 요구하는 안에 따라 스페이스가드 프로그램을 연장했다.[1] 이 작업에서 '지구 멸망'을 가져올 물체는 발견되지 않겠지만, 어쨌든 목록화 자체는 가치 있는 목표이다.

위험 평가

이따금 소행성이 우리에게 다가온다는 것은 사실이다. 만남은 틀림 없이 벌어질 것이다. 그러나 예상되는 빈도와 규모는 아직 토론의 대상 이다. 과연 우리가 걱정해야 할 만한 시간 규모에서 무언가가 지구와 충돌하여 피해를 입힐 것인가 하는 질문에 대한 답은 아직 완전히 결 정되지 않았다.

우리는 걱정해야 할까? 이것은 전적으로 규모, 비용, 우리가 견딜 수 있는 불안의 문턱값, 우리 사회에 무엇이 중요하고 우리가 무엇을 통제 할 수 있다고 여기느냐에 관한 사회적 결정에 달린 문제이다. 내가 이 책에서 이야기하는 물리학은 주로 수백만 년이나 수십억 년 규모로 벌 어지는 현상을 다룬다. 내가 3부에서 설명할 내 연구 모형은 대형(몇 킬 로미터 수준의) 유성체 충돌이 3000만 년과 3500만 년 사이의 주기로 벌 어지는 현상을 설명하고자 한다. 하지만 이런 시간 규모들은 오늘날의 인류에게 그다지 유의미하지 않으므로, 딱히 걱정할 만한 게 못 된다. 우리에게는 그것보다 훨씬 더 급박한 걱정들도 많다.

그래도, 설령 곁길로 빠지는 게 되더라도, 유성체 충돌을 이야기하 는 책을 쓰면서 그런 사건이 우리 세상에 미칠 잠재적 충격에 대한 기 성 과학계의 결론을 겉핥기로나마 소개하지 않을 수 없는 노릇이다. 이 주제는 뉴스나 대화에 자주 등장하므로, 현재 추정값을 함께 알아 둬서 나쁠 것은 없을 것이다. 이런 추정은 소행성 감지와 궤도 변경이 얼마나 중요한 문제인지 판단해야 하는 정부에게도 유효하다.

미국 의회의 2008 회계 연도 통합 예산 법안에 발맞추어, NASA는 명망 높은 국립 과학 아카데미의 국립 연구 회의에 지구 근접 천체를 연구해 달라고 요청했다. 그 목표는 충돌에 관한 추상적인 문제들을 풀려는 게 아니었다. 탈선한 소행성이 가하는 위험을 평가하고 우리가 그 위험을 완화하기 위해서 할 수 있는 일이 있는지 알아보려는 것이었다.

연구 참가자들은 지구 근접 천체 중에서도 작은 것들에게 집중했다. 그것들이 지구에 훨씬 자주 부딪치는 데다가 우리가 그 방향을 바꿀 수 있을지도 모르기 때문이다. 단주기 혜성은 소행성과 궤적이 비슷하니까 비슷한 방식으로 감지할 수 있지만, 장주기 혜성은 미리 알아내기가 사실상 불가능하다. 장주기 혜성은 지구 궤도가 놓인 황도면에 있을 가능성도 낮기 때문에 — 즉 사방에서 오기 때문에 — 발견하기가 좀 더 어렵다. 게다가, 비록 최근에 관측된 사건들 중 몇몇은 혜성 때문이었을지도 모르지만, 애초에 혜성이 지구 근처로 오는 것은 훨씬 드문 일이다. 그리고 우리가 뭔가 손쓸 수 있을 만큼 일찌감치 장주기 혜성을 확인하기란 거의 불가능할 것이다. 기술이 발전하여 우리가 소행성의 방향을 꺾을 수 있게 되더라도 말이다. 현재로서는 위험한 장주기 혜성의 목록을 빠짐없이 작성할 방법이 사실상 없으므로, 현재의 조사는 소행성과 단주기 혜성에게만 집중한다.

그러나 장주기 혜성은 — 혹은 적어도 바깥 태양계에서 생겨난 혜성들은 — 뒤에서 다시 우리의 관심사가 될 것이다. 바깥 태양계에서 생겨난 천체들은 태양의 중력에 워낙 약하게만 묶여 있기 때문에, 교란을 겪으면 — 중력에 의한 교란이든 다른 원인이든 — 쉽게 제 궤도를 벗어난다. 그래서 안쪽 태양계로 들어오거나 아니면 태양계 밖으로 나가 버린다. 국립 과학 아카데미의 조사 대상은 아니지만, 장주기 혜성도 여전히 과학적 탐구의 대상이다.

과학자들의 결론

2010년, 국립 과학 아카데미는 소행성이 안기는 위험에 관한 연구 결과를 "행성 지구를 보호하기: 지구 근접 천체 조사와 위험 완화 전략"이라는 제목의 보고서로 제출했다. 그 보고서에서 흥미로운 결론을 몇 가지 소개하겠다. 결론을 잘 요약해 보여 주는 도표를 몇 개 싣고, 그 뜻을 설명하는 말을 좀 덧붙이겠다.

이 수치를 해석할 때, 우리는 지구에서 인구 밀도가 높은 도시 지역은 상대적으로 낮은 밀도로 분포되어 있다는 점을 고려해야 한다. NASA의 지구 도시 지도화 프로젝트에 따르면, 그런 지역의 비율은 전체의 약 3퍼센트이다. 물론 어떤 파괴이든 바람직하지 않기는 마찬가지이지만, 가장 무시무시한 위협은 도시와의 충돌일 것이다. 지표면에서 도시들이 차지하는 밀도가 낮다는 것은 곧 비교적 작은 천체가 도시에 떨어져서 심각한 피해를 일으키는 사건의 빈도가 전체 충돌 빈도의 30분의 1쯤 된다는 뜻이다. 예를 들어, 만일 5~10미터의 물체가 떨어질 확률이 대강 1세기에 한 번이라면, 그만한 크기의 무언가가 도시를 때릴 확률은 약 3000만 년에 한 번이다.

또한 거의 모든 추정값에 큰 불확실성이 존재한다는 점도 명심해야 한다. 과학자들은 잘해 봐야 최소와 최대가 10배 차이 나는 수준으로 추측할 수 있을 뿐이다. 천체가 가하는 위협에 관한 뉴스가 숱하게 보도되지만 실제로 현실화되지 않는 한 이유는, 특정 크기의 특정 천체라도 그 궤적 측정에서 작은 실수라도 있었다면 그것이 지구와 충돌할 확률의 예측값은 크게 달라질 수 있다는 점이다. 그런 불확실성을 고려하더라도, 국립 과학 아카데미의 연구 결과는 상당히 믿을 만하고 유용하다. 그러니 약간의 불확실성은 감안하면서 이 흥미로운 최신 통계를 살펴보자. (2010년 기준이다.)

내가 제일 좋아하는 표는 그림 17에 실려 있다. 이 결과에 따르면, 매년 소행성으로 인한 사망이 평균 91건 발생한다. 이것은 대부분의 다

다양한 원인에 의해 매년 세계적으로 발생하는 사망 건수의 예측값

원인	연간 사망 건수 예측값
상어 습격	3~7
소행성	91
지진	36,000
말라리아	1,000,000
교통 사고	1,200,000
공기 오염	2,000,000
HIV/에이즈	2,100,000
담배	5,000,000

그림 17 다양한 원인에 의해 매년 세계적으로 발생하는 평균 사망 건수를 보여 주는 국립 과학 아카데미의 통계. 데이터, 모형, 추정에 기반한 통계이다.

른 재해들에 의한 사망보다는 훨씬 뒤지는 수준이지만, — 표에는 나오지 않은 것이지만 휠체어 관련 사고로 인한 사망과 비슷한 수준이다. — 표에서 소행성 옆에 "91"이라고 구체적으로 숫자가 적힌 것은 어쩐지 좀 놀랍고 불안하리만치 높은 것처럼 느껴진다. 온갖 불확실성을 고려하자면 우습도록 정확한 숫자가 아닌가 싶기도 하다. 소행성으로 인한 사망이 매년 91건씩 일어나는 것은 당연히 아니다. 사실 우리가 아는 그런 사망은 기록 역사에서 손에 꼽을 정도이다. 아주 드물게만 벌어질 것으로 예측되는 대규모 충돌의 사망을 포함하기 때문에 기만적으로 높은 숫자가 나온 것이다. 현상을 좀 더 제대로 이해하게

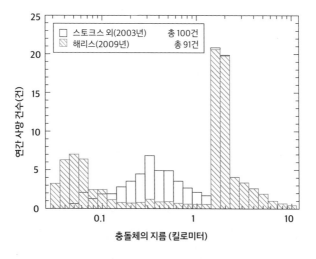

그림 18 다양한 크기의 소행성 충돌로 인한 연간 평균 사망 건수. 85퍼센트 완료된 스페이스가드 조사의 데이터를 사용하여 국립 과학 아카데미가 추정한 결과이다. 지구 근접 천체들의 크기 분포에 대해서는 새로 수정된 값을 썼고, 쓰나미나 공중 폭발의 위험에 대한 추정값도 업데이트된 것을 썼다. 비교 차원에서 옛 추정값도 함께 표시했다.

돕는 것은 다음 그래프이다. (그림 18)

이 그래프가 말해 주는 것은, 앞에서 언급한 사망 건수의 대다수가 극히 드물게만 나타날 것으로 예측되는 비교적 큰 천체들 때문에 발생한다는 것이다. 그래프에서 몇 킬로미터 부분에 뾰족하게 솟은 막대들이 그것이다. 그런 사건들은 소행성 충돌 세계의 '블랙 스완'인 셈이다. 만일 크기가 10미터 미만인 천체들로만 관심을 제한한다면, 숫자는 연간 몇 명 미만으로 떨어진다. 그것조차도 아마 높게 잡은 결과일 것이다. 그렇다면 다양한 크기의 천체들이 실제로 떨어질 확률의 예측값은 얼마나 될까? 여기 도움이 되는 그래프가 하나 더 있다. (그림 19) 약간 복잡해 보이지만, 나를 믿고 따라와 보라. 우리가 현재 아는 바를 훌륭하게 요약해 둔 그래프이니까.

읽기가 더 어렵기는 하지만, 이 그래프에는 정보가 잔뜩 들어 있다. 그래프는 로그 척도로 그려져 있다. 크기의 변화가 생각보다 훨씬 더 큰 시간 간격 변화에 상응한다는 뜻이다. 예를 들어, 10미터 크기의 천체가 10년마다 한 번 온다면 25미터 크기의 천체가 지구를 때리는 간격은 200년마다 한 번이다. 또한 이것은 측정값이 약간만 변해도 예측에 상당히 큰 영향을 미칠 수 있다는 뜻이다.

그래프의 위 가로축은 해당 크기의 천체가 초속 20킬로미터로 움직인다고 가정할 때 얼마나 많은 에너지를 낼 것인가를 메가톤 단위로 보여 준다. 가령 25미터 크기의 천체라면 약 1메가톤의 에너지를 낼 것이다. 이 그래프는 또 다양한 크기의 천체들이 크기별로 얼마나 많이 올지를 보여 주고, 그것들이 얼마나 밝을지도 보여 준다. 후자는 우리

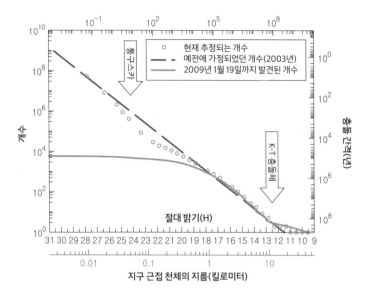

그림 19 지구 근접 천체의 예측 개수(왼쪽 세로축)와 대강의 충돌 간 시간 간격(오른쪽 세로축)을 킬로미터 단위로 측정한 지름에 대한 함수로 표시한 그래프이다. 맨 위 가로축은 해당 크기의 천체가 충돌 시점에 초속 20킬로미터로 움직이고 있다고 가정할 때 그 충돌 에너지를 TNT 메가톤 단위로 예측한 값이다. 아래 가로축에는 천체의 고유 밝기에 관한 정량적 수치가 표시되어 있다. 서로 다른 두 곡선은 옛 추정값(실선)과 새 추정값(원)을 뜻한다. 맨 아래 곡선은 2009년까지 실제 발견된 개수를 뜻한다.

가 그것을 추적하고 발견하기가 얼마나 쉬운가 하는 문제와 관련이 있다. 소행성은 작을수록 수가 더 많지만, 그런 것은 작은 데다가 그 때문에 어둡기까지 하므로 발견하기가 좀 더 어렵다.

이런 사건들이 발생할 빈도의 추정값을 보자. 500미터 크기의 천체라면 10만 년에 한 번 올 것이고, 1킬로키터 크기의 천체라면 아마 50만 년에 한 번 올 것이며, 5킬로미터 크기의 천체라면 시간 간격이

2000만 년에 가까울 것이다. 그래프는 또한 공룡들을 죽일 만한 위력이 있는 약 10킬로미터 크기의 충돌체는 1000만 년에서 1억 년마다 한 번씩 떨어지리라는 것을 보여 준다.

만일 충돌이 얼마나 자주 발생하는지에만 관심이 있다면, 좀 더 간략한 그림 20의 그래프에 정보가 더 분명하게 나와 있다. 눈여겨볼 점은, 세로축에서 위로 갈수록 더 적은 연도가 담겨 있고 아래로 갈수록 더 많은 연도가 담겨 있다는 것이다. 따라서 큰 충돌이 작은 충돌보나 훨씬 덜 자주 발생하는 셈이 된다. 그리고 세로축의 지수들은 10을 그 숫자만큼 곱한 것이라는 뜻이다. 가령 10^1은 10이고, 10^2는 100이고, 10^0은 1이다.

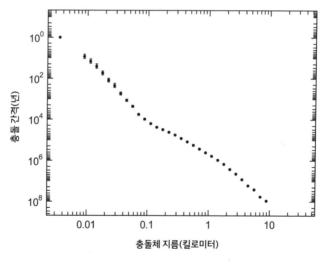

그림 20 폭이 약 3미터와 약 9킬로미터 사이인 지구 근접 천체들이 지구와 충돌하는 시간 간격의 평균.

다양한 크기의 천체들이 어느 정도의 위험을 가하는지를 대강이나마 이해하기 위해서, 마지막으로 국립 과학 아카데미 보고서의 도표 하나를 그림 21에 소개했다. 이 표에 따르면, 지름이 몇 킬로미터인 천체는 지구 전체에 영향을 미칠 수 있다. 큰 유성체 충돌은 다른 자연 재해만큼 자주 발생하는 사건이 아니므로, 우리에게 당장 위협을 가하지는 않을 것이 거의 확실하다. 그러나 만일 실제로 발생한다면, 에너지 면에서나 격렬함 면에서나 충격이 파괴적일 것이다. 표를 보면, 폭이 300미터인 천체는 아마 10만 년마다 한 번씩 지구를 때릴 것이라는 점도 알 수 있다. 그런 사건은 대기 중 황 농도를 크라카타우 화산 폭발 때와 엇비슷한 수준으로 높일 것이고, 그래서 지구 대부분의 지역에서 생물들이 죽거나 최소한 농작물이 망가질 것이다. 그리고 앞

지구 근접 천체의 평균 충돌 간격과 충돌 에너지 근삿값

사건 종류	충돌체의 지름	충돌 에너지 근삿값(메가톤)	평균 충돌 간격 근삿값(년)
공중 폭발	25미터	1	200
국지적 규모	50미터	10	2,000
지역적 규모	140미터	300	30,000
대륙적 규모	300미터	2,000	100,000
지구적 재앙 문턱값 미만	600미터	20,000	200,000
지구적 재앙 가능성	1킬로미터	100,000	700,000
지구적 재앙 문턱값 이상	5킬로미터	10,000,000	30,000,000
대량 멸종	10킬로미터	100,000,000	100,000,000

그림 21 다양한 크기의 지구 근접 천체들의 평균 충돌 간격과 충돌 에너지 근삿값. 이 수치들은 충돌체의 속도와 화학적 성질에 따라 달라진다는 것을 명심하자.

에서 본 그래프들의 결과와 마찬가지로, 이 표에 따르면 퉁구스카 규모의 공중 폭발은 약 1000년마다 한 번씩 발생할 것이다. 물론, 그런 재앙 시나리오들의 온전한 윤곽은 충돌체의 크기와 충돌 장소에 따라 달라진다.

무엇을 할 것인가

그래서 우리는 이 모든 정보로부터 어떤 결론을 내려야 할까? 우선, 우주에서 이렇게 많은 천체들이 대충 같은 공간을 돌고 있다는 것은 흥미로운 일이다. 우리는 지구를 특별하다고 생각하고, 당연히 보호하고 싶어 한다. 그러나 좀 더 큰 그림에서 본다면 지구는 어느 별을 중심으로 삼은 어느 항성계의 안쪽 행성들 중 하나에 지나지 않는다. 그런데 우리 곁에 가까운 이웃이 많다는 것을 알게 되었더라도, 두 번째로 얻는 교훈은 인류에게 가장 큰 위협이 되는 것은 소행성이 아니란 점이다. 그야 물론 충돌은 실제 벌어질 수 있고 피해가 좀 생길 수도 있지만, 적어도 소행성 충돌에 관해서는 우리가 당장 위험에 직면한 것은 아니다.

아무리 그래도, 만일 뭔가 위험한 것이 나타나면 우리가 어떻게 해야 하느냐 하는 질문은 제기될 수밖에 없다. 어떤 천체가 몇 년 동안 지구를 향해 위태롭게 날아오고 있는데 우리가 멍하니 바라만 볼 뿐 우리 운명을 구하기 위한 조치를 아무것도 취할 수 없다면 얼마나 한심한 기분이겠는가. 심대한 위험이 없다고 해서 유성체가 가할지도 모르는 피해를 무엇이든 무력하게 당하고만 있어야 하는 것은 아니다. 충격을 완화할 방법을 생각해 보지 말아야 한다는 것도 아니다.

이미 많은 사람들이 이 문제를 고민했다는 것, 우주에서 오는 위험한 물체를 다룰 방안에 대해서 여러 제안이 고려되고 있다는 것은 — 실제로 개발된 것은 아직 없다. — 놀랄 일이 아니다. 기본적인 두 전략은 파괴 혹은 경로 변경이다. 천체를 그냥 그대로 파괴하는 것은 꼭 좋은 생각이라고 할 수 없다. 지구와 부딪힐 위험이 있는 무언가를 그냥 터뜨려 버리면, 산산조각 난 수많은 돌덩이들이 같은 방향으로 달려와서 지구와 부딪힐 가능성만 더 높아질 것이다. 각각의 조각이 입히는 피해는 작겠지만, 이것보다는 충돌 횟수를 더 늘리지 않는 전략이 있다면 그쪽이 더 바람직할 것이다.

따라서 경로 변경이 아마도 더 합리적인 접근법이다. 가장 효율적인 전략은 다가오는 천체의 속력을 늘리거나 줄이는 것이지, 옆으로 밀치는 게 아니다. 지구는 퍽 작은 데다가 태양 주변을 썩 빠르게 돌고 있다. 초속 약 30킬로미터로 움직인다. 천체가 어느 방향에서 접근해 오느냐에 따라 달라지기는 하겠지만, 우리가 그 경로를 바꿔서 고작 7분이라도 더 일찍 혹은 더 늦게 도착하도록 만든다면 — 지구가 제 반지름만큼 이동하는 데 걸리는 시간이다. — 충돌하느냐 혹은 손에 땀을 쥐게 만들지만 무해한 근접 비행으로 그치느냐의 차이를 낳을 것이다. 그 정도라면 궤도를 엄청나게 많이 바꿀 필요도 없다. 우리가 그 천체를 충분히 일찍 감지할 수 있다면, — 아마도 몇 년 전이면 될 것이다. — 속도를 약간만 바꾸더라도 충분할 것이다.

경로 변경이든 파괴이든, 어떤 방법도 크기가 몇 킬로미터 이상이라 지구적 피해를 일으킬 수 있는 천체로부터 우리를 구해 주지는 못할 것이다. 다행히 그런 충돌은 최소한 앞으로 100만 년 내에는 벌어지지 않을 가능성이 높다. 한편 그것보다 작은 천체, 우리가 이론적으로나마 스스로를 구할 수 있는 천체에 대해서 가장 효과적인 경로 변경 방법은 핵폭탄일 것이다. 핵폭탄은 아마 지름 1킬로미터 수준의 충돌체도 막아 줄 수 있을 것이다. 하지만 법과 국제 조약은 최소한 현재로서는 우주에서의 핵폭발을 금지하므로, 아직 해당 기술이 개발되지는 않았다. 그만큼 강력하지는 않겠지만 가능한 또 다른 방법은 다가오는 소행성에게 무엇이 되었든 모종의 물체를 충돌시켜서 물체의 운동 에너지를 전달하는 것이다. 충분히 일찍 경고를 받는다면, 그리고 특히 다중 충돌의 가능성이 있는 상황이라면, 이 전략은 폭이 수백 킬로미터인 천체에게 통할지 모른다. 또 다른 경로 변경 도구로는 태양열판, 중력 예인선처럼 기능하는 위성, 로켓 엔진 등이 있다. 충분한 힘을 낼 수 있는 것이라면 뭐든 가능하다. 이런 방면의 기술은 수백 미터 크기의 천체에게 효과가 있겠지만, 그러려면 반드시 몇 십 년 전에 경고를 받아야 할 것이다. 이 모든 방법들은 (소행성 자체도) 좀 더 연구할 필요가 있다. 따라서 무엇이 통할지 확실히 말하기에는 이르다.

이런 제안들은 흥미로운 데다가 고려해 볼 가치가 있기는 해도, 현재로서는 미래에 가능할지도 모르는 전망에 불과하다. 그러나 소행성 충돌 및 궤도 변경 평가 계획(Asteroid Impact and Deflection Assessment

Mission)만큼은 — 소행성에 운동학적 충격을 주는 게 실행 가능한지 평가하고자 마련된 프로젝트이다. — 비교적 많이 진행되었다. 이와 관련된 소행성 궤도 변경 계획(ARM)도 마찬가지이다. 이것은 소행성 전체나 그중 한 조각을 달 궤도로 잡아들이자는 계획이다. 그러면 나중에 우주인이 방문할 수도 있을 것이다. 그러나 어느 프로젝트이든 구체적인 제작은 시작되지 않았다.

소행성에 맞서는 기술이 좀 더 넓은 의미에서는 해로울지도 모른다는 이유에서 이런 기술에 반대하는 사람도 있을 것이다. 이를테면 어떤 사람들은 그런 기술이 지구를 구하는 데 쓰이는 게 아니라 군사용으로 쓰일 수도 있다고 걱정한다. 하지만 나는 그럴 가능성은 몹시 낮다고 본다. 어떤 완화 장치라도 조달 기간이 매우 길 테니 효과적이지 않을 것이다. 또 어떤 사람들은 우리가 대비하기에 너무 늦었거나 미리 알아도 어차피 우리 기술로는 아무것도 할 수 없는 마당에 곧 지구와 부딪칠 소행성이 있다는 것을 아는 것은 심리적으로나 사회적으로 오히려 위험하다고 여긴다. 그러나 이 주장은 건설적 잠재력을 지닌 수많은 제안들에 반대하는 지연 전술로 사용될 수 있을 것이다.

그런 부조리한 걱정들을 차치하더라도 질문은 남는다. 우리가 어떻게든 대비해야 하는가, 한다면 언제 해야 하는가 하는 질문이다. 이것은 정말로 비용과 자원 할당의 문제이다. 국제 우주 학회(International Academy of Astronautics)는 이런 질문을 다루고 최선의 전략을 알아낼 요량으로 모임을 갖는다. 2013년에 애리조나 주 플래그스태프에서 열렸던 행성 방위 회의(Planetary Defence Conference)에 참가했던 내 동료가 말해 준 바에 따르면, 그 자리에서 참석자들이 가짜로 소행성이 접근한다고 상상한 뒤 시뮬레이션된 위험에 대한 최선의 대비책을 생각해 보는 연습 시간이 있었다고 한다. 참석자들은 다음과 같은 질문에 답해야 했다. "천체의 크기와 궤도에 관한 데이터가 시시각각 업데이트될 경우, 그 불확실성을 어떻게 다룰까?" "행동에 나서기에 적절한 시점은 언제일까?" "어느 시점에 대통령에게 알려야 할까?" (미국에서 열린 모임이었으니까.) "언제 충돌 예상 지역을 대피시켜야 할까?" "잠재적 비극을 억제하기 위해서 핵미사일을 발사해도 좋은 시점은 언제일까?" 이런 질문들이 — 어떤 차원에서는 상당히 재미있게도 느껴지지만 — 똑똑히 보여 주듯이, 최선의 의도와 정보를 가진 천문학자들이라도 우주에서 다가오는 천체에 대한 태도와 반응은 상당히 다를 수 있다.

이쯤이면 여러분도 이런 위협이 그렇게까지 시급한 문제는 아니라고 판단하게 되었기를 바란다. 물론 약간의 피해가 발생할 가능성이야 있다. 재수 없는 방향을 취한 천체가 지구와 충돌해서 인구가 상당히 밀집된 지역을 쓸어 버리는 일도 가능하기야 하지만, 가까운 미래에 그런 일이 발생할 확률은 극단적으로 낮다. 내 안의 과학자는 할 수 있는 한 많은 천체를 목록화하고 그 궤적을 이해하는 작업을 하자는 데 대찬성이다. 그리고 내 안의 괴짜는 혹 위험할지도 모르는 지구 근접 천체에 우주선을 보내서 지구와 부딪히지 않을 안전한 궤도로 이끈다는 발상이 아주 멋지다고 생각한다. 그러나 어떻게 진행하는 것이 최선인지는 아무도 모르는 게 사실이다.

여느 과학적 혹은 공학적 노력이 그렇듯이, 이 문제에서도 사회에 궁극적으로 중요한 것은 우리가 무엇을 가치 있게 여기는가, 무엇을 배우는가, 어떤 부수적 편익이 존재할 것인가 등이다. 이제 여러분은 이 문제에 관해서 의견을 낼 일이 있을 때 알아야 할 기본적인 사실을 대충 다 알았다고 생각해도 좋다. 현재의 수치들은 도움이 된다. 그러나 그것이 전부는 아니다. 많은 정책적 선택이 그렇듯이, 우리는 지식에 의존한 추측을 실용적 고려 및 도덕적 명제와 결합해야 한다. 내 느낌은 이렇다. 설령 위협이 없더라도, 여기에 얽힌 과학은 충분히 흥미롭기 때문에 비교적 적은 투자를 들여서 좀 더 많은 소행성을 발견하고 연구할 가치가 있을 것이다. 하지만 사회가 — 그리고 산업계의 사기업들이 — 궁극적으로 어떻게 결정할지는 오직 시간만이 알려줄 것이다.

10장
충격과 공포

최근 그리스를 여행했을 때, 그곳에서 만난 현지인들이 쓰는 인상적인 영어 어휘에 가끔 기가 죽는 기분이었다. 그들은 이따금 — 영어가 모어인 — 나라면 쓰기를 주저할 만한 단어를 썼다. 누군가 에포니모스(*eponymous*)라는 단어를 쓰는 것을 듣고서 이렇게 말했더니, 대화 상대는 내게 그 단어는 원래 그리스 어에서 온 거라고 일깨워 주었다. 하기야 영어 단어 중 많은 수가 그렇다.

크레이터(crater)라는 단어도 그런 경우이다. 고대 그리스 인들은 대단한 포도주 애호가였음에도 불구하고 절제도 알았던 모양이다. 홍청 망청하려는 경우가 아니라면, 그들은 포도주를 3배의 물을 섞어 희석해서 마셨다. 크라테르(*krater*)는 그렇게 섞을 용도로 쓰려고 만들어진 단지였다. 크라테르는 입구가 둥글고 크다. 비슷한 이름을 가진 지구나 달의 거대한 구덩이와 아닌 게 아니라 형태가 비슷하다. 그러나 그 지질학적 현상은 폭이 최대 200킬로미터나 되며, 주변의 교란된 영역은 그것보다 더 넓을 수도 있다.

지구의 크레이터들 중에는 외계로부터의 도움 없이 그냥 이곳의 화산에서 형성된 것도 있다. 일례로 카나리아 제도의 테네리페 섬에서는 테이데 화산이 거느린 광대한 용암 지대에 환상적인 크레이터가 몇 개 파여 있는 것을 볼 수 있다. 지면 밑에 깔린 소란스러운 것이 이따금 부글부글 솟아오른다는 사실을 보여 주는 증거들이다. 나는 또 그곳에서 칼데라(caldera)라는 단어가 스페인 어로 가마솥을 뜻하는 단어에서 왔다는 것을 배웠고, 덕분에 우리가 화산 함몰을 지칭할 때 쓰는 용어도 어원이 '크레이터'와 비슷하다는 것을 알게 되었다. 그러나 충돌로 생겨난 크레이터, 즉 충돌구는 고립되어 나타나며 — 더 중요한 점인데 — 외계로부터의 기여가 있어야만 생긴다.

대부분의 유성체 충돌은 — 그중에서도 큰 사건들은 모두 — 그 장면을 목격할 인간이 주변에 존재하는 시대보다 한참 전에 벌어졌다. 하물며 기록이 없는 것은 말할 것도 없다. 충돌구는 지구로 떨어졌던 고속 유성체가 남긴 놀라운 명함이다. 크레이터나 함몰지, 그리고 그 안팎의 물질은 지구를 찾아와서 난장판을 벌였던 손님들이 남긴 자취 중에서 지금까지 살아남은 유일한 기록일 때가 많다. 그로 인한 상흔, 암석 종류, 잔해에 포함된 화학 물질들의 존재량은 그 오래전 사건에 대해서 가장 믿을 만한 정보를 제공한다.

충돌구는 지구가 주변 환경과, 즉 태양계와 영원히 연결되어 있음을 상기시키는 특별한 증거이다. 우리는 충돌구의 형성, 형태, 특징을 이해함으로써 다양한 크기의 돌덩이가 지구에 얼마나 자주 떨어졌는지 알 수 있을 뿐 아니라, 생물의 멸종에서 유성체가 차지했던 역할을 좀 더 많은 정보에 입각하여 논할 수 있다. 이 장에서는 경외감을 일으키는 크레이터들이 애초에 어떻게, 왜 생겼는지 설명하겠다. 그리고 지구에서 화산으로 만들어진 함몰지와 충돌구를 어떻게 구별하는지도 설명하겠다. 또한 영구적인 흔적을 남길 만큼 강력하게 지구를 덮쳤던 물체들의 명단도 소개할 텐데, 지구 충돌 데이터베이스(Earth Impact Database)라는 이름으로 훌륭하게 목록화된 그 자료는 여러분도 인터넷에서 검색하여 찾아볼 수 있다. 이 관찰 결과는 나중에 내가 암흑 물질이 유성체 충돌을 일으키는 데 모종의 역할을 했는지 따져볼 때 결정적인 요소로 작용할 것이다.

미티어 크레이터

충돌구 형성 과정과 지구에 남은 충돌구 목록을 살펴보기 전에, 최초로 발견된 충돌구에 대해서 잠깐 이야기하고 넘어가자. 그것은 하늘에 나타난 물체와 지표면의 현상을 연결지은 최초의 발견들 중 하나였다. (그림 22) 이름은 좀 문제가 있지만, — 기억하겠지만 '미티어(meteor, 유성)'는 하늘을 가로지르는 물체를 가리킨다. — 미티어 크레이터가 최소한 유성체에 의해서 형성된 것만은 사실이다. 정의상 모든 충돌구가 그러니까. 이 크레이터는 애리조나 주 플래그스태프 근처에

그림 22 지름이 1킬로미터쯤 되는 미티어(혹은 배린저) 크레이터. 애리조나 주에 있다. (항공 사진은 D. 로디 제공.)

있다. 이름은 당시 유성체 명명 관행에 따라 근처에 있던 우체국의 이름을 땄는데, 시어도어 루스벨트 대통령이 1906년에 세운 우체국이었다. 그해에 그의 친구로서 광업 기술자이자 사업가였던 대니얼 배린저가 신비로운 크레이터의 내용물과 기원을 조사하기 시작한 게 계기였다. 처음에 지질학자들은 배린저의 가설에 회의를 보였지만, 배린저는 결국 그 크레이터가 유성체 때문에 생겼음을 보여 주는 데 성공했다. 함몰지는 그의 기여를 기리는 의미에서 배린저 크레이터라고도 불린다.

이것보다 더 큰 충돌구들도 있지만, 이 크레이터는 미국에서 제일 큰 크레이터 축에 속한다. 너비는 1,200미터쯤 되고 깊이는 170미터이며, 가장자리(rim)는 45미터쯤 솟아 있다. 나이는 5만 년쯤 되었고, 지표면에서 바로 눈에 띈다. 혹 지도에 뚜렷하게 드러나 있지 않더라도, 그 크레이터가 미국에 있다는 것은 분명히 말할 수 있는 사실이다. 미국의 많은 것이 그렇듯이, 그 크레이터도 사유지에 있기 때문이다. 배린저 집안이 배린저 크레이터 사라는 이름으로 그곳을 소유하고 있으며, 현재 관람객들에게 1인당 16달러씩을 받고 보여 주고 있다. 소유권이 확립된 것은 1903년이었다. 대니얼 배린저는 수학자이자 물리학자였던 벤저민 추 틸먼과 함께 소유권 주장을 제기했고, 대통령이 곧 승인했다. 당시 소유권을 주장한 스탠더드 아이언 사라는 이름의 회사는 640에이커의 토지를 캘 수 있는 권리증을 갖게 되었다.

이 크레이터는 사유지라서 국립 공원이 될 수 없다. 국립 기념물은 연방이 소유한 땅에만 지정될 수 있으므로, 이 크레이터는 그냥 국가 차원의 자연 랜드마크일 뿐이다. 그래서 한 가지 좋은 점은, 내가 이 장을 쓰기 시작한 2013년처럼 정부가 마비된 상황에서도 크레이터는 폐쇄되지 않는다는 것이다. (2013년 10월, 버락 오바마 대통령의 의료 보험 개혁안을 둘러싸고 갈등을 벌이던 민주당과 공화당이 새 예산안을 통과시키지 못함에 따라 새 회계년이 시작되는 10월 1일부터 연방 정부가 문을 닫았는데, 이때 중단되는 업무가 국립 공원과 박물관 입장 등이었다. 정부 폐쇄는 16일에 풀렸다. ─옮긴이) 그리고 또 하나 사유지라서 좋은 점은, 배린저 집안에게 크레이터를 보존할 동기가 있다는 것이다. 실제로 이 크레이터는 세계에서 제일 잘 보존된 유성 충돌 지점으로 꼽힌다. 비교적 최근에 생겼다는 점도 크게 도움이 되었지만 말이다.

이 크레이터를 만든 운석은 근처의 유령 마을 디아블로 캐니언의 이름을 따서 디아블로 운석이라고 불린다. 마을은 똑같은 이름의 협곡에 위치해 있다. 그 운석을 낳았을 폭 50미터의 유성체는 거의 순수하게 철과 니켈로만 구성되어 있었을 것이고, 초속 약 13킬로미터로 땅을 때렸을 것이며, 최소한 TNT 2메가톤에 해당하는 에너지를 냈을 것이다. 첼랴빈스크 충돌의 몇 배쯤 되고 얼추 수소 폭탄의 에너지에 맞먹는 수준이다. 원래의 천체는 대부분 기화해 버렸기 때문에 파편을 찾기는 어렵다. 사람들이 찾아낸 조각들은 그곳 박물관에 전시되어 있고, 일부는 심지어 판매도 된다.

파편이 부족하다는 사실은 처음에 크레이터가 화산이 아니라 외계로부터 온 물체 때문에 생겼다는 가설을 인정하기 어렵게 만드는 요소였다. 19세기에 처음 크레이터를 발견했던 유럽 이주자들은 화산이 원인일 것이라고 여겼다. 당시에는 외계로부터 온 물체로 설명한다는 게 희한한 소리로 들렸을 것이고 샌프란시스코 화산 지대가 오해를 일으킬 만큼 가깝다는 점을 고려하자면, ─ 서쪽으로 고작 64킬로미터 떨어져 있다. ─ 그다지 비합리적인 가설은 아니었다.

이 크레이터에 얽힌 사연은 과학이 어떻게 잘못될 수 있는지 ─ 그리고 나중에서야 바로잡아지는지 ─ 보여 주는 교훈적인 이야기이다. 1891년 미국 지질 조사국의 수석 지질학자 그로브 칼 길버트는 이 크레이터가 화산으로 생겼다는 가설을 공식적으로 인정했다. 길버트는 필라델피아의 광물업자 아서 푸트에게 크레이터에 대해서 처음 들었는데, 푸트는 1887년에 목동들이 그 근처에서 발견한 철광석에 흥미가 있었다. 푸트는 금속이 외계에서 온 것임을 알아차렸고, 파낼 게 있는지 확인하려고 그곳을 직접 방문했다. 그는 철뿐 아니라 미세한 다이아몬드 조각들도 발견했다. 그것은 충돌로 형성된 물질이었지만, 푸트는 — 그 사실을 모른 채 — 그곳에 부딪힌 물체가 달만큼 컸으리라고 잘못 추측했다. 그는 또 자신이 조사하던 운석 물질과 크레이터를 연결짓지 못했다는 점에서도 실수를 저질렀다. 지상의 물질이 외계에서 왔다는 것은 인정하면서도, 근처 크레이터는 화산 활동으로 형성된 별개의 현상이라고만 여겼다.

푸트의 이야기를 듣고 크레이터를 알게 된 길버트는 크레이터가 유성체에서 생겼다는 가설을 처음 제안한 사람이었다. 그러나 그는 자신의 주장을 과학적으로 입증하려고 노력하다가 그만 틀린 결론으로 빠지고 말았다. 아직 충돌구의 형성 과정이 알려지지 않았던 탓에, 그는 애초에 떠올렸던 충돌 가설을 기각하는 실수를 저질렀다. 그 근거는 크레이터 가장자리에 쌓인 물질의 질량이 크레이터에서 사라진 물질의 질량과 일치하지 않는다는 것, 그리고 크레이터가 타원형이 아니라 원형이라는 것이었다. 그는 만일 충돌체가 특정 방향에서 날아와서 떨어졌다면 크레이터가 타원형으로 형성되었어야 한다고 예측했던 것이다. 게다가 당시에는 외계 물질의 존재를 암시하는 증거가 되었을 철성분의 특이한 자기적 성질을 아는 사람이 아무도 없었다. 이처럼 유성체라는 증거가 빈약했기 때문에, 길버트는 자신의 방법론을 좇아서 — 내가 곧 설명할 충돌구 형성 과정의 미묘한 요소들을 무시한 방법론이었다. — 충돌이 아니라 화산 활동이 크레이터의 원인이라는 그릇된 결론을 내리고 말았다.

마침내 크레이터의 기원을 정확히 짚은 것은 배린저와 틸먼이었다. 두 사람은 1905년《필라델피아 자연 과학 아카데미 회보(*Proceedings of the Academy of the Natural Sciences of Philadelphia*)》에 특별한 논문 두 편을 발표했다. 논문에서 두 사람은 미티어 크레이터가 정말로 외계 물체의 충돌로 만들어졌다는 것을 보여 주었다. 증거는 퇴적물 속에 산화니켈이 포함되어 있다는 점, 가장자리의 지층이 뒤집혔다는 점 등이었는데, 내가 전해 듣기로 그 역전된 지층은 직접 보면 정말 장관이라고 한다. 그러나 크레이터 주변에 유성체의 산화철 파편이 30톤이나 흩어져 있다는 점 때문에, 배린저는 좀 엉뚱하지만 값비싼 실수를 저지르고 말았다. 나머지 철이 땅속에 묻혀 있을 것이라고 생각해 이후 27년을 굴착에 바쳤던 것이다. 정말로 그것을 발견해 낸다면, 1894년에 역시 애리조나에 있는 커먼웰스 은광에서 1500만 달러(오늘날로 따지면 10억 달러가 넘는다.)를 벌었던 배린저에게는 또 한 번의 노다지가 될 것이었다.

그러나 운석은 배린저가 예상했던 것보다 작았다. 그리고 어차피 대부분이 충돌 시점에 기화되어 버렸다. 그래서 그는 돈 한 푼 벌지 못했고, 발굴이 완료된 뒤에도 크레이터의 기원에 관한 자신의 이론을 많은 사람들에게 성공적으로 납득시키지도 못했다. 배린저는 미티어 크레이터 탐사 및 광업 회사 — 배린저가 참가하여 세운 벤처 회사였다. — 의 사장이 회사 문을 닫은 지 몇 달 후에 심장 발작으로 죽었다. 배린저와 그의 회사가 크레이터 탐광에 60만 달러를 날리기는 했지만, 적어도 그는 자신의 가설이 사실로 확인되는 것을 볼 때까지는 살았다.

행성학이 발전하고 마침내 우리가 크레이터 형성 과정을 좀 더 완전히 이해하게 됨에 따라, 배린저의 추론을 받아들이는 과학자가 점점 더 많아졌다. 최종적인 확증은 1960년에 이뤄졌다. 충돌을 과학적으로 연구하는 분야에서 핵심적인 역할을 했던 유진 슈메이커가 크레이터에서 희귀한 형태의 규산염을 발견한 것이었다. 그것은 충돌의 압력을 받은 암석에서만 생겨나는 충격 석영이었다. 그 형성 원인은 핵폭발을 제외하고는 — 그리고 5만 년 전에는 핵폭발이 있었을 성싶지 않기 때문에 — 유성체 충돌이 유일했다.

슈메이커는 크레이터를 자세히 지도화한 뒤, 그것이 핵폭발로 생겨난 네바다 주의 크레이터들과 지질학적으로 비슷하다는 사실도 보여주었다. 슈메이커의 분석은 지구에 외계 물체가 충돌하는 사건이 실제로 발생한다는 생각을 뒷받침했으며, 지구 과학자들로 하여금 지구와 주변 우주의 상호 작용의 중요성을 받아들이게 하는 데 중요한 이정표가 되었다.

충돌구 형성

내가 암벽 등반에서 느끼는 재미의 적잖은 부분은 암석의 재질, 촉감, 밀도를 점검하는 데서 온다. 암석 표면을 면밀히 살핌으로써 가장 안전하고 효율적인 등반 경로를 알아내는 것이다. 그러나 사실 암석이 간직한 진정한 보물이라면 역시 그 오랜 역사이다. 암석은 지각판 운동의 증거를 드러내며, 그 형태와 조성을 통해서 지질학자들에게 탐구할 정보를 잔뜩 안긴다. 고생물학자들도 땅에 묻힌 화석과 지형에서 많은 것을 배운다.

암층은 늘 뭔가 이야기를 들려주는 법이다. 그리고 그 점에서 유달리 장관을 이루는 장소들이 있다. 최근 스페인 바스크 지방 빌바오의 대학을 방문했을 때, 나는 운 좋게도 그곳 물리학자로부터 근처의 수마야라는 마을에 플리시 지질 공원이 있다는 말을 들었다. 수백만 년의 지질 역사를 보여 주는 놀라운 석회암 노두(露頭)가 있는 그 지질 공원은 생태 관광지로 활용되고 있다. 지질학적 보물을 활용하여 지속 가능한 경제 발전을 꾀한다는 점도 멋지고, 그곳에서 다양한 과학 활동과 발견이 이뤄지고 있다는 점도 멋지다. 내가 방문했을 때, 그곳의 과학 책임자는 내게 6000만 년의 암층을 한눈에 보여 주는 우뚝 솟은 절벽을 가리켜 보였다. 더구나 그 절벽은 근사한 해변에 멋지게 자리 잡고 있었다. (그림 23) 책임자는 그 절벽이 모든 페이지를 동시에 볼 수 있도록 펼쳐 둔 책과 같다고 설명했다. 화석이 든 아래쪽 흰 암석 층과 화석이 없는 그 위의 회색 층을 가르는 것은 K-T 경계였다. (요즘은 공식적으로 K-Pg 경계라고 부르는데, 이 이야기는 잠시 뒤에 다시 하겠다.) 바스크 지방의 어느 고요한 해변에 최후의 대량 멸종을 뜻하는 그 경계선이 그토록 훌륭하게 보존되어 있었던 것이다.

그런데 우리가 과거를 알 수 있는 방법이 그런 장엄한 암층만 있는 것은 아니다. 충돌구 또한 지표면에 형성된 가장 놀라운 구조물로 꼽을 만한 사례들을 제공하며, 암층과는 또 다른 종류의 정보를 제공한

그림 23 스페인 수마야의 이추룬 해변에 있는 플리시 지질 공원의 절벽. 6000만 년의 역사가 한눈에 들어온다. (사진은 욘 우레스티야가 찍은 것이다.)

다. 우리는 비록 유성체가 언제 어떻게 떨어질지는 잘 알지 못하지만, 충돌구의 지질학은 상당히 많이 안다. 과학자들은 크레이터의 모양, 암석의 형태, 조성을 단서로 삼아 충돌구를 칼데라나 다른 둥근 함몰 지들과 구별할 줄 안다. 그리고 충돌구의 독특한 생김새와 조성은 많은 부분 그 기원을 이해함으로써 알 수 있기 때문에, 유성체가 떨어진 곳의 함몰과 특이한 암석 종류를 조사하면 애초에 크레이터를 낳은 사건에 대해서도 많은 것을 알 수 있다.

"충격과 공포"라는 말은, 엄청난 실패작으로 판명난 군사 정책의 이름으로 사용되어 더럽혀지지만 않았다면, 충돌구 형성을 묘사하는 가장 그럴듯한 표현이었을 것이다. 충돌구는 외계 물체가 충분히 큰 에너지로 지구를 때려서 그때 발생한 충격파가 원형 구덩이를 파낸 결과이다. 정말이지 굉장하지 않은가. 충돌구가 원형인 것은 직접적인 충돌 때문이 아니라 충격파 때문이다. 만일 좀 더 직접적인 방식으로 땅이 파였다면, 사방이 다 같은 원형이 아니라 충돌체가 날아온 방향을 반영하여 특정 방향으로 쏠린 함몰지가 만들어졌을 것이다. 길버트의 배린저 크레이터 분석이 어긋났던 것은 바로 이 거짓 단서 때문이었다. 그런데 크레이터를 단순히 충돌체가 땅을 눌러서 생긴 것으로만 해석할 수는 없다. 크레이터는 충돌체가 땅을 워낙 강하게 누르는 바람에 땅이 압축되었다가 마치 피스톤처럼 행동함으로써 만들어진다. 압축된 영역은 압력을 내보내기 위해서 빠르게 감압하고, 그러면서 애초의 충돌에 반작용으로 물질을 사방으로 내뿜는다. 이때 충격파가 반구형으로 퍼지면서 압력이 분출되는 것이 실제 크레이터를 파내는 폭발이다. 충돌구가 독특한 원형 구조를 이루는 것은 이처럼 지표 아래에서 발생한 폭발 때문이다.

충돌구를 형성하는 물체는 초속 11킬로미터인 지구 탈출 속도의 최대 8배에 해당하는 속도로 땅을 때린다. 그러나 전형적인 경우는 초속 20~25킬로미터쯤이다. 좀 큼직한 물체라면, 음속의 몇 배나 되는 이 속도는 틀림없이 엄청난 양의 운동 에너지를 낸다. 운동 에너지는 질량뿐 아니라 속력의 제곱도 비례하기 때문이다. 단단한 바위에 충돌체가 떨어지는 사건은 핵폭발에 비견할 수 있는데, 이때 발생한 충격파는 우주에서 온 물체와 지표면의 물질을 둘 다 압축시킨다. 충돌로 발

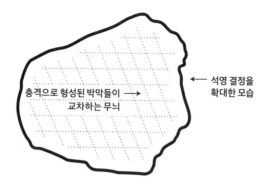

충격으로 형성된 박막들이 →
교차하는 무늬

← 석영 결정을
확대한 모습

그림 24 유성체의 강한 충돌에서 생겨났음을 암시하는 충격 석영에 나타난 독특한 교차 변형 무늬.

생한 충격파는 그것에 접한 모든 물질을 달구고, 지구로 들어온 유성체와 ― 충분히 큰 유성체일 경우 ― 충돌 지점이 된 영역을 거의 언제나 녹이고 기화시킨다.

바깥으로 퍼져나가는 초음속파의 압력은 지구 물질의 강도가 견딜 수 있는 수준을 한참 넘어선다. 그렇기 때문에 충격 석영처럼 오직 충돌구에서만, 그리고 핵폭발 지점에서만 발견되는 희귀한 결정 구조들이 생겨난다. (그림 24) 또 다른 특징적인 속성은 바위에 새겨지는 충격 원뿔이다. 그림 25처럼 꼭지점이 모두 충돌 지점을 향하는 원뿔 구조들이 생겨나는 것이다. 충격 원뿔 역시 충돌이나 핵폭발로만 설명되는 고압 사건의 명백한 증거이다. 충격 원뿔은 길이가 몇 밀리미터에서 몇 미터까지 다양한데, 덕분에 충돌의 효과가 물질에 거시적으로 드러난다는 점에서 흥미롭다. 변형된 결정과 용융된 암석의 흔적과 더불어,

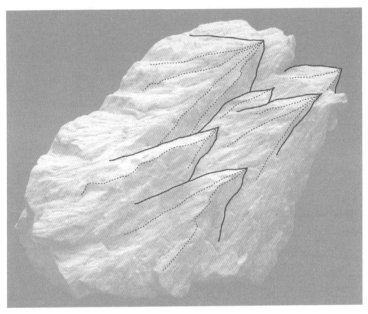

그림 25 다양한 크기의 원뿔 구조가 한 바위 속에서 반복적으로 뚜렷하게 드러나는 것은 그 구조가 고압에서 형성되었음을 육안으로 보여 주는 증거이다.

충격 원뿔은 충돌 사건에서 생겨난 크레이터를 가려내는 데 도움을 준다.

충돌에서 특징적으로 드러나는 또 다른 바위 형태들은 고온에서 형성된 것들이다. 텍타이트(tektite) 혹은 **충격 용융 소구체**(impact melt spherule)는 용융된 바위에서 생겨나는 유리 물질이다. 이 물질은 고온에서 형성되지만 반드시 고압을 필요로 하는 것은 아니므로, 크레이터 형성 원인으로서 충돌의 주된 경쟁자인 화산에서도 생길 수 있다. 그러나 충돌구일 경우에는 일반적으로 화학적 조성이 좀 달라서, 지표면에 드문 금속이나 여타 물질을 ― 니켈, 백금, 이리듐, 코발트 등을 ― 포함하고 있다. 이런 추가 단서들은 충돌 가설을 보강한다.

충돌체의 독특한 화학적 조성이 다른 독특한 속성들도 일으킬 수 있다. 이를테면 특정 동위 원소 ― 서로 원자 번호는 같지만 중성자 개수가 다른 원자들을 말한다. ― 는 외계에서 형성된 것일 가능성이 높은 경우가 있다. 그러나 이 분석은 크레이터에 남은 물질 중에서도 작은 일부에 대해서만 쓸모가 있을 것이다. 원래 충돌체의 물질은 대부분 기화해 버렸을 것이기 때문이다.

또 하나 크레이터 구분에 유용한 단서는 충격으로 형성된 각력암(breccia)이다. 고운 입자로 된 바탕 물질에 암석의 파편들이 붙들려 있는 각력암 역시 모종의 충격으로 원래 있던 바위가 산산조각 났음을 암시한다. 충격으로 융해된 유리 역시 고압과 고온에서만 형성된다는 점에서 흥미롭다. 이런 물질은 밀도가 유난히 높기 때문에 확인하기 쉽다. 그 밖에 주목할 만한 속성으로는 크레이터 바닥에 도랑들이 파인 것, 혹은 크레이터 바닥에 유리 입자로 이뤄진 복잡한 구조들이 깔려 있고 그 중앙에는 평평한 판이 펼쳐져 있는 것을 들 수 있다.

충격으로 용융되어 만들어진 이런 독특한 구성 요소들은 다른 방식으로는 형성될 길이 없기 때문에 충격 사건을 뒷받침하는 결정적인 증거에 해당한다. 그러나 이런 물질은 암석 파편과 용융물 밑에 깊숙이 묻혀 있을지도 모르기 때문에 찾기가 늘 쉽지만은 않다. 그래도 운석은 넘쳐나고, 많은 자연사 박물관에 표본이 전시되어 있다. 나는 뉴욕 자연사 박물관에 소장된 높이 2미터, 무게 34톤의 아니기토 운석을 특히 좋아한다. 전시된 운석들 가운데 제일 큰 운석이다. 이 육중한 바위는 박물관이 1869년에 설립될 당시부터 소장했던 운석 컬렉션에 나중에 더해졌다.

충돌구를 확인하는 데 물질만큼이나 도움이 되는 것은 충돌구의 독특한 형태이다. 충돌구는 주변보다 더 낮게 파인 함몰지인 데 비해, 화산구는 대부분 분출에서 형성되기 때문에 주변 지형보다 더 높다. 충돌구는 또 가장자리가 두두룩하게 솟아 있는데, 이것 역시 전형적인 화산구에는 없는 특징이다.

확인에 도움이 되는 또 다른 속성은 분출물이 덮인 곳에 역전 층서가 있다는 점이다. 달리 말하자면, 가장자리 지층의 순서가 뒤집혀 있다는 것이다. 이것은 땅에서 파여 나온 물질이 '홱 뒤집히면서' 크레이터 밖으로 날아간 결과이다. 거대한 팬케이크를 층층이 쌓았을 때 그 가장자리의 모습을 상상하면 비슷할 것이다. 지표면에 — 혹은 다른 어떤 행성이나 위성의 표면에 — 대충 원에 가까운 구덩이가 깊게 파여 있고 그 가장자리는 지층 순서가 뒤집힌 채 솟아 있다면, 그것은 곧 거대한 물체가 엄청난 속도로 표면을 때렸다는 명백한 증거이다.

충돌구에만 있는 독특한 물질들은 대개 충격파가 갑작스레 방출되는 과정에서 형성되지만, 크레이터의 형태는 이후에도 계속 달라진다. 맨 처음, 충돌체가 표적을 때리는 순간에 충돌체는 감속하고 표적 물질은 가속된다. 충돌, 압축, 감압, 충격파 유출이 모두 수십분의 1초 만에 일어난다. 일단 충격파가 지나가면, 변화는 좀 더 느리게 벌어진다. 부딪혀서 가속되었던 물질은 — 즉 최초의 충격파로 가속되었던 물질은 — 충격파가 잦아든 뒤에도 계속 움직이지만, 이 단계에서는 속도가 음속 미만이다. 그래도 크레이터는 계속 형성된다. 가장자리가 계속 솟아나고, 물질이 계속 분출된다. 하지만 크레이터는 아직 안정하지 않아서, 중력 때문에 무너질 수 있다. 작은 크레이터라면, 가장자리가 약간 무너져 그 부스러기가 크레이터 벽을 타고 미끄러져 내리며, 용융된 물질은 크레이터에서 좀 더 깊은 곳으로 흘러 들어간다. 그 결과, 여전히 사발처럼 생겼고 맨 처음 형성된 크레이터를 쏙 빼닮았지만 크기는 상당히 더 작을지도 모르는 크레이터가 형성된다. 미티어 크레이터의 현재 크기는 원래 크기의 절반이다. 더 나중에는 각력암과 용융되어 분출된 암석이 속이 파인 공간을 메운다. 단순 크레이터의 형태는 그림 26과 같다.

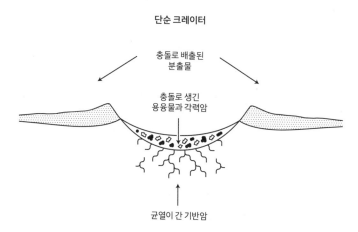

단순 크레이터

충돌로 배출된 분출물

충돌로 생긴 용융물과 각력암

균열이 간 기반암

그림 26 충돌로 형성된 단순 크레이터. 중앙이 사발처럼 파였고, 그 위에 각력암이 비교적 평평하게 덮였으며, 가장자리는 특징적으로 솟았다.

충돌의 규모가 좀 더 클 경우, 물질이 원래 있던 자리에서 내쫓기는 것을 넘어서 충돌체와 부딪힌 땅의 일부분이 기화해 버린다. 이때 녹은 물질은 빈 공간 내부에 덮이지만, 기화한 물질은 대부분 밖으로 퍼져나간다. 그래서 버섯구름 같은 것이 피어오른다. 그 물질 중에서 입자가 굵은 것은 대부분 크레이터 반경 몇 배의 영역 내에 떨어진다. 반면에 입자가 고운 물질은 지구 전체로 퍼질 수 있다.

충돌체가 폭 1킬로미터 이상으로 크다면, 크레이터는 20킬로미터 이상일 것이다. 이 경우에는 충돌체가 대기에 사실상 진공에 가까운 공간을 형성하고, 분출물이 그 진공을 채운다. 그래서 분출물은 일단 위로 솟았다가 더 넓은 영역으로 떨어진다. 개중 가장 뜨거운 물질은 성층권까지 올라갈 수 있고, 그러면 기화된 물질의 불덩어리가 훨씬

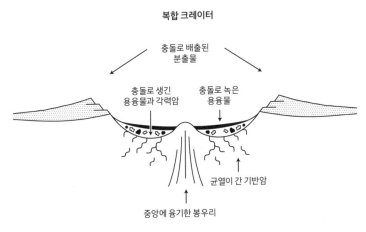

복합 크레이터

충돌로 배출된 분출물

충돌로 생긴 용융물과 각력암 · 충돌로 녹은 용융물

균열이 간 기반암

중앙에 융기한 봉우리

그림 27 복합 크레이터도 단순 크레이터처럼 가장자리가 솟아 있고 — 하지만 층계 구조를 이루고 — 안쪽에 융기된 영역이 있으며, 붕괴한 물질의 양이 더 많다.

더 넓게 퍼진다. 잠시 뒤에 소개할 K-T 충돌 때 이리듐이 풍부하게 함유된 점토가 전 세계에 떨어졌던 것처럼 말이다.

규모가 큰 충돌에서는 **복합 크레이터**가 생긴다. (그림 27) 이 경우에는 처음에 크레이터가 구축되고 나서도 빈 공간이 계속 대대적인 변화를 겪는다. 한가운데는 솟아오르지만, 가장자리는 부분적으로 무너진다. 땅으로 전파되던 충격파가 균일하지 못한 암석과 상호 작용함으로써, 충격파와 반대되는 방향으로 진행하며 충격을 '더는' 새 파동이 생성되기 때문이다. 이 소밀파(疏密波)가 깊게 묻힌 물질을 얕은 곳까지 끌어올리기 때문에, 큰 충돌로 형성된 크레이터 아래의 지각은 얇아진다. 이 모든 일은 엄청나게 빠른 속도로 벌어진다. 깊이가 몇 킬로미터에 이르는 함몰지가 몇 초 만에 생겨나고, 수천 미터 높이의 봉우리가 몇 분 만에 솟는다.

복합 크레이터는 작은 충돌로 형성된 단순한 크레이터와는 생김새가 다르다. 크레이터의 정확한 형태는 그 크기에 달려 있다. 크레이터가 층상 퇴적암에서 폭 2킬로미터 이상으로 형성되었거나 그것보다 더 단단한 결정질 화강암 혹은 변성암에서 4킬로미터 이상으로 형성된 경우에는 일반적으로 중앙에 융기된 부분이 있고, 크레이터 바닥은 넓고 평평하며, 벽은 층이 져 있다. 최초의 압축, 발굴, 변형, 붕괴를 거치고 남은 결과가 그것이다.

크레이터의 크기가 폭 12킬로미터 이상이라면, 중앙이 전체적으로 고원 혹은 고리 형태로 솟을 수 있다. 이 모든 정보는 우리가 (비유적으로, 때로는 말 그대로) 과거를 파헤칠 때 중요한 단서가 되어 준다. 12장에서 이야기하겠지만, 이런 독특한 특징들은 1980년대에 과학자들이 유카탄 반도의 크레이터를 K-T 멸종과 연결지어 생각하도록 도와주었다.

지구의 크레이터들

지난 반세기 동안 많은 충돌구가 발견되었다. 우리는 충돌구뿐 아니라 운석흔(astrobleme)이라고 불리는 상흔 — 거의 망가지다시피 했지만 여전히 확인 가능한 흔적이 남아 있는 크레이터 — 의 화학적 조성을 조사함으로써 지구를 찾아온 손님들의 방명록을 채워 나가기 시작했다. 지구 충돌 데이터베이스가 그 방명록이다.

지구 충돌 데이터베이스는 우리가 인터넷에서 찾을 수 있는 목록들 가운데 가장 흥미로운 축에 속할 게 틀림없다. 과거에 지구를 때려서 오늘날 우리가 확인할 수 있는 충돌구를 남길 만큼 큰 상처를 냈던 천체들의 목록이니까 말이다. 이것은 모든 충돌 사건을 빠짐없이 나열한 목록은 아니다. 아주 오래전에 생긴 크레이터들 중 많은 수는 지질 활동으로 쓸려나갔기 때문에, 이 목록에 실린 크레이터들은 대부분 충돌이 좀 더 드물게 발생하는 최근에 생성된 것들이다.

대부분의 충돌은 아마 태양계 초기에, 즉 행성들이 형성되는 과정에서 남은 물질이 이리저리 쓸려다니던 39억 년 전에 발생했을 것이다. 그러나 지구, 화성, 금성, 그 밖에 지질 활동이 활발한 천체들은 시

크레이터 이름	나이(년)	지름 (킬로미터)
세인트마틴	2억 2000만 ± 3200만	40
매니쿼건	2억 1400만 ± 100만	85
로슈슈아르	2억 100만 ± 200만	23
오볼론	1억 6900만 ± 700만	20
푸체즈-카툰스키	1억 6700만 ± 300만	40
모로켕	1억 4500만 ± 80만	70
고스즈블러프	1억 4250만 ± 80만	22
미엘니르	1억 4200만 ± 260만	40
툰누니크(프린스 앨버트)	1억 3000만 이상, 4억 5000만 이하	25
투쿠노카	1억 2800만 ± 500만	55
카스웰	1억 1500만 ± 1000만	39
스틴리버	9100만 ± 700만	25
라파얘르비	7620만 ± 29만	23
맨슨	7410만 ± 10만	35
카라	7030만 ± 220만	65
칙술루브	6517만 ± 64만	24
보우티스카	6600만 ± 3만	150
몽타녜	5050만 ± 76만	45
카멘스크	4900만 ± 20만	25
로간차	4000만 ± 2000만	20
호턴	3900만	23
미스타스틴	3640만 ± 400만	28
포피가이	3570만 ± 20만	90
체서피크 만	3530만 ± 10만	40
리스	1510만 ± 10만	24
카라쿨	500만 이하	52

그림 28 우리가 아는 크레이터들 중 지름이 20킬로미터가 넘고 지난 2억 5000만 년 안에 형성된 것들의 목록. 지구 충돌 데이터베이스의 자료이다. 크기는 크레이터의 끝에서 끝까지 가로지른 지름의 추정값인데, 이것은 실제 충돌의 영향이 미쳤던 영역의 넓이보다는 작다.

간이 갈수록 크레이터의 증거를 잃어 가는 경향이 있다. 지질 활동이 없는 달에서 크레이터가 훨씬 뚜렷하게 드러나는 것은 그 때문이다.

비교적 최근의 충돌들이 남긴 증거는 대체로 다 사라졌다. 작은 충돌은 제법 자주 발생하지만 눈에 띌 만한 상흔을 남기지 않는다. 남기더라도 그다지 오래가지 않는다. 사실 작은 크레이터는 여러분의 짐작보다 훨씬 더 드물게 생길 텐데, 왜냐하면 지구 대기는 밀도가 꽤 높기 때문이다. 금성이나 타이탄과 마찬가지로, 지구 대기는 작은 충돌로부터 우리를 보호해 준다. 반면에 수성이나 달처럼 보호해 줄 대기가 없는 곳에서는 작은 충돌이 훨씬 더 자주 벌어진다.

그것보다 큰 충돌은 아주 드물게만 벌어진다. 지구 생명의 안전을 위해서는 퍽 다행스러운 일이다. 지름 20킬로미터의 크레이터를 생성하고 지구적 피해를 끼칠 만큼 격렬한 충돌은 아마 수십만 년과 수백만 년 사이에 한 번씩만 벌어질 것이다. 그러나 지구 충돌 데이터베이스는 그 빈도조차 제대로 반영하지 못한다. 데이터를 확인해 보면, 그런 크레이터는 총 43개에 불과하다. 그중에서도 지난 5억 년 내에 형성된 것은 34개뿐이고, 지난 2억 5000만 년 내에 형성된 것은 26개이다. (그림 28) 크레이터의 총 개수 자체도 200개쯤밖에 안 된다.

크레이터 기록이 빈약한 데는 여러 요인이 있다. 첫 번째로 관계가 있는 문제는 지표면의 70퍼센트가 바다에 덮여 있다는 점이다. 바닷속 크레이터는 찾기 어려운 것은 둘째 치고 애초에 바닷물이 크레이터 형성을 방해한다. 어떻게 흔적이 생겼더라도, 해저의 지질 활동이 가장 최근에 생긴 흔적을 제외하고는 거의 모든 흔적을 쓸어 버렸을 가능성이 높다. 해저의 증거는 2억 년 단위로 거의 깨끗이 제거된다. 지각판이 이동함에 따라 해저가 컨베이어벨트처럼 확장되고 섭입되기 때문에, 시간이 그 정도 흐르면 기존에 있던 증거는 모두 덮여 버린다.

땅에서도 비바람으로 인한 침식 같은 지질 활동이 증거를 망가뜨린다. 대부분의 크레이터가 좀 더 안정된 대륙 내부에서 발견된 데는 이런 이유가 한몫한다. (금성처럼 지질 활동이 적은 행성에서 크레이터가 더 오래 보전되는 것도 마찬가지 이유에서다.) 그리고 물론, 해저 4킬로미터만큼 접근 불가능한 영역은 아닐지라도 육지에서도 접근이 어려운 지역에 유성체가 떨어질 수도 있다. 마지막으로, 인간의 활동이 지표면을 바꾸어서 증거를 덮어 버릴 수 있다. 그러니 어떤 면에서는 크레이터 목록이 이 정도나마 긴 것이 오히려 놀라운 일일지도 모른다.

이중에서도 몇 개는 — 지질학적 규모에서 — 비교적 최근에 벌어진 사건이라는 점에서 눈에 띈다. 지난 100만 년 동안 지름 10킬로미터의 크레이터는 2개 형성되었다. 하나는 카자흐스탄에, 다른 하나는 가나에. 그다음으로 눈에 띄는 두 크레이터는 남아프리카공화국 브레드포트와 캐나다 서드베리에 형성된 크레이터들이다. 이 크레이터들은 K-T 멸종을 야기한 충돌 사건이 남긴 칙술루브 크레이터보다 더 크지만, 훨씬 더 먼 과거에 형성되었다. 약 20억 년 전이다. 캐나다의 서드베리 광산은 엄청나게 큰 물체가 부딪혀서 크레이터를 형성하고 지각을 녹였을 때 농축된 니켈과 구리를 캐는 광산이다. 서드베리를 때렸던 충돌체가 그 많은 금속을 다 가져온 것은 아니었다. 하지만 충돌 때문에 지각에서 거대한 바다만 한 부피의 물질이 녹았고, 그것이 다시 결정화하는 데는 오랜 시간이 걸렸다. 그 덕분에 이미 지각에 존재하던 소량의 니켈과 구리가 오랜 시간에 걸쳐서 충돌 용융물이 이룬 웅덩이 바닥으로 가라앉았다. 이후 금속은 뜨거운 용융물 판에 의한 열수 작용으로 좀 더 농축되었고, 그래서 경제적으로 회수 가능한 광석이 되었다.

서드베리 광산은 입자 물리학자들 사이에서 유명하다. 그곳에 지하 실험실이 있기 때문이다. 아직도 채굴이 활발히 이뤄지는 광산이지만, 그곳은 또한 물리학 실험이 활발히 이뤄지는 장소이기도 하다. 지하 2킬로미터라는 서드베리 실험실의 깊은 위치가 그 속의 감지기들을 우주선으로부터 차폐해 주기 때문에, 그곳은 태양으로부터 오는 중성미자를 연구하기에 이상적인 장소이다. 과학자들은 실제로 1999년부터 2006년까지 그곳에서 중성미자를 검출했다. 그곳은 또한 암흑 물질을 수색하기에도 좋은 장소이다. 그 목표를 추구하는 여러 실험이 현재 그곳에서 진행되고 있다.

그러나 대부분의 충돌 사건은 그다지 낭만적이지 않은 이야기였다. 나는 곧 비교적 최근에 발생했던 칙술루브 충돌을 소개할 텐데, 그 사건은 큰 충돌이 가진 어마어마한 파괴력을 여실히 증명해 보인 사례이다. 하지만 6600만 년 전에 K-T 멸종을 야기했던 유성체의 놀라운 이야기를 꺼내기 전에, 지난 5억 년 동안 발생했던 대량 멸종 사건들이라는 좀 더 큰 이야기를 살펴보자. 그 멸종 사건들이 우리 행성에 살고 있는 생명들의 연약함과 안정성에 대해서 어떤 이야기를 들려주는지 알아보자.

11장
멸종

유명한 다윈의 자연 선택 이론은 생명이 어떻게 진화했는지를 알려준다. 경쟁에서 지고 환경 변화에 적응하는 데 실패한 종은 — 혹은 다른 적당한 서식지로 이동하는 데 실패한 종은 — 사라지고, 새로운 종은 계속 나타난다. 하지만 다윈의 진화 이론은 많은 성공을 거두었음에도 불구하고 — 정말로 수많은 성공을 거두었다. — 우리가 아는 형태의 생명을 완벽하게 설명하지는 못한다. 누락된 요소들 중 제일 결정적인 것은 바로 생명의 기원 문제이다.

다윈의 이론은 일단 생명이 등장한 뒤에 어떤 형태의 생명이 다른 형태의 생명에게 밀려났던 과정을 이해할 수 있도록 돕는다. 그러나 다윈의 발상으로는 애초에 생명이 어떻게 형성되었는지는 설명할 수 없다. 물론 그 과정에서도 진화의 원칙들이 관여하기는 했겠지만 말이다. 생명의 기원에 관한 대중적 기사나 책은 넘쳐나지만, 이 주제는 우리가 풀어야 할 과학적 의문들 중에서도 가장 까다로운 축에 속한다. 지구에서 생명이 어떻게 시작되었는지를 알아보든 우주에서 어떻게 생겨났는지를 알아보든 마찬가지이다. 생명 발달 과정에서도 후반 단계에 관한 이론은 우리가 시험해 볼 수 있다는 의미에서 과학적 기법의 대상이다. 늘 실험실에서 통제 실험을 할 수 있는 것은 아니지만, 최소한 화석 기록이나 풍성한 고대의 하늘을 조사해 볼 수는 있다. 반면에 생명이 시작된 단계는 거의 접근 불가능한 영역이다. 이전에 무엇이 있었을지를 해석해 보려는, 더 정확히 말하자면 추측해 보려는 이론가 성향의 과학자들이 곧잘 기원 문제와 씨름하기는 한다. 한편 실험가 성향의 몇몇 생물학자들은 초기 태양계에서 생명이 형성되는 데 필요했던 과정을 재현해 보려고 시도하기도 한다. 이런 진전에도 불구하고, 생명의 시작은 — 최소한 당분간은 — 확신하기가 아주 어려운 문제로 남아 있다.

그러나 우리가 이 장에서 초점을 맞출 대상은 생명의 이야기에서 또 다른 측면이다. 이것 역시 생명의 기원과 마찬가지로 다윈이 처음 제안했던 자연 선택 이론으로는 온전히 포괄되지 않았던 문제이다. 다만 이 문제는 — 진화의 후반 단계와 마찬가지로 — 관찰이 가능하다는 이점이 있다. 생명의 이야기에서 또 하나의 중요한 요소인 이 주제란 생명이 극단적인 변화에 어떻게 반응하느냐 하는 문제이다. 대량 멸종, 즉 많은 종들이 직계 후손을 남기지 않은 채 거의 동시에 사라진 사건을 포함해서 말이다.

다윈이 원래 생각했던 진화 개념에서 핵심적인 요소는 점진론이었다. 이것은 변화가 여러 세대에 걸쳐 느리게 벌어진다는 발상이다. 다윈의 이론은 갑작스러운 변화에 관한 것이 아니었으며, 외계로부터의 급습으로 인한 변화를 염두에 둔 것은 더욱더 아니었다. 다윈의 그림은 느린 진화에 의존했다. 그러나 환경적 파국은 아주 갑자기 닥칠 수 있다. 오늘날의 진화 이론은 다윈이 원래 구상했던 것보다 급격한 변화를 훨씬 많이 허용한다. 프린스턴 대학교의 생물학자 피터 그랜트와 로즈메리 그랜트 부부는 다윈의 발자취를 따라 갈라파고스 제도로 가서 그곳 핀치들의 부리가 강수량 변화에 꽤 빠르게 적응할 수 있다는 것을 보여 준 연구로 유명하다. 더구나 그 적응은 그랜트 부부가 매번 찾아갈 때마다 변화를 목격할 수 있을 만큼 빠르게 벌어졌다. 하지만 재앙은 보통 몹시 빠르게 발생하고 참으로 극적인 영향을 미치기 때문에, 재앙을 만난 종들은 생존이 불가능할 때가 많다.

공룡은 환경에 잘 적응했다. 집단으로서 1억 년 넘게 살아남았다. 환경이 좀 달랐더라면, 틀림없이 실제보다 좀 더 오래 생존했을 것이다. 그러나 그런 공룡도 이전에 전혀 겪어 보지 못했던 환경 조건에 적응할 수는 없었다. 곧 이야기하겠지만, 그 조건을 낳은 것은 바깥 우주에서 떨어진 물체였다.

오늘날 진화 연구자들이 인정하는 바, 적응은 거의 늘 느리게 벌어지는 과정이기 때문에 점진적인 환경 변화에만 대처할 수 있다. 적응 덕분에 정말로 독특한 성질을 지닌 종이 생겨나는 것은 고립된 환경에서만 가능한 듯하다. 환경 변화에 대응하는 방안으로 그것보다 선호되는 것은 좀 더 적합한 환경을 지닌 새로운 장소로 이주하는 것일 때가 많다. 물론 그런 환경이 접근 가능할 때의 이야기이다. 적응하지 못하고 적합한 서식지로 이주하지도 못하는 종에게는 가망이 없다. 요즘처럼 빠르게 변하는 환경에서, 우리 인간도 이 사실을 염두에 두는 게 좋을 것이다. 기술 발전이라는 믿는 구석이 있음에도 불구하고, 이 교훈은 오늘날의 변화하는 환경이 미칠 지정학적 영향을 평가할 때 여전히 유효할 것이다.

우리가 나누고 있는 우주적 이야기에 좀 더 가까운 측면을 살펴보자면, 멸종 이야기가 우리에게 흥미로운 것은 지상의 생명과 그것을 둘러싼 하늘, 태양, 아마도 은하 환경이 관계를 맺고 있다는 점 때문이다. 우리는 자신의 존재가 생명의 형성을 허락한, 나아가 죽음을 야기한 많은 우연들에 의존하고 있다는 사실을 쉽게 잊는다. 이 장에서는 멸종의 개념, 원인, 700만 년의 기간 동안 전체 생물종의 절반에서 4분의 3까지가 죽었던 다섯 번의 대량 멸종 사건(고생물학자들은 아직 대량 멸종의 정의를 하나로 수렴하지 못했다.), 그리고 현재 진행되고 있을지도 모르는 여섯 번째 대량 멸종에 대해서 이야기하겠다.

멸종은 우리 행성을 하늘의 사건들과 이어 준다. 기후적 의미와 우주적 의미 양쪽 모두에서 그렇다. 그 연관성을 좀 더 잘 이해하는 것은 어려운 과제이지만, 우리가 충분히 해 낼 수 있는 일이다. 이 과학은 종으로서 인류에게 중요하다. 이 이야기가 대부분의 사람들이 고려하는 것보다 훨씬 더 긴 시간 규모에서 펼쳐지기는 하지만 말이다.

생명과 죽음

단순한 형태의 생명은 지구 역사에서 비교적 일찍 등장했다. 지표면에 남은 가장 오래된 암석에는 약 35억 년 전 화석의 형태로 생명의 흔적이 간직되어 있다. 지구가 형성된 지 약 10억 년이 흐른 시점이고, 소행성과 혜성이 우주에서 땅으로 쏟아지는 일이 멈춘 때로부터 그다지 오래 지나지 않은 시점이다. 산소를 이용하는 광합성은 그로부터 약 10억 년 뒤에 등장했다. 광합성과 더불어 등장한 대기는 아마도 많은 멸종을 일으켰겠지만, 또한 다세포 조류(藻類)의 출현을 촉진했다. 그로부터 약 5억 년쯤 흐른 뒤에는 이른바 '지루한 10억 년'이 시작되었다. 그것은 적어도 우리가 아는 한에서는 급진적인 발달이 전혀 벌어지지 않은 기간이었다. 그 길고 고요한 기간은 캄브리아기가 시작되면서 급작스럽게 막을 내렸다. 지금으로부터 약 5억 4000만 년 전인 그때, 복잡한 생명들이 폭발적으로 등장했던 것이다.

우리가 진화에 대해 자세한 지식을 갖고 있는 기간은 캄브리아기 분화로부터 현재까지의 기간이다. 이 기간은 **현생대**라고 불린다. 화석 기록은 현생대가 시작되던 시점의 것부터 남아 있다. 당시 처음으로 단단한 껍데기를 가진 동물이 많이 나타나서 단단하고 오래가는 기록을 남겼으며, 우리가 아는 대부분의 동식물도 그때 등장했다. 그 시기의 화석이 남은 지역은 캐나다 로키 산맥의 버제스셰일, 중국의 양쯔 협곡, 시베리아 북동부, 나미비아 등등 다양하다. 모두 당시에 다양한 종류의 생명이 광범위하게 폭발적으로 나타났다는 증거를 보여 준다.

좀 더 이른 시점의 화석인 오스트레일리아의 이디아카라 화석군도 그렇고, 나미비아의 나마 화석군, 뉴펀들랜드의 애벌론 화석군, 러시아 북서부의 백해 지역에서 발견된 일부 화석들도 그렇다. 맨 뒤의 지역들에서는 우리가 아는 한 가장 오래된 복잡한 생명들도 일부 확인되었다. 캄브리아기 대폭발 직전에 출현했던 생명들이다.

화석은 우리에게 — 생명의 번영에 관해서 알려줌과 동시에 — 생명의 여러 형태들이 후손을 남기지 않은 채 사라져 버렸던 시절에 관해서도 통찰을 안긴다. 멸종의 기록이 된 화석들은 대개 아주 오래된 것들이지만, 멸종이라는 개념 자체는 비교적 최근에 생겼다. 1800년대 초에 들어서야 프랑스의 박물학자이자 귀족이었던 조르주 퀴비에가 어떤 생물종은 이미 지구에서 깡그리 사라져 버렸다는 사실을 깨우쳤다. 퀴비에 이전에는 오래된 동물 뼈가 발견될 경우 사람들은 어떻게 해서든 그것을 현생 종과 연관지으려고 애썼다. 당시로서는 그것이 합리적인 첫 추측이었을 것이다. 매머드와 마스토돈과 코끼리가 다르게 생긴 것은 사실이지만 그렇다고 해서 첫눈에 절대 헷갈리지 않을 정도로, 관계를 지으려고 애써 보지도 않을 정도로 크게 다른 것은 아니니까 말이다. 그러나 퀴비에는 마스토돈과 매머드가 어떤 현생 동물의 선조도 아니었다는 사실을 보여 줌으로써 이 문제를 정리해 냈고, 내처 지금은 멸종한 다른 많은 종들의 정체를 확인했다.

오늘날은 멸종 개념이 굳게 확립되어 있지만, 처음에는 종 전체가 돌이킬 수 없이 사라질 수 있다는 생각이 상당한 저항을 겪었다. 사람들이 당시 우세했던 다른 신념들과 멸종 개념을 조화시키기 어려웠던 것은 오늘날 많은 사람들이 인위적 기후 변화 개념을 받아들이기 어려워하는 것과 엇비슷한 일이었을 것이다. 영국 지질학자 찰스 라이엘, 찰스 다윈, 조르주 퀴비에는 멸종 개념의 수용에 제각각 도움을 주었다. 그러나 꼭 의도적인 일만은 아니었으며, 더구나 각자 시각이 천양지차였다.

나머지 사람들과는 달리 퀴비에는 화석 기록의 극단적 천이는 지구적 규모의 재앙 때문이라는 견해를 취했다. 그의 시각을 뒷받침하는 강력한 증거는 화석 종류가 빠르게 바뀐 지점의 암석들이 그 자체로 격변을 겪은 흔적을 간직하고 있다는 점이었다. 그러나 퀴비에도 완전한 그림을 그리지는 못했다. 그는 자신의 생각을 지나치게 과신한 나머지, 모든 멸종 종은 격변 때문에 사라졌다고 주장했다. 점진적 변화도 종의 변화에 기여할 수 있음을 결코 인정하지 않았다. 퀴비에는 다윈의 진화 이론을 인정하지 않았을 뿐 아니라 종이 느리고 지속적인 과정을 통해서 멸종하기도 한다는 사실도 인정하지 않았다.

공정을 기하기 위해서 밝히자면, 요즘 사람들도 극적인 경관을 볼 때 종종 그렇게 헷갈려 한다. 느린 과정들이 그런 경관을 만들어 냈다는 사실을 좀처럼 인식하지 못하는 것이다. 요전에 콜로라도 남서부에서 열린 행사에서 나와 함께 연사로 섰던 동료는, 행사 장소를 향해 차를 몰다가 도로 양편의 아찔한 사암 절벽을 보고는 내게 얼마나 극적인 격변이 그것을 만들어 냈겠느냐고 말했다. 나는 그에게 그 과정은 수백만 년에 걸쳐 진행되었을 것이라고 상기시켜 주었다. 도중에 벌어지다 말다 했겠지만, 아무튼 그가 말한 것처럼 그렇게 드라마틱하지는 않았을 것이라고.

퀴비에가 격변설을 제안했던 시기의 과학계는 대체로 정반대의 실수를 저지르고 있었다. 격변의 역할에 철저히 반대했던 것이다. 200년 전 사람들에게 멸종 개념이 삼키기 어려운 약이었다면, 격변 개념은 그것보다 더 터무니없는 생각으로 보였을 것이다. 다윈은 점진적 변화는 이해했으나 퀴비에가 너무도 중요하게 여겼던 격변 개념은 빠뜨렸던 많은 과학자 중 하나였다. 다윈은 점진론에 위배되는 증거는 뭐든 지질 기록이나 화석 기록이 부족해서 그럴 뿐이라고 여겼다. 그는 물론 진화를 인정했지만, 진화란 늘 느리게 벌어지기 때문에 누군가 직접 관찰할 수는 없다고 보았다. 그런 생각에서 다윈은 영향력 있는 지질학자였던 찰스 라이엘의 견해를 따른 것이었다. 라이엘은 19세기 후반이 되어서도 여전히 모든 변화는 연속적이고 점진적이라고 주장했다. 그것에 위배되는 증거란 것은 그저 지질 기록의 빈틈이나 침식 때문에 데이터가 불완전해서 나타난 것뿐이라고 주장했다. 한편 그 라이엘에게 약간의 영감을 준 사람은 스코틀랜드의 의사, 화학 약품 제조가, 농업 전문가, 지질학자였던 제임스 허턴이었다. 허턴은 지구가 오로지 자잘한 변화들을 통해서 달라지지만 그것이 오랜 시간 쌓이면 크나큰 결과를 낳는다고 생각했다.

이 과학자들의 생각은 실제로 많은 과정들에 대해서 정확하다. 생물학적 과정에 대해서도 그렇고, 지질학적 과정에 대해서도 그렇다. 비바람은 서서히 산을 침식하고, 그 산은 수백만 년에 걸쳐 땅이 점진적으로 융기한 결과이며, 그 융기를 일으킨 것은 달팽이처럼 느린 지각판의 움직임이다. 그러나 이제 우리는 점진적 변화와 급속한 변화가 둘 다 지구를 형성했음을 안다. 아무리 극적인 변화라고 해도 인간의 관점에서는 상대적으로 느리게 여겨지겠지만 말이다. 이것은 우리가 그런 변화를 헤아리기가 무척 어려운 여러 이유들 중 하나이다.

그래도 사후적으로 돌아보면, 극적인 변화의 증거는 명백했다. 1840년대 초부터도 과학자들은 격변을 암시하는 듯한 화석 기록의 빈틈들을 감지했다. 퇴적물을 연구하는 고생물학자들은 암층 경계에서 많은 화석 종류들이 갑자기 사라지고 그 위로 새로운 종들의 증거가 나타나는 지점들을 발견함으로써 격변을 확인했다. 증거가 늘 한눈에 뚜렷했다는 것은 아니다. 퇴적이 잠시 중단되었다가 재개되도록 만드는 현상은 여러 가지가 있을 테니까. 하지만 그것에 상응하는 격변의 정체를 알아내고 세심한 연대 측정을 통해서 위아래 층이 쌓인 상대 시기를 확인함으로써, 고생물학자들은 많은 혼란을 풀어냈다. 시간이 흐르자, 급속한 변화의 증거는 반박할 수 없을 만큼 강해졌다.

멸종 연구의 장애물들

그러나 과거의 사건을 재구성하는 과학자들은 가설을 입증 혹은 반증 가능한 예측으로 바꿔 놓기 위해서 무진장 애써야만 한다. 화석이 풍부하더라도, 시간적 혹은 공간적 해상도에 잠재한 불확실성은 서로 전혀 다른 가설 혹은 결론을 가리킬 수 있다. 몇몇 과학적 논쟁들이 현재까지 이어지는 이유를 이해하기 위해서 — 또한 지질학자들과 고생물학자들이 얼마나 똑똑하고 체계적인 방법으로 그런 장애물을 극복했는지를 깨닫고 감탄하기 위해서 — 멸종이 얼마나 신속하고 광범위하게 발생했는지 알아내고 그 바탕 원인을 결정하는 문제에서 신뢰할 만한 답을 내는 데 장애물이 되는 요소를 몇 가지 살펴보자.

첫 번째 장애물은 단순하게도 멸종의 속도를 측정하기가 어렵다는 것이다. 어떤 시점에 지구에 존재하는 모든 생물종의 수를 정확히 세는 것은 어려운 일이다. 그러려면 과학자들이 존재하는 모든 포유류, 파충류, 어류, 곤충, 식물을 발견하고, 동정하고, 구별해야 하니까. 이것은 오늘날 존재하는 생물종을 헤아릴 때도 적용되는 문제이다. 이론적으로는 과거의 종을 세는 것보다는 그나마 해 볼 만하겠지만 말이다. 생물학자 에드워드 오스본 윌슨은 『생명의 미래(The Future of Life)』에서 매년 새로운 종이 너무나 많이 발견되기 때문에 자연학자들이 그것들에 대한 논문을 쓸 겨를도 없다고 한탄했다.

지금까지 100만~200만 종의 현생종이 목록화되었고, 실제 종수에 대한 최선의 추정값은 800만~1000만 종인 것으로 보인다. 그러나 이것보다 최대 다섯 배 많은 수를 예측하는 경우도 있다. 당연한 말이지만 — 시간이 많이 흐른 상태에서 과거의 생명을 확인해야 할 뿐 아니라 과거의 지질 사건과 그 영향까지 확인해야 한다는 점을 고려할 때 — 과거의 멸종률을 결정하는 것은 현생종의 수를 결정하는 것보다 더 버거운 작업이다. 과거의 종수를 헤아리는 것도, 그 종들이 사라진 속도를 파악하는 것도 둘 다 현생종보다 더 어려우니까 말이다.

대량 멸종을 확인할 때 특히 혼란을 야기하는 세부 사항은 멸종종의 수가 멸종의 정확한 정의에 따라 달라진다는 점이다. 나는 주로 종의 수를 따지겠지만, 생물학자들은 속을 좀 더 유용한 범주로 여기기 때문에 속으로 따질 때가 많다. 내가 생물 분류와 관련해서 아는 내용은 — 진화와 멸종 양쪽 모두에 중요한 내용이다. — 까마득한 과거에 고등학교 시험을 준비할 때 배웠던 게 큰 도움이 되는데, 그때 나는 종-속-과-목-강-문-계를 무조건 여러 번 읊어서 외웠다. (여러분도 해 보시라.) 이후 이 지식을 쓸 일은 거의 없었지만, 아직도 이 용어들은 잊지 않았다. 이 단계적 범주들은 생명의 특정 형태들이 서로 얼마나 가깝게 연관되어 있는가를 뜻한다.

대량 멸종이 발생했는가 아닌가를 평가할 때는 이 범주가 큰 차이를 낳는다. 예를 들어, 각 속마다 종의 절반이 사라진 경우를 고려해 보자. 어떤 속이 살아남으려면 그중 딱 한 종만이라도 남아 있으면 된다. 이 경우라면, 종으로 셀 때는 전체의 절반이 제거되었으니 멸종이 일어났다고 보게 되지만 속으로 셀 때는 속의 개수가 변하지 않았으니 멸종이 일어나지 않았다고 보게 된다. 이 사례는 대량 멸종을 정확하게 규정하는 퍼센트 수준이 임의적이라는 점과 더불어 — 누구는 50퍼센트라고 하고 누구는 75퍼센트라고 한다. — 정의가 다소 모호하다는 것을 보여 준다. 대량 멸종을 무시해도 좋다는 말이 아니다. 다만 대량 멸종을 정의하는 이상적인 방법이 없다는 뜻이다.

고생물학자의 작업을 어렵게 만드는 요인으로 용어보다 좀 더 실질적인 요인들도 있다. 우선 뿔뿔이 흩어진 화석들의 정체를 확실하게 파악하고 이해할 수 있어야 한다. 어떤 지층에 특정 종이나 속의 화석이 들어 있는데 바로 잇닿은 위 지층에는 그런 화석이 없다면, 이것은 멸종 사건을 알리는 신호로 보일 것이다. 하지만 화석은 퇴적암에서만 발견된다. 화산이나 여타 퇴적물이 없는 환경에서 사는 드문 종들은 보통 흔적을 남기지 않는다. 한편 캄브리아기(약 5억 4000만 년 전)보다 더 이전의 생명을 조사할 때의 장애물은 당시 생물들의 몸에 단단한 골격이 없었다는 점이다. 따라서 초기 생명의 화석을 확인하기란 아주 어렵다.

최근 기록도 복잡하기는 매한가지이다. 화석이 형성되더라도, 그 의미를 이해하려면 꼭 알아야 하는 퇴적 속도와 침식 속도에 따라 해석이 혼란스러워진다. 뭍에서는 퇴적이 어쩌다 발생하고 침식이 꾸준히 작용하는 데 비해, 해양에서는 퇴적이 지속적이고 침식이 간헐적이다. 그래서 육지 기록은 보통 덜 온전하지만 해양 기록은 그것보다는 종합적이다. 이런 요소들 때문에 화석은 일부만 살아남고, 살아남은 기록마저도 발견하고 확인하기 어려울 수 있다. 그런데도 고생물학자들이 성공하는 것은 비록 특정 개체의 화석을 발견할 확률은 극히 낮을지언정 충분히 오랫동안 충분히 많은 종의 개체들이 쌓이면 퇴적암에 화석이 넘칠 것이기 때문이다.

그런 화석은 개체 전체가 깔끔하게 보존된 인상 화석일 수도 있지만 그것보다는 부분만 남은 것일 때가 많다. 우리를 잘못된 결론으로 이끌기 쉬운 실마리가 바위에 묻혀 있는 것이다. 보통은 생물의 몸에서 딱딱한 부분만 화석화하기 때문에, 그 종의 특징적인 신체 부위는 없을 때가 많다. 그래서 우리는 서로 다른 종을 하나로 섞어 버리고는 한다. 설령 화석의 정체를 완벽하게 확인할 수 있더라도, 침식을 비롯한 여러 지질 과정들은 우리가 화석을 발견하기도 전에 그것을 숨기거나 부숴 버린다.

더군다나 이른바 시그노-립스 효과(Signo-Reebs effect)가 해석을 더욱 혼란스럽게 만든다. 필 시그노와 제레 립스의 이름을 딴 이 효과는 어느 종의 최후의 화석들은 서로 다른 장소, 서로 다른 지질학적 시점에 묻혀 있을 테니 우리가 보기에는 그 멸종이 실제보다 덜 급작스럽고 더 점진적이었던 것처럼 느껴진다는 직관적인 발상에 의거한다. 시그노와 립스가 지적했듯이, 마지막으로 남은 화석들이 공간적으로 넓은 영역에 걸쳐 서로 다른 깊이로 묻혀 있다면 우리는 멸종이 점진적으로 벌어졌는지 갑자기 벌어졌는지를 확실히 결정할 수 없다. 이 애매함 때문에 해당 멸종의 원인을 확실하게 짚어 말하기도 어려워진다.

연구자들은 일반적으로 보존 상태가 더 나은 해양 화석을 선호하는 편이다. 19세기에는 조개, 암모나이트, 산호, 기타 제법 큰 종들이 접근성이 제일 좋았지만, 20세기 들어 발전된 도구로 무장한 지질학자들은 단세포 생물인 유공충(foraminifera)과 같은 미화석을 활용하여 좀 더 자세한 정보를 얻기 시작했다. 유공충 화석은 양이 많고, 널리 퍼져 있으며, 물속에서도 융기된 석회암에서도 보존된다.

멸종을 확정할 때 또 하나 고려할 점은 화석 기록과 절대 나이가 둘다 중요하다는 것이다. 화석과 그것이 발견된 지층을 함께 고려하면 화석들의 상대 나이를 확정하는 데 도움이 된다. 서로 다른 시대에는 서로 다른 종들이 담겨 있기 때문에, 어떤 종류의 생물 화석이 있는가를 알면 그것들이 형성된 상대 시기를 결정할 수 있다. 그러나 암석 경계층의 상대 나이가 아니라 절대 나이를 알아내는 것은 좀 더 어려울 때가 많고, 화석과는 별개로 지층의 연대를 측정하는 기법을 동원해야 한다. 지질학자들이 자주 동원하는 방법은 동위 원소 분석이다. 한 원자의 서로 다른 동위 원소들의 존재 비율을 알아보는 방법으로(동위 원소란 양성자 개수는 같지만 중성자 개수가 다른 원소들을 말한다.), 만일 한 동위 원소가 다른 동위 원소로 붕괴하는 데 걸리는 시간을 알고 처음에 동위 원소들이 얼마나 있었는지를 안다면 현재 남은 동위 원소들의 양으로부터 그 물질이 얼마나 오래되었는지 계산할 수 있다는 논리이다.

탄소 연대 측정은 이 기법에서 가장 유명한 사례이다. 오래된 유기물의 연대를 결정하는 데 쓰이는 방법으로, 실제로 아주 정밀하다. 그러나 탄소 동위 원소의 반감기를 고려할 때, 이 기법은 나이가 5만 년미만인 대상에게만 유효하다. 따라서 현생대의 대부분의 기간에 해당하는, 그것보다 오래된 암석들의 나이를 측정하는 방법으로는 부적합하다. 대신 수명이 더 긴 동위 원소를 써야 한다.

하지만 동위 원소 분석은 오래된 암석에 적용할 때는 좀 더 까다로워진다. 보통은 해당 동위 원소가 미량만 남아 있는 데다가, 연대 결정이 늘 충분히 정확하지는 않다. 예를 들어, 칼륨이 아르곤으로 붕괴하는 과정은 연대 측정에서 중요하게 쓰인다. 그러나 암석 속 아르곤 기체가 대기로 탈출할 수 있기 때문에, 암석의 연대가 실제보다 더 어려보이게 된다. 혹은 암석이 처음 형성될 때 아르곤 기체가 그 속에 갇힐 수도 있는데, 그러면 아르곤이 많아서 실제보다 더 오래된 물질로 보일 수도 있다. 지난 몇 십 년 동안 여러 원소들의 상관 관계를 교차 평가하는 방식으로 기법이 나아졌고 미량의 원소도 잡아낼 수 있는 정밀한 감지기가 등장했기 때문에, 동위 원소 분석은 상당히 개량되었다. 다음 장에서 자세히 이야기하겠지만, 최근 레이저를 써서 아르곤 결정에서 기체를 제거하는 방법으로 유성체와 K-T 멸종 사건의 연대를 측정했던 일은 놀랍도록 정확한 결과를 보여 준 사례였다.

절대 나이를 확정하는 데는 자기(磁氣) 정보도 도움이 된다. 원래 공룡 멸종에 연관된 암석을 조사하는 데 쓰였던 이 기법은 지자기 역전 현상을 이용한다. 그러나 지각은 움직이는 지각판들로 이뤄졌기 때문에, 지자기장의 방향은 시간에 따라 변한다. 그래서 원래 방향을 재구성하기가 어려울 수 있으므로 결과의 신뢰도에 한계가 있다. 어쩌면 이 한계는 잘된 일이었다. 그 부적합성 때문에 지질학자 월터 앨버레즈와 그 아버지인 물리학자 루이스 앨버레즈가 다른 기법을 찾아보게 되었고, 그래서 내가 곧 설명할 유성체 가설이 만들어지게 되었으니까 말이다.

멸종을 설명하는 여러 가설들

지질학자들과 고생물학자들의 고된 노력 덕분에, 과거에 뭔가 대단한 변화가 벌어져서 지상의 생물 대부분을 쓸어 버렸다는 것은 의심할 수 없는 사실로 증명되었다. 일단 그것이 사실이라면, 의문은 그 사건이 왜, 어떻게 벌어졌는가로 넘어간다. 우리는 최근에도 파괴적인 폭풍과 재난을 무수히 겪었다. 그러나 어느 사건도 그 하나만으로 지상의 생물종의 절반을 사라지게 할 만큼 강한 것은 없었다. 물론 인류가 끼치는 영향의 누적 효과가 어떻게 드러날지는 아직 판결이 내려지지 않은 문제이다. 하지만 과거에 온 세상을 바꿔 놓았던 재앙들은 어떤 이유로 발생했을까?

멸종을 야기할 수 있는 격변들의 목록을 살펴보기 전에, 어쩌면 영향을 미칠 수도 있는 환경적 요인들의 짤막한 목록부터 살펴보자. 기온 혹은 강수량 변화는 — 높아지든 낮아지든 — 중요한 두 요인이었다. 일반적으로 말하자면, 자신의 국지적 환경에 적응한 종들이 기후 패턴 변화에 반드시 잘 적응하리란 보장은 없다.

극지방의 얼음이 녹을 때처럼 특정 종의 환경이 기온 변화에 반응하여 너무도 극적인 변화를 일으키는 경우, 종은 환경에 충분히 빨리 적응하지 못한다면 아예 다른 적합한 서식지로 이동해야 한다. 아니면 죽는다. 기후 변화는 덜 직접적인 영향도 미친다. 그중 제일 중요한 것은 해수면이 달라지는 것이다. 그러면 안정된 해양 환경이 파괴되고, 이제까지 서식 가능한 땅덩어리였던 것이 범람해 육지가 해양 환경으로 바뀜으로써 일부 육상 종들이 사라질 수 있다.

바다의 수온이 높아지는 것도 강우량 패턴에 영향을 미친다. 그래서 역시 종들의 생존 가능성에 영향을 미친다. 더 짧은 시간 규모로 보자면, 기후 변화에 발맞추어 격화되는 기생 생물이나 질병 같은 위험

요인도 멸종에 기여할 수 있다. 그리고 특정 종이 의존하는 식량이 죽어 버리는 바람에 먹이 사슬에 연쇄 효과가 파급될 수도 있다.

바다에서는 산성도 변화도 종들을 멸종시킬 잠재력이 있는 메커니즘이고, 산소 결핍도 마찬가지이다. 마지막으로 장벽이 형성됨으로써 고립되고 취약한 개체군이 생겨나는 것, 혹은 장벽이 제거됨으로써 침입종이 들어오거나 개체군이 지나치게 균질화되는 것도 멸종을 일으킬 수 있는 다른 요인들이다. 어떤 멸종의 방아쇠이든, 내가 지금까지 나열한 재앙들 중 최소한 하나는 일으키기 마련이다. 대부분의 경우에는 여러 가지를 함께 일으킨다.

하지만 왜 이런 변화가 벌어질까? 어떤 환경 변화가 이런 사건들을 일으킬까? 이 주제에 관해서는 두 가지 경쟁하는 관점이 해석을 장악하고 있다. 첫째는 이런 변화가 점진적으로 벌어진다고 보는 시각이다. 이런 관점에서는 종종 화산이나 지각판 같은 지상의 현상을 동원하여 설명한다. 화산이 내뿜은 먼지와 연기는 햇빛을 가릴 수 있고, 그래서 기온이 달라질 만큼 대기에 심한 변화를 일으킬 수 있다. 그러나 그 결과로 종들이 사멸하려면 시간이 꽤 걸릴 것이다. 지각판은 서식지와 환경에 영향을 미치므로, 역시 점진적 멸종의 원인으로 제안된다. 지각판은 해양의 변화뿐 아니라 기후와 지표면에도 영향을 미치고, 둘 다 지구의 생명들에게 극적인 변형을 일으킬 수 있다. 만일 화산 활동이나 지각판 이동이 멸종과 관계가 있다면, 대개는 틀림없이 둘 다 발생한 경우일 것이다. 두 현상은 동시에 발생하는 경향이 있기 때문이다.

그다음에는 '큰 사건들'이 있다. 대립되는 이 관점은 가령 큰 유성체 충돌처럼 외계로부터 가해진 격변을 포함하지만, 지상에서 발생한 사건이라도 충분히 갑작스럽게 벌어졌을 때는 역시 포함한다. 지상에서 격변이 발생했다는 가설들은 이미 잘 알려진 현상이 갑자기 가속되는 경우를 가정한다. 예를 들어, 우리는 화산의 분화 간격이 변한다는 것을 잘 안다. 그러나 시베리아와 인도 남부의 데칸 고원에는 트랩(trap)이라는 현무암질 용암 대지가 펼쳐져 있다. 용암이 드넓은 고원을 형성하고 있는 트랩 대규모 화산 분출로 엄청난 양의 용암이 넓은 영역에 퍼져서 생겨난 지형이다. 데칸 트랩과 시베리아 트랩은 보통의 경우보다 훨씬 더 격렬한 화산 활동과 용암 분출이 가능함을 암시한다. 침식이 진행된 요즘도 시베리아 트랩의 용암은 최소 100만 제곱킬로미터의 땅을 뒤덮고 있고 부피로는 수십만 세제곱킬로미터나 된다.

트랩을 형성했던 것과 같은 광범위한 화산 활동에서 나온 재는 심각한 피해를 입혔을 것이다. 재가 비행기 운항에 방해가 될 만큼 빽빽하게 퍼질 수 있다는 것은 여러분도 뉴스에서 본 적이 있을 것이다. 2010년 4월에 아이슬란드의 화산 에이야퍄들라이외퀴들이 분출했을 때처럼 말이다. 그것보다 더 격렬한 화산 활동은 지구 기후를 심하게 바꾼다든지 하는 식으로 좀 더 심대하고 지구적인 영향을 미칠 것이다. 화산은 막대한 양의 이산화황도 배출한다. 이산화황은 상층 대기의 수증기 양을 늘릴 수 있고, 그럼으로써 짧은 시간 만에 온실 효과와 그것으로 인한 지구 온난화를 일으킬 수 있다. 좀 더 긴 시간 규모로 보자면, 화산이 지구를 냉각시킬 수도 있다. 배출된 이산화황은 빠르게 물과 결합하여 황산이 되는데, 그 황산이 응결하여 입자가 고운 황산염 에어로졸을 형성하면 햇빛을 우주로 도로 복사해 내기 때문에 하층 대기가 차가워진다. (이 메커니즘은 아주 잘 작동하기 때문에, 과학자들이 기후 변화에 대처하는 전략으로 고려하는 한 가지 아슬아슬한 기후 공학적 방안이 바로 황산을 일부러 대기에 주입하는 방법이다.) 황산염 에어로졸은 대기의 오존층을 파괴하여 산성비를 내리게 할 수 있다. 그리고 뒤이은 되먹임 효과들이 — 우리가 아는 것이든 모르는 것이든 — 좀 더 영속적인 기후 현상을 일으킬지도 모른다.

그러나 화산 활동만으로는 모든 멸종을 설명할 수 없을 것이다. 지구 생물종의 다수를 죽일 만큼 광범위한 화산 활동은 드물다. 따라서 급작스럽고 격변에 가까운 대량 멸종을 일으킨 방아쇠로 제안된 다른 좀 더 이색적인 가설들은 우주적 사건에 초점을 맞춘다. 지구 자전축과 공전 궤도의 변화는 빙하기처럼 수만 년에서 수십만 년의 규모로 벌어지는 일부 기후 변화의 원인이다. 그러나 지구의 그런 움직임이 훨씬 덜 자주 벌어지는 거대하고 파괴적인 사건을 설명해 줄 것 같지는 않다.

우주선과 초신성, 그리고 천체의 충돌은 좀 더 긴 시간 규모에서 재앙을 일으킬 잠재력이 있는 후보들로 제안되었다. 우주선은 여러 방식으로 구름의 양에 영향을 미친다. 한 방식은 대류권의 원자들을 이온화함으로써 근처에서 물방울이 응결되도록 만드는 것이다. 그러면 구름이 더 많이 형성되고, 그래서 기후가 영향을 받을 수 있다. 하지만 이 이론이 늘 옳기만 한 것은 아니다. 무엇보다도 우리는 다른 이온화 원인들에 비해 우주선이 얼마나 중요한 요인인지 잘 모른다. 둘째로 핵이 ― 일단 형성되었더라도 ― 정말로 구름을 이루려면 응결에 의해 엄청나게 더 크게 자라야 한다. 셋째, 구름의 효과가 명확하지 않다. 구름은 햇빛을 반사시켜서 지구를 식힐 수도 있고 아니면 들어온 에너지의 일부를 재복사시켜서 지구를 더 뜨겁게 만들 수도 있다. 어느 경우이든 우주선과 기후의 상관 관계를 측정해 본 결과는 멸종을 촉발할 만큼 짧은 기간 만에 벌어지는 거대한 변화를 설명하기에 충분하지 않았다.

초신성이 외계로부터 온 멸종의 방아쇠라는 제안도 나왔다. 초신성이 내는 고에너지 엑스선과 우주선이 영향을 미친다는 것이다. 그런 복사는 이론적으로 세포나 유전 물질을 직접 파괴함으로써 생물을 죽일 수 있다. 또한 오존층을 고갈시키거나 이산화질소 생성을 유도할 수 있는데, 그렇게 생성된 이산화질소는 햇빛을 흡수하여 지구를 식힐 수 있다.

그러나 잠재적 위험에도 불구하고 초신성으로 멸종을 설명하기는 어려울 것이다. 여러분이 짐작하는 바로 그 이유, 즉 심각한 문제를 일으킬 만큼 우리와 가까운 초신성은 그다지 자주 발생하지 않는다는 이유 때문이다. 초신성 밀도가 더 높은 은하의 나선 팔 속을 지구가 통과하는 시기에는 초신성 발생률이 높아지겠지만, 그래도 지구가 초신성에 충분히 가깝게 스칠 가능성은 아주 낮기 때문에 멸종을 설명하기에는 무리이다. 마찬가지로 감마선 폭발도 대부분의 멸종을 설명할 수 있을 정도로 충분히 자주 발생하지 않는다. 한 추정에 따르면, 우리 은하에서 감마선 폭발은 수십억 년에 한 번쯤 발생한다.

우주에서 온 멸종의 방아쇠로서 그것보다 훨씬 설득력 있는 후보
는 혜성이나 소행성이 지구와 충돌하는 것이다. 거대한 천체가 지구
를 때리면 지상에서, 대기에서, 바다에서 극적인 변화가 촉발될 수 있
다. 충분히 큰 물체가 부딪힌다면, 지표면과 기후에 즉각적이고 심각
한 — 그리고 일부 종들에게는 치명적인 — 변화가 따를 것이다.

실제로 훌륭한 재난 영화의 시나리오는 대부분 충분히 큰 충돌의
여파로 벌어지는 일을 다룬다. (종말론적 좀비 영화를 제외하고는 말이다.) 충돌
자체에서 충격파 폭발, 불, 지진, 쓰나미가 발생한다. 먼지가 대기를 가
려서 일시적으로 광합성이 중단되고, 대개의 동물들이 의존하는 식량
공급원의 대부분이 사라진다. 충돌이 유도한 기후 변화도 난장판에
일조한다. 처음에는 뜨거워졌다가, 나중에는 차가워졌다가, 더 나중에
는 아마도 다시 더워질 것이다. 냉각은 대기에 남은 황산염과 먼지 때
문이고, 나중의 온난화는 아마도 열을 붙잡아 두는 유독 기체들이 지
구 온난화를 촉발한 결과일 것이다.

유성체는 실제로 최소한 한 번의 대량 멸종을 일으켰다. 그 이야기
는 다음 장에서 자세히 하겠다. 그 재앙은 현생대에 벌어진 다섯 번의
대형 멸종 사건 중 하나였다.

다섯 번의 대멸종 사건

1982년, 시카고 대학교의 고생물학자 잭 셉코스키와 데이비드 라

우프는 이 분야에 존재하는 모든 데이터에 대해서 선구적인 정량 분석을 시도함으로써 순고생물학계를 혁신시켰다. (순고생물학(paleobiology)이란 지질학적 고생물학(paleontology)이 아니라 자연 과학적 생물학의 기법에 가까운 고생물 진화 연구를 뜻하는데, 현재는 큰 차이는 없다. — 옮긴이). 관찰이 완벽하지 않은 것이 많았기 때문에, — 그리고 어떤 관찰을 어떻게 포함시킬지 선택하는 데 달린 여러 결정들도 문제였기 때문에 — 데이터에 의존한 그들의 수치적 연구는 미묘한 측면이 많았다. 그래도 그들은 비록 데이터가 완벽하거나 완전하지 않더라도 양이 충분히 많다면 거기에 통계 기법을 적용하는 게 유용하다는 사실을 깨달았다. 그리고 실제로 그랬다. 라우프와 셉코스키의 1982년 논문이 화석에 대한 최초의 정량적 연구는 아니었지만, 이전까지 좀 더 서술적이고 소규모였던 멸종 연구의 방향을 틀어 놓은 논문임에는 분명하다.

시카고의 두 고생물학자는 다섯 번의 굵직한 대량 멸종 사건을 확인했고(그림 29), 그것보다 규모가 작은 사건도 20개쯤 확인했다. 후자는 총 생물종의 약 20퍼센트가 사라진 사건으로 정의했다. 생명의 역사 초기에는 진화의 역학이 현재와는 달랐던 데다가 구할 수 있는 증거가 적고 믿을 만하지 못하므로, 두 사람은 지난 5억 4000만 년 동안의 생명에 대해서만 — 또한 그 죽음에 대해서만 — 집중했다. 캄브리아기 대폭발 이전에도 틀림없이 생물종들은 나타나고 사라졌을 것이다. 하지만 화석 기록이 드문드문하기 때문에, 아주 초기의 그런 종들을 헤아리기란 무망(無望)한 일이다.

그들이 확인한 가장 오래된 대형 사건은 대략 4억 5000만 년 전과

멸종 도표(1부)

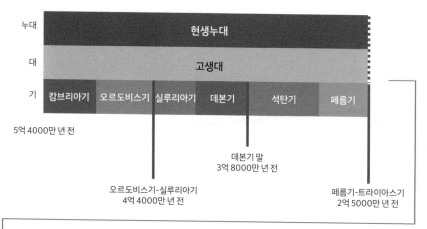

멸종 도표(2부)

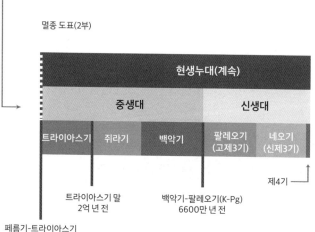

그림 29 다섯 번의 주요한 멸종 사건들의 경계는 다음과 같다. 첫째, 약 4억 4000만 년 전 오르도비스기-실루리아기 경계. 둘째, 약 3억 8000만 년 전 데본기 후기. 셋째, 약 2억 5000만 년 전 페름기-트라이아스기 경계. 넷째, 약 2억 년 전 트라이아스기 말. 다섯째, 약 6600만 년 전 K-Pg 멸종 사건. 현생누대의 대들과 기들도 함께 표시했다.

4억 년 전 사이에 벌어진 오르도비스기-실루리아기 멸종이었다. 당시에는 사실상 모든 생명이 바다에서 살았기 때문에, 사라진 종도 대부분 해양종이었다. 역사상 두 번째로 치명적인 멸종이었고 전체 종의 약 85퍼센트가 사라진 이 대량 멸종은 약 350만 년에 걸쳐서 두 단계로 벌어졌다. 원인은 처음에 기온이 낮아지고 대대적인 빙결이 진행되어 해수면이 극적으로 낮아진 것이었던 듯하다. 물이 얼음이 되어 갇히면 그렇게 해수면이 낮아진다. 우리가 가까운 미래에 빙하가 녹고 얼음이 물로 변해서 해수면이 상승할 것이라고 걱정하는 것과는 반대되는 현상이다. 두 번째 멸종의 박동은 아마 이후의 온난기 때문이었을 것이다. 그 때문에 추위에 적응했던 동물상이 죽어 갔던 것이다. 열대 플랑크톤, 얕은 물에 사는 바다나리류(불가사리와 성게의 선조이다.), 삼엽충, 갑주어류, 산호처럼 따뜻한 기후에 적응한 동물상이 먼저 사라졌고, 그다음으로 산호, 삼엽충, 완족류 중에서 차가운 곳에 적응한 종들이 사라졌다.

그다음 대량 멸종은 제법 오래 지속되었고, ― 약 2000만 년 동안 이어졌다. ― 지금으로부터 약 3억 8000만 년 전인 데본기 말, 즉 데본기가 석탄기로 넘어가는 시점에 벌어졌다. 멸종은 단속적으로 여러 번 벌어졌던 듯하고 ― 몇 번인지는 확실하지 않지만 가설은 세 번에서 일곱 번까지 다양하다. ― 각각의 기간은 수백만 년쯤 이어졌다. 이 사건은 해양 생물에게 특히 강한 타격을 입혀, 바다에 살던 종 중에서 상당한 부분이 죽었다. 뭍에서는 곤충, 식물, 초기의 선조 양서류가 살아남았으나 역시 멸종이 횡행하기는 마찬가지였다. 고생물학자들에 따르면, 이 사건의 한 특징은 아마도 종 분화 속도가 상당히 낮아서 그에 비해 꾸준했을 것으로 예상되는 종 소실 속도를 보완하지 못한 결과로 멸종이 벌어졌다는 것이다. 이런 경우에 소실 속도는 평소보다 훨씬 더 높을 필요까지도 없었다.

약 2억 5000만 년 전에 벌어졌던 페름기-트라이아스기(P-Tr) 멸종은 지구에서 사라진 종의 비율로 따질 때 우리가 아는 한 역사상 가장 처참한 멸종 사건이었다. 데본기 멸종 이래 생명은, 양서류와 파충류도 포함하여, 바다에서도 땅에서도 번성하고 있었다. 그러나 번영은 페름기-트라이아스기 멸종으로 막을 내렸다. 이때 육지와 바다를 통틀어 모든 종의 최소 90퍼센트가, 아마도 그 이상이 사라졌다. 수면의 플랑크톤뿐 아니라 깊은 물에 사는 이끼벌레류, 산호, 일부 갑각류, 삼엽충도 사라졌다. 이것들은 지난 두 차례의 큰 멸종을 겪고도 살아남은 종들이었는데 말이다. 땅에서는 곤충조차 처참한 피해를 입었다. 곤충이 대량 멸종의 피해를 입은 것은 이때가 유일했다. 게다가 양서류의 대부분이 사라졌고, 파충류도 ─ 지난 멸종 이후에 등장한 종류인데도 ─ 대부분의 종을 잃었다.

페름기-트라이아스기 멸종의 원인은 여태 논란의 대상이다. 그러나 대대적인 기후 변화와 대기 및 바다의 화학적 조성 변화가 역할을 했을 게 거의 틀림없다. 원인과 메커니즘은 불분명하지만, 기온이 약 8도나 오른 것은 부분적으로나마 시베리아에서 대규모 화산 활동이 발발하고 그 때문에 엄청난 양의 이산화탄소와 메탄이 시베리아 트랩에서 분출된 탓이었을 것이다. 우리가 아는 한 최대의 멸종 사건인 페름기-트라이아스기 멸종은 부분적으로나마 거의 틀림없이 화산이 낸 기체들이 지구를 달구고, 바다에 스트레스를 주고, 산소를 감소시키고, 대기를 오염시킨 결과였다. 그동안 침식이 상당히 진행되었을 것이 분명한 오늘날에도 시베리아 트랩의 용암은 넓이가 최소 100만 킬로미터에 달하고 부피는 수십만 세제곱킬로미터에 달한다. 그러니 당시에는 트랩이 현재의 러시아만 했을 것이다.

기존 생물들은 거의 싹 사라졌지만, 암거위에게 나쁜 것이 숫거위에게는 좋을 수도 있는 법이다. 양치류와 균류가 이전의 식물상을 대체했고, 결국 새로운 식물들이 등장했다. 이 시기 이후에는 더 이상 포유류를 닮은 파충류들이 우세하지 못했지만, 대신 현대적인 포유류 집단이 발달했다. 주룡류의 등장은 또 하나의 아주 의미 깊은 결과였다. 결국 이것이 공룡의 지배로 이어졌기 때문이다.

얼마 전에 한 친구가 내게 대단히 잘 보존된 — 그리고 제법 사랑스러운 — 길이 15센티미터의 화석을 보여 주었다. 친구는 그것이 3억 년 된 공룡 화석이라고 말했다. 친구가 1년만 더 일찍 보여 주었더라도 나는 그냥 그 세부를 들여다보며 감탄만 했을 것이다. 하지만 최근에 이런 연구를 한 탓에, 나는 친구의 설명이 옳을 리 없다는 것을 알았다. 공룡은 트라이아스기가 되어서야 등장했는데, 트라이아스기의 시작은 2억 5000만 년 전도 아니기 때문이다. 그 화석이 진짜 공룡일 것이라는 생각에 사로잡혀, 나는 화석이 좀 더 최근의 것일지도 모른다는 가설을 제기했다. 그러나 알고 보니 실수는 다른 데 있었다. 화석은 정말로 3억 년 된 것이었지만, 공룡 화석이 아니었다. 멸종한 파충류인

메소사우루스의 화석이었다. 공룡 화석은 오래된 것들이다. 하지만 내 친구의 잘 보존된 화석만큼 오래된 것은 아니다.

페름기-트라이아스기 멸종의 규모가 엄청났다 보니, 지구의 생명은 빠르게 회복하지 못했다. 우리가 이 사실을 아는 것은 멸종을 뜻하는 퇴적암의 경계층 위에 검은 셰일이 몇 미터나 쌓여 있기 때문이다. 이것은 흰 석회암에 담긴 생명의 흔적이 없는 기간이 꽤 오래 이어졌다는 뜻이다. 그럼에도 불구하고, 최소 5억 년이 흐른 뒤에는 새로운 형태의 연체동물, 어류, 곤충, 식물, 양서류, 파충류, 초기 포유류, 그리고 공룡이 등장했다. 그러나 생명의 번성은 불과 4000만 년에서 5000만 년 만에, 즉 지금으로부터 약 2억 년 전에 도래한 네 번째 대량 멸종으로 중단되고 말았다.

쥐라기 직전, 트라이아스기 말 사이에 일어난 이 멸종으로 모든 생물종의 약 75퍼센트가 멸종했다. 원인은 불확실하지만, 낮아진 해수면과 나중에 대서양을 탄생시키게 될 화산 폭발과 지각 균열이 모종의 역할을 했을지 모른다. 바다에 살던 대형 척추동물 포식자들은 대부분 사라졌고, 해면, 산호, 완족류, 앵무조개류, 암모나이트류의 종들도 심한 타격을 입었다. 또한 이 멸종으로 포유류를 닮은 종들의 대부분, 많은 대형 양서류, 공룡이 아닌 주룡류가 사라졌다.

땅에서 진정한 경쟁 상대가 사실상 모두 제거되었기 때문에, 공룡이 실질적으로 세상을 지배하게 되었다. 멸종은 생명을 파괴하지만, 생명 진화의 조건을 재설정하는 역할도 한다. 이어진 쥐라기는 그 이름이 들어간 책과 영화로 유명하다. 비록 「쥐라기 공원」에 출연했던 공룡들이 모두 그 시기에 살았던 것은 아니지만, 어쨌든 쥐라기는 실제로 공룡이 지배자로 떠오른 시기였다. 공룡은 쥐라기 말까지 생태계에서 우세한 존재로 부상했다. 이 시기에 하늘을 나는 파충류, 악어, 거북, 도마뱀도 늘어났고 포유류도 진화했다. 포유류가 무대의 주인공으로 조명받는 날이 오려면 다음번 대량 멸종까지 기다려야 했지만 말이다.

가장 최근의 대량 멸종은 아마도 가장 유명할 것이다. 그것은 백악기와 팔레오기 경계에 벌어진 사건이었다. 이전에는 K-T 멸종이라고 불렸던 이 사건은 이제 공식적으로는 K-Pg 멸종이라고 불리는데(K-T는 백악기-제3기를 뜻하고 K-Pg는 백악기-팔레오기를 뜻한다. 제3기가 팔레오기로 개명되었기 때문에 이렇게 명칭이 바뀌게 되었다.), 그 시기는 지금으로부터 6600만 년 전이었다. 이 사건은 공룡을 절멸시킨 사건으로 제일 유명하다.

그러나 K-Pg 멸종으로 공룡만 멸종한 것은 아니었다. 당시 살아 있던 생물종의 약 4분의 3과 전체 속의 절반이 사라졌다. 많은 파충류, 포유류, 식물, 해양 생물이 사라졌다. 퇴적물에 가장 흔하게 등장하는 해양 생물의 미화석들은 그 풍성함 덕분에 당시 벌어졌던 일에 대한 상세한 기록이 되어 주므로 특히 중요하다. 해양 퇴적물 1센티미터가 약 1만 년의 활동에 상응하므로, 바다에서 벌어졌던 사건에 대한 정밀한 그림을 제공해 준다. 국제 조직인 '해양 시추 프로그램(Ocean Drilling Program)'은 해저에서 파낸 코어를 그것보다 10배 더 자세한 해상도로 조사한다. 그런 정교한 미화석들 덕분에 과학자들은 당시 플랑크톤, 산호, 경골어류, 암모나이트, 대부분의 바다거북, 많은 악어도 사라졌다는 것을 확인했다.

K-Pg 멸종 이후 포유류는 지구에서 훨씬 더 중요한 존재가 되었다. 많은 요인들이 기여했겠지만, 육상 공룡이 사라진 것이 거의 틀림없이 중요한 요인이었다. 필수 자원을 둘러싼 경쟁에서 우세했던 육상 공룡이 먼저 사라지지 않았다면, ― 우리와 같은 ― 대형 포유류는 영영 득세하지 못했을지도 모른다. 칙술루브 충돌 이전에 왜 공룡이 포유류보다 훨씬 더 잘 살았는가에 대한 한 추측은 공룡은 대량의 알을 낳는 데 비해 포유류는 덩치가 클수록 더 적은 수의 새끼를 더 드문 빈도로 낳기 때문이라는 것이다. 즉 공룡은 대형 포유류와의 경쟁에서 단순히 머릿수로 이겼던 것인지도 모른다.

K-Pg 멸종은 가장 최근의 사건이었기 때문에 ― 또한 대형 포유류가 득세하게끔 만들어 준 사건이었기 때문에 ― 우리가 아는 다섯 번의 대량 멸종 중에서 제일 철저하게 연구되었다. 육지와 바다 양쪽에서 생물이 지구적으로 사라졌던 이 사건을 설명할 올바른 이론을 찾는 과정은 그 자체로 멋진 이야기인데, 다음 장에서 자세히 소개하겠다. 거의 확실한 답만 말하자면, 6600만 년 전에 거대한 유성체가 지구를 때렸다는 것이다. 먼 과거임에는 분명하지만, 그때부터 지금까지 흐른 시간을 지구의 40억 년 역사와 비교하면 50세의 사람에게 1년이 차지하는 의미와 비슷하다. 외계의 개입이 지구에 그토록 엄청난 영향을 미쳤던 사건이 그토록 최근 ― 비교적 말이다. ― 에 발생했다는 사실이 내게는 놀랍게 느껴진다.

여섯 번째 대멸종?

하지만 어쩌면 재앙은 훨씬 가까운 곳에 있을지 모른다. 마지막으로 아주 심란한 추론 하나를 제기하지 않고서 이 장을 마무리한다면, 나는 의무를 게을리한 게 될 것이다. 요즘 많은 과학자들은 우리가 여섯 번째 대량 멸종을 겪고 있다고 생각한다. 그것도 인간이 만들어 낸 멸종을. 이 주장을 엄밀히 정립하자면 현재 존재하는 모든 생물종의 수를 헤아리고 그것들이 사라지는 속도도 알아야 할 텐데, 둘 다 불가능하지는 않을지언정 어려운 작업이다. 그러나 설령 증거가 결정적이지 않더라도, 우리가 가지고 있는 수치들은 분명 심란한 경향성을 암시한다. 증거에 따르면 현재 멸종 속도는 보통 수준을 현격히 상회하며, 현재의 생물종 소멸 속도는 과거 대량 멸종 때와 비슷한 수준이다. 과학자들이 추정하는 배경 멸종 속도는 1년에 약 한 종이 멸종하는 것이다. 추정값이 불확실하기는 하지만, 현재 속도는 그 평균보다 수백 배 더 높을 수도 있다.

만일 현재 측정된 조류, 양서류, 포유류의 멸종 속도가 앞으로 다가올 사건을 대변한다면, 그야말로 심란한 수준이라 하지 않을 수 없다. 포유류는 전체 생물종 수에서 작은 부분을 차지할 뿐이지만 측정이 제일 잘 이뤄진 집단이다. 지난 500년 동안, 총 6,000종 미만의 포유류 중 80종이 멸종했다.

지난 500년 동안의 포유류 멸종 속도는 정상 속도의 약 16배 수준이며, 지난 100년 동안 이 속도는 32배나 높아졌다. 지난 100년 동안 양서류는 과거보다 거의 100배 더 빠른 속도로 사라졌으며, 현재 41퍼센트가 멸종 위기에 처했다. 같은 기간 동안 조류는 평균 멸종 속도를 20배가량 능가하는 속도로 멸종했다.

이런 수치들은 엄연한 멸종 사건이라고 규정할 만하다. 캘리포니아 대학교 버클리 캠퍼스의 생물학자 앤서니 바노스키 등의 관찰에 따르면, 현재 벌어지는 환경 변화도 페름기-트라이아스기 멸종 때의 특징들과 심란하리만치 비슷하다고 한다. 당시에도 이산화탄소 농도가 — 따라서 기온도 — 높아졌고, 바다의 산성도가 높아졌고, 해양에서 산소가 결핍된 '죽음의 해역'이 생겨났다. 놀랍게도, 당시 기온과 (산성도를 측정하는) pH 변화 속도는 현재 속도와 엇비슷했던 듯하다.

인간의 영향이 최근의 다양성 소실에 주된 원흉이라는 것은 거의 틀림없는 사실이다. 사람은 지구와 그곳에 사는 생물들에게 여러 방식으로 영향을 미친다. 가령 유럽 인이 북아메리카에 도착했을 때 그곳 대형 동물의 80퍼센트가 멸종했는데, 사람들의 무분별한 사냥 탓이 컸다. 인간은 다른 방식으로도 서식지를 해친다. 한 가지 범인은 오염이고, 또 하나는 개간이다. 벌채와 어류 남획도 포함된다. 또 다른 요인은 기온 변화와 해수면 변화에 따르는 기후 변화이다. 가뭄과 불, 홍수와 폭풍, 점점 더 따뜻해지고 산성도가 높아지는 바다도 어떤 종이 생존할 것인가와 관련이 있다. 인간의 서식지 파괴는 국지적 차원에서 새로운 종의 침입을 용이하게 하고 지구적 차원에서 개체군을 균일화한다. 그러면 질병이나 기생 생물의 위험이 훨씬 더 커진다. 종들은 가능하다면 새 서식지로 이동하지만, 그 서식지마저 파괴된다면 그곳에서 살 수 있었을지도 모르는 종들도 죽을 수밖에 없을 것이다. 이런 유해한 영향들을 감안할 때, 개체군들에게 위기가 임박했을지도 모른다는 것은 분명 허황된 생각이 아니다.

바노스키는 흥미로운 논증을 하나 전개했다. 현재의 인구 위기를 촉발한 엄청난 인구 증가가 우리의 에너지 소비와 흥미로운 방식으로 상관 관계를 맺고 있을지도 모른다는 가설이다. 자원이 공평하게 배분된다고 가정하고 대형 포유류들의 크기와 서식 범위를 합리적으로 추정할 때, 태양이 매일 우리에게 보내주는 에너지로 건사할 수 있는 동물의 수와 생물종 수는 정해져 있다. 이른바 거대 동물상(megafauna)에 해당하는 생물종은 지난 5만 년 전부터 1만 년 전까지, 즉 인류가 지구에 나타나서 불균형하게 많은 자원을 독차지하게 된 시기에 원래 약 350종이었던 것이 그 절반으로 떨어졌다. 이후 포유류 종수는 서서히 반등하여 이전 수치를 회복했으나, 약 300년 전부터 다시 급속히 추락하기 시작했다. 그것은 인간이 산업 혁명 덕분에 이전까지 화석 연료의 형태로 수백 년 동안 저장되어 있던 미사용 에너지 저장고를 파헤치게 된 시점과 사실상 일치한다. 이 에너지의 이름이 화석 연료라는 건 우연이 아니다. 그리고 우리가 그 저장고를 축내는 과정에서, ─ 비록 다른 생물종 수는 줄었지만 ─ 인간과 가축의 개체수는 도시화와 더불어 폭발적으로 증가했다.

일부 낙관주의자들은 ─ 심란한 경향성은 인정하면서도 ─ 우리가 DNA를 설계하거나 재현하여 생물종을 창조하거나 되살릴 수 있을지 모르고, 새 종으로 사라진 종을 보충함으로써 ─ 종이나 속의 개수가 몇 퍼센트나 변했는가로 정의되는 ── 대량 멸종을 피할 수 있을지도 모른다고 주장한다. 그러나 과거에 존재했던 종을 되살리는 것은 매우 어려운 과제일 것이다. DNA 보존 상태가 나쁜 데다가 옛 종이 살았던 환경을 재창조할 수 있을 가능성이 낮기 때문이다. 더구나 우리가 생존 가능한 새 종을 창조해 내는 속도는 세상에서 종이 사라지는 속도를 따라잡지 못할 가능성이 높다. 그리고 어쨌든 멸종이란 하나의 단어일 뿐이다. 하나의 숫자에만 기반한 평가는 이 회복 시나리오가 야기할 거대한 변화를 전부 다 포착하지 못한다. 게다가 이 시나리오는 실현 가능성이 무척 낮아 보인다.

멸종을 피하는 또 다른 길은, 방법이라기에는 우습지만, 종수의 절반이 고갈되기 전에 경향성이 역전되는 것이다. 이를테면 일단 종들이 충분히 솎아내어진 뒤에는 생명 다양성이 높은 환경에서 경쟁력이 떨어졌던 종들이 오히려 더 잘 생존할 수 있을지도 모른다는 기대이다. 그러나 이런 '낙관적' 시나리오는 어쨌든 추측일 뿐이고, 더구나 궁극적으로 좀 더 안정된 환경이 구축되기 위해서 그 전에 상당한 생명의 손실을 겪어야 한다는 점이 구원의 유일한 요소인 시나리오이다.

그런 변화는 미래의 일부 종들에게 유익할 수도 있을 것이다. 페름기-트라이아스기 멸종에서도 어떤 생물들은 온전하게 살아남지 않았던가. 가령 공룡의 관점에서는 그것이 아주 좋은 일이었다. 그렇다고 해서 우리가 그 좋은 일을 일으키기 위한 생명의 손실을 모면할 수 있는 것은 아니다. 생명이 고통과 혼란을 겪으며 회복하는 일종의 휴지기를 피할 수 있는 것도 아니다. 우리가 현재 일으키는 변화의 결과도 결국에는 어떤 지구적 의미에서 유익할 수도 있겠지만, 현재의 세상에 적응하도록 발달한 지구 생물종들에게 꼭 유익하리라는 보장은 없다.

설령 새로운 종들이 등장하거나 상황이 결국 나아지더라도, 극단적으로 달라진 세상은 종으로서 우리 인류에게 좋지 않을 것이다. 생명 다양성의 큰 손실에 대해서 인간이 책임을 지는 것은 좀 억울한 일인지도 모른다. 그 손실은 ― 그 때문에 식량, 의약품, 깨끗한 공기와 물이 사라짐으로써 ― 다름 아닌 우리 자신에게 피해를 입힐 가능성이 있으니까 말이다. 생명은 그동안 섬세하게 균형 잡힌 메커니즘들을 진화시켰다. 그중 생태계와 지구 생명에게 극적인 변화를 미치지 않고서 바뀔 수 있는 것의 수가 얼마나 되는지는 분명하지 않다. 그러니 우리가 자신의 운명에 좀 더 이기적인 관심을 쏟아야 한다고 생각해 볼 만도 하다. 더군다나 그럼으로써 수많은 손실을 방지할 수 있을 게 거의 분명한 시점에는 말이다. 일탈한 소행성 때문에 운명이 정해졌던 6600만 년 전 생물들과는 달리, 오늘날의 인간이라면 앞으로 닥칠 일을 내다볼 능력은 갖춰야 하지 않겠는가.

12장
공룡의 종말

　누구나 공룡을 사랑한다. 뼈대이든, 화석이든, 플라스틱으로 성형된 모형이든, 어린이와 어른 할 것 없이 모두가 매료된다. 아이들은 과거에서 온 이 생물을 사랑한다. 모형을 조립하고, 어른들은 발음도 겨우 하는 이름들을 외운다. 공룡이 전시된 박물관이라면 어디든 관람객으로 붐빈다. 꼬마들은 물론이고 그보다 더 나이 든 이들도 온다. 자연사 박물관의 학예사들은 이 기이한 고대 파충류들이 가진 매력을 잘 안다. 뉴욕의 미국 자연사 박물관이 내세우는 매력 중 하나는 티라노사우루스 렉스(*Tyrannosaurus rex*, 이 학명은 '도마뱀의 왕'이라는 뜻이다.)와 아파토사우루스의 거대한 골격, 그리고 현관에서 여러분을 맞이하는 그 밖의 공룡 모형들이다.

　공룡의 인기를 보여 주는 또 다른 증거는 대중 문화에서 녀석들이 맡는 역할이다. 영화 「고인돌 가족 플린스톤」에 나오는 디노부터(아니,

하지만 육상 공룡이 실제로 인간과 공존했던 적은 없다.) 「쥐라기 공원」의 재생된 공룡들까지(아니, 사실은 미래에도 그런 일은 없을 것이다.). 「킹콩」의 제작자들마저도 엠파이어 스테이트 빌딩만 한 거대 유인원으로 만족하지 못하여, 철저히 군더더기에 불과한(이 글을 쓰는 내 개인의 의견임을 밝힌다.) 공룡 장면을 집어넣고야 말았다.

왜? 왜냐하면 공룡은 근사하기 때문이다. 공룡은 현생 동물들과 충분히 비슷하게 생겼기 때문에 친숙하게 다가오지만, 한편으로는 충분히 달라서 이국적이고 희한해 보이기 때문에 우리의 상상력을 자극한다. 공룡에게는 뿔과 볏과 갑옷과 가시가 있다. 어떤 공룡은 크고 느리며 어떤 공룡은 작고 날렵하다. 어떤 공룡은 두 발로 혹은 네 발로 땅 위를 걸었고 어떤 공룡은 하늘을 날았다.

하지만 많은 사람들에게 공룡이라고 하면 맨 먼저 떠오르는 것은 그 장대한 동물들이 더 이상 지구 위를 걸어 다니지 않는다는 점이다. 공룡이 오늘날 살아남은 새들로 진화하기는 했으나, 수백만 년 동안 육지를 제패했던 공룡들은 약 6600만 년 전에 멸종했다. 어떤 사람들은 심지어 공룡의 종말을 약간 거만한 기색으로 바라본다. 그렇게 강하고 민첩했던 녀석들이 어쩌다 그렇게 멍청하게 다 사라졌대? 그러나 사실을 말하자면, 공룡이 지구에서 주인공으로 머물렀던 기간은 인간이나 유인원이 살아남을 기간보다 아마 훨씬 더 길 것이다. 공룡이 사라졌을 때도, 그것은 그들의 탓이 아니었다.

무엇이 육상 공룡으로 하여금 지구를 떠나게 만들었는가 하는 의문은 오랫동안 과학자와 대중을 사로잡은 대단한 수수께끼였다. 환경을 장악했던 것처럼 보이는 이 다양하고 생기 넘치는 집단은 백악기 말에 이르러 왜 갑자기 사라졌을까? 이 주제는 물리학과는 거리가 있어 보인다. 특히 암흑 물질과 관련된 내용과는. 그러나 이 장에서 나는 소행성 충돌이 거의 틀림없이 그 범인이었을 것임을 보여 주는, 즉 멸종과 태양계의 천체가 연관되어 있음을 보여 주는 증거의 여러 조각들을 소개할 것이다. 그리고 만일 내가 동료들과 함께 진행한 좀 더 사변적인 연구가 옳은 것으로 드러난다면, 우리 은하 평면에 있는 암흑 물질 원반이 그 소행성의 치명적인 궤적을 야기한 장본인이었을 것이다. 암흑 물질의 역할이 무엇이든, 우주에서 온 천체가 지구와 충돌하여 지구 생물종의 최소한 절반을 쓸어 내는 일이 발생했었다는 것만은 엄연한 사실이다. 따라서 그 멸종 사건은 우리 태양계 환경과 관련이 있다. 지질학자, 물리학자, 화학자, 고생물학자 들이 어떻게 그런 결론에 도달했는가 하는 사연은 현대 과학에서 가장 재미난 이야기 중 하나라 할 만하다.

공룡의 시대

공룡은 ─ 크기의 다양함과 근사함을 차치하더라도 ─ 지구를 1억 년 넘게 지배할 정도로 오래 살아남았다는 점에서 집단으로서 놀라운 존재이다. 그러나 공룡이 아주 튼튼했던 것처럼 보이는 데다가 그들과 함께 살았던 다른 동식물들도 융성했음에도 불구하고, 지금으로부터 6600만 년 전에 그 생명의 대부분이 갑자기 죽고 말았다. 왜 그런 일이 벌어졌고 어떻게 벌어졌는가 하는 의문은 20세기 말까지 풀리지 않았다.

그 질문에 답하기 전에 잠시 공룡의 시대를 돌아보자. 그 시절의 지구는 지금과 얼마나 달랐는지 알아보자. 공룡은 2억 5200만 년 전부터 6600만 년 전까지 이어진 중생대에 살았다. (그림 29) 중생대(Mesozoic era)라는 이름은 그리스 어로 '중간 생명'을 뜻하는 단어에서 왔고, 실제로 이 시기는 현생누대의 세 지질 시대 중 중간에 해당한다. 중생대는 '오래된 생명'을 뜻하는 고생대(Paleozoic era)와 '새로운 생명'을 뜻하는 신생대(Cenozoic era) 사이에 끼어 있다. 중생대를 양쪽으로 덮은 괄호는 우리가 아는 가장 참혹했던 두 대량 멸종에 해당하는데, 앞의 경계를 정의하는 것은 페름기-트라이아스기 멸종이고 뒤의 경계를 정의하는 것은 — 이전에는 K-T 멸종이라고 불렸던 — 백악기-팔레오기 멸종이다. 후자의 사건에서 (날지 않는) 공룡을 비롯한 많은 종들이 사라졌다.

K-T 멸종에서 K는 독일어로 백악을 뜻하는 크라이데(Kreide)에서 왔다. 백악기를 뜻하는 영어 단어 크리테이셔스(cretaceous)는 라틴 어 단어 크레타(creta)에서 왔는데, 직역하자면 크레타 섬의 흙이라는 이 단어 또한 백악을 뜻한다. 한편 T는 제3기를 뜻하는 단어 터셔리(tertiary)에서 왔는데, 이것은 지구의 역사를 네 부분으로 나누고 그중 세 번째를 제3기라고 불렀던 폐기된 명명 체계의 유물이다.[1] 다른 많은 사람들처럼 나는 앞으로 이 멸종을 언급할 때 보통은 좀 더 정확한 용어인

K-Pg를 쓰겠지만 가끔은 구어적인 K-T로 돌아가기도 할 것이다.

지질 시대에서 대(era)는 기(period)로 나뉘고, 기는 세(epoch)와 계(stage)로 더 나뉜다. 중생대는 세 기로 나뉜다. 2억 5200만 년 전부터 2억 100만 년 전까지 이어졌던 트라이아스기, 약 2억 100만 년 전부터 1억 4500만 년 전까지 이어졌던 쥐라기, 1억 4500만 년 전부터 6600만 년 전까지 이어졌던 백악기이다. 마이클 크라이튼 원작, 스티븐 스필버그 감독의 영화는 "중생대 공원"이라는 제목이 더 정확했을 것이다. 쥐라기 공룡이 두 종류 나오지만 백악기 이전에는 등장하지 않았던 공룡도 여러 종류 나오니까. 하지만 "쥐라기 공원"이 훨씬 더 입에 잘 붙는다는 데 동의하므로, 지혜로운 작명이었다는 데 딴죽을 걸지는 않겠다.

중생대에 지구는 크게 변했다. 온난기와 냉각기뿐 아니라 상당한 수준의 지각판 활동도 벌어져서 대기와 땅덩어리의 형태가 바뀌었다. 초대륙 판게아는 중생대에 이르러 오늘날 우리가 아는 여러 대륙으로 쪼개졌다. 그 결과 오랫동안 육지는 광범위하게 움직였다.

백악기 말의 지각판 이동으로 지구가 현재 상태에 가까워지기는 했어도, 당시 대륙들과 바다들은 아직 현재의 위치에 있지 않았다. 인도는 아직 아시아와 충돌하지 않았고, 대서양은 지금보다 훨씬 좁았다. 이후 지각판이 이동함에 따라, 바다들은 1년에 몇 센티미터의 속도로 크기가 계속 달라졌다.

이 효과 하나만으로도, 6600만 년 전에는 대부분의 해안이 현재 위치로부터 수천 킬로미터 떨어진 곳에 있었음을 짐작할 수 있다. 가령 아메리카와 유럽은 지금보다 훨씬 더 가까이 있었다. 게다가 해수면은 지금보다 100미터쯤 더 높았을 것이다. 기온도 — 특히 바다에서 먼 지역은 — 지금보다 더 높았다. 이런 요소들은 과학자들이 K-Pg 경계에서 드러난 단서를 해독할 때 결정적인 역할을 했다. 버클리의 지질학자 월터 앨버레즈가 조사하기로 결심한 점토를 포함하고 있었던 이탈리아의 퇴적층은 처음 형성될 때 물속 수백 미터에 잠겨 있던 대륙붕의 일부였는데, 지금 우리는 그 사실을 알지만 처음에 연구자들은 미처 그럴 것이라고 생각하지 못했다.

지구의 생명은 변화하는 환경에 대응하여 진화했다. 땅덩어리가 여러 조각으로 나뉘어 움직여서 바닷물을 사이에 두고 분리되자, 새로운 종들이 생겨날 수 있었다. 트라이아스기 동안 절지동물, 거북, 악어, 도마뱀, 경골어류, 성게, 해양 파충류, 그리고 최초의 포유류를 닮은 파충류가 등장했다. 트라이아스기 말에는 육상 공룡을 포함하여 공룡도 여러 독특한 종으로 분화하기 시작했다. 그리고 쥐라기 동안 공룡은 육상의 지배적인 척추동물이 되었다.

이 시기에 새도 나타났다. 새는 수각류 공룡의 한 가지로부터 진화했다. 영화 「쥐라기 공원」이 과학적인 내용을 모두 옳게 묘사한 것은 아니었지만, 많은 관객들에게 새가 공룡에서 진화했다는 사실을 알려주기는 했다. 하늘을 나는 파충류, 해양 파충류, 양서류, 도마뱀, 악어, 공룡은 백악기에도 이어졌다. 이 시기에 뱀과 최초의 새도 처음 나타났고, 하늘을 나는 파충류와 은행나무는 물론이거니와 소철, 침엽수, 삼나무, 사이프러스, 주목처럼 오늘날까지도 우리가 그 형태를 알아보는 현대 식물들이 등장했다. 또한 포유류도 등장했다. 하지만 당시의 포유류는 보통 고양이와 쥐 사이쯤 되는 작은 몸집이었다. 이 상황은 공룡이 멸종하여 포유류에게 더 큰 덩치를 키울 공간과 자원을 남겨 준 후에야 변할 것이었다.

답을 찾다

내가 이 책을 쓰면서 읽었던 멋진 책이 두 권 있다. 지질학자 월터 앨버레즈의 『티렉스와 죽음의 크레이터(*T. rex and the Crater of Doom*)』, 그리고 과학 저술가 찰스 프랭클의 『공룡의 종말(*The End of the Dinosaurs*)』이다. 월터 앨버레즈는 소행성 가설을 발전시키는 데 큰 역할을 한 장본인으로, 그의 책은 아주 재미있었다. 한편 프랭클의 책이 특별하게 느껴졌던 이유 중 하나를 고백하자면, 내가 그 책을 아마존에서 살 때 이미 절판된 상태였기 때문에 내게 도착한 책이 원래 록포트 공립 도서관에 있던 것으로서 "폐기"라는 문구가 도장으로 큼직하게 찍힌 판본이었다는 점이다. 책은 ― 훨씬 더 적합한 서식지인 ― 우리 집으로 부쳐지지 않았다면 멸종될 운명이었던 것이다.

두 책은 거대한 유성체(기억하겠지만 나는 그냥 좀 큰 천체를 가리킬 때도 "유성체"라는 단어를 쓰겠다.)가 공룡을 ― 더불어 당시에 살았던 다른 종들의 다수도 ― 쓸어 버린 멸종의 원인으로서 가능성이 가장 높다는 사실을 지질학자, 화학자, 물리학자 들이 어떻게 확인했는가 하는 놀라운 이야기를 들려준다. 이 유성체가 K-Pg 전이 시기의 화석 기록에 극적인 변화를 일으켰음을 암시하는 증거는 넘친다. 미소구체, 텍타이트, 충격 석영 등 충돌구의 독특한 특징에 해당하는 속성들이 경계의 이리듐 층 주변에서 발견되었다. 그리고 그 이리듐 층은 생명의 흔적이 풍부하게 담긴 아래층과 화석이 그것보다 훨씬 빈약한 위층을 나눈다.

또한 두 책은 과학자들이 그 유성체 충돌로 만들어진 크레이터를 실제로 찾아내기까지의 과정을 놀랍고 흥미진진한 탐정 이야기처럼 들려준다. 그러나 내가 자문을 구한 전문가들은 두 책의 일부 내용에는 오해의 소지가 약간 있다고 지적해 주었다. 어쨌든 나는 최선을 다해서 제대로 설명해 보겠다. 실로 근사한 이야기이다.

유성체가 멸종을 야기할 수도 있다는 발상이 굳게 자리 잡은 것은 20세기 말이 되어서였지만, 그것이 무시무시한 결과를 일으킬 잠재력이 있을지도 모른다는 추측은 오래전부터 제기되었다. 처음 혜성을 발견했던 사람들은 그것을 생명을 위협하는 존재로 여겼다. 다만 미신적이고 구체적이지 않은 이유에 근거해서였다. 1694년, 에드먼드 핼리는 혜성이 성경의 대홍수를 일으킨 원인이었다는 대담한 가설을 제안했다. 약 50년 뒤인 1742년, 프랑스의 과학자이자 철학자 피에르루이 드 모페르튀이는 혜성의 잠재적 위협에 관하여 좀 더 과학적인 발판을 마련했다. 혜성이 충돌하면 바다와 대기에 교란이 일어나서 많은 생물이 죽을지도 모른다는 사실을 깨달았던 것이다. 역시 프랑스의 위대한 과학자로서 태양계 형성에 관한 연구가 오늘날까지 남아 있는 피에르 시몽 라플라스 또한 유성체가 멸종을 일으킬 수 있다고 말했다.

그러나 그들의 발상은 대체로 무시되었다. 시험해 볼 수 없는 데다가 약간 미친 소리처럼 들렸기 때문이다. 미국 고생물학자 맥스 워커드 라우벤펠스의 발상도 무시되기는 마찬가지였다. 1956년에 그는 1908년에 시베리아에 떨어져서 방대한 숲을 초토화했던 유성체의 중요성을 깨달았다. 혜성이 한 조각만 떨어지더라도 불과 열기 같은 피해를 입힐 수 있다는 것을 알아차렸던 것이다. 놀라운 선견지명을 발휘한 분석에서, 그는 환경의 충격이 여러 종들에게 서로 다른 영향을 미칠 것이라는 점도 지적했다. 따라서 땅을 파고드는 포유류는 생존할 수 있을지도 모른다고 말했다. 훗날 이 예측은 K-Pg 사건 이후에 실제 벌어졌던 일로 확인되었다.

1973년이 되어서도, 지구 화학자 해럴드 유리가 용·융암의 유리질 텍타이트를 근거로 들어 K-Pg 멸종의 원인은 유성체 충돌이라고 주장했을 때 대부분의 과학자들은 그 의견을 무시했다. 하지만 유리는 좀 지나치게 의욕이 넘쳐, K-Pg 멸종뿐 아니라 다른 모든 대량 멸종이 혜성 충돌 때문이었다고 주장했다. 그래도 그는 향후의 연구를 예견했으며, 과학자들이 자세히 조사하면 그 형태나 조성이 유성체 충돌로 인한 열기 그리고/혹은 압력으로만 설명되는 암석을 찾아낼 수 있을 것이라고 지적함으로써 이전까지 가설에 불과했던 발상을 진정한 과학으로 바꿔 놓는 데 기여했다.

그러나 어떤 영리하고 선견지명 있는 발상도, 앨버레즈가 자신의 가설을 내놓기 전에는 사실상 모두 무시되고 있었다. 천체와의 충돌이 멸종을 일으켰다는 개념은 1980년대에도 급진적으로 느껴졌으며, 처음 들으면 약간 바보 같은 소리로도 느껴졌을 것이다. 이 가설에는 내가 대중 강연을 할 때 12세 아이들에게 듣는 이론들을 연상시키는 면이 있다. 아이들은 내게 인상을 남길 요량으로 자기가 이때까지 들어본 온갖 과학 용어를 다 갖다 붙인다. 그러다 보면 억지스럽고 보통은 꽤 웃긴 시나리오가 만들어지는데, 이를테면 한 아이는 내게 비틀린 여분 차원의 블랙홀이 우주에 남은 모든 문제를 해결해 줄 것이라는 이론에 대해서 자기가 줄곧 궁금하게 여겨 왔다며 내 의견을 물었다. 내가 아이에게 솔직히 그런 생각을 줄곧 해 왔던 건 아니지 않느냐고 슬쩍 묻자, 아이는 다행히도 웃음을 터뜨렸다.

하지만 급진적인 이론들 중에서도 결국 뿌리를 내리는 이론이 그렇듯이, 유성체 가설은 기존의 설명으로는 해석되지 않는 관찰들을 설명할 수 있었다. 지상의 어떤 과정도 결국 유성체 가설을 지지하는 것으로 밝혀질 상세한 현상들을 모두 설명하지는 못했다. 유성체 가설이 신뢰를 얻은 것은 예측을 내놓았기 때문이고, 그 예측들 중 다수는 이후 사실로 확인되었다.

멸종 사건의 증거

월터 앨버레즈의 과학적 탐정 작업은 이탈리아에서 시작되었다. 로마에서 북쪽으로 200킬로미터쯤 떨어진 구비오 시 근처 움브리아 언덕에는 백악기 말에서 제3기(현재의 명칭으로는 팔레오기) 초에 형성된 해양 퇴적물이 드러나 있다. 분홍 빛깔 때문에 스칼리아 로사(Scaglia

그림 30 스페인 수마야 주의 이추룬 해변에서 지질 공원 책임자 아시에르 일라리오와 함께 K-Pg 경계를 확인하는 리사 랜들. (욘 우레스티야가 찍은 사진이다.)

Rossa)라고 불리는 퇴적암은 독특한 심해 석회암으로 — 즉 대개의 조개껍데기의 원료이자 철분 보충제에도 가끔 들어가는 방해석 혹은 탄산칼슘으로 — 이뤄져 있는데, 원래 해저에서 형성되었다가 나중에 융기하여 지금은 지상에 노출되어 있다. 그것은 곧 멸종의 증거가 ─ 즉 아래쪽의 좀 더 흰 암층과 위쪽의 붉은 암층을 가르는 얇은 점토층이 ─ 주의력 있는 행인의 눈에 포착되게끔 드러나 있다는 뜻이다. 아래쪽 흰 바위에 담긴 화석은 대개 유공충의 잔해이다. 깊은 바다에서 사는 단세포 원생동물인 유공충은 퇴적암의 연대를 유추하는 데 대단히 유용한 화석이다. 그러나 위쪽의 어두운 층에는 유공충의 흔적이 아주 자잘하게만 남아 있다. 유공충은 공룡과 함께 거의 멸종했고, 그 멸종의 경계가 이렇듯 뚜렷하게 드러나 있는 것이다.

내가 빌바오의 대학을 찾아간 김에 방문했던 플리시 지질 공원에도 K-Pg 경계의 단편이 있었다. 그 경계는 석회암 절벽의 기반 부근에 얇고 검은 선으로 드러나 있었다. 지구의 어느 장소이든 이 점토층이 존재하는 곳이라면 다 그렇듯이, 그 경계선은 멸종 시기에 형성된 것이었다. 그곳 물리학자가 자신의 사촌인 지질학자와 함께 이추룬 해변에 있는 그 놀랍고 아름다운 장소로 나를 안내하겠다고 제안했을 때, 나는 운이 억세게 좋다고 느꼈다. 해변에서 나는 썰물일 때 얼른 뛰어가서 경계를 가까이 들여다볼 수 있었다. 6600만 년 된 역사의 조각을 손으로 만져 보는 것은 거의 초현실적인 경험이었다. (그림 30) 절벽은 먼 과거에서 유래했지만, 그 속에 간직된 정보는 아직까지 우리 곁에 남아서 우리 세상의 일부가 되어 준다.

K-Pg 경계에서

1970년대에 월터 앨버레즈는 스칼리아 로사에 드러난 그와 비슷한 경계층을 조사했다. 그중에서도 그는 화석이 잔뜩 들었고 색깔이 좀 더 옅은 아래쪽 석회암과 화석이 없고 색깔이 좀 더 짙은 위쪽 석회암을 가르는 점토층에 관심을 집중시켰다. 앨버레즈가 연구 대상으로 점찍은 점토는 6600만 년 전에 벌어졌던 대대적인 파괴의 원인을 해명하는 데 결정적인 요소였다. 점토층의 두께는 옅은 바위가 퇴적된 시점과 짙은 바위가 퇴적된 시점 사이에 흐른 시간에 달려 있었으므로, 그는 그로부터 멸종 사건의 속도가 빨랐는지 느렸는지를 알아볼 수 있을 것이었다.

앨버레즈가 K-Pg 층에 대해서 생각하기 시작한 1970년대, 지질학의 지배적인 관점은 이전 20년 동안 발달한 판구조론에 의해서 얼마 전에 사실로 입증된 점진론적이고 균일론적인 시각이었다. 대륙들이 통째 서서히 서로 멀어질 수 있고, 산맥이 오랜 시간에 걸쳐 형성될 수 있고, 그랜드캐니언처럼 깊은 협곡도 점진적 효과를 통해 생겨날 수 있다고 보는 시각이었다. 콜로라도 강처럼 땅을 깊이 파내는 강줄기, 침식을 일으키는 물과 빙하, 움직이는 지각판, 분출하는 마그마…….이런 것들이 오랜 시간에 걸쳐 지형을 극적으로 바꿔 놓을 수 있다고 했다. 언뜻 극적인 변화처럼 보이는 이런 현상을 설명하기 위해서 꼭 재앙을 가정할 필요는 없다고 했다.

그 석회암 층은 위층과 아래층이 점진론 관점에 부합하지 않는 몹시 갑작스러운 전이를 암시한다는 점에서 수수께끼로 보였다. 만일 찰스 라이엘이 그곳에 있었다면, 그는 K-Pg 층의 얇음이 그저 오해를 낳는 거짓 단서일 뿐이라고 해석하고는 겉보기와 달리 그것은 오랜 시간에 걸쳐 형성되었다고 결론 내렸을 것이다. 다윈이라면 불충분한 화석 기록으로 인한 착각일 뿐이라고 생각했을지도 모른다.

전이가 급작스러웠는지 — 그리고 점토 퇴적물이 불과 며칠 만에 밀려든 게 아니라는 것을 — 확실히 알아보는 유일한 방법은 색이 다른 석회암 층을 가르는 점토층이 쌓이는 데 시간이 얼마나 걸렸는지 측정해 보는 것이었다. 지질 사건의 연대 측정에 오래전부터 흥미를 품었던 앨버레즈가 스스로 설정한 임무가 바로 그것이었다. 앨버레즈는 지자기 역전을 조사함으로써 K-Pg 경계에 쌓인 퇴적물의 연대를 알아내기를 바랐다. 그는 그것이 멸종을 야기한 사건에 대한 중요한 단서일지도 모른다는 것을 알고 있었다. (자연사, 지구 과학, 행성학의 전문가인 하버드 교수 앤디 놀은 앨버레즈와 그 아내가 그보다는 중세 미술과 건축을 구경하는 데 좀 더 흥미가 있었기 때문에 그곳을 연구하기로 했을지도 모른다고 말했는데, 나는 두 관심사가 모두 역할을 했으리라고 짐작한다.)

그러나 알고 보니 점토층이 쌓이는 데 걸린 시간을 측정하는 방법으로 그것보다 더 나은 것은 이리듐 함량을 측정하는 것이었다. 이리듐은 희귀한 금속이고, 오스뮴 다음으로 밀도가 높은 원소이다. 부식에 저항하는 성질이 뛰어나기 때문에 점화 플러그 전극이나 만년필 펜촉 등의 용도로 유용하다. 또한 이리듐은 과학에도 유용한 것으로 밝혀졌다. 월터 앨버레즈와 동료들이 발견한 이리듐 함량 급상승 현상은 알고 보니 멸종 사건의 기원을 확실하게 못 박는 열쇠였다.

나는 이리듐 함량 급상승에 대해서 이전부터 알았지만, 월터와 그의 물리학자 아버지 루이스 앨버레즈가 점토 속 이리듐 함량을 측정했던 원래 의도는 그들이 곧 사실로 깨달을 논리와는 정반대의 논리에 따른 것이었다는 이야기를 최근에서야 듣고는 깜짝 놀랐다. 루이스 앨버레즈는 유성체의 이리듐 함량이 지표면보다 훨씬 더 높다는 사실을 알고 있었다. 지구의 이리듐 함량도 원래는 유성체와 같아야 하겠지만, 지구에 있던 이리듐은 대부분 오래전에 용융된 암석에 녹아서 함께 핵으로 가라앉았다. 그러므로 지표면에 있는 이리듐은 무엇이든 외계에서 온 것이어야만 했다.

루이스 앨버레즈는 운석 먼지가 상당히 일정한 속도로 쌓일 것이라고 가정했다. (그는 원래 베릴륨 10을 쓰자고 제안했지만, 베릴륨의 반감기는 너무 짧아서 이 문제에 쓰기에는 알맞은 도구가 못 되는 것으로 드러났다.) 만일 그 외계로부터의 "비"가 꾸준히 내려 쌓이지 않았다면, 지표면의 이리듐 함량은 상당히 낮아야만 했다. 앨버레즈 부자는 지구의 이리듐 함량을 조사함으로써 K-Pg 경계 점토층이 쌓이는 데 걸린 시간을 알려주는 우주의 모래 시계에 접근할 수 있을지도 모른다는 기발한 발상을 떠올렸던 것이다. 그들이 예상했던 결과는 퇴적이 꾸준하게, 거의 일정하게 이뤄졌음을 암시하는 매끄러운 분포였다. 그러면 그것을 이용하여 점토층이 형성되는 데 걸린 시간을 유추할 수 있을 것이었다.

그러나 월터와 동료들이 실제 암석을 조사하여 발견한 결과는 전혀 달랐다. 앨버레즈로 하여금 뭔가 희한한 일이 벌어지고 있다고 믿게 만든 놀라운 결과는 점토 속 이리듐 함량이 예측했던 수준보다 훨씬 더 높다는 점이었다. 1980년, 캘리포니아 대학교 버클리 캠퍼스의 과학자들은 ─ 루이스와 월터 앨버레즈 부자, 그리고 지극히 낮은 농도의 이리듐도 측정할 줄 아는 두 핵화학자 프랭크 아사로와 헬렌 미셸이 합류했다. ─ 이리듐 함량이 상승했다는 결정적 증거를 발견했다. 스칼리아 로사에서 주변 석회암보다 30배 더 많은 이리듐이 확인되었던 것이다. 더구나 그 수치는 이후 90배로 조정되었다.

이런 종류의 암층은 이탈리아에서만이 아니라 지구 곳곳에서 발견되었고, 그런 장소들의 이리듐 농도도 마찬가지로 눈에 띄게 상승한 수준이었다. (월터 앨버레즈의 연구 이래 굉장히 많은 사람들이 스칼리아 로사에서 표본을 채취했기 때문에, 슬프게도 이제 그곳의 K-Pg 경계 점토층은 구하기 어렵다.) 덴마크의 해안 절벽으로 K-Pg 증거가 잘 보존되어 있는 스테운스클린트의 비슷한 점토층에서도 이리듐 함량이 160배나 상승한 것이 확인되었다. 다른 실험실들도 곳곳의 비슷한 경계층에서 이리듐 함량이 상승한 것을 확인했다.

만일 원래의 가설이 ─ 그리고 측정 동기가 ─ 옳아서 운석 먼지가 일정 속도로 내려 덮였다면, K-Pg 점토층이 형성되는 데는 300만 년 이상이 걸렸을 것이다. 그러나 그것은 K-Pg 경계를 뜻하는 얇은 점토층이 쌓이는 시간으로는 지나치게 길었다. 한편 이리듐 함량이 지구 어디에서나 똑같이 상승되었다면, 지구에서는 희귀한 금속으로 여겨지는 이리듐이 K-Pg 멸종 당시에 갑자기 지구에 잔뜩 쌓였다는 뜻이 된다. 그 엄청난 양의 퇴적을 설명할 수 있는 유일한 해석은 이리듐이 우주에서 왔다는 것뿐이었다. 지표면의 이리듐 농도는 기본적으로 너무 낮기 때문에, 외계가 개입된 모종의 현상이 없었다면 높은 이리듐 농도는 사실상 설명이 불가능했다.

버클리 연구진은 가능성을 더 좁힐 요량으로 다른 희귀 원소들의 상대 존재비도 측정해 보았다. 어쩌면 외계의 공급원이 초신성일 수도 있었는데, 그 경우라면 점토에 플루토늄 244도 함께 존재할 것이었다. 그리고 최초 분석에 따르면 정말로 그 원소도 있는 것 같았다. 하지만 아사로와 미셸은 과학 활동의 표준 원칙을 책임감 있게 따르기 위해서 이튿날 같은 분석을 반복해 보았고, 그 결과 플루토늄을 발견하지 못했다. 전날의 발견은 그냥 표본이 오염된 것뿐이었다.

또 다른 대안을 떠올려 보려고 머리를 짜낸 끝에, 버클리 과학자들이 높은 이리듐 농도에 대한 그럴싸한 설명으로 제기할 수 있는 가설은 사실상 딱 하나가 남았다. 약 6500만 년 전에 외계로부터 천체가 날아와서 대규모 충돌 사건이 벌어졌다는 것이다. 1980년, 월터와 루이스 앨버레즈가 이끈 연구진은 큰 유성체가 지구와 부딪혀서 이리듐을 비롯한 희귀 금속들을 쏟아부었다는 가설을 발표했다. 그런 유성체 충돌은 — 소행성이든 혜성이든 — 관찰로 확인된 이리듐 총량과 원소들의 존재비를 둘 다 설명하는 유일한 사건이었으며, 그 원소 존재비는 태양계의 특징이라고 확인된 패턴과 일치했다.

측정된 이리듐 양과 운석의 평균 이리듐 함량에 기반하여, 연구자들은 지구를 때린 천체의 크기도 추측할 수 있었다. 그들은 그 천체의 지름이 무려 10~15킬로미터는 되었을 것이라고 결론 내렸다.

충격의 증거

거대한 유성체는 여러 치명적인 방식으로 피해를 입힐 수 있다는 점, 그리고 K-Pg 멸종에 관련된 지질학적 증거들에 대한 적절한 설명이 부족하다는 점을 고려할 때, 외계 천체를 동원한 설명은 지질학적 혹은 기후 과정을 범인으로 보는 통상의 가설들보다 좀 더 그럴싸하고 합리적인 대안 같았다. 그러나 가설에 설득력이 있었음에도 불구하고, 모든 과학자는 제아무리 대담한 사람이더라도 새 이론을 도입할 때 조심성을 발휘해야 한다. 가끔 급진적인 이론이 옳을 때도 있지만, 그것보다는 관습적인 설명이 간과되었거나 적절히 평가되지 않았을 때가 더 많다. 새로운 발상은 기존의 과학적 발상들이 다 실패하고 좀 더 대담한 발상들이 성공할 때에만 확고하게 자리를 잡는다.

이런 이유에서, 논쟁은 과학계가 — 말 그대로 — 이상한 이론을 점검할 때 유익하게 작용할 수 있다. 아예 증거를 보지도 않겠노라고 회피하는 사람이라면 과학 발전을 촉진할 수 없겠지만, 기존의 정설에 해당하는 관점을 굳게 고수하면서 합리적인 반대를 제기하는 사람은 과학의 판테온에 새로운 발상이 도입될 때 그 기준을 높이는 역할을 한다. 새 가설을 — 특히 급진적 가설을 — 주장하는 사람이 반대자와 대면할 수밖에 없는 상황은 괴상하거나 아예 틀린 발상이 자리 잡는 것을 막아 준다. 저항은 새 이론의 주창자로 하여금 게임의 수준을 높여서 왜 반대가 유효하지 않은지 보여 주게끔 만들고, 자신의 발상에 대한 지지를 최대한 찾아내게끔 만든다. 월터 앨버레즈는 유성체 가설이 결정적인 지지를 얻기까지 시간이 좀 걸렸던 것이 오히려 기뻤다고 말했다. 덕분에 자신의 주장을 강화할 2차 증거들을 다 찾아낼 여유가 있었다는 것이다.

실제로 유성체 가설은 그것을 터무니없는 이론이라고 여긴 사람들, 대개 점진론을 선호한 사람들로부터 반발을 샀다. 혼란스러웠던 점은, 판구조론이 점진론을 지지하던 시기는 마침 달 탐사로 수많은 달 크레이터를 클로즈업하여 볼 수 있게 됨으로써 충돌이 일으킬 수 있는 재앙에 대한 강력한 근거를 제공한 시점이기도 했다는 것이다. 어쩌면 이렇게 서로 다른 방향의 발전 때문에 ― 집단으로서 ― 지질학자들은 점진론에 기우는 경향이 있었던 데 비해 물리학자들은 격변을 선호하는 경향이 있었던 것인지도 모른다.

물론 달의 크레이터들은 모두 달이 형성되던 초기에 만들어졌을 수도 있다. 대부분은 실제로 그랬다. 따라서 크레이터의 존재만으로 이후 달의 진화 과정에서도 유성체 충돌이 중요하게 작용했다는 논증이 성립되지는 않았다. 그래도 사방에 널린 크레이터들은 태양계와 생명의 발달 과정에서 점진적 과정뿐 아니라 격변적 과정도 나름의 역할을 수행했다는 가정을 그다지 놀랍지 않은 것으로 만들어 줬어야 마땅했다. 크레이터는 달이 충돌을 겪었음을 보여 주는 분명하고 구체적인 증거였다. 지구는 달보다 크고 달과 아주 가까이 있으니 유성체들이 분명히 지구도 때렸을 것이었다.

그러나 앨버레즈가 가설을 제안했던 시기에 많은 고생물학자들은 점진론적인 설명을 선호했다. 어떤 사람들은 공룡이 백악기 말에 죽어 간 것은 단순히 모종의 환경적 악조건 때문이었다고 보았다. 기후 변화나 나쁜 식단 따위 말이다. 또 다른 많은 사람들은 화산 활동이 범인이라고 생각했다. 이 관점을 지지하는 증거는 인도의 데칸 트랩이 었는데, 이 트랩은 공룡이 멸종한 시기에 발발했던 엄청난 규모의 화산 활동으로 형성되었다. 데칸 트랩이 차지하는 영역은 50만 제곱킬로미터가 넘고 — 프랑스만 한 넓이이고 — 깊이는 2킬로미터쯤 된다. 실로 엄청난 양의 용암이다. 혼란을 가중시키느라, 하필이면 트랩이 형성된 연대는 백악기 말-제3기 초 경계와 아주 근접했다.

실제로 공룡 중에서도 아파토사우루스를 포함한 용각류 같은 집단들은 그 시기 말이 되기 전에 일찌감치 멸종한 상태였다. (아파토사우루스는 브론토사우루스의 원래 이름이자 잠시 브론토사우루스보다 선호되었던 명칭이다. 이 이름을 둘러싼 논쟁은 명왕성을 둘러싼 논쟁만큼이나 뜨겁다.) 그러나 점진적 쇠퇴 가설을 지지하는 증거는 조사가 시작된 시점에 화석 기록이 불완전했던 탓도 있었다. 이후 더 많은 지역이 조사되고 더 많은 화석이 발견됨에 따라, 그 주장은 점점 설득력을 잃었다. 미국 몬태나 주에서 발견된 화석은 백악기 말까지도 최소 10~15종의 공룡이 살아남아 있었음을 보여 주었다. 최근 프랑스에서 이뤄진 발굴에서는 K-Pg 경계면으로부터 1미터 내에서 공룡의 흔적이 발견되었고, 인도의 발굴에서도 경계면 바로 밑에서 공룡의 증거가 발견되었다. 암모나이트 같은 다른 종들도 처음에는 다양성이 서서히 쇠퇴한 것처럼 보였다. 하지만 과학자들이 좀 더 면밀하고 폭넓게 조사했더니, 역시 전체 공룡 종의 최소한 3분의 1은 경계까지 살아남았다는 사실이 드러났다. 일부는 그것보다 일찍 멸종했지만 말이다.

게다가 처음에 사람들은 트랩이 아주 신속하게 형성된 줄 알았으나 후속 연구에 따르면 그 형성에는 수백만 년이 걸린 듯했다. 그리고 K-Pg 사건은 그 중간에 해당하는 시점에 벌어졌는데, 이상하게도 그 시기는 화산 활동이 억제되었던 시기 같았다. 그리고 화산이 공룡 멸종의 유일한 원인이 아니었음을 보여 주는 가장 설득력 있는 증거는 인도 지질학자들이 K-Pg 경계에 해당하는 퇴적물에서 공룡 뼈와 알 조각을 발견한 것이었다. 공룡은 그때까지 살아 있었을 뿐 아니라 아예 트랩 지역에서 살고 있었던 것이다.

그렇기는 해도 좀 더 최근의 연구에 따르면 트랩 형성 시기가 이전까지의 짐작보다 멸종 시기와 좀 더 가까운 것으로 드러났으므로, 비록 화산 활동이 모든 파괴를 설명하지는 않더라도 모종의 역할을 했을 것이라는 여지를 남긴다. 어떤 사람들은 화산 활동이 유성체 충돌의 결과였다고 추측하는데, 그 경우에는 화산이 미친 어떤 영향이든 간접적으로나마 결국에는 유성체의 영향이었다고 볼 수 있을 것이다. 정확한 역할이 무엇이었든, 화산은 유성체의 중요성을 설득력 있게 지지하는 여러 지질학적 속성들의 우연한 일치를 다 설명하지 못한다.

그리고 일단 사람들이 열심히 찾아보기 시작하자, 유성체 가설의 증거는 빠르게 쌓여 갔다. 모름지기 세부 사항이 중요한 법이다. 세부 사항은 많은 논쟁을 해결해 준다. 버클리 연구진의 1980년 제안 이후 과학자들은 이탈리아, 덴마크, 스페인, 튀니지, 뉴질랜드, 아메리카 대륙에서도 K-Pg 점토층을 꼼꼼히 조사했다. 1982년이면 전 세계 40곳에 가까운 장소들이 면밀하게 조사되었다. 네덜란드 고생물학자 얀 스 밋은 스페인에서, 다른 고생물학자들은 스테운스클린트에서 높은 이 리듐 농도를 관찰했다. 스밋은 금이나 팔라듐 같은 다른 희귀 금속들 의 농도도 측정했는데, 그 결과 오스뮴과 팔라듐 농도는 지구의 다른 어느 곳보다 1,000배 더 높은 것으로 드러났다. 더구나 이번에도 금속 들의 상대 존재비는 유성체에서 기대되는 값과 일치했다.

화산 가설을 선호하는 일부 과학자들은 지구의 맨틀과 핵에 있던 이리듐이 화산 때문에 다량 분출된 것이라고 주장했다. 지구 내부는 표면보다 이리듐 농도가 더 높다고 알려져 있기 때문이다. 그러나 우 리가 아는 한 화산은 앨버레즈와 다른 과학자들이 전 세계의 K-Pg 경 계에 존재한다고 계산한 총 50만 톤의 이리듐을 설명할 만큼 충분히 많은 이리듐을 내뿜지 않는다. 이리듐이 가령 바닷속 침전처럼 다른 과정들에 의해 좀 더 농축되었을 가능성을 고려하더라도 말이다. 게다 가 운석에 고유한 중원소가 이리듐만은 아니며, 다른 원소들의 존재 량도 화산에서 분출되는 물질의 패턴과는 일치하지 않았다.

K-Pg 층 내부와 근처에서 관찰된 그 밖의 단서들도 유성체 가설의 보충 증거가 되어 주었다. 미세구결정(microkrystite) 같은 작은 돌 방울 들이 다양한 장소에서 발견된 것은 유성체 가설을 지지하는 현상이었 다. (미세구결정은 텍타이트의 축소판에 해당하는 구형의 유리질 돌멩이로, 충격으로 용 융된 암석이 실처럼 길게 뽑혀 나갔다가 대기에서 굳은 뒤 도로 땅에 떨어진 것이다.)

그러나 이 유리질 구형 결정은 처음에 혼란을 일으키는 거짓 단서 로 작용했다. 그 화학적 조성은 해저 지각의 조성과 비슷했고, 나아가 그 조성은 충돌의 표적이 아니라 충돌체의 특징일 가능성이 높아 보였다. 만일 방향을 잘못 잡은 최초의 결론이 옳아서 정말로 충돌체가 육지가 아니라 바다에 떨어진 것이라면, 그것은 곧 충돌의 증거가 속속 쌓여 감에도 불구하고 충돌 장소는 영영 우리에게 숨겨진 채로 남아 있을 것이라는 뜻이었다.

이 그릇된 걱정은 지질학자들이 유성체가 ― 접근 가능할지도 모르는 ― 대륙붕에 떨어졌음을 암시하는 증거를 발견하면서 누그러졌다. 그 증거란 충격 석영이었다. 충격 석영은 고압에서 형성되는데, 그런 고압은 석영을 함유한 바위가 충돌을 겪을 때만 갖춰지는 조건이다. 암석은 용융되지 않을 때는 산산조각 나기 때문에, 그 속에 담긴 광물질이 움직여서 서로 교차하는 결합을 형성한다. (그림 24) 이런 결합이 형성된다고 알려진 조건은 유성체 충돌과 핵폭발뿐이다. 그리고 6600만 년 전에 핵폭탄 시험이 있었을 리는 만무하므로 ― 그러나 한 연구자가 내게 말해 준 바에 따르면, 어느 라디오 기자는 그에게 정말로 그 가능성을 물어보았다고 한다. ― 유성체 충돌만이 유일하게 가능성이 있는 설명으로 살아남는 셈이다.

1984년에 몬태나에서 충격 석영이 발견되었고, 이후 뉴멕시코 주와 러시아에서도 발견되었다. 이 발견들도 유성체 충돌을 강하게 뒷받침하는 증거였다. 나아가 그 증거가 석영의 한 종류라는 사실은 크레이터, 물론 크레이터가 존재한다면 말이지만, 육지에 있어야 한다는 증거가 되어 주었다. 바다의 암석에는 석영이 드물기 때문이다.

유성체 가설을 지지하는 추가 증거는 계속 쌓여 갔다. 캐나다 과학자들은 앨버타 주의 K-Pg 층에서 미세 다이아몬드 조각들을 발견했다. 그것은 원래 우주에 있던 것을 유성체가 지구로 운반만 한 것일 수도 있고, 아니면 충돌에서 형성된 것일 수도 있었다. 그러나 크기와 탄소 동위 원소 비를 자세히 조사해 보니 후자의 해석으로 기울었다. 또한 역시 캐나다와 덴마크에서는 지구의 어느 곳에서도 발견되지 않은 종류의 아미노산들이 K-Pg 층에서 발견되었다. 이 증거는 흥미롭게도 혜성 해석을 지지하는데, 왜냐하면 그 아미노산들이 K-Pg 층에 인접한 주변 석회암에서도 발견되었기 때문이다. 층이 형성되던 무렵에 혜성 먼지가 떨어지고 있었다면 꼭 그런 결과가 나왔을 것이다.

고압 충돌을 지지하는 또 다른 중요한 지질학적 속성은 스피넬 (spinel)이라고 불리는 결정이었다. 이것은 철, 마그네슘, 알루미늄, 티타늄, 니켈, 크로뮴 등을 함유한 금속 산화물로, 고온에서 용융된 뒤 재빨리 굳었음을 암시하는 희한한 눈송이 모양이나 팔면체 모양 등의 형태를 지녔다. 스피넬은 화산 마그마에서도 발생한다. 그러나 발견된 스피넬에는 니켈과 마그네슘이 함유되어 있었는데, 화산 스피넬은 그것보다는 철, 티타늄, 크로뮴을 더 많이 함유하는 편이다. 게다가 더 나은 단서가 있었으니, 스피넬에 함유된 산소량이 그것이 형성된 장소를 알아내는 데 도움이 된다는 점이었다. K-Pg 층에 포함된 산화 스피넬은 그것이 20킬로미터 미만의 낮은 고도에서 형성되었음을 암시했다. 또한 결정이 얇은 층에서만 발견되었다는 사실은 K-Pg 경계에서 벌어졌던 재앙이 아주 짧은 시간 동안 벌어졌다는 가설을 확인해 주었다.

화산은 충격으로 인해 형성된 물질들을 설명해 주지 못했다. 화산도 암석 변형을 일으키지만, 현존하는 화산 지대에서 생성된 충격 석영들은 멸종 시기의 관찰에 부합하는 성질을 지니지 않았다. 화산에서 생성된 충격 석영은 결정이 하나의 면을 따라서만 어긋날 뿐 둘 이상의 면이 교차하며 어긋나지는 않는데, 후자는 강한 충격 압력에서만 발생하는 현상이다. 이런 세부 사항이 중요한 것은 이런 현상이 정확히 K-Pg 멸종 경계에 해당하는 장소에서만 발견되기 때문이다.

그러나 비록 우리가 유성체의 파괴적인 영향력을 확실히 확인했더라도, 점진론 관점을 완전히 버려서는 안 된다. 아마도 K-Pg 멸종 무렵에는 이미 생태계가 취약해지는 방향으로 조건이 바뀌고 있었을 가능성이 높다. 그래서 그렇지 않았을 경우에 비해 유성체가 떨어졌을 때 피해가 더 컸을 것이다. 적잖은 수의 생물종들이 좀 더 극적인 멸종 사건이 벌어지기 전에 이미 멸종했었음을 보여 주는 증거가 있다. 그리고 데칸 트랩 형성 시기를 좀 더 정확하게 측정한 최근 연구는 화산 활동이 모종의 역할을 수행했다는 가설에 힘을 실어 준다. 화산을 비롯한 다른 현상들이 대대적으로 벌어졌던 멸종 사건의 원인이었을 것 같지는 않지만, 그 사건을 방조했을 가능성은 높다. 유성체가 때리기 전에도, 때린 뒤에도.

하지만 유성체 충돌은 분명 아무런 도움이 없더라도 혼자서도 거뜬히 거대한 피해를 낼 수 있었다.

생명은 어떻게 죽어 나갔는가

그 유성체가 얼마나 거대하고 파괴적이었는지 헤아리기는 쉽지 않다. 충돌체의 폭은 맨해튼 너비의 3배쯤 되었다. 그냥 크기만 한 것도 아니었다. 충돌체는 아주 빠르게 움직였다. 최소한 초속 20킬로미터였고, 만일 혜성이었다면 그것보다 3배는 더 빨랐을 것이다. 그 속력은 고속 도로에서 시속 100킬로미터로 달리는 차보다 최소 700배 더 빠르다. 대도시만 한 물체가 독일의 속도 제한 없는 고속 도로 아우토반의 차량보다 500배 더 빠르게 움직였던 셈이다. 물체가 나르는 에너지는 질량과 그 속력의 제곱에 비례하므로, 그렇게 빠르고 큰 물체가 지구를 때렸다면 그 충격은 참혹하리만치 컸을 것이다.

충격이 어느 정도였는지 짐작해 보기 위해서 비교하자면, 그만한 크기와 속력의 물체가 낸 에너지는 TNT 100조 톤에 맞먹었을 것이다. 히로시마와 나가사키를 초토화했던 원자 폭탄들보다 10억 배 더 큰 에너지이다. 이 비교는 그냥 해 본 것이 아니다. 루이스 앨버레즈는 한때 맨해튼 프로젝트에서 일했던지라 실제로 이것과 비슷한 계산을 해 보았다. 좀 더 폭넓게 보자면, 냉전 시절 사람들이 핵폭발의 영향에 몰두했던 것은 크레이터에 대한 관심을 북돋는 효과가 있었다. K-Pg 충돌체가 환경에 미칠 장기적 영향에 관한 지식이 늘어난 것은 두 분야의 연구에 모두 도움이 되었다.

통구스카 충돌체와 애리조나의 미티어 크레이터를 만든 운석이 지녔던 에너지는 이것보다 작았다. TNT 10메가톤쯤 되었을 것이다. 두 경우 모두 충돌체의 지름은 50미터쯤이었지, K-Pg 사건을 일으킨 충돌체처럼 10~15킬로미터나 되지는 않았다. 크라카타우 화산의 에너지도 이런 작은 유성체들의 몇 배에 불과해, 이제까지 만들어진 가장 강력한 핵무기에 비견할 정도였다. (현존하는 핵무기의 50배쯤 된다.) 유성체의 폭이 1킬로미터만 되어도 충분히 지구적 피해를 일으킬 만큼 큰 편이다. 그런데 앨버레즈가 제안한 물체는 그것보다 최소 10배 더 컸다. 높이가 해발 9킬로미터인 에베레스트 산보다 큰 물체였다.

엄청나게 크고 빠른 물체가 가한 충격은 — 충격이라는 단어의 두 가지 뜻에서 모두 — 참혹했다. 앞 장에서 이야기했듯이, 그런 거대하고 무거운 돌덩이가 지구로 몸을 던진 뒤에는 많은 재난이 뒤따른다. 폭발점 근처에서는 — 약 1,000킬로미터 내에서는 — 거센 바람과 충격파가 날뛰었고, 폭발점을 중심으로 거대한 쓰나미가 퍼졌다. 해일은 엄청나게 강력했을 텐데, 다만 나중에 밝혀지기로는 당시 충돌 장소의 수심이 100미터가량에 불과했기 때문에 그 영향이 미친 범위는 제한적이었을 것이다. 지구가 역사상 겪은 가장 거대한 지진으로 말미암아, 지구 반대편에서도 해일이 일어났을 것이다. 거센 바람이 충돌 장소로부터 바깥으로 불었다가 도로 안으로 밀려들었을 것이다. 그 바람에는 유성체가 땅에 떨어질 때 하늘로 솟구쳤던 뜨거운 먼지, 재, 증기가 실려 있었을 것이다. 이 바람과 물로 충돌 에너지의 약 1퍼센트가 소모되었을 것이다. 나머지 에너지는 물질을 녹이고, 기화하고, 지구 전체로 지진파를 내보내는 데 들어갔다. 그 지진은 리히터 규모로 10에 해당했을 것이다.

수조 톤의 물질이 크레이터 지점으로부터 분출되어 사방팔방 퍼졌을 것이다. 그리고 나중에 뜨거운 고체 입자들이 대기에서 땅으로 가라앉을 때, 백열 상태까지 가열된 입자들 때문에 지구 전역에서 온도가 높아졌을 것이다. 그 결과 도처에서 불길이 일었을 것이고, 지표면은 말 그대로 익어 버렸을 것이다. 실제로 1985년에 화학자 웬디 울바흐와 동료들은 K-Pg 층에서 화재의 증거인 숯과 검댕을 찾아냈다. 그들이 발견한 탄소 부스러기의 많은 양과 형태는 실제로 화재가 일어났다는 것, 그래서 당시 존재하던 동식물을 죽였음을 확인해 주었다. 연구자들은 충돌로부터 몇 달 이내에 지구 생물량의 절반 이상이 불에 탔을 것이라고 결론 내렸다.

그것이 다가 아니었다. 물, 공기, 흙이 모두 오염되었다. 어쩌면 옛 사람들이 혜성을 두려워했던 것은 미신이 아니었을지도 모른다. 알고 보니 혜성에는 실제로 시안화물 같은 독성 물질들과 니켈, 납을 비롯한 중금속들이 포함되어 있었으니까 말이다. 일부 화학 물질은 피해를 끼치기도 전에 기화되어 사라졌겠지만, 그래도 중금속 비가 하늘에서 퍼부었을 가능성이 높다.

아마 이것보다 더 큰 피해를 입힌 것은 대기에서 형성된 뒤 산성비가 되어 땅에 내린 아산화질소였을 것이다. 황도 대기로 배출되었을 텐데, 그 결과 형성된 황산은 계속 대기에 남아서 햇빛을 가림으로써 재앙 직후의 지구적 온난화에 이어진 지구적 냉각기를 야기했을 것이고 그 상태를 오래 지속시켰을 것이다. 광합성의 손실은 먹이 사슬 전체에 영향을 미쳤을 것이다. 온난화와 지구를 뒤덮은 먼지 입자들도 모종의 역할을 했을지 모른다. 아마도 일탈적인 온난화와 냉각화가 이후로도 좀 더 오래 유지되는 데 기여했을 것이다.

화석 기록은 실제로 파괴의 유산이 최초의 충격으로부터 한참 지나서까지 남았다는 것을 보여 준다. 살아남은 종들도 개체수가 심각하게 줄었다. 바다는 이후 수십만 년 동안 회복하지 못했고, 모르기는 몰라도 최소한 50만에서 100만 년 뒤까지 파괴적인 영향을 겪었을 것이다. 탄산염이 거의 없거나 전혀 없는 검은 석회암 속에는 플랑크톤을 비롯한 화석들이 들어 있지 않고, 그 대신 주로 쇄설암 입자들이 들어 있다. 파괴를 겪어 풍화되고 침식된 암석들이 잘게 부서진 흔적이다. 암층의 색깔은 최소 몇 센티미터가 더 지날 때까지 정상으로 회복되지 않는데, 지구의 어느 장소를 보느냐에 따라 다르기는 하지만 가끔은 몇 미터일 때도 있다.

많은 재난은 동식물이 멸종할 기회를 풍성하게 제공했다. 몸무게가 약 25킬로그램을 넘는 — 중간 크기 개만 한 무게를 가진 — 생물은 하나도 살아남지 못했던 것 같다. 재난을 견디기 위해서는 어떻게든 숨을 방법이 — 동면을 하든 다른 방법을 쓰든 — 있어야 했다. 번식 방법(씨앗은 다른 번식 수단들보다 생존할 가망이 더 높았다.)과 먹이 공급원(쓰레기를 먹는 종은 더 잘 이겨 냈다.)에 따라서 몇몇 종들은 살아남았다. 하늘로 탈출할 수 있는 동물들도 사정이 나았다. 그러나 대부분의 동식물은 죽어 버렸다. 폭이 10~15킬로미터쯤 되는 유성은 그토록 파괴적이었다. 환경에게도, 생물에게도.

노다지를 캐다: 크레이터 재발견

1980년대에 발견된 증거들이 있고 거대한 유성체가 지구 생명에게 미칠 영향을 더 많이 알게 되었음에도 불구하고, 당시 과학자들은 만일 적당한 크기에 6600만 년 된 크레이터를 실제로 발견할 수 있다면 그것이야말로 충돌 가설을 확실히 강화하는 증거일 것임을 잘 알았다. 크레이터는 가설을 입증할 뿐 아니라 좀 더 자세한 조사를 통해서 유성체 충돌의 규모와 시기를, 나아가 충돌을 확인시켜 주는 또 다른 속성들을 좀 더 정확히 짚어내게끔 도울 것이었다.

크레이터의 크기는 — 나이와 함께 — 결정적인 예측 요소였다. 측정으로 확인된 이리듐의 양을 근거로 삼아, 월터 앨버레즈는 유성체의 폭이 최소 10킬로미터는 되었어야 한다고 추론했다. 따라서 크레이터의 폭은 약 200킬로미터여야 했다. 크레이터의 크기는 보통 충돌체의 20배쯤 되기 때문이다. 그만한 규모의 크레이터를 예상한 사람이 앨버레즈만은 아니었다. 또 다른 고생물학자는 점토의 7퍼센트가 운석이 남긴 물질일 것이고 나머지는 표적 지점의 암석이 가루가 되어 만들어진 물질일 것이라는 가정에 입각하여, 크레이터의 크기가 180킬로미터일 것이라는 독자적인 예측을 끌어냈다.

적절한 규모에 정확한 연대의 크레이터는 앨버레즈 가설을 입증하는 확실한 증거, 말하자면 연기가 모락모락 나는 — 정확히 말하자면 지금은 연기가 나지 않지만 — 총과도 같을 것이었다. 그러나 크레이터가 발견되기까지는 10년이 더 걸렸다. 그리고 그 이야기는 현대 과학에서 가장 재미난 탐정 이야기 중 하나라 할 만하다. 사실 사람들이 처음 충돌 지점을 찾아보기 시작했을 때에는 발견 확률이 그다지 높을 것 같지 않았다. 그동안 큰 크레이터가 몇 발견되기는 했지만, 그것보다 더 많은 크레이터들은 가뭇없이 사라졌다. 우리로서는 '운 좋게도' 유성체가 바다가 아니라 땅에 떨어졌더라도, 크레이터가 형성되었음을 알리는 증거는 뭐가 되었든 침식, 퇴적에 의한 매장, 지각판 이동으로 인한 파괴를 겪어 사라졌을 수 있다.

K-Pg 사건을 일으킨 유성체의 경우, 충돌 장소에 대한 단서가 부족하다는 사실이 발견을 더욱더 어려운 과제로 만들었다. 이리듐을 비롯한 지질학적 증거들이 지구 전역에 비교적 균일하게 분포되어 있다는 사실은 유성체가 전 지구에 충격을 안겼음을 시사했지만, 어느 특정 영역으로 범위를 좁혀 주지는 못했다. 사람들이 처음 찾아보기 시작했을 때는 지금으로부터 6500만 년도 더 전에 특정 유성체가 지구의 어디에 떨어졌는가를 알아내는 작업이 불가능하지는 않을지언정 벅찬 일로 느껴졌다.

하지만 크레이터 사냥꾼들에게 유리한 점도 있었다. 발견된 충격 석영은 그 기원이 대륙이었음을 — 혹은 대륙붕이었음을 — 암시했기 때문에, 육지를 수색함으로써 범인의 잔해를 성공리에 포착할 가망이 없지는 않았다. 언뜻 유망해 보이는 여러 크레이터들이 후보로 떠올랐으나, 후속 조사에서 금세 탈락했다. 충돌 시점, 규모, 혹은 광물학적 속성을 좀 더 정확히 측정한 결과가 일치하지 않았던 것이다.

그러나 한동안 대부분의 사람들은 한 가지 아주 중요한 독자적 관찰을 간과하고 있었다. 일찍이 1950년대부터 산업계의 지질학자들은 지름 180킬로미터의 원형 구조가 절반은 육지에, 즉 유카탄 반도의 석회암 평원에 묻혀 있고 나머지 절반은 물에, 즉 멕시코 만의 바닷물과 퇴적물 밑에 묻혀 있다는 것을 알고 있었다. 멕시코 국영 석유 회사 페트롤레오스 멕시카노스, 줄여서 페멕스의 지질학자들은 그 구조에서 유정을 파다가 약 1,500미터 깊이에서 결정질 암석에 부딪혔는데, 그들은 그것이 자신들에게는 훨씬 더 흥미로운 대상이었을 원유 매장지가 아니라 화산의 증거라고 해석했다.

그러나 1960년대 말에 지질학자 로버트 발토서 — 첫 조사자들이 원유 매장지를 놓쳤을 경우를 고려하여 회사가 2차로 실시한 시추 사업에 관여한 사람이었다. — 는 그것이 충돌구일 수도 있다는 의견을 제기했다. 그의 가설은 그 구조의 중력 퍼텐셜 형태를, 즉 원형 구조의 영역에서 중력이 어떻게 미세하게 달라지는가 하는 패턴을 측정한 결과에 입각한 것이었다. 하지만 그것도 어쨌든 석유가 아니었으므로, 페멕스는 발토서의 관찰 결과 발표를 허락하지 않았다. 당시 그 구조를 알고 있던 사람들은 대부분 석유 회사를 위해서 일했고, 석유 회사는 명백한 이유에서 해저를 자세히 조사했으나 그 결과를 보호하기를 원했던 것이다.

하지만 페멕스는 석유 수색에 끈질겼기 때문에, 1970년대에 지질학적 조사를 좀 더 수행했다. 그중에는 유카탄 반도 전체에 대해서 상공에서 자기장을 조사하는 작업도 있었다. 그래서 미국인 자문 글렌 펜필드는 너비가 약 50킬로미터인 특정 영역에서는 강한 자기적 이상이 포착되는 데 비해 그것을 둘러싼 지름 약 180킬로미터의 바깥 고리 영역에서는 자기가 유달리 약하게 측정된다는 사실을 알아차렸다. 그것은 정확히 대형 충돌구에서 예상되는 자기 패턴이었다. 중앙은 충돌로 녹아 버린 부분이고 바깥은 표적 물질의 부스러기가 굳어서 만들어진 부분이기 때문에 그런 패턴이 나타난다. 펜필드는 이 일치를 간과하지 않았다. 상공에서 측정한 중력 데이터도 이 해석을 뒷받침했다. 중력장의 요철(凹凸) 패턴은 자기 신호의 변이 패턴과 상응했다.

그러니 1978년부터 펜필드는 충분히 강력하게 충돌구를 암시하는 증거를 가지고 있었다. 그는 여태 알려지지 않은 충돌 사건의 증거란 상당히 중요한 정보라는 것을 알았기에, 일반적으로는 지적 재산권으로 여겨졌을 데이터를 공개적으로 발표해도 되겠느냐고 페멕스에 허락부터 받았다. 그러고는 1981년에 로스앤젤레스에서 열렸던 지구 물리 탐사 학회 모임에서 페멕스의 지질학자 안토니오 카마르고와 공동으로 결과를 발표했다. 그러나 그 발견은 별다른 관심을 끌지 못했다. 청중의 대부분은 K-Pg 멸종에 대한 충돌 가설을 아직 몰랐기 때문에, 당시에는 아무도 두 사건을 연관지을 생각을 떠올리지 못했다.

K-Pg 멸종과 연관된 충돌구의 소재를 찾는 데 관심이 있었던 사람들은 1990년이 되어서야 이 크레이터를 조사하게 되었다. 그들이 어떻게 그 크레이터에 도달했는가 하는 사연 또한 놀라운 이야기이다. 앨버레즈 가설을 확증하기 위해서 지름이 약 200킬로미터에 나이가 6600만 년인 크레이터를 찾아다녔던 사람들은 페멕스 지질학자들과는 전혀 다른 관점에서 수색하고 있었다. 그들은 K-Pg 층을 조사함으

로써 충돌 위치의 단서를 찾고자 했다. 이리듐 퇴적이 지구적으로 균일함에도 불구하고, 연구자들은 — 만약 발견할 수 있다면 — 좀 더 위치 특정적일 것이 분명한 단서를 하나 알았다. 만일 유성체가 바다에 떨어졌지만 그 지점이 해안과 가까웠다면, 그것으로 인해 일어난 쓰나미는 무척 강력하여 대륙의 대지에 흔적을 남길 정도였을 것이다. 유성체가 육지에 떨어졌다는 증거가 좀 있는 것을 감안할 때 이 생각은 그저 희망에 불과한지도 몰랐지만, 지질학자들은 어쨌든 경계를 늦추지 않았고 결국 노고에 대한 보상을 받게 되었다.

1985년, 얀 스밋과 동료는 멕시코 만에 가까운 텍사스 주의 브래저스 강 바닥에 쌓인 K-Pg 퇴적층에서 퇴적물이 교란된 흔적이 드러나 있는 것을 발견했다. 그들은 그 교란이 가설의 쓰나미로 인해 형성된 것이라고 확신했다. 두 사람의 발견을 면밀히 뒤쫓은 사람은 워싱턴 대학교의 지질학자 조앤 부르주아였다. 부르주아는 그곳에서 조개껍데기 조각, 화석화한 나무, 물고기 이빨, 그 지역의 해저와 일치하는 점토가 포함된 유달리 거친 사암을 발견했다. 그래서 그녀는 그 장소가 6600만 년 전에는 해수면으로부터 100미터 밑에 있었을 것이라고 결론 내렸다. 그녀는 또 사암 덩어리들의 크기를 단서로 삼아서 해일의 속도가 초속 1미터 이상이었을 것이라고 추측했는데, 그것은 곧 파고가 최소 100미터라는 뜻이었다. 게다가 그녀는 물결이 해안을 덮쳤다가 도로 빠져나갔음을 암시하는 패턴을 간직한 점토도 발견했다. 물결의 최고 높이는 바다의 깊이와 동일한 5,000미터였을 것이라고 가정하여, 부르주아는 충돌 지점이 자신의 발굴 지점으로부터 5,000킬로미터 이내였을 것이라고 유추했다. 그것은 곧 멕시코 만, 카리브 해, 대서양 서부를 뜻했다.

장소에 대한 또 다른 단서는 지질학자 브루스 보호르와 글렌 이젯이 내놓았다. 두 사람은 1987년에 충격 석영이 가장 풍부하고 넓게 퇴적된 영역은 북아메리카 서부 내륙이라는 것을 발견했는데, 그것은 충돌이 대륙 근처에서 벌어졌음을 암시했다. 이 결론은 충돌이 북아메리카 대륙 남쪽 끝 근처에서 발생했을 것이라고 본 스밋과 부르주아의 분석과 일맥상통했다.

충돌 지점이 좀 더 좁혀진 것은 아이티 지질학자 플로랑탱 모라스가 자기 나라의 K-Pg 경계층에서 발견한 흥미로운 부스러기 덕분이었다. 특이한 퇴적물에 대한 모라스의 묘사는 애리조나 대학교의 대학원생 앨런 힐데브란트와 그의 논문 지도 교수 빌 보인턴, 그리고 연구자데이비드 크링의 관심을 끌었다. 모라스는 그 부스러기가 화산에서 나왔을 것이라고 적어 두었으나, 애리조나 연구진은 화산의 잔해와 충돌의 잔해가 쉽게 혼동된다는 것을 알았다. 그들은 아이티 표본을 직접 살펴보고는 그 속에서 텍타이트를 확인했고, 자신들이 직접 아이티를 방문하기로 결정했다. 그리고 1990년에 그곳에서 텍타이트를 포함한 듯한 두께 0.5미터의 퇴적암 노두를 발견했다. 더구나 그 속에는 충격석영과 이리듐 점토도 있었다. 그러니 그 지역은 유성체 충돌과 관련된 곳일 가능성이 아주 높아 보였다. 연구진은 그 층의 두께로부터 충돌 당시 형성된 크레이터가 그곳으로부터 1,000킬로미터 이상 멀리 떨어졌을 리 없다고 결론 내렸다.

힐데브란트가 처음에 카리브 해의 다른 후보 크레이터를 지지했다가 의견을 철회하기는 했지만, 애리조나 팀은 결국 10년 전에 발견된 유카탄 반도의 구조로 시선을 집중했다. 그러나 유카탄 반도의 지질 구조와 유성체 충돌을 처음 관련 지은 사람은 과학자가 아니라《휴스턴 크로니클》의 기자 카를로스 바이어스였다. 힐데브란트가 어느 과학 모임에서 애리조나 팀의 연구를 발표하는 것을 들은 바이어스가 힐데브란트에게 문제의 충돌구일 가능성이 있는 구조를 펜필드가 일찌감치 발견했다는 사실을 알려주었던 것이다. 그럼으로써 바이어스는 과학자들이 사라진 크레이터의 수수께끼를 놀랍도록 만족스러운 결론으로 연결 짓도록 거들었다.

페멕스가 발견한 크레이터는 위치가 옳았다. 크기도 옳았다. 그 일치는 크레이터와 K-Pg 멸종을 연결 짓는 주장에 대한 중요한 근거였다. 그런데도 1990년에 힐데브란트가 관련성을 암시하는 두 편의 논문 개요를 학술지에 제출했을 때, 그는 게재 수락을 얻지 못했다. 부분적으로는 초기 증거가 설득력이 부족했던 탓이었다. 하지만 애리조나 팀이 크레이터에서 충격 석영을 확인하자, 여론은 변했다.

문제의 크레이터는 물에 잠긴 대륙 대지에 있기 때문에, 퇴적물로 위가 덮여 있었다. 그래서 과학자들이 크레이터를 발견하고 연구하기가 더 어려웠다. 하지만 그렇게 묻힌 것이 어떤 면에서는 다행이었다. 위로 1,000미터나 단단하게 쌓인 진흙이 크레이터를 보호하여 지표면에서라면 겪었을 침식을 막아 주었기 때문이다. 그렇게 묻혀 있어서 처음에는 접근이 불가능했던 크레이터를 조사하기 위하여, 애리조나 과학자들은 펜필드와 카마르고에게 접촉하여 그들이 예전에 파냈던 코어 표본을 조사해 봐도 되느냐고 물었다. 그리고 뉴올리언스에 보관되어 있던 엄지만 한 표본 2개를 얻었다. 애리조나 연구진이 그 오래된 페멕스 시추 코어를 분석했더니, 아니나 다를까 찾던 것이 들어 있었다. 크레이터가 화산이 아니라 충돌에서 생겼음을 증명하는 충격 석영과 용융암이 확인되었던 것이다. 1991년 3월, NASA의 존슨 우주 센터에서 크링이 자신들의 발견을 알렸다.

애리조나 과학자들은 시추 코어 분석 결과를 펜필드와 카마르고가 제공한 지구 물리학적 데이터와 결합했다. 연구진은 ─ 다른 동료 연구자 둘을 더해 ─ 크레이터가 K-Pg 대량 멸종을 야기한 충돌의 결과임을 보여 주는 강력한 증거를 쌓아 갔다. 그리고 그 결과를 180킬로미터라는 크레이터 크기 추정값과 함께 1991년에 《지질학(Geology)》에 제출했다. 충격 석영을 비롯한 여러 보강 증거와 맞닥뜨리자, 이제 많은 과학자들이 관심을 쏟기 시작했다.

애리조나 팀은 근처 작은 어항의 이름을 따서 크레이터의 이름을 지었다. 안타깝게도 발음하기 어려운 칙술루브 푸에르토라는 이름의 그 항구는 크레이터 중심의 바로 위에 있다. 이 이름은 가끔 '악마의 꼬리'라고도 번역되는데, 월터 앨버레즈가 "죽음의 크레이터"라고 불렀던 이 당당한 구조에 참으로 잘 어울리는 이름이다.

애리조나 팀이 논문을 발표한 직후, 원격 탐사 전문가들은 위성 영상으로 크레이터의 둘레를 감지할 수 있음을 깨달았다. 그 결과 작은 연못들이 고리 모양으로 크레이터를 둘러싸고 있는 것이 확인되었는데, 그 반지름은 80킬로미터였다. 그 연못들 또한 크레이터가 형성될 때 만들어졌을 가능성이 높았다. 당시 지하수가 솟아올라서 지표면을 가르고 나왔던 것이다. 따라서 이것 또한 크레이터의 연관성을 보여 주는 증거였다.

뒤이어 더 많은 보강 증거들이 등장했다. 애리조나 과학자들은 더 오래된 코어를 구성하는 물질이 충격으로 용융된 물질임을 확인했고, 그 속에 주변 만의 K-Pg 퇴적물에서 발견된 미세 텍타이트를 닮은 요소들이 담겨 있는 것도 확인했다. 크링과 보인턴은 또 칙술루브 용융 암석과 아이티의 K-T 경계에 퇴적된 유리질 구형 결정의 화학적 조성이 비슷하다는 것을 확인했다. 이것은 칙술루브 크레이터가 형성된 시점이 정확히 생명이 멸절된 K-T 경계였다는 것을 보여 주는 확고한 증거였다. 이즈음에는 이제 증거가 워낙 강력해졌기 때문에, 발견은 뉴스에서 머릿기사로 다뤄졌으며 모든 사람들이 다 아는 내용이 되었다.

지질학자들은 유카탄 크레이터와 K-Pg 멸종을 잇는 고리를 좀 더 찾으려고 애썼다. 얀 스밋과 월터 앨버레즈는 크레이터 근처의 딱 정확한 경계 지점에서 딱 정확한 종류의 노두를 발견했는데, 그것은 구형 결정은 물론이고 유리까지 포함된 각력암 더미였다. 유리를 발견한 것은 특히 중요했다. 유리는 충돌처럼 신속한 과정에서만 형성될 뿐 화산처럼 비교적 느린 과정에서는 형성되지 않는다. 느린 과정에서는 원자들과 분자들이 결정을 형성할 시간이 충분하기 때문이다. 더구나 유리에 난 줄무늬는 그것이 너무 빨리 형성되어서 균질해질 여유가 없었음을 암시했다.

과학자들은 또 멕시코에 거주하는 지질학자들과의 대화와 탐사를 통해서, 근처에서 발생했던 충돌로 파열된 영역을 좀 더 많이 알아냈다. 게다가 북아메리카에 쌓인 크레이터 경계 분출물의 두께는 칙술루브를 그 공급원으로 삼아 예측한 결과에 꼭 들어맞도록 중심지로부터 멀어질수록 얇아지는 패턴이었다. 그리고 지질학자 수전 키퍼는 이리듐, 충돌로 용융된 물질, 충격 석영의 상대 분포를 폭발 지점에서 분출물이 잇따라 뿜어져나온 과정을 기술한 모형으로 잘 설명해 냈다.

1992년 무렵에는 그동안 축적된 갖가지 증거 때문에 대부분의 지질학자들이 유카탄 구조를 진짜 충돌구라고 믿게 되었다. 하지만 K-Pg 멸종과의 관련성은 아직 확신하지 못하는 상황이었다. 자세한 연대 측정만이 관련성을 확고하게 입증할 방법이었고, 그러려면 크레이터에서 파낸 고품질의 코어들을 대상으로 화학적 조성을 조사해 봐야 했다.

과학자들은 결국 암석 속 아르곤 동위 원소를 조사함으로써 기존 코어들의 나이를 ─ 특히 아주 잘 보존된 유리질 구형 결정 3개로부터 ─ 알아내는 데 성공했다. 다음으로 과학자들은 충돌 시기와 멸종 시기가 일치하는지 확인하기 위해서 아이티 K-Pg 층에서 나온 구결정들의 연대를 알아보았다. 그 결과 전자의 측정에서는 6498만 년 ± 5만 년이 나왔고, 후자의 측정에서는 6501만 년 ± 8만 년이 나왔다. 두 사건이 ─ 측정의 불확실성 범위 내에서 ─ 동시에 벌어졌음을 확인해 주는 결과였다. 이 훌륭한 일치 덕분에 많은 과학자들은 앨버레즈와 동료들이 처음 제기했던 유성체로 인한 공룡 멸종 이론이 정말로 옳다고 믿게 되었다. 분출물이 정확한 고생물학적 경계에 떨어졌다는 사실은 충돌이 멸종 시점에 벌어졌음을 확인해 주는 증거였다.

그러나 크레이터와 이리듐 층에 대한 최초의 연대 측정 결과는 ― 인과 관계를 확립하는 데 결정적인 요소였다. ― 알고 보니 100만 년쯤 빗나간 값이었다. 상대 연대는 바뀌지 않았지만, 연대를 매기는 데 필수 요소인 붕괴 상수가 처음에 약간 부정확했던 것으로 밝혀졌다. 요즘 우리가 K-Pg 멸종이 ― 6500만 년 전이 아니라 ― 6600만 년 전에 일어났다고 보는 것은 그 때문이다.

유성체 가설을 그것보다 더 강력하게 보강하는 증거는 두 연대의 위치에 대한 측정값이 최근 상당히 개선된 데서 나왔다. 2013년 2월, 캘리포니아 대학교 버클리 캠퍼스의 폴 렌과 동료들은 칙술루브 충돌과 대량 멸종의 시간 차가 3만 2000년도 안 된다는 것을 보여 주었는데, 그렇게 오래전에 벌어진 사건들에 대한 측정값으로서는 믿을 수 없을 만큼 정확한 수준이었다. 버클리 팀은 아르곤-아르곤 연대 측정 기법을 씀으로써 ― 아르곤의 방사성 동위 원소들에 의존하는 기법이라고 앞 장에서 설명한 바 있다. ― 충돌과 멸종이 그토록 짧은 간격을 두고 벌어졌었다는 사실을 확인했다.

두 연대가 그렇게 가까운 것이 단순한 우연의 일치일 가능성은 거의 없다. 그것은 충돌 가설을 증명하는 놀라운 증거임이 틀림없다. 논문의 저자들은 조심성을 발휘하여 유성체 사건은 사전에 이미 화산 활동이나 기후 변화로 촉발되었던 멸종에 최후의 결정타를 날린 것뿐이었을지도 모른다고 지적했지만, 칙술루브 크레이터를 낳은 거대한 유성체 충돌이 멸종의 결정적 방아쇠였다는 것은 이제 합리적인 의심조차 넘어선 분명한 사실이다.

2010년 3월, 고생물학, 지구 화학, 기후 모형, 지구 물리학, 퇴적학 분야의 전문가 41명이 모여서 지난 20여 년 남짓 축적된 충돌-대량 멸종 가설에 대한 증거들을 검토해 보았다. 그들의 결론은 칙술루브 크레이터 생성과 K-Pg 멸종이라는 두 사건의 원인이 정말로 6600만 년 전에 발생했던 유성체 충돌이라는 것이었다. 그 사건으로 인한 희생자들 중에서 가장 눈에 띄는 것은 바로 우리에게 항상 경이로운 존재였던 공룡들이었다. 그해에 《사이언스》에 발표된 논문은 유성체를 멸종의 원인으로 인정하는 것이 학계의 합의된 견해임을 알렸다. 한편 몇 달 뒤에 같은 학술지에 실린 다른 논문은 회의적인 고생물학자들이 작성한 것이었는데, 그런 그들도 유성체가 아주 중요한 요소였다는 사실만큼은 인정했다.

칙술루브 크레이터는 지구에서 발견된 크레이터들 가운데 가장 큰 축에 속한다. 과학자들이 그 존재를 알아낸 과정은 과학이 어떻게 활약하는지 보여 주는 놀라운 사례였다. 거기에는 영리한 귀납법, 대담한 가설을 시험하고 확증하는 작업, 그리고 이탈리아, 콜로라도, 아이티, 텍사스, 유카탄 등등 서로 멀찌감치 떨어진 지역들을 탐사하는 작업이 수반되었다. 유카탄 반도를 때렸던 유성체는 우리 행성과 그 속의 생명에게 심대한 영향을 끼쳤다. 그 천체의 기원과 그것이 일으킨 결과는 지구가 우주와 언제까지나 관계를 맺고 있다는 사실을 분명하게 보여 주는 예시이다.

13장
생명이 서식할 수 있는 지역

우리는 현재 지상에 서식하는 공룡이 없다는 사실과 암흑 물질 사이에 연관 관계가 있을지도 모른다고 주장하는 가설을 향해서 지금까지 먼 길을 걸어왔다. 우주에 대해, 그 속의 물질에 대해, 은하 같은 구조들의 발달에 대해 지금까지 알려진 바를 살펴보았다. 우리 주변으로 와서는, 연구가 가장 잘 이뤄진 K-Pg 대참사를 비롯하여 다섯 번의 주요한 멸종 사건을 돌아보았다. 그리고 소행성과 혜성에 관한 새로운 발견들에 초점을 맞추어 태양계의 조성을 살펴보았다.

그러나 과학의 진보에는 알려진 것만 필요한 게 아니다. 알려지지 않은 것도 비판적인 방식으로 도움이 된다. 가설은 종종 지엽적이지만 의미가 있을 듯한 증거를 이해하기 위해서, 혹은 — 영감이 솟은 순간에 — 크고 새로운 발상들을 통합하기 위해서 시도해 본 추측으로 시작된다. 과학적 방법론의 아름다움은 말도 안 되는 것처럼 보이는 개념에 대해서도 따져 볼 수 있도록 해 준다는 것, 단 그 개념을 시험하는 데 쓸 작고 논리적인 결과들을 확인할 요량으로 그렇게 하게끔 해 준다는 데 있다. 운이 좋다면 우리의 가설은 앞으로 나아가는 길을 가리키겠지만, 실망스럽게도 처음에는 유망해 보였던 가설이 우리를 잘못된 길로 한참 인도한 뒤에야 틀린 것으로 밝혀지는 경우도 있다.

진보는 직선적일 때가 드물다. 한번은 스키를 부정기적으로 타지만 열렬히 즐기는 내 친구 하나가 좀 다른 맥락에서 이 명제를 열렬히 표현해 보였다. 언젠가 슬로프에서 그를 만났을 때, 그는 자신의 스키 기술이 "두 걸음 전진했다가 두 걸음 후퇴하는 것" 같다고 말했다. 하지만 사실은 그가 기술이 늘지 않는다고 생각하는 순간에도 그는 눈에서 많은 시간을 보내면서 산과 지형에 익숙해지는 중이었고 그 익숙함은 나중에 스키를 탈 때 도움이 될 것이었다. 1년 뒤에 같은 슬로프에서 다시 그를 만났을 때, 정말로 그는 이전에 비해 슬로프를 훨씬 더 편하게 느끼는 모습이었다.

내 친구가 표현했던 태도는 연구자라면 누구나 이따금 느끼는 것이다. 실수를 전혀 하지 않고, 모든 방정식을 옳게 풀고, 데이터를 제대로 해석한 사람이라도 결국에는 자신이 제안한 가설을 — 전혀 그의 탓은 아니지만 — 우주가 지지해 주지 않는다는 것을 발견할지 모른다. 스키와 마찬가지로, 그런 경우에도 그는 그 시도로부터 최소한 지형에 대한 좀 더 긴밀한 이해를 얻을 것이다. 우리의 가상의 연구자는 잘못된 발상으로부터 — 최소한 옳게 잘못된 발상으로부터 — 무언가를 배웠다는 사실에서 위안을 얻을 수 있다. 당장 그 순간에는 늘 그렇게 보이지는 않겠지만 말이다. 그리고 어쨌든 가정을 세우고 그것을 증명하거나 반증할 방법을 찾는 것은 그 발상의 유효성을 확인하는 유일한 방법이다. 그 제안이 운이 좋거나 영감이 깃든 것이라면, 그 근사한 순간에 연구는 진정한 발전으로 이어진다. 그리고 과학자는— 거의 모든 다른 사람들도 그렇겠지만— 성공을 마주하면 지난 실패는 잊는 법이다.

이 책은 곧 암흑 물질에 대한 추측에 가까운 가설들을 몇 가지 소개할 것이다. 하지만 이 장에서는 우리가 그 정체를 아는 보통 물질이 만들어 낸 결과 중에서 가장 흥미로운 결과, 즉 생명의 발달과 진화를 이야기하겠다. 생명의 기원에 중요했을지도 모르는 요인은 어떤 것인지, 생명을 건사할 수 있는 환경 조건은 무엇인지, 유성체가 생명 발달에 모종의 역할을 했을지 등을 이야기하겠다. 대부분은 과학 연구로 뒷받침된 내용이지만, 추측에 지나지 않는 측면도 일부 포함되어 있다. 특히 어떤 특수한 속성이 지구 생명에게, 혹은 다른 곳에 있을지도 모르는 다른 형태의 생명에게 중요했는가 하는 문제를 다루는 부분이 그렇다.

아래에서 내가 보통 물질에만 초점을 맞춰 이야기하는 것은 이 문제에 관하여 암흑 물질에 관련된 추측은 없다는 말이 아니다. 하지만 그이야기는 잠시 미뤘다가 책의 마지막 부분에서 하겠다. 그래도 생명이 암흑 물질에게도 빚을 지고 있다는 사실을 아주 잊어서는 안 된다. 암흑 물질은 우리 항성계가 형성되는 환경이 창조되는 과정에 기여함으로써 생명을 도왔다. 따지고 보면 우리 항성계는 보통 물질로 이루어진 고밀도 원반에서 만들어졌고, 그 원반은 최초에 응축된 암흑 물질이 씨앗으로 작용하여 형성된 은하로부터 만들어졌다. 암흑 물질이 비계가 되어 형성된 구조들 덕분에, 나아가 별들과 무거운 원자핵들이 생길 수 있었다. 이런 요소들은 암흑 물질의 기여가 없었다면 제때 만들어질 수 없었을 것이다. 암흑 물질은 또 초신성이 생성한 중원소들, 지구와 생명에게 꼭 필요한 중원소들을 은하와 은하단으로 끌어들이는 것을 도운 공도 있다.

그러나 암흑 물질 헤일로에서 생명의 탄생까지는 기나긴 여정이었다. 우선 우리 은하 원반이 형성되어야 했고, 그다음으로 별들과 중원소들과 좀 더 복잡한 구조들이 생겨야 했다. 태양계가 유달리 적합한 조건을 제공하는 듯한 그런 미묘하고 복잡한 과정들에서는 보통 물질이 주인공이었다. 나는 지금부터 생명 형성에 관하여 추측에 가까운 가설들을 소개할 텐데, 이중 무엇이 옳은지는 알려드릴 수 없다. 하지만 앞으로 과학이 이 문제에서 진전을 이루리라는 것만큼은 확신 있게 말할 수 있다.

생명의 시작

생명의 기원은 극도로 어려운 문제이다. 생명이 정확히 무엇인지 아무도 모르기 때문에 더 그렇다. 만일 지금처럼 이미 엄청나게 복잡하고 놀라운 생명의 사례가 눈앞에 놓여 있는 상황이 아니었다면, 우리는 우리와 비슷한 종류의 생명이 어떤 조성으로 이뤄졌으며 어떤 조건을 필요로 하는지를 추측하거나 밝혀낼 수 있었을까? 어려웠을 것 같다. 우리가 풀어야 할 심오하고 근본적인 질문이 아직 많다는 것을 알면서도, 우리는 현재 우리의 이해 수준을 자꾸만 과대평가하는 경향이 있다. 내가 이른바 인간 원리 논증을 썩 탐탁지 않게 여기는 한 이유는 우리와는 다른 형태의 생명에게는, 혹은 그 생명을 뒷받침하는 은하와 같은 구조에게는 과연 무엇이 필수 조건인지를 아무도 모르기 때문이다. 어떤 사람들은 모든 생명 형태가 우리와 비슷할 것이라고 보는 듯한데, 나는 그 점에서도 그들만큼 확신이 없다.

그러나 추상적인 가상의 생명에 대한 질문을 묻기 전에, 우리 행성에서 생명이 어디에서 어떻게 시작되었는지를 먼저 알고 싶을 수도 있다. 생명은 지구에서 생겨났을까? 아니면 우주 어딘가에서 지구로 들어왔을까? 어떤 사람들은 다른 곳에서 형성된 생명을 혜성이나 소행성이 포자 형태로 지구에 운반해 왔다고 추측하는데, 그런 시나리오를 범종설(panspermia)이라고 부른다. 또 어떤 사람들은 유성체 충돌 덕분에 생명 형성을 가로막던 장애물 일부가 극복되었다고 주장하고, 좀 더 보수적인 다른 사람들은 생명이 외계로부터의 직접적인 개입 없이 지구에서 발달했다고 주장한다. 마지막 가설은 우리가 아는 한 태양계를 통틀어 지구야말로 생명 출현에 이상적인 조건을 갖춘 곳으로 보인다는 점에서 좀 유리하다. 다른 곳에도 비슷한 환경이 있을지 모르지만, 우리가 아는 한 석호나 조수 웅덩이 같은 얕은 해양 환경, 언 수용액, 화학 물질이 농축되고 반응할 수 있는 표면 점토층을 갖춘 곳은 지구뿐이다.

생명을 구성하는 중원소들은 틀림없이 우주에서 왔다. 수소는 초기 우주에서부터 있었지만, 다른 필수 원소들인 탄소, 질소, 산소, 인, 황은 고온 고밀도의 항성 내 합성과 초신성 폭발에서 생겨났다. 그 과정은 우리 태양이 탄생하기도 전에 벌어졌다. 나는 카나리아 제도 테네리페 섬 천문대의 망원경으로 지구 근접 소행성을 수색하는 학생들과 인터뷰를 했을 때 이 일련의 사건에 관한 이야기를 할 수 있어서 기뻤다. 학생들은 통상적인 질문들을 던진 뒤에 마지막으로 그들이 모든 인터뷰 대상자에게 똑같이 묻는다는 별난 질문을 던졌는데, "학생들과 어린 별들의 공통점이 뭐라고 생각하나요?"라는 질문이었다. 나는 내 대답에 질문자들이 만족하는 듯해서 안심이 되었다. 내가 뭐라고 말했느냐면, 학생들이 어떤 발상을 흡수하고 그것을 가공해서 새로운 발상을 만들어 낸 뒤 그것을 다시 세상으로 내보내어 새롭게 순환을 개시하는 것은 별들이 성간 물질을 흡수하여 그것으로부터 중원소를 만들어 낸 뒤 그것을 다시 우주로 내뿜어 새롭게 처리되게끔 하는 것과 비슷하다는 것이었다. 분자들이 방출되고, 성간 매질에 널리 퍼지고, 그러다가 밀도 높은 구름에서 응집되고, 그곳에서 일부가 다시 별을 형성하는 영역으로 재진입하는 패턴은 아닌 게 아니라 어떤 발상이 형성되고, 확산되고, 진행되는 패턴과 크게 다르지 않다.

그러나 생명이 나타나기 위해서는 이 중원소들이 좀 더 가공되어야 했다. 지구에서는 화학 물질들이 갈수록 복잡하고 안정된 유기 화합물을 형성하는 과정이 그런 단계였다. 결국 화합물은 자기 복제하는 RNA를 만들어 냈고, 그다음에는 DNA를, 그다음에는 세포를, 그리고 이윽고 — 훨씬 더 나중에 — 다세포 유기체를 만들어 냈다. 이런 구조들은 부분적으로 단백질의 구성 단위인 아미노산으로 구성된다. 우리는 DNA, RNA, 세포 구조 등이 발달하려면 무엇이 필요한지를 많이 밝혀내고 있으니, 생명의 기원에 어떤 극단적인 조건이 필요했는지에 대해서도 앞으로 좀 더 확실하게 알 수 있을지 모른다.

생명 출현에 관한 흥미로운 질문들 중 하나는 어떻게 아미노산이 성간 매질이나 그 밖의 다른 장소에서 형성되는가 하는 것이다. 1950년대 초, 시카고 대학교의 스탠리 밀러와 해럴드 유리는 유명한 실험을 했다. 두 사람은 메탄, 암모니아, 수소가 담긴 용기에 물이 든 플라스크를 넣고 가열해 보았다. 그들의 목표는 초기 대기 속 원시 바다를 흉내 내는 것이었다. 수증기에 방전된 전기는 그들이 인위적으로 창조한 '대기'에서 발생하는 벼락의 역할을 했다. 밀러와 유리는 그 단순한 기구로 아미노산을 생성하는 데 성공함으로써, 태양계와 태양계 밖 환경에서 아미노산이 만들어지는 것은 사실 그다지 놀라운 일이 아니라는 것을 보여 주었다.

사실 초기 지구의 대기에는 이산화탄소, 질소, 물이 담겨 있었을 가능성이 높고, 실험에서처럼 메탄이나 암모니아(이산화탄소나 질소보다 안정성이 낮다.)가 있었을 가능성은 낮다. 하지만 지구의 아미노산 분포가 밀러-유리 실험에서 생성된 분포와 놀랍도록 비슷하다는 점은 흥미롭다. 우리가 이 결과에서 얻을 수 있는 핵심 교훈은 유기물 형성이 지구에서 비교적 손쉬운 일이었다는 깨달음이다. 물론 은하의 다른 장소와 태양계에서도 그럴 것이다. 이때 명심할 것은, 화학에서 말하는 유기물(organic)이란 반드시 생명을 구성하는 요소를 가리키는 게 아니라 그저 탄소가 포함된 물질을 가리킬 뿐이라는 점이다. 물론 이 용어는 우연의 일치가 아니다. 우리가 아는 형태의 생명에게는 일부 유기 분자(전부는 아니다.)가 꼭 필요하기 때문이다.

실제로 탄소가 참여하는 반응은 우주의 거의 모든 곳에서 벌어진다. 별의 쌍극 분출, 성간 매질, 고밀도 분자 구름, 원시별 성운에는 모두 유기물이 담겨 있다. 태양 같은 별의 주변에서는 유기물이 다량 생성되며, 별이 탄생했던 차갑고 밀도 높은 분자 구름 주변도 마찬가지이다. 그렇다면 유기 합성은 비교적 놀랍지 않은 일인 셈이지만, 한편으로는 우리 생명의 필수 재료가 어디에서 왔는지를 짚어 말하기 어렵다는 뜻이기도 하다. 일부는 다른 데서 왔을 수도 있겠지만, 어떤 과학자들은 대부분의 유기물이 지구에서 생겨난 것으로 증명될 가능성이 높다고 믿는다. 그게 아니라도 최소한 그런 물질이 먼저 지구 맨틀에서 재가공된 뒤에야 생명에 기여하는 분자들 속으로 들어갔을 것이라고 본다.

우리는 적어도 일부 유기물은 지구가 태양계 내 천체들과 충돌했을 때 그것들이 가져다준 것임을 안다. 소행성대 안쪽의 유기물 양은 그 바깥쪽의 양보다 현저히 적은 듯한데, 이것은 지구의 유기물 중 적잖은 일부가 바깥 우주로부터 배달되었을 것이라고 짐작하게 만드는 한 이유이다. 또 다른 이유는 비록 초기 지구로부터 지금까지 남은 광물질이 드물기는 해도 달에 크레이터가 저렇게 많고 지구는 달보다 훨씬 더 큰 것을 고려할 때 지구도 초기에는 충돌을 아주 많이 겪었을 게 분명하다는 점이다. 그때 유기물이 상당량 배달되었을 가능성이 높다.

아미노산은 물론이고 DNA와 RNA의 필수 재료인 푸린과 피리미딘도 우주에서 발견된다. 소행성에도 혜성에도 아미노산이 있다. 지구에서 생명의 재료로 쓰이는 아미노산도 있고, 지구에서 발견되지 않는 아미노산도 있다. 비생물 아미노산을 구분하는 데 도움이 되는 기준이 적어도 하나 있는데, 바로 손대칭성(chirality)이다. (그림 31) 지구 생명에게 있는 아미노산은 모두 왼손잡이형인 데 비해, 바깥 태양계의 아미노산은 두 방향의 분자를 다 가지고 있다. 손대칭성은 탄소 원자 주변에 다른 원자들이 어떻게 배치되어 있는가 하는 문제로, 서로 확실히 구별되는 두 방향을 취한다. 우리 왼손과 오른손의 손가락들이 서로 다른 방향으로 감기는 것처럼 말이다. 하지만 소행성 퇴적물에 특정 아미노산의 왼손잡이형 분자가 더 많이 든 것을 확인한 연구가 최소한 한 건 있었으므로, 왼손잡이형 아미노산이 더 많은 것이 생명과 관계 있다는 가설이 좀 흐려지기는 한다.

우리가 소행성의 아미노산에 대해서 아는 바는 대부분 1969년에 오스트레일리아의 멜버른 근처 소도시 머치슨 가까이에 떨어졌던 머치슨 운석에서 나왔다. 머치슨 운석은 화성과 목성 사이에서 유래한 소행성의 조각이었다. 그 소행성은 탄소질 콘드라이트 종류였는데, 이름에서 짐작할 수 있듯이 유기 분자를 많이 함유한 종류라는 뜻이다. 그 속에는 아미노산도 있었다. 우연의 일치로, 마침 운석을 조사할 수 있는 실험실들이 설치된 참이었다. 원래 아폴로 탐사에서 수거한 월석

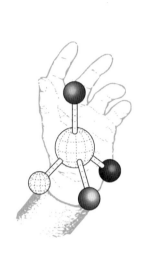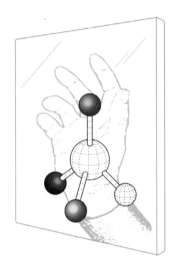

그림 31　특정 방향의 손감기성을 가진 이성질체 분자는 거울에 비춰 봤을 때 똑같아 보이지 않는다. 살아 있는 생물 속 아미노산은 모두 왼손잡이형이다.

표본을 연구할 요량으로 설치된 실험실들이었다. 덕분에 과학자들에게는 머치슨 운석을 오클라호마에서 발견된 머리 운석처럼 비슷한 종류의 다른 운석과, 또한 프랑스에서 수거된 오르게이유 운석처럼 다른 종류의 운석과 비교해 볼 도구가 있었다.

　실험가들은 지구에서 우주의 조건을 재현하려는 노력도 하고 있다. 우주로부터 당도한 아미노산들의 운명을 연구하기 위해서이다. 연구 결과, 아미노산은 혜성과 지구의 충돌을 견뎌 낼 수 있으며 천체 물질이 지표면에 부딪힐 때 형성될 수도 있다는 것이 밝혀졌다. 그리고 혜성이 분출하는 기체를 관측한 결과, 대부분의 소행성은 고도로 처리된 성간 물질을 가지고 있는 데 비해 일부 혜성의 얼음에는 초기의 깨끗한 성간 물질이 들어 있다는 것이 확인되었다. 운석이나 행성간 먼지의 조성은 지구로 물질을 가져온 혜성들과 소행성들의 조성을 반영하므로, 그것을 연구하면 우주에서 온 일부 분자들의 기원과 양을 확인하는 데 도움이 될 것이다.

탄소와 마찬가지로 물도 태양계 내 생명에게 필수 요소일 것이다. 물론 물이 있는 곳에서만 적용되는 이야기이겠지만 말이다. 지구의 속성 중에서 각별히 주목할 만한 점은 지표면의 약 3분의 2가 바다로 덮여 있다는 것이다. 전부 덮여 있는 것도 아니고, 전혀 안 덮인 것도 아니다. 바다가 지구를 부분적으로 덮고 있어서 해안선과 조수 발생 영역이 존재한다는 것은 지구에서 발달한 생명에게 중요한 요인이었을 것이다.

물은 우리가 아는 형태의 생명에게 틀림없이 중요하다. 암석 증거에 따르면, 액체 물은 지구 역사에서 대부분의 기간에 안정된 상태로 지표면에 존재했던 듯하다. 지표면의 물 속에서 형성된 것으로 보이는 38억 년 전 바위도 있다. 그리고 그것보다 더 오래전에 형성된 — 적어도 43억 년 전에 형성된 — 지르콘 표본은 초기 지각에 물이 있어야만 형성될 수 있었던 것으로 보인다.

지구의 생명은 현재 지구에 존재하는 다량의 물을 가져다준 무언가에게 큰 빚을 진 것이 분명하다. 그러나 얼마 전에 나와 함께 페리를 탔던 친구가 흥미로운 기색으로 말했듯이, 우리를 둘러싼 이 놀라운 자원의 기원은 여태 수수께끼이다. 바닷물의 일부는 지표 아래 암석에 갇혀 있다가 솟아났을 수도 있지만, 그 속에 축적된 양은 적었을 터임을 감안할 때 초기 지구에 존재했던 것이 분명한 다량의 물을 설명하기에는 충분하지 않은 듯하다.

천체의 충돌이 지구에 유기물을 전달함으로써 생명 탄생을 촉진했을지도 모른다는 말은 앞에서 했다. 그러므로 혜성이나 소행성이 초기에 외계로부터 물을 전달했을 가능성도 — 모르긴 해도 아마 후기 대폭격기 중이었을 것이다. — 충분히 생각할 수 있다. 다만 운석을 통해서 지구로 온 물은 광물의 격자에 통합되어 있기 때문에, 그것이 주로 규산염으로 이뤄진 광물에서 분리되기 위해서는 모종의 과정을 거쳐야 했으리라는 문제가 있다. 물론 소행성의 틈새에 낀 얼음이 물을 전달했을 수도 있지만 말이다.

처음에는 물의 기원에 관한 한 혜성이 좀 더 그럴듯한 후보로 보였다. 혜성은 주로 얼음으로 이뤄져 있기 때문이다. 그러나 지구의 탄소, 수소, 산소 동위 원소들은 지금까지 혜성에서 관찰된 동위 원소들과 일치하지 않는데, 이것은 아마도 혜성이 지구의 휘발성 물질들에 대한 1차 공급원이 아니었으리라는 뜻이다. 이 결론은 2014년에 로제타 탐사선이 보내온 데이터를 통해서 사실로 확인되었다. 로제타가 혜성의 수소 동위 원소들의 조성을 조사했더니 지구의 동위 원소 조성과 일치하지 않았던 것이다. 따라서 대부분의 물이 혜성에서 왔을 것이라는 가설은 가능성이 한층 낮아졌다. 만일 우주의 천체가 기여한 바가 있다면, 아마도 동위 원소 비가 지구와 좀 더 비슷할지도 모르는 먼 소행성들의 기여가 더 컸을 것이다.

초기 지구에 관한 또 다른 주제는 어린 태양의 에너지 출력이 현재의 약 70퍼센트에 불과했으리라는 점이다. 태양의 초기 광도가 지금보다 한층 낮았으니, 어쩌다 물이 형성되었더라도 다른 요인 없이는 액체 상태를 유지할 수 없었을 것이다. 과학자들은 이 딜레마를 '희미한 태양 역설'이라고 부른다. 하지만 어린 지구는 그 밖에도 붕괴 과정에서 방출된 중력 에너지, 화산 활동, 유성체가 대기를 뚫으며 가하는 충격, 지금보다 더 가까웠던 달이 일으키는 조석 현상으로 인한 열, 땅속에서 불안정한 동위 원소들이 붕괴하면서 내는 방사선 등을 통해 열을 내고 있었을 것이다. 이런 현상 중 무엇이라도 태양 복사만 있을 때보다 지구를 더 따뜻하게 만들어 주었을 것이다. 그리고 오늘날 지구를 덮히는 온실 기체가 당시에도 가장 중요한 역할을 했을 게 거의 틀림없다. 대기 중 이산화탄소와 같은 온실 기체들은 주로 가시광선으로 지구를 때린 햇빛의 일부가 대기에 흡수되었다가 적외선으로 도로 복사되도록 만든다. 초기 지구의 온도가 예측보다 좀 더 높았던 것을 온실 기체로 완전히 설명할 수 있는지는 모르겠지만, 어쨌든 초기 지구에 액체 바다가 존재했던 것은 거의 분명한 사실이다. 그러니 앞의 해답들 중 하나 이상이 틀림없이 작용했을 것이다.

생명 서식 가능 지역

우리의 우주 환경에는 친구도 적도 있다. 태양계 안에도 있고 그 너머에도 있다. 생명은 그 생존에 적합한 생태계가 번성할 수 있도록 돕는 특수한 물리 조건들의 공모에 의존하여 살아가는 듯하다. 생명으로 하여금 환경의 유익한 측면으로부터 이득을 얻고 해로운 측면은 피하거나 억제하도록 해 주는 어떤 특별한 조건들이 필요한 것이다. 생명에 필요한 조건을 이해하는 것은 생명의 기원을 이해하는 것만큼 만만치 않은 일일 가능성이 높다. 그래도 과학자들은 그에 아랑곳하지 않고 기본적인 미생물에게, 그리고 그것보다 훨씬 더 특수한 조건을 요구할 가능성이 높은 복잡한 고등 생명에게 필요한 서식 가능 환경의 조건들을 알아내기를 바란다. 답을 다 아는 사람은 아직 없지만, 우리 환경을 특별하게 만들어 주는 속성이라면 뭐든 관심을 기울일 가치가 있을 것이다.

태양 자체가 몇몇 측면에서 특별해 보인다는 것도 지적할 만한 점일지 모른다. 태양은 항성으로서는 좀 큰 편이고, ― 상위 10퍼센트에 든다. ― 전형적인 경우보다 금속 함량이 좀 더 높을지 모르며, 나이에 비해 은하의 중간면에 유달리 가깝게 있는 편이다. 게다가 태양의 궤도는 비슷한 나이의 다른 별들에 비해 좀 더 원에 가깝고, 위치 탓인지 은하의 나선 팔들과 얼추 비슷한 속도로 돌기 때문에 나선 팔들과 교차하는 빈도가 적은 편이다. 태양의 이런 비전형적인 특징들이 실제로 얼마나 중요한지는 모르겠지만, 무엇이 되었든 특이한 속성이라면 관심의 대상이 될 만하다.

태양 복사에 의존하는 광합성은 지구 생명 대부분에게 중요하다. 어떤 형태의 생명에게든 에너지는 거의 틀림없이 중요하다. 에너지가 있어야 생명을 창조하고 지탱하는 과정들에게 연료를 댈 수 있을 테니까. 지구에서는 두말할 것 없이 태양이 제일가는 에너지원이다. 오늘날 햇빛이 주는 에너지는 그다음으로 중요한 공급원인 지열의 에너지보다 수천 배 크다. 오늘날 그것보다 기여도가 더 떨어지는 공급원으로는 햇빛의 100만분의 1 수준인 벼락과 벼락의 1,000분의 1 수준인 우주선이 있다.

액체 물의 경우, 그것이 모든 형태의 생명에게 중요한가는 논의해 볼 문제이지만 지구 생명에게는 확실히 중요하다. 우리는 물이 어디에서 왔는가는 물론이거니와 액체 물이 어디에서 안정적으로 존재할 수 있는지도 알고 싶다. 이 질문에 답하려면 태양에 대해서 알아야 하고 태양에서 지구까지 거리도 알아야 할뿐더러 복사의 효율성, 다른 열 공급원들, 대기압의 정도도 알아야 한다.

지구의 반사율, 태양의 광도, 태양에서 지구까지 거리만을 고려하여 따질 때, 만일 대기의 온난화 효과가 없다면 지표면의 물은 지금도 얼어 있을 것이다. 오늘날 우리가 대기가 지나치게 더워지는 현상을 걱정하는 것은 정당한 고민이지만, 만일 이산화탄소, 메탄, 수증기, 아산화질소 같은 온실 기체들이 지구를 따뜻하게 지켜 주는 효과를 발휘하지 않는다면 지구는 지나치게 추울 것이다. 액체 물이 현재 지구에 있는 것은 온실 기체들이 적외선을 흡수하여 지구를 따뜻하게 만들어 줌으로써 평형 상태를 유지해 주기 때문이다.

생명 서식 가능 지역(habitable zone)이란 생명이 생존할 수 있는 조건이 갖춰진 영역을 말한다. 모든 조건이 딱 맞아서 액체 물이 안정적으로 존재할 수 있는 이른바 '골디락스 영역(Goldilocks region)'이다. 주된 열원에서 — 즉 태양에서 — 너무 먼 곳이라면 물은 얼어 버릴 것이다. 열원과 너무 가까운 곳이라면 애초에 물이 행성 표면에 응결되지도 못할 것이다. 행성 표면 밑에 물이 존재할 수도 있겠지만, 그런 물은 널따란 바다가 육성할 수 있는 다양한 생명 같은 것은 품지 못할 것이다.

물과 관련해서 서식 가능 지역의 바깥 경계를 규정하는 한 방법은 태양으로부터 얼마나 먼 거리에서 이산화탄소가 대기로부터 응결되기 시작하는가에 따라 정의하는 것인데, 그 경우 경계는 지구로부터 3분의 1천문단위 더 나아간 지점으로 정의된다. 그러나 가끔은 물이 얼지 않을 만큼만 대기 중에 이산화탄소와 물이 남아 있는 지점까지로 정의하는 방법도 쓰이는데, 그 경우 서식 가능 지역은 좀 더 넓어져서 지구로부터 약 3분의 2천문단위 더 나아간 지점까지로 정의된다. 이것이 어느 정도인지 감을 잡아 보자면, 금성은 두 범주에 모두 포함되지만 화성은 두 번째 범주에만 포함되고 그것보다 먼 외행성들은 어느 쪽에도 포함되지 않는다.

우리는 물이 어떻게 생겨났는지는 몰라도 물이 지구의 거의 시작 시점부터 존재했다는 것은 안다. 하지만 그동안 태양의 광도가 변했고, — 형성 이래 상당히 더 높아졌다. — 그것에 따라 지구 대기도 변했다. 그렇다 보니 연속적 서식 가능 지역(continuously habitable zone)이라는 좀 더 제한된 영역을 정의하는 경우도 있는데, 이것은 행성의 수명 내내 액체 물이 존재할 수 있었던 영역을 뜻한다. 현재의 기후 모형에 따르면, 연속적 서식 가능 지역은 한층 더 좁아서 지구-태양 거리의

15퍼센트 이내로 규정된다. 물론 이것은 현재 상황에서 정의한 것이다. 앞으로 40억 년쯤 더 흐르면 태양은 적색 거성이 될 것이다. 그러고도 또 몇 십 억 년이 더 흐르면 완전히 다 타 버릴 것이다. 현재의 모형에 따르면, 그 머나먼 미래에는 — 단순한 생명이든 복잡한 생명이든 — 형태를 불문하고 어떤 생명도 지구에서 살아남을 수 없을 것이다.

그러나 머나멀고 음울한 운명을 걱정하기 전에, 좀 더 시급한 문제들이 슬금슬금 다가오고 있다는 것을 알아야 한다. 가장 중요한 문제는 지구 기온의 안정성이 우리가 아는 형태의 생명에게 어떤 의미인가 하는 것이다. 현대 사회에서는 비교적 작은 기온 변화만으로도 해안선, 농업, 인간의 거주 가능성이 큰 영향을 입을 수 있다. 하지만 생명의 진화를 이해하는 문제에서는 이것보다 훨씬 더 큼직한 수준의 기온 변화를 고려해야 한다. 지구 생명에게는 탄소가 필수적이고, 대기 중 탄소가 끊임없이 보충되어야 한다.

다른 행성에서는 메탄과 이산화탄소 구름도 이 문제와 관련이 있을지 모른다. 한편 우리 행성에서는 대기 중 탄소를 조절하는 과정들이 결정적이다. 탄소는 빗물에 녹거나 광합성하는 식물에게 흡수됨으로써 대기에서 사라졌다가, 지각판의 움직임이나 암석의 끊임없는 풍화를 통해 대기로 돌아와서 재순환된다. 중앙 해령에서 생성된 해저 바닥이 나중에 섭입대에서 사라질 때 그곳의 원소들이 서로 반응하여 이산화탄소를 내는데, 그 이산화탄소는 화산, 온천, 다른 배출구를 통해서 빠져나온다. 탄소는 또 땅이 융기하여 산맥이 형성되는 과정에서도 천천히 대기로 돌아오며, 화석 연료가 연소되는 과정에서도 빠르게 재순환된다. 이 모든 과정들이 대기 중 탄소 공급에 영향을 미치고, 그 양은 지구의 기온 조절에 결정적인 영향을 미친다.

장기적 기후 안정성은 생명 발달의 또 다른 선결 조건이었을 것이다. 지구에서 그 안정성은 지각판을 움직여 온실 기체 층을 형성한 내부 열원과 바다에 달렸을 뿐 아니라 태양의 진화, 소행성과 혜성의 낮은 충돌 빈도, 지구의 자전축을 안정시키는 달의 존재에도 달렸다. 이런 조건들은 지난 5억 년 동안 발달한 덩치 큰 동식물들에게 가장 중요하게 작용했겠지만, 어느 정도의 기후 안정성은 지구 탄생 후 30억 년 동안 발달한 초기 미생물들에게도 중요했을 것이다.

항성권의 안정성은 생명 출현에 중요했을 가능성이 높다. 행성에 우주선이 너무 많이 쏟아진다면 — 소행성이나 혜성이 너무 많이 부딪혀도 마찬가지인데 — 생명 중에서도 많은 종류는 아예 형성될 가망조차 없었을 것이다. 성공적으로 출현한 생명이라도 금세 파괴되고 말았을 것이다. 생명을 품은 행성은 지나친 태양 복사를 피할 수 있도록 태양으로부터 충분히 떨어져 있어야 하지만, 한편으로는 충분히 가까이 있어야만 외행성들의 도움을 받아 소행성들을 피할 수 있을 것이다. 그 역할이 필수적인지 아닌지는 모르겠지만, 목성이 지구의 '형' 혹은 '문지기' 노릇을 한다는 것은 분명한 사실이다. 목성이 자신보다 작은 '형제'를 천체들과의 충돌로부터 보호해 주기 때문에 지구의 생명 발달은 한층 쉬워질 수 있었다.

8장에서 태양계 경계를 정의하는 문제를 논할 때 언급했듯이 태양풍도 우리 행성을 보호해 준다. 태양풍은 항성간 물질과 반응하여 태양권을 형성한다. 태양권 내에서는 바깥 우주의 우주선이 쏟아지는 정도가 덜하므로, 지구 기후를 안정화하고 막 출현한 생명을 우주선의 직접적인 파괴적 영향으로부터 보호하는 데 도움이 되었을 것이다.

놀랍게도 현재 우리는 국부 거품(Local Bubble)이라고 불리는 — 너비가 300광년쯤 되는 — 영역 내부에서 살고 있다. 이것은 우리 은하 오리온 팔의 항성간 매질 공간 중에서도 수소 밀도가 극히 낮아서 거의 진공에 가까운 영역을 뜻한다. 우리가 이 따뜻하고, 밀도가 낮고, 부분적으로 이온화되어 주변이 비교적 희박한 항성간 환경에 들어선 것은 최근의 일이었다. 겨우 수백만 년 전이었을 것이다. 이 시기에 우리 태양권 경계에 포함된 영역은 — 즉 태양풍이 항성간 매질을 압도하는 영역은 — 이례적으로 넓어졌다. 지구에서 인류가 출현한 시기와 지구가 국부 거품의 진공에 둘러싸인 시기가 일치하는 것이 단순한 우연인지, 아니면 이례적으로 낮은 기체와 우주선 밀도가 복잡한 생명의 형성에 중요한 요소였는지는 알 수 없다.

유성체와 생명의 발달

칙술루브 크레이터를 형성했던 유성체는 기존의 종들을 제거하고 새로운 종들에게 길을 터 줌으로써 생명 발달의 후반 경로에 중요한 역할을 수행했던 게 분명하다. 수치가 아주 정확하지는 않지만, 대개의 큰 유성체들이 떨어진 시기는 대량 멸종 시기와 가깝거나 일치한다. 멸종 경계 근처에서 이리듐 층, 미세 텍타이트, 충격 석영이 발견된다는 사실은 유성체 충돌이 모종의 역할을 수행했을 가능성이 있으니 좀 더 조사해 볼 만하다는 것을 시사한다. 생명을 뒤흔든 몇몇 기념비적 사건들과 크레이터들의 형성 시기가 겹치는 듯하다는 사실도 마찬가지이다.

그래도 아래에 소개할 가설들은 추측에 불과한 것이 많다. 앨버레즈 이후 유성체가 멸종의 방아쇠였음을 주장하는 다른 가설들이 홍수처럼 쏟아져 나왔음에도 불구하고, 소행성과 혜성이 지구 생명의 파괴를 — 혹은 기원을 — 완벽하게 설명해 주지는 않는 게 분명하다. 충돌이 멸종을 초래했다는 사실이 신뢰성 있게 확인된 것은 K-Pg 사건 하나뿐이다. 초기 캄브리아기의 끝, 페름기 말, 트라이아스기 말, 마이오세 중순에 기후 변화와 대규모 화산 분출이 멸종에 기여했다는 가설은 몇몇 충돌 가설보다 더 설득력이 있다. 그러니 내가 지금부터 소개할 추측들에 지나치게 흥분하지는 말기 바란다. 하지만 증거들이 모두 하나로 연결된 계를 가리키는 것은 사실인 듯하다. 몇몇 대규모 충돌은 지구의 시작, 생명의 기원, 문명의 시작과 거의 비슷한 시기에 벌어진 듯하므로, 혹시라도 연관성이 있는지를 가능한 한도까지 탐구해 보는 것은 가치 있는 일이다. 증거가 압도적이지는 않더라도 말이다.

다섯 번의 대량 멸종 중 3억 6000만 년 전과 4억 년 전 사이에 벌어진 데본기 말 멸종은 외계가 모종의 역할을 했다는 증거가 K-Pg 멸종 다음으로 농후한 사건이다. 당시 여러 차례 충돌이 벌어졌던 것 같은데, 아마 쪼개진 소행성 때문이었거나 잠시 뒤에 이야기할 다수의 혜성 충돌 때문이었을 것이다. 정확한 시기 측정 결과는 이 멸종에서 소행성이 중요한 역할을 했다는 가설을 지지하지 않지만, ― 그리고 이 시기의 종 소실은 멸종 사건이라기보다는 종 분화가 제약된 결과였던 것으로 보지만, ― 어쨌든 앨버레즈가 K-Pg 멸종에 관한 가설을 내놓기 한참 전인 1970년에 고생물학자 디그비 매클래런이 이 앞선 사건에서 소행성 충돌이 원인이었을지도 모른다는 가설을 내놓았던 것은 흥미로운 일이다.

충돌과 멸종을 잇는 다른 가설들은 이것보다 소규모 사건을 다룬다. 가령 7400만 년 전 북아메리카에서 벌어졌던 지역적 멸종이 그렇다. 당시 많은 악어류, 일부 해양 파충류, 일부 포유류, 여러 공룡류가 멸종했는데, 그 시기는 아이오와 주의 맨슨 충돌구가 형성된 시점과 일치하는 듯하다. 약 3500만 년 전 에오세 말에는 바다에서 여러 종이 멸종하고 땅에서도 일부 파충류, 양서류, 포유류가 멸종하는 사건이 있었는데, 이 사건도 몇몇 충돌과 시기가 대충 겹친다. 증거로는 러시아의 포피가이 운석흔, 최근 워싱턴 D. C. 인근 체서피크 만에서 발견된 폭 90킬로미터의 운석흔, 뉴저지 주 애틀랜틱시티 근처에서 발견된 작은 운석흔이 있다. 이중 워싱턴 D. C.의 것은 충돌이 일으킨 쓰나미 때문에 쌓인 퇴적물을 어느 표석 평야에서 기발한 방법으로 확인함으로써 발견되었고, 이후 탄성파 탐색 기법과 시추 코어 분석이 진행되었다. 그 결과 그 시기에 정상보다 높은 이리듐 농도와 지나치게 많은 행성간 먼지가 확인되었는데, 이것은 다중 충돌의 범인이 혜성 소나기였을지도 모름을 암시하는 결과이다.

과학자들은 에오세 말 사건에 대해서도 외계의 개입을 암시하는 증거를 찾아냈다. 이 지구 화학적 증거는 또 다른 기법에 의존했는데, 어쩌면 이 기법은 충돌 기록이 절망적으로 부족한 상황을 보완해 줄지도 모른다. 캘리포니아 공과 대학의 켄 팔리와 동료들은 혜성 소나기가 내리는 시기에 그 양이 많아지는 행성간 먼지에 담긴 미량의 헬륨 동위 원소를 분석함으로써 충돌 사건에 대해 알아낼 수 있음을 보여 주었다. 그들의 흥미로운 결과에 따르면, 포피가이와 체서피크 만 크레이터가 생성된 3600만 년 전으로부터 약 100만 년 전과 약 150만 년 전 사이까지의 기간에 헬륨 3의 농도가 높아졌다. 그 먼지는 혜성 소나기가 있었다는 강력한 증거인데, 아마 그 소나기는 오르트 구름이 순간적으로 교란됨으로써 발생했을 것이다. 이 이야기는 몇 장 뒤에서 다시 하겠다.

추측에 가까운 충돌 가설들의 목록을 마무리하자면, 약 1000만 년 전 마이오세 말에 벌어졌던 소규모 멸종도 비정상적 이리듐 농도와 유리질 구형 결정이 발견되는 시기와 겹치는 듯하다. 흥미로운 점은 팔리가 이 시기에도 헬륨 3의 양이 늘었음을 확인했다는 것이다. 이 경우 먼지의 발생 시점과 시간적 진화 과정은 소행성이 충돌했다는 가정에 좀 더 부합한다. 특히 베리타스족 소행성들이 생성되는 계기였던 알려진 충돌 사건과 부합한다.

한편 천체의 충돌이 생명 탄생에서 맡은 역할은 생명 파괴에서 맡은 역할보다 덜 명확하다. 그러나 어떤 사람들은 충돌이 이 과정에도 기여했으리라는 추측을 즐긴다. 상상에 불과한 가능성이기는 하지만 그래도 언급해 보자면, 성경과 신화의 일부 극적인 사건들이나 스톤헨지처럼 딱히 설명하기 어려운 선사 시대 구조물도 외계의 유성체가 일으킨 정체 모를 신비주의적 사건으로 인해 촉발되었으리라는 추측마저 있다. 과학에 좀 더 가까운 이야기를 하자면, 연구자들은 초기의 충돌 때문에 대기와 심지어 바다의 많은 부분이 날아감으로써 지구에서 생명의 발전이 늦춰지거나 제약되었을지도 모른다고 주장한다. 그러나 한편으로 그런 사건은 생명으로 이어지는 환경 조건을 갖춰 주었을지도 모른다. 이를테면 생물 발생 이전의 화학 반응을 뒷받침했던 열수계(熱水系)들을 만들어 낸다거나 하는 식으로 말이다.

찰스 프랭클은 『공룡의 종말』에서 약 20억 년 전 선캄브리아기에 생물에 복잡성이 도입되었던 사건과 역시 그즈음에 생겼다고 알려진 거대한 두 충돌구의 시기가 일치한다는 것을 지적했다. 시기에 관한 그의 지적은 썩 설득력 있지 않지만 ─ 그것보다는 아마 산소의 역할이 더 결정적이었을 것이지만 ─ 흥미롭기는 하다. 그 못지않게 희박한 또 다른 가능성은 훨씬 더 나중인 5억 5000만 년 전 캄브리아기 대폭발 때 충돌이 기여했으리라는 추측이다. (여기서 대폭발은 생명의 분화가 가속된 것을 의미할 뿐이다.) 기존에 있던 많은 종들을 없애고 새로운 종들에게 자리를 열어 줌으로써 말이다. 충돌과 생명을 연결 짓는 메커니즘이 확실히 밝혀진 것은 없지만, 그 시기의 충돌에 대한 증거는 오스트레일리아를 비롯한 곳곳에서 발견된다. 지름이 100킬로미터가 넘는 오스트레일리아의 에이크러먼 호 크레이터는 이리듐과 충격 석영을 포함한 분출물 층으로 둘러싸여 있는데, 그 층은 동쪽으로 300킬로미터 더 이어져 이디아카라 화석군까지 뻗어 있다. 캄브리아기 대폭발에 한 발 앞서서 형성된 유명한 화석군 말이다. 또 다른 증거는 중국 남서부 양쯔 협곡에 있다. 신기하게도 충돌의 화학적 증거가 담긴 경계층 바로 위에 삼엽충 화석들이 담겨 있는 것이다. 정체가 무엇이었든 외계의 원소들을 퇴적시킨 사건이 발생한 직후에 바다에서 복잡한 생명이 발생하기 시작했다는 뜻이다.

또 다른 추측은 오르도비스기에 충돌이 무더기로 발생했음을 강력하게 지지하는 놀라운 운석 화석, 충격 물질, 크레이터 관찰 결과에 관한 것이다. 충돌 빈도는 약 4억 7200만 년 전인 오르도비스기 중순에 절정에 달했을 것으로 보이는데, 그 시기는 바다에서 생명이 유달리 풍성하게 분화했던 것으로 보이는 시기와 정확히 겹친다. 운석이 화석화한다는 것은 꽤 인상적인 이야기라서, 비록 그것과 생명 분화의 연관성은 진지하게 받아들이기 어려운 추측에 불과한 것 같지만 그래도 그 발견에 대해서 잠시 언급할까 한다. 그 시기의 충돌에 관해서 과학자들이 원래 찾아냈던 단서는 1952년에 스웨덴의 어느 퇴적암에서 발견된 외딴 돌덩이였다. 그 돌덩이는 퇴적암에 속하지 않는 존재인 게 분명했다. 하지만 그 정체가 화석화한 운석으로 밝혀지기까지는 25년이 걸렸다. 운석 화석이란 운석의 원래 물질 중 풍화에 대한 저항성이 높은 크롬철석만 남고 나머지는 몽땅 다른 물질로 교체된 것을 말한다. 이후 그런 운석이 근처에서 100개 가까이 더 발견되었는데, 그 물질의 양을 합해 보면 5억 년 전에 폭이 100~150킬로미터쯤 되는 천체가 부서졌다는 결론이 나온다. 그 때문에 이후 수백만 년 동안 운석과 미세 운석의 먼지가 지구에 좀 더 많이 떨어졌던 것이다. 나아가 어쩌면 그 조각들이 소행성대를 형성하여 지금까지도 계속 느릿느릿 물질을 쏟아 내리고 있을지도 모른다.

유성체가 생명의 파괴나 창조에 어떻게 기여했을까 하는 문제에 대한 앞의 가설들 중 일부는 가치가 미심쩍다. 그러나 이 장의 끝에서는 유성체가 확실히 기여했다고 여겨지는 역할 하나를 짚고 넘어가겠다. 바로 지구의 자원 중 상당량을 가져다준 원천으로서의 역할이다. 유성체들이 가져다준 물질은 석기 시대 이전부터도 인간 사회에 중요했다. 초기 인류는 운석의 철(운철)을 써서 도구, 무기, 문화적 물건을 만들었다.

그런 물질은 현대에도 아주 중요하다. 우리가 지각에서 금, 텅스텐, 니켈, 다른 귀중한 원소들을 많이 파낼 수 있는 것은 지구로 내동댕이 쳐진 외계 천체들 덕분이다. 물론 행성과 소행성은 지구와 같은 재료로 만들어졌지만, 지구는 강한 중력으로 무거운 원소들을 핵 가까이 끌어당겼기 때문에 그 원소들 중 대부분은 표면으로 도로 올라오지 않는다. 따라서 그런 물질은 주로 하늘에서 쏟아진 천체들이 보충해 주었다. 전체 유성체 충돌 중 4분의 1쯤은 우리에게 유익한 물질을 내려주었을 것이다. 그리고 그중 적어도 절반은 우리가 벌써 발굴해서 사용했다. 그러니 설령 지구를 때린 유성체가 생명 창조에 긴요한 역할을 하지는 않았더라도, 지구와 충돌한 천체들이 인류의 삶에 도움을 주었다는 것만큼은 분명한 사실이다.

14장
종말의 주기

20세기 초, 원자 번호 발견이라는 기념비적 업적으로 유명한 물리학자 어니스트 러더퍼드 경은 이런 유명한 발언을 했다. "과학은 물리학 아니면 나머지는 다 우표 수집이다." 교만하고 약간 불쾌한 말이기는 하지만, 여기에는 일말의 진실이 담겨 있다. 과학은 현상 나열에 그치는 것이 아니다. 그 현상들이 아무리 아름답고 놀랍더라도. 과학은 그것들을 이해하려고 노력하는 것이다. 요즘 생물학자들이 DNA 서열 분석을 비롯한 여러 기술을 써서 데이터를 빠르게 축적하듯이, 과학자들은 인상적이고 늘 발전하는 기법을 사용하여 사실을 수집한다. 그러나 정보가 과학이 되는 것은 과학자들이 그 데이터를 좀 더 완전히 이해하는 순간이다. 종합적인 이론으로 가설을 시험하고 예측을 끌어냄으로써 그런다면 제일 좋을 것이다.

지금까지 우리는 지구 밖 태양계에 무엇이 있는지, 과거에 무엇이 지구를 때렸는지, 화석 기록에서 멸종에 관해 알려진 내용은 무엇인지 알아보았다. 과학자들이 이 모든 데이터를 추출하고, 이해하고, 해석하는 데는 적잖은 탐구가 필요했다. 그러나 몇몇 큰 질문은 아직 남아 있다. 가령 이런 질문이다. "이런 현상들 중 무엇이 서로 연결되어 있을까?" "만일 연결되어 있다면, 어떻게?"

천체 물리학이 제안한 연결들 중에서 가장 흥미롭지만 추측에 가까운 것은 천체가 지구를 정기적으로 때려서 3000만 년과 3500만 년 사이의 간격으로 주기적 충돌을 일으킨다는 생각이다. 이 가설이 진실이라면, 주기성은 과연 무엇이 안전하게 공전하던 천체를 일탈시켜서 지구를 향해 달려오는 위험한 미사일로 바꿔 놓는 원인인지를 밝히는 데 결정적인 단서가 될 것이다. 섭동에 관한 가설은 많지만, 현존하는 크레이터 기록과 일치할 가능성이 있는 주기성을 내포하는 가설은 극히 적다.

잠시 뒤에 나는 유성체 충돌 사건들이 과학적으로 설명할 가치가 있을 만큼 충분한 주기성을 드러내는지 아닌지 살펴봄으로써 러더퍼드의 관점이 무슨 뜻인지 제대로 보여 주도록 노력해 보겠다. 그러나 그 전에, 이것과는 무관하지만 훨씬 더 확실하게 입증된 천체 물리학적 연관성을 하나 언급하고 넘어가겠다. 지구가 태양계 내에서 이동하는 움직임과 지구 기후의 주기적 변이 사이에 관계가 있다는 가설이다. 밀란코비치 주기(Milankovitch cycles)라고 알려진 이 기온 변이는 내가 곧 이야기할 주기들보다는 훨씬 더 짧은 시간 규모로 일어난다. 이 주기는 세르비아의 지구 물리학자 겸 천문학자 밀루틴 밀란코비치의 이름을 땄는데, 그는 제1차 세계 대전 중에 포로로 잡혀 있는 동안 이 개념을 발전시켰다.

밀란코비치는 지구의 이심률, 자전축의 기울기, 세차의 변화가 기후에 미치는 영향을 조사했다. 이런 요소들을 고려하여, 그와 후대 과학자들은 기온 패턴에 약 2만 년 주기와 10만 년 주기 두 가지가 존재한다는 것을 확인했다. 그 주기는 지구의 빙하기들로 드러난다. 내가 스페인 바스크 지방의 수마야를 방문했을 때, 그곳 안내인은 암석에서 눈에 잘 띄는 층서 구조를 가리켜 보였다. 그 층들이 바로 이런 기온 변이의 결과물이었다. 기온 변이에 따라 퇴적 속도가 주기적으로 변했던 것이다.

밀란코비치 주기라는 예가 있기는 하지만, 크레이터의 주기성을 찾는 것은 ― 훨씬 더 긴 시간 규모로 ― 필연적으로 대담한 작업일 수밖에 없으며 나는 그 결과를 과장해서 떠벌리고픈 마음이 없다. 수백만 년 전에 벌어졌던 사건들에 대해 현재 남은 증거는 희박하기 마련이고, 가령 사건이 발생했던 정확한 시점과 같은 결과에는 불확실성이 클 수밖에 없다. 까마득한 과거의 사건들이 정보를 손톱만큼이라도 남긴 경우는 드물거니와, 우리가 자세히 이해할 수 있을 만큼 충분한 정보를 남기는 경우는 더욱더 드물다. 하지만 가설이 존재하는 데이터와 부합하고 우리에게 세상에 대해서 뭔가 가르쳐 줄 가능성이 있는한, 과학자들이 그 가설을 탐구하는 것은 의미 있는 일이다. 누구든 호기심 있는 사람이라면 어떤 일이 벌어졌는가뿐 아니라 그 사건의 바탕에 깔린 원인은 무엇인지도 알고 싶을 것이다.

지금부터 우리는 대형 충돌 사건이 수천만 년의 간격으로 주기적으로 발생했다고 보는 주장들을 살펴볼 것이다. 그것을 태양계 속 지구의 움직임이 아니라 우리 은하 속 태양계의 움직임과 연결짓기 위해서이다. 우리는 크레이터 데이터를 연구하고 기존의 관찰을 설명하려고 노력함으로써, 태양계와 우주의 역학뿐 아니라 그 바탕에 깔린 연관 관계까지 더 잘 이해하고자 한다. 여러 가설들 중에서도 가장 흥미로운 가설은 우리가 그것을 시험해 볼 수 있는 예측을 내놓는 가설이다. 설령 회의론자들이 그 가설을 가능성 낮은 일로 치부하더라도 말이다. 주기성에 관한 발상은 추측에 불과한 것이 많지만, 이 장의 목표는 우리가 무엇을 받아들일 수 있고 무엇이 앞으로 더 연구되기를 기대해도 좋은지를 세심하게 설명하는 것이다.

주기성 확인하기

매슈 리스와 나는 암흑 물질이 태양계의 주기적 현상을 설명할 가능성을 조사하는 연구에 무턱대고 착수한 게 아니었다. 우리의 가설을 내놓기 전에, 우리는 먼저 주기성을 입증하는 증거가 충분히 강해서 좀 더 조사해 볼 가치가 있는지를 확실히 해 두고 싶었다. 우리가 중요하게 고려했던 또 다른 사항은 우리의 기여가 향후 관찰과 분석을 이끄는 데 도움이 될까 하는 점이었다.

시작할 때, 우리는 몹시 어수선한 내 연구실에서 만나서 기존 가설들의 어수선한 상태를 논의했다. 이미 이해된 내용은 무엇인지를 명료하게 밝히고, 어떻게 진행하는 것이 최선인지를 결정하고자 했다. 우리의 최우선 의제는 주기성에 관한 증거를 조사하고 그것이 믿을 만한지, 아니면 주기성이란 일부 과학자들이 퍼뜨린 흥미로운 단어에 지나지 않는지를 알아보는 것이었다.

우리는 이전 연구들을 많이 읽었다. 그러나 논문들을 헤쳐 나가면서 뒤엉킨 주장과 진실을 풀어헤치는 것은 상상했던 것보다 어려운 일이었다. 한 결과에 다음 결과가 이어졌다. 어떤 과학자들이 어떤 논문들에서 주기성의 증거를 확인하면 다른 과학자들은 그다음 논문들에서 이전 저자들의 실수나 누락을 짚어냈다. 논쟁은 격렬했고 진정한 해결은 없었다. 우리가 최근 논문을 쓴 뒤에도, 주기성에 대한 증거를 회의적으로 보는 사람들은 자신들의 의견을 숨김 없이 밝혔다. 하지만 우리는 다행히도 스스로 아무런 꿍꿍이가 없는 입장에 놓여 있었다. 우리는 그냥 호기심이 동했을 뿐이고, 이 점은 우리에게 이로운 객관성을 안겨 주었던 것 같다.

필수적 기반인 통계 분석은 실제 까다롭다. 지질학적 기록은 희박한 데다가 필연적으로 큰 빈틈들이 담겨 있을 수밖에 없다. 데이터가 불완전하기 때문에, 연구자가 정확히 어떤 방식으로 기록을 평가하는가 하는 것이 결과에 영향을 미칠 수 있다. 데이터를 굳건한 토대에 놓인 성스러운 무언가로 보고 싶은 마음이야 굴뚝같지만, 통계적으로 부실한 측정 결과를 어떻게 보여 주고 평가할 것인가를 결정하는 데는 사실 수많은 해석이 관여한다.

예를 들면, 데이터를 어떤 그룹으로 묶느냐가 차이를 낳을 수 있다. 과학자들이 데이터를 시계열로 볼 때는 결론에 영향을 미칠 수 있는 결정적인 선택들을 내려야만 한다. 얼마나 많은 점들을 사용할지, 특정 데이터 조각을 시간 간격에서 정확히 어느 지점에 배치할지 등등. 과학자들은 또 사건들의 지속 시간을 평가해야 하고, 그 선택이 활동 증가 기간의 신호 강도에 어떤 영향을 미치는지도 이해해야 한다.

주기성을 증명한 논문들에 반박하는 논문들은 여러 통계적 실수들이 조사를 훼손했을지도 모른다는 점을 지적했다. 선봉에 선 사람은 독일 하이델베르크의 막스 플랑크 천문학 연구소에 있는 코린 베일러 존스였다. 그는 내가 앞에서 언급한 것을 비롯하여 많은 이의를 제기했다. 그는 또 '확증 편향'도 걱정한다. 확증 편향이란 사람들이 자신이 동의하는 결과일수록 좀 더 잘 알아차리거나 보고하는 경향이 있다는 문제이다. 베일러존스는 충돌 주기가 멸종 주기로 제안된 값, 혹은 ─ 다음 장에서 이야기할 텐데 ─ 태양계 움직임의 주기 값과 퍽 가깝다는 점 때문에 논문 저자들이 양쪽을 무리하게 끼워 맞추려고 하는지도 모른다고 우려한다. 그의 지적들이 많은 부분 유효하지만, 주기들이 서로 비슷해 보인다는 사실은 꼭 나쁜 것만은 아니다. 수치의 일치는 정말로 그냥 우연의 일치일 수도 있다. 그러나 모종의 과학적 연관성이 바탕에 깔려 있으며 그것이 앞으로 더 깊은 이해로 이어질 것이라는 실마리일지도 모르는 노릇이다.

그런데 베일러존스를 비롯한 반대자들이 지적한 흔한 실수가 하나 더 있다. 어떤 가설을 하나의 경쟁 모형하고만 비교하고서 그 대안 가설이 나머지 모든 선택지들을 대신한다고 여겨서는 안 된다는 것이다. 예를 들어, 사람들은 종종 유성체가 주기적으로 때린다고 보는 가설과 충돌 확률이 시간적으로 대체로 일정하다고 보는 가설 중에서 어느 쪽이 데이터와 더 잘 맞느냐고 묻는다. 그러나 설령 주기 모형이 완벽한 무작위성을 가정하는 것보다 더 낫더라도, 데이터는 이 둘과는 또 다른 제3의 모형에 더 잘 맞을지도 모른다. 이를테면 유성체 충돌이 오래되었을수록 크레이터 발견 확률이 감소한다고 보는 모형과. 요컨대, 연구자가 선호하는 모형이 하나의 대안 가설보다 낫다고 해서 그것이 꼭 옳다는 뜻은 아니다. 다행히 연구자들은 비교할 모형들의 레퍼토리를 넓힘으로써 이 실수를 처리할 수 있다. 확률에 결정적인 차이가 없다면, 다양한 대안 모형들을 시험해 보고 주기 모형이 최선인지 아닌지 확인해 보는 것이 이치에 맞다.

주기 신호를 확인하는 데는 이 밖에도 장애물이 더 있다. 1988년, 지질학자 리처드 그리브와 동료들은 부정확한 연대 측정이 어떤 주기성 신호이든 지워 버릴 수 있다는 것을 지적했다. 그 신호가 진짜이든 아니든 그것과는 무관하게 말이다. 1989년, 당시 프린스턴 대학교 학부생이었던 줄리아 하이슬러와 당시 토론토의 캐나다 이론 천체 물리학 연구소 교수였으나 현재 프린스턴 고등 연구소의 천체 물리학 연구진을 이끌고 있는 스콧 트레메인은 우리가 주기 현상을 신빙성 있게 확인하면서도 감당할 수 있는 불확실성이 얼마나 되는지 알아봄으로써 이 효과를 좀 더 정량화했다. 1989년에 발표된 논문에서, 하이슬러와 트레메인은 불확실성이 13퍼센트일 때는 데이터에 주기성이 존재한다는 가설에 대한 신뢰도가 90퍼센트를 넘을 수 없다고 말했다. 불확실성이 23퍼센트로 높아진다면, 주기 신호를 감지할 확률은 약 55퍼센트로 떨어진다. 이런 불확실성 때문에 주기 효과를 신뢰성 있게 확인하는 게 아예 불가능한 것은 아니지만, 좀 더 까다로워지기는 한다.

멸종 사건의 주기성

특별한 주의를 요하는 이런 논문들의 초점은 천체 물리학에서 주기 현상을 확인하는 것이었다. 내가 곧 설명할 내 연구의 초점도 마찬가지이다. 하지만 크레이터의 시간 의존성을 조사해 보면 어떨까 하는 최초의 동기는 겉보기에 이것과는 전혀 무관한 주제의 연구에서 떠올랐다. 그것은 바로 멸종 사건의 겉보기 주기성에 관한 연구였다. 프린스턴의 지질학자 앨프리드 피셔와 마이클 아서는 생명이 주기적으로 흥망성쇠를 겪었던 것처럼 보인다는 점을 처음 지적한 사람들이었다. 1977년에 그들은 화석 기록이 3200만 년 주기를 보이는 것 같다고 결론 내렸다. 1984년에 시카고 대학교의 데이비드 라우프와 잭 셉코스키는 훨씬 더 영향력이 큰 논문을 발표하여, 멸종 기록에 드러난 주기성에 관한 나름의 수색 결과를 발표했다. 처음에 두 사람은 가능한 주기의 폭이 2700만 년과 3500만 년 사이 어디쯤이라고 꽤 넓다고 보았으나 나중에 분석을 다시 해서 추정값을 2600만 년으로 수정했다. 이후 이 주제를 연구하는 과학자들은 대부분 이 주기를 참조한다.

이처럼 도발적인 가설이 확인을 거치지 않고 넘어갈 리가 없다. 나중에 이뤄진 연구들은 실제로 보충 증거를 찾아냈다. 시간 규모는 약간 달라졌지만 말이다. 2005년, 캘리포니아 대학교 버클리 캠퍼스의 두 물리학자 로버트 로드와 리처드 멀러는 똑같은 화석 기록에 재보정한 시간 규모를 적용함으로써 6200만 년이라는 사뭇 다른 주기를 확인했다. 이후 결과들은 왔다 갔다 했지만, 재미나게도 결국 2700만 년 주기와 6200만 년 주기가 둘 다 살아남았다. 가장 최근에 가장 철저하게 이뤄진 분석에서, 캔자스 대학교의 천문학 교수 에이드리언 멜롯과 워싱턴 D. C. 스미스소니언 자연사 박물관의 고생물학자 리처드 밤바흐는 대부분의 멸종이 2700만 년 주기의 지점들로부터 300만 년 안쪽에 발생했으며 더군다나 그 사건들은 늘 6200만 년 주기로 종 다양성이 감소한 시점에 벌어졌음을 발견했다. 즉 실제로 두 주기가 둘 다 유효할지도 모른다는 뜻이었다. 주기성에 관한 갖가지 경고들은 여전히 유효하지만, 어쨌든 주기성을 지지하는 약한 증거는 존속하는 셈이다.

하지만 화석 기록의 겉보기 규칙성이 진실로 밝혀지더라도, 이런 논문 저자들 중 누구도 멸종이 주기적인 이유를 설명하지는 못했다는 사실만큼은 변하지 않는다. 앞에서 보았듯이, 종은 다양한 이유로 멸종할 수 있다. 기후 변화, 화산 활동, 유성체 충돌, 지각판의 움직임이 모두 영향을 미치는 듯하다. 유성체는 몇몇 대량 멸종에 영향을 미쳤을 가능성이 있고, 실제로 한 유성체가 K-Pg 멸종을 일으킨 것은 분명한 사실이다. 그러나 무엇이 되었든 멸종의 주기성이라고 이야기되는 현상이 단 하나의 근본 원인의 결과일 것 같지는 않다. 물리적 인과의 메커니즘들이 서로 구별된다는 점을 감안할 때, 우리는 잘해 봐야 서로 다른 주기 현상들이 중첩되어 있으리라고 기대할 수 있을 뿐이다. 그리고 완전한 기록이 없는 한, 그 모습은 우리에게 상당히 무작위적인 것처럼 보일 것이다.

주기적 멸종의 가능성을 그것을 일으킨 여러 물리적 과정들과 연관 지으는 시도는 하나의 물리적 현상 속에서, 이를테면 외계 천체와의 충돌이라는 현상 속에서 그 주기성을 이해하려는 시도보다 좀 더 추측에 기울 수밖에 없다. 유성체 충돌을 조사하는 것만 해도 충분히 버거운 과제인데, 그것을 멸종에 관한 불확실성들과 결합한다는 것은 수렁으로 빠지는 일일 수밖에 없다.

이런 불확실성들 때문에 — 물론, 관계가 확실하게 정립된 유성체/K-Pg 사건 하나만큼은 예외이지만 — 책의 나머지 부분에서 나는 비록 흥미가 동하기는 해도 멸종에 관한 추론은 더 이상 전개하지 않겠다. 대신 우주의 주기적 사건들과 크레이터로 흔적을 남길 만큼 컸던 충돌들의 주기성 사이에 관련이 있는지를 살펴보는 데 집중하겠다. 충돌에 집중하는 연구의 이점은 크레이터 기록이 천체 물리학과 직접 연관되어 있으며 — 멸종의 가능한 여러 원인들과는 달리 — 기후, 환경, 생물학이 중간에 혼란스럽게 개입하는 일이 없다는 것이다.

충돌은 지구의 현상과 태양계 사건 사이의 연관성을 탐구하게끔 하는 환상적인 기회이다. 이것은 우주를 더 많이 알게 해 주는 독특한 렌즈와도 같다. 무작위적인 유성체 충돌에는 딱히 어떤 설명도 필요하지 않다. 그러나 주기적인 유성체 충돌은 설명이 필요할 가능성이 높다. 유성체 충돌이 정말 규칙적인 간격으로 발생한다면, 그 시간 의존성은 뭔가 우주적인 원인이 깔려 있음을 암시할 것이다.

21장에서 나는 앞으로 우리가 어떤 방법으로 데이터를 점검하는 것이 좋은가에 대한 나와 내 동료의 의견을 소개할 것이다. 그리고 현재 주어진 데이터로도 주기성을 약간 강하게 지지할 수 있다는 것을 보여 줄 것이다. 그러나 일단 지금은 이전 논문들에 등장했던 몇몇 대표적인 결론을 소개하겠다. 연구자들이 정확히 어떤 통계 기법을 썼고 어떤 데이터 집합을 선택했는지까지 시시콜콜 설명하지는 않겠지만 말이다.

크레이터 기록에 드러난 주기성

어떤 경우이든, 크레이터의 주기성을 살펴볼 때는 데이터를 어떤 식으로든 제약해야만 한다. 대개의 분석은 비교적 크고 최근에 형성된 크레이터들에게만 집중한다. 너무 오래전에 떨어진 충돌체의 흔적은 그것과 비슷하지만 최근에 떨어진 충돌체의 흔적에 비해 신뢰성이 떨어진다. 그리고 비록 작은 크레이터가 큰 크레이터보다 훨씬 더 많기는 해도, 주기성 연구는 큰 크레이터들만 다뤄야 한다. 작은 물체들은 늘 상 지구를 때리지만, — 소행성대에서 지구로 폭포처럼 쏟아지는 경우를 제외하고는 — 그런 사건들은 대부분 무작위적으로 발생한다. 즉 작은 크레이터를 만드는 천체들은 대부분 무차별적으로 떨어진다. 다음 장에서 설명하겠지만, 진정한 주기성은 혜성으로만 가능한 듯하다. 그중에서도 머나먼 오르트 구름에서 오는 혜성들이다.

그러니 크레이터 개수를 더 많이 기록하는 것(그러려면 크기 기준을 낮춰야 한다.)과 주기 현상을 좀 더 신뢰성 있게 확인하는 것(그러려면 크기 기준을 높여야 한다.) 사이에는 교환 관계가 성립한다. 최적의 선택이 무엇인지는 아무도 모른다. 기존 문헌의 분석은 저마다 다른 크기를 기준으로 삼았으므로, 이전 연구 결과를 평가하려는 사람은 이 점을 염두에 둬야 한다. 매슈와 나는 결국 지난 2억 5000만 년 내에 만들어졌으며 폭이 20킬로미터 이상인 크레이터들만 다루기로 했다. 2억 5000만 년이라는 시간 기준은 합리적인 통계가 가능할 만큼 넓지만 신뢰성이 있을 만큼 최근에 해당하는 것으로 보였다. 20킬로미터라는 기준은 충돌체의 폭이 1킬로미터는 되어야 할 만큼 크지만 통계적으로 유효한 데이터를 누락할 만큼 크지는 않은 좋은 선택으로 보였다.

이런 제약을 가하더라도, 크레이터 기록에서 주기성을 신뢰성 있게 확인하기란 만만치 않은 작업이다. 지구의 역사를 거치면서 지금까지 살아남은 크레이터들의 흔적은 불완전하다. 오늘날까지 눈에 보이는 것은 전체의 작은 일부에 불과하다. 게다가 — 설령 발견된 경우라도 — 크레이터들의 연대 측정 결과가 사건들의 시간 의존성을 신뢰성 있게 추출할 수 있을 만큼 늘 충분히 정확하지는 않다. 연구자들이 서로 다른 데이터 집합을 사용했다는 점도 문제를 복잡하게 만든다. 설령 같은 데이터를 썼더라도, 연구자들은 때로 서로 다른 시간 간격을 적용하거나 서로 다른 방식으로 데이터를 묶었다. 상황을 더욱 혼란스럽게 만드는 것은, 앞에서도 이야기했듯이, 일부 충돌들이 정말로 주기적으로 발생했더라도 또 다른 충돌들은 그와 무관하게 무작위로 발생했다는 점이다. 이것은 곧 우리가 최대한 기대할 수 있는 바는 무작위적 요소에 주기적 요소가 겹쳐진 결과라는 뜻이다. 안 그래도 부실한 통계 기록이 이 때문에 더 제약된다.

그럼에도 불구하고, 유성체가 K-Pg 멸종을 유도했다고 주장한 앨버레즈의 1980년 논문에 자극받은 데다가 멸종의 주기성을 암시하는 증거에도 영향을 받아, 과학자들은 충돌의 주기성에 대한 증거를 수색하는 작업을 밀고 나갔다. 1984년, 앨버레즈와 캘리포니아 대학교 버클리 캠퍼스의 동료였던 물리학자 리처드 멀러가 첫발을 떼었다. 두 사람은 지난 2억 5000만 년 내에 형성된 반지름 5킬로미터 이상의 크레이터들을 조사하여 2840만 년의 주기성을 제안했다. 그들의 결과는 겨우 11개의 크레이터 표본에 기반한 것이었고 데이터의 불확실성을 엄밀히 감안하지도 않았지만, 곧 좀 더 종합적인 분석들이 이어졌다.

역시 1984년, 뉴욕 대학교 생물학자 마이클 램피노는 NASA 고다드 우주 연구소의 리처드 스토터스와 손잡고 2억 5000만 년 전과 100만 년 전 사이에 형성된 41개 크레이터 표본을 조사하여 외계 천체 충돌에는 3100만 년의 주기가 있다고 확인했다. 1996년에는 일본 과학자들도 비슷한 결과를 선보였다. 그들은 지난 3억 년 동안 형성된 크레이터들을 데이터로 사용하여 3000만 년 주기를 확인했다. 2004년, 교토 대학교의 응용 수학자로서 이전 연구의 공동 저자 중 한 명이었던 야부시타 신은 지난 4억 년 동안 형성된 크레이터들에 크기에 따라 서로 다른 가중치를 주는 방식으로 좀 더 섬세하게 분석해 보았다. 그리고 그 결과 91개 크레이터 집합으로부터 3750만 년 주기를 끌어냈다. 이런 분석들은 모두 크레이터 기록의 주기성을 지지하는 약간의 증거를 발견했지만, 확인된 주기들이 결과를 튼튼하게 뒷받침할 만큼 충분히 잘 맞지는 않았다.

2005년, 영국 버킹엄 우주 생물학 센터의 교수인 윌리엄 네이피어가 흥미로운 연구 결과를 내놓았다. 그는 충돌이 몰려서 발생하는 경향이 있으며, 그 간격은 약 2500만 년과 3000만 년 사이이고 각각의 사건은 약 100만 년에서 200만 년 동안 지속된다고 주장했다. 그가 표본으로 삼은 크레이터 40개는 지난 2억 5000만 년 동안 형성된 폭 3킬로미터 이상의 크레이터들이었다. 그에 따르면 가장 큰 충돌들은 비교적 짧은 간격을 두고 벌어졌는데 K-Pg 멸종도 그중 하나였다. 하지만 주기성에 대한 증거는 약했으며, 그는 — 데이터를 어떻게 해석하느냐에 따라 — 여러 다양한 주기들을 유도할 수 있었는데 그중에서도 2500만 년 주기와 3000만 년 주기가 압도적인 듯하다고 했다.

네이피어는 자신의 증거가 주장을 강력하게 뒷받침하기에는 부족하다는 것을 스스로 인정했다. 나아가 지금은 원래 앨버레즈가 가지고 있던 것보다 훨씬 더 많은 데이터가 모였으니 신호가 더 강력하게 드러나거나 아예 완전히 사라졌거나 둘 중 하나를 기대하는 게 당연하다고 지적했다. 그는 자신의 결과가 모호한 데 대한 한 가지 설명을 제시했는데, 무작위적 사건들과 주기적 사건들이 비교적 일정한 비로

섞여 있기 때문에 데이터 집합이 3배로 커졌어도 신호가 깨끗하게 드러나지 않는다는 것이었다.

네이피어는 자신도 미미하다고 인정한 주기성 신호를 일으킨 원인이 혜성과 소행성 중 어느 쪽이냐 하는 문제에 대해서도 흥미로운 의견을 내놓았다. 그는 자신이 분석에서 제외한 작은 유성체들은 소행성대에서 왔을 것이라고 생각했지만, 자신이 분석한 큰 크레이터들을 만든 것은 주로 — 소행성이 아니라 — 혜성일 것이라고 짐작했다. 폭격 사건들의 강도를 설명하기에는 큰 소행성의 공급이 충분하지 않았으리라는 것이었다. 관찰 결과를 설명하려면 아주 많은 큰 소행성들이 아주 짧은 기간 만에 쪼개졌다고 보아야 하기 때문이었다. 네이피어는 크레이터 기록의 부족함이 오히려 자신의 주장을 지지한다고 말했다. 만일 대부분의 크레이터가 살아남지 못하는 형편이라면, 실제 충돌 수는 그가 지구의 운석흔들로부터 확인할 수 있었던 수보다 더 클 것이다. 우리가 한 번의 폭격 사건으로부터 확인할 수 있는 것이 소수의 큰 크레이터들뿐이라면, 실제로는 지금은 증거가 남지 않은 다른 충돌들이 더 많았을 가능성이 높다.

나아가 네이피어는 교란을 겪어 그 궤도가 지구 궤도와 교차하게 된 소행성들 중에서 실제로 지구와 부딪히는 것은 25분의 1도 안 될 것이라고 추측했다. 대부분은 태양계 밖으로 날아가거나 태양 속으로 떨어질 것이다. 두 효과를 모두 고려하여, 그는 만약 자신의 데이터를 제대로 설명하려면 폭이 최소 20~30킬로미터는 되는 원래 소행성이 쪼개져서 생긴 작은 소행성들이 지구 근접 궤도로 수백 개씩 들어

왔어야 할 것이라고 말했다. 그렇게 쪼개지는 것은 충돌 탓이었을 것이다. 그러나 큰 소행성이 충돌로 쪼개지는 일은 그렇게 많은 작은 소행성 개수를 설명할 만큼 자주 벌어지지 않는다. 100만~200만 년의 짧은 기간에 충돌이 몰려서 발생한다는 사실도 그런 사건들의 주기도 소행성에 기반한 설명과는 어울리지 않는 듯하므로, 네이피어는 자신이 확인한 주기적 연속 충돌의 근원은 혜성일 가능성이 높다고 주장했다. 그의 결론은 사실로 증명된 게 아닌 데다가 요즘 우리는 일부 소행성의 경우 100만~200만 년의 '빠른 주기'를 취한다는 것을 알지만, 그래도 그의 연구는 일부 유의미한 충돌에 대해서는 소행성보다 혜성이 중요했을 것이라는 가능성을 제시하고 어쩌면 둘 중 어느 쪽인지 구별할 방법까지 제시할지도 모른다는 점에서 의미가 있었다.

딴 데 찾아보기 효과

이런 관찰들은 모두 썩 그럴싸하다. 하지만 앞의 결과들 중 어느 것도 주기 효과를 확실히 입증하는 데 필요한 통계적 유의성을 갖지 못한다. 그런데 통계적 유의성을 분석할 때 떠오르는 까다로운 문제가 하나 더 있다. 다만, 왜 이전 논문들이 서로 모순되는 결과를 냈을까 하는 의문을 어느 정도 설명해 줄 듯한 이 요인은 우리가 충분히 극복할 수 있다.

여러분이 데이터가 주기적이라는 가설을 세웠다고 하자. 그러면 그 데이터가 주기 함수에 들어맞는지 확인해 보면 되는 것 아닐까? 그러고는 제일 잘 맞는 주기 함수가 관찰 결과를 얼마나 잘 설명하는지 평가하면 되는 것 아닐까? 그렇지가 않다. 그러면 지나치게 낙관적인 추정값이 나올 수 있다. 우리가 하나의 가설을 시험하는 게 아니라 가능한 추측을 여러 개 갖고서 충분히 많이 시험할 때는 — 우리 경우에는 주기가 서로 다른 여러 함수들을 시험하는 것이다. — 무작위적 충돌 가설보다 데이터에 더 잘 맞는 가설이 틀림없이 하나는 나올 것이다. 그러나 그렇다고 해서 그 가설이 꼭 옳은 것은 아니다.

미묘하지만 어떻게 보면 명백한 — 적어도 사후에 돌아보면 명백한 — 이 문제는 입자 물리학계에서는 딴 데 찾아보기 효과(look-elsewhere effect)라고 불린다. 이 현상은 대형 강입자 충돌기(LHC)에서 힉스 보손이 발견되었을 때 벌어진 떠들썩한 토론의 주제였다. 제네바 근교 유럽 입자 물리학 연구소(CERN)에 있는 거대한 입자 가속기 LHC는 고에너지 양성자들을 충돌시켜 새로운 입자들을 만들어 냄으로써 그 바탕에 깔린 물리학 이론들에 관한 통찰을 얻고자 한다. 이 책의 주제와는 거리가 있지만, 힉스 입자 탐색 결과는 주기성을 찾아보는 과학자들도 직면하기 마련인 문제를 잘 보여 주는 사례이다.

실험가들이 힉스 입자를 찾아보는 방법은 힉스 보손이 붕괴하면서 낸 입자들의 데이터로부터 힉스 입자의 증거를 찾아낸 뒤 그런 사건이 얼마나 자주 발견되는지 측정하는 것이다. 대부분의 경우에는 입자들이 충돌하더라도 힉스 보손이 생성되지 않기 때문에, 힉스 보손이 존재한다는 단서는 힉스 입자가 없었더라도 발생했을 사건들을 뜻하는 매끄러운 배경(background) 곡선 위로 힉스 입자의 신호가 불쑥 솟아난 모양으로 데이터에 드러난다. 이 데이터를 적절히 도표화한다면, 뾰족한 신호가 드러난 지점은 힉스 입자의 정확한 질량에 해당하는 지점일 것이다. 따라서 실험가들은 데이터를 제시할 때 '혹(bump)'에 집중한다. 즉 뭔가가 ─ 바라기로는 힉스 보손이 ─ 기본 배경 신호에 적잖은 기여를 더한 것처럼 보이는 데이터 영역에 집중한다.

여기에서 주의할 점은 데이터는 통계적 우연 때문에 ─ 전문 용어로는 '요동(fluctuation)' 때문에 ─ 늘 오르내리기 마련이라는 것이다. 어떤 특정 요동이 발생할 확률이 낮더라도, 충분히 넓은 질량 범위를 조사한다면 어느 지점에선가는 그런 요동도 발생하고는 할 것이다. 그리고 그런 확률 낮은 사건이 어쩌다 힉스 보손의 모습을 하고 있을 수도 있다. 하지만 사실 그것은 우연히도 그 질량 지점에서 배경 사건들이 축적되어 나타난 모습일지도 모르는 것이다.

처음 힉스 보손을 수색하기 시작했을 때, 실험가들은 그 질량을 알지 못했다.[1] 그들은 일단 적절한 증거를 발견한다면 그 질량을 측정할 수 있을 것이었다. 힉스 입자가 붕괴할 때 생성된 입자들의 에너지와 질량이 힉스 입자의 질량과 관련되어 있으므로 그것으로부터 값을 결정할 수 있기 때문이다. 하지만 연구자들은 데이터에서 혹을 목격한 뒤에만 질량을 결정할 수 있지, 거꾸로는 할 수 없었다.

실험가들이 데이터를 제시하면서 자신들이 확인한 어떤 혹의 등장 확률이 힉스 보손이 존재할 경우와 부재할 경우에 각각 얼마일지 논할 때, 그들은 힉스 보손 질량의 값이 가진 불확실성을 설명해야 했다.

통계적 요동은 어디에서나 발생할 수 있고 그런 요동 중 무엇이든 힉스 보손 붕괴로 해석될 가능성이 있으므로, 특정 혹의 통계적 유의성은 어떤 요동이 어딘가에서는 발생할 수 있다는 더 큰 가능성에 의해 약간 훼손된다. 실험가들은 이 사실을 잘 알았기 때문에, 자신들이 얻은 결과의 유의성을 제시할 때 이런 '딴 데 찾아보기 효과'를 감안해 발표했다. 딴 데 찾아보기 효과에 따르면, 만일 연구자들이 힉스 보손의 질량을 미리 알고 있다면 결과의 유의성은 훨씬 더 높아진다. 반면에 미리 알지 못한다면, 혹이 그냥 요동일 가능성이 더 높아진다. 데이터에서 비정상적으로 높이 솟은 부분이 등장할 확률에다가 그 확률 낮은 사건이 발생할 수 있는 모든 지점들의 수를 곱해야 하기 때문이다. 실험에서 탐지 가능한 힉스 보손이 충분히 많이 생성되어 통계적으로 유의한 결과가 나와야만 ― 딴 데 찾아보기 효과를 고려하고서라도 말이다. ― 물리학자들은 비로소 발견에 성공했다고 주장할 수 있을 것이다.

크레이터 기록에서 주기성을 찾아볼 때도, 우리가 정확히 얼마의 주기를 찾으려는지를 사전에 모르는 경우에는 이것과 비슷한 문제가 적용된다. 천체 물리학자들은 이 효과를 시행 착오 요인(the trials factor)이라는 다른 이름으로 부르지만 말이다. 만일 우리가 서로 다른 주기들을 충분히 많이 적용해 본다면, 그중에서 주기가 전혀 없는 경우보다 ― 즉 완벽하게 무작위적인 경우보다 ― 데이터에 더 잘 맞는 듯한 주기가 하나쯤은 나올 가능성이 높다. 실제로도 주기적 유성체 충돌을 가정한 모형들이 데이터에 더 잘 맞았다. 적어도 충돌이 완벽하게 무작위적이라고 가정한 모형보다는 나았다. 그러나 아무도 어떤 주기를 예상해야 할지를 미리 알지는 못했기 때문에, 연구자가 어느 하나의 모형이 잘 맞는다는 것을 근거로 주장한 통계적 유의성은 그가 내린 그 순진한 결론보다 실제로는 더 낮을 것이다. 저마다 통계적 불확실성을 품고 있을 주기 함수들을 충분히 많이 시험한다면, 결국 데이터에 합리적으로 들어맞는 것처럼 보이는 주기 함수가 뭐든 하나는 나올 것이기 때문이다.

이 효과는 주기성을 지지하는 통계 증거를 발견하지 못했던 코린 베일러존스의 결과와 그런 증거를 발견했던 다른 연구자들의 결과가 왜 달랐는지를 설명하는 데 큰 도움이 된다. 양쪽 모두 나름대로 올바르게 분석한 것이다. 다만 베일러존스의 결과는 우리가 주기를 미리 알지 못한다는 요소를 감안한 것이었다. 추가 정보가 입력되지 않는 한, 신호는 이런 제약 효과를 압도할 만큼 강해야 한다. 그러나 첫눈에는 신호가 그만큼 강하지는 않은 것처럼 보였다.

이 대목에서 좋은 소식은, 우리에게는 이제 충분히 포함시켜도 될 만한 추가 정보가 있다는 것이다. 우리는 이제 은하가 무엇으로 만들어졌는지를 안다. 천문학자들이 그 내용물과 중력을 어느 정도까지 측정하는 데 성공했기 때문이다. 만일 주기 현상이 태양계의 움직임에 의해 야기되는 것이라면, 우리는 은하에 대해서 아는 내용과 은하 속 태양의 위치에 대해서 아는 내용을 모아 태양의 움직임을 예측함으로써 그것으로부터 유도되는 예측을 데이터와 비교해 볼 수 있다. 그리고 내가 다음 장에서 소개할 충돌의 방아쇠 메커니즘을 함께 적용하면 될 것이다. 이것이 매슈와 내가 해 보기로 결심한 연구였다.

15장
오르트 구름에서 팔매질된 혜성들

여러분도 뉴욕 라디오 시티 뮤직 홀의 로키츠 무용단이나 옛날 텔레비전 쇼에 나온 다른 무용단이 단체로 동작을 맞추어 춤추는 모습을 보았을지 모르겠다. 많은 수의 아름답게 차려입은 여자들이 원을 그리면서 동작을 서로 딱딱 맞춰서 우아하게 움직이는 모습 말이다. 가끔은 무용수들이 바퀴살처럼 하나의 중심으로부터 뻗어나오고 다른 무용수들은 그 둘레에서 첩첩이 겹쳐진 원들을 그리는 대형도 선보인다. 무용수들은 원들이 온전하고 매끄럽게 유지되도록 하기 때문에, 구경하는 우리는 각각의 무용수가 다른 무용수들에 대해서 정확한 위치 관계를 유지하는 게 얼마나 어려운 일인지 잊는다. 특히 바깥쪽 무용수들이 더 그렇다. 그들은 안쪽 무용수들보다 빠르게 움직여야 하는 데다가 조화와 방향의 시발점인 중심으로부터 더 멀리 떨어져 있다. 이따금 제일 바깥쪽 원에 있는 무용수가 버거운 과제를 감당하지 못한 나머지 남들과 동작이 어긋나서 춤을 망치는 경우가 있다. 그러나 무용수가 엎어지지 않는 한은 별로 대단한 일이 아니다. 그의 실수 때문에 무용수들의 동시성에서 비롯되는 공연의 아름다움과 완벽함이 훼손되기는 하겠지만, 극적이거나 끔찍한 결과가 뒤따르지는 않는다.

태양과 지구 사이의 거리보다 수만 배 더 멀리 있는 오르트 구름의 얼음덩어리 천체들은 맨 바깥쪽 고리에 있는 무용수들과 비슷한 과제를 가지고 있다. 그곳 천체들은 태양의 중력으로부터 너무나 멀리 떨어져 있기 때문에, 상대적으로 위태로운 균형만을 유지하고 있다. 충분히 강한 교란이 가해진다면, 천체는 마치 덜 정확하게 움직이는 바깥쪽 무용수처럼 그것이 있어야 할 것으로 예상되는 위치로부터 서서히 벗어난다. 오르트 구름 천체가 안쪽 태양계로 너무 가까이 다가온다면, 슬쩍 미는 힘만으로도 — 혹은 그것보다 거센 힘이 한 번만 밀어도 — 아예 궤도에서 이탈해 버릴 것이다. 그러면 그 천체는 어긋난 무용수보다도 훨씬 더 멀리 제 경로를 벗어나서 안쪽 태양계를 향해, 심지어는 지구를 향해 쏜살같이 달려올 위험이 있다.

지구 근접 소행성들이나 일부 일탈한 단주기 혜성들도 행성이나 근처의 다른 천체에 의해 밀쳐져서 이따금 지구를 때린다. 그러나 그런 충돌은 거의 틀림없이 무작위적이다. 주기적 교란을 야기하는 메커니즘은 오르트 구름의 혜성들에 대해서만 제안되어 있다. 오르트 구름은 태양계로 진입하는 장주기 혜성의 유일한 공급원이자 태양 가까이 다가오는 혜성 대부분의 공급원이기도 할 텐데, 나아가 주기적 간격을 두고 떨어지는 혜성들의 유일한 공급원으로도 짐작되는 것이다. 우리가 앞 장에서 따져보았던 멸종과 크레이터의 주기성 가설들 때문에, 연구자들은 오르트 구름의 얼음덩어리 천체를 정기적으로 태양계 안쪽으로 팔매질하는 교란의 방아쇠가 과연 무엇인지 알아보는 일에 관심을 쏟게 되었다.

이 장에서는 우선 큰 충돌을 일으키는 천체가 혜성과 소행성 중 어느 쪽일 가능성이 높은가 하는 문제를 짧게 짚고 넘어가겠다. 그다음에는 과연 어떤 힘이 오르트 구름에서 천체를 이탈시켜 지구를 때리는 혜성을 만들어 내는가에 관한 기존의 몇 가지 가설들을 검토하겠다. 이런 오래된 가설들이 제안된 규칙성을 설명하지는 못하지만, 은하의 상호 작용을 새로운 방식으로 생각하도록 북돋는다는 점에서는 흥미롭다. 또한 이 가설들은 나중에 내가 새로운 종류의 암흑 물질 개념에 기반하여 제시할, 좀 더 유망한 가설로 가는 길을 닦아 주었다.

소행성 대 혜성

만일 칙술루브 크레이터를 만든 충돌체가 소행성이었다면, 암흑 물질은 아무 상관이 없다. 반면에 그 참상을 일으킨 것이 혜성이었다면, 외계의 암흑 물질이 방아쇠를 당긴 범인이었을지도 모른다. 월터 앨버레즈는 『티렉스와 죽음의 크레이터』에서 K-Pg 멸종을 야기한 충돌체를 논할 때 "혜성"을 기본으로 채택했다. 그러나 그는 원흉이 혜성이었는지 소행성이었는지를 확실히 말할 수 있는 사람은 없음을 이해했다. 크레이터를 남긴 혜성과 소행성의 영향을 구별하는 것은 ─ 특히 수백만 년 전에 지구에 떨어진 것들일 때는 ─ 까다로운 일이다. 천체의 궤적을 직접 목격한 사람이 없는 경우, 보통은 떨어진 천체가 혜성인지 소행성인지 구별할 방법이 없다. 공룡을 멸종시킨 혜성에 관해서도 판결은 아직 미정이다.

우리는 혜성이나 그 파편이 지구를 때리는 빈도는 훨씬 낮다는 것을 안다. 혜성 충돌의 빈도는 소행성 충돌의 빈도의 2~25퍼센트에 지나지 않는다. 지금까지 알려진 1만 개 남짓의 지구 근접 천체들 중 약 100개만이 혜성으로 알려져 있고, 나머지는 소행성이나 그것보다 작은 유성체라고 알려져 있다.

그러나 꼭 이미 지구 근처에 있던 천체만이 대규모 충돌을 일으킬 수 있는 것은 아니다. 먼 혜성도 이따금 궤도를 탈출하여 지구를 때린다. 뛰어난 천문학자 유진 슈메이커는 어느 흥미로운 연구에서 주장하기를, 작은 충돌은 소행성이 압도적으로 많이 일으키지만 더 큰 충돌의 원인으로는 혜성이 더 중요할지도 모른다고 했다. 슈메이커가 충돌 수와 규모를 양 축으로 잡아 그래프를 그려 보았더니, 서로 다른 두 집단이 존재하는 듯한 결과가 나왔다. 작은 충돌들은 모두 하나의 깔끔한 곡선에 놓였지만, 그 간결한 곡선에 들어맞지 않는 큰 충돌들도 많이 있었다. 슈메이커는 소행성이 작은 충돌을 일으킨다는 것을 알았으므로, 큰 충돌을 일으키는 것은 소행성이 아닌 다른 충돌체 공급원일 것이라고 가정했다. 그리고 자신이 목격한 그래프는 서로 독립적인 기여를 뜻하는 두 곡선의 합이라고 주장했다. 그리고 큰 충돌체의 공급원은 혜성이라는 게 그의 추측이었다.

혜성은 소행성에 비해 훨씬 더 많은 에너지를 지닌다는 특징도 있다. 일반적으로 혜성이 더 빠르기 때문이다. 혜성의 속력은 빠른 것은 초속 70킬로미터 이상이지만 소행성의 속력은 초속 10~30킬로미터이다. 전형적인 경우에 탄도 미사일은 초속 11킬로미터 미만으로 날고, 소행성은 초속 약 20킬로미터, 단주기 혜성은 초속 35킬로미터 가깝게, 장주기 혜성은 초속 55킬로미터로 움직인다. 물론 그것보다 더 빠른 것들도 있다. (그림 32) 운동 에너지는 질량에 비례할 뿐 아니라 속

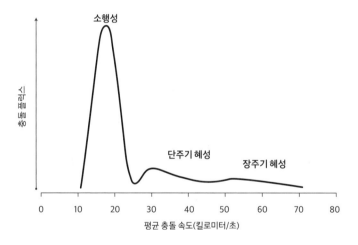

그림 32 소행성, 단주기 혜성, 장주기 혜성의 평균 지구 충돌 속도를 킬로미터/초로 나타낸 것. 곡선은 세 종류 천체의 상대적인 플럭스 기대값도 보여 준다. (유속이라고도 하는 플럭스(flux)는 단위 시간당 단위 면적을 통과하는 물리량을 뜻하며, 천문학에서는 주로 복사 에너지에 대해 쓴다. — 옮긴이)

도의 제곱에도 비례한다. 혜성의 속력이 더 빠르다는 것은 비록 혜성 충돌이 더 드물더라도, 혹은 충돌체가 더 작더라도 느리게 움직이는 소행성보다 이론적으로는 더 큰 피해를 입힐 수 있다는 뜻이다.

슈메이커는 더 나아가 화학적 분석까지 수행했고, 거기에서도 혜성 가설을 지지하는 결과를 얻었다. 공정을 기하기 위해서 밝혀 두자면, 화학적 분석을 실시했던 과학자들의 주장은 양쪽으로 갈리는 편이다. 경쟁자인 소행성 가설을 지지하는 증거는 동위 원소 비, 그리고 살아남은 운석 파편들 중 콘드라이트 소행성과 조성이 일치하는 것이 있다는 점이다. 그런 파편에는 밀리미터 크기의 구형 조각들이 담겨 있는데, 그것은 태양계가 형성되던 45억 6000만 년 전에 성운 폭풍에서 형성되었던 용융 방울들이 굳은 것이다. 그러나 이 증거가 결정적이지는 않다. 우리는 아직 혜성의 동위 원소 비를 모른다. 그러니 어쩌면 그 비도 비슷할지 모른다. 게다가 최근 한 연구는 이리듐과 오스뮴 밀도가 우리가 지금까지 믿었던 것보다 더 낮다고 주장했는데, 그렇다면 그것은 혜성 가설에 좀 더 부합할 것이다.

1990년, 천체 물리학자 케빈 자늘리와 데이비드 그린스푼은 전혀 다른 논증을 사용해서 칙술루브 크레이터가 혜성 충돌의 결과라고 주장했다. 두 사람은 K-Pg 멸종 이전과 이후에 혜성 먼지가 지구에 떨어졌다고 보면 K-Pg 층을 둘러싼 퇴적물에서 아미노산이 발견되는 현상을 설명할 수 있다고 주장했다. 먼지 입자들은 대기에 걸렸다가 서서히 낙하하여 온전한 상태로 땅에 떨어지므로, 이론적으로 그 먼지는 오래전에 해체된 혜성의 잔해일 수 있다. 혜성을 이뤘던 물질이 지구에 비처럼 내린 것이다.

혜성 충돌이 예상보다 더 자주 발생할지도 모르는 한 이유는 목성이 혜성을 중력으로 휘두를 때 가끔 혜성이 조각조각 쪼개지기도 한다는 점이다. 그런 일이 벌어진다면, 조각들 중 여러 개가 지구 궤도와 교차할 테니 혜성과 지구가 만날 가능성이 높아진다. 어떤 천문학자들은 그런 사건이 불과 수천 년 전에도 발생했다고 추측하며, 안쪽 태양계에 혜성 먼지가 지나치게 많은 것을 그 증거로 든다.

비교적 최근에 슈메이커-레비 혜성이 목성과 충돌했던 것은 혜성 파편이 어떤 파괴를 일으킬 수 있는지를 멋지게 보여 준 사례였다. 1993년에 목성 근처에서 처음 그 혜성을 목격했던 사람은 캐럴린 슈메이커였다. 그녀는 남편 유진 슈메이커와 또 다른 동료 데이비드 레비와 함께 혜성을 쫓았다. 그들은 그 혜성의 생김새가 특이하다는 것을 알아차렸는데, 혜성은 하늘에서 한 줄기 선을 그리지 않고 둥글고 밝은 점들이 단속적으로 찍힌 것처럼 보였다. 얼마 지나지 않아, 천문학자 제인 루와 데이비드 주이트는 좀 더 정확한 관측을 통해서 최소한 17개의 독립된 조각들이 마치 진주알을 꿴 것처럼 하나의 호를 그리고 있다는 것을 확인했다.

국제 천문 연맹 소속으로서 '중앙 천문 정보국(Central Bureau for Astronomical Telegrams, CBAT)'이라는 적절한 이름의 부서를 이끌던 천문학자 브라이언 마스든은 그 혜성의 궤적을 조사함으로써 그 특이한 형태는 목성에 지나치게 가깝게 비행한 결과라는 결론을 끌어냈다. 목성의 중력 때문에 혜성이 더 작은 조각들로 쪼개졌던 것이다. 마스든은 향후 이 혜성이 목성에 더 가깝게 접근하거나 심지어 충돌할지도 모른다고 내다보았다. 천문학자들이 그의 주장을 좇아 계산해 보니, 정말로 목성의 중력이 혜성 조각들을 붙잡을 테고 그래서 1994년 7월 16일과 22일 사이에 조각들이 목성으로 도로 돌아가 정면 충돌할 것이라는 결론이 나왔다.

아니나 다를까, 계산된 일정대로 첫 번째 조각이 초속 60킬로미터가 넘는 속력으로 목성의 대기로 돌진했다. 목성에서 눈에 띄게 영향을 받은 영역의 넓이는 최소한 지구만 했다. 파편에 앞서 일어난 먼지가 대기를 환하게 밝혔고, 뒤이어 떨어진 파편 자체도 휘황한 섬광을 일으켰다. 이 사건이 일으킨 효과들은 칙술루브 크레이터를 둘러싼 효과들과 비슷했지만, 이번에는 피해가 목성에 가해진 게 다를 뿐이었다. 파편들은 폭이 300미터도 안 되었고 애초 조각나기 전의 혜성도 기껏해야 몇 킬로미터 수준이었으므로, 그것들이 내놓은 에너지는 칙술루브 크레이터를 형성한 충돌체의 에너지보다 훨씬 작았다. 그럼에도 불구하고 그것은 인상적인 광경이었다.

목성의 위성들에 파인 충돌구들은 목성이 천체를 붙잡아서 쪼갠 뒤 충돌한 극적인 사건이 그 일대에서 벌어졌던 게 그것이 처음이 아니었음을 시사한다. 그리고 만일 주기적 유성체 가설이 옳다고 밝혀진다면, 그 충돌구들은 태양계가 존재한 기간 내내 혜성이 중요한 역할을 했음을 보여 주는 증거이기도 할 것이다. 천체 물리학적 현상과 행성 표면이 이렇게 연관되어 있다는 것은 언뜻 추상적인 듯한 이론 연구가 결국에는 우리 존재를 설명하는 데 도움이 될지도 모른다는 사실을 새삼스레 일깨운다.

방아쇠가 무엇인가?

아무도 확신할 수는 없겠지만, 이 책의 나머지에서 나는 지구와 큰 충돌을 일으키는 것은 오르트 구름에서 온 혜성들이라고 가정하겠다. 주기적 충돌을 설명할 잠재력이 있는 천체는 우리가 알기로 그것뿐이다. 바깥 태양계의 얼음덩어리 천체에게 어떤 섭동이 가해지는 바람에 그것이 지구를 향해 달려온다는 이야기는 과학 소설처럼 들릴 수도 있겠지만, ― 꼭 틀린 생각은 아닌 것이 실제로 과학 소설에는 종종 이런 이야기가 나온다. ― 이런 일련의 사건들은 과학이기도 하다.

오르트 구름에 대해 앞에서 했던 이야기를 떠올려 보자. 태양계에서 가장 멀리 있는 오르트 구름은 작은 천체들이 그럭저럭 구형을 이루어 모여 있을 것으로 생각되는 가설의 구조로, 지구-태양 거리의 5만 배 넘게 뻗어 있다. 이 거대한 혜성 공급원의 존재에 대한 증거는 ― 너무 멀어서 직접 관측은 불가능하다. ― 바로 안쪽 태양계로 들어와서 우리 눈에 보이는 혜성들이다.

앞에서 이야기했던 무용수들의 상황과는 달리, 오르트 구름의 얼음덩어리 천체들을 제 궤도에 묶어 두는 힘은 ― 오르트 구름 천체들 사이의 상호 인력이 아니라 ― 태양의 인력이다. 하지만 그 천체들은 어마어마하게 멀리 있기 때문에, 태양이 그 천체들을 구름에 잡아 두는 중력은 몹시 약할 따름이다. 중력의 세기는 거리의 제곱에 반비례하므로, 수만 배 더 먼 천체에 대한 영향력은 수억 배 더 작아진다. 태양이 오르트 구름의 혜성을 잡아당기는 힘은 지구를 잡아당기는 힘에 비해 그 정도로 더 약한 것이다. 그렇게 느슨하게 묶인 환경에서는 비교적 작은 교란만 발생하더라도 오르트 구름 천체의 궤적이 바뀔 수 있다. 그러다 결국 혜성이 궤도를 박차고 나오고, 아예 태양계 밖으로 쫓겨나거나 태양을 향해 안쪽으로 날아오는 것이다.

천문학자 얀 오르트가 개념을 좀 더 튼튼한 토대에 올려놓기는 했지만, 에른스트 율리우스 외피크는 오르트보다 앞선 1932년에 태양계 가장자리 혜성들에게 — 즉 오늘날 오르트 구름이라고 불리며 가끔은 외피크-오르트 구름이라고도 불리는 구조에 — 섭동이 발생하여 이따금 그 얼음덩어리 천체들이 태양계 안쪽으로 날아올지도 모른다는 가설을 제안했다. 외피크는 이야기 전체를 사실상 다 정확하게 맞혔다. 그는 얼음덩어리 천체들이 섭동 때문에 불안정해지고 취약해진 상태에서 외부의 영향력이 가해지면 때로 그것들이 제 궤도를 벗어나 지구로 날아올 수 있다고 추론했다. 심지어 그것이 지구 생명에게 영향을 미칠 수도 있다고 추측했다. 그가 상상한 것이 꼭 K-Pg 멸종을 일으켰던 것과 같은 지구 규모의 초토화는 아니었지만 말이다.

그러나 외피크의 인상적인 연구에서도 대답되지 않은 질문이 있었다. 왜 궤도가 불안정해지는가, 혹은 천체의 탈출을 부추기는 방아쇠가 무엇인가 하는 질문이었다. 이 질문은 오랜 시간이 흐른 뒤, 앨버레즈 가설이 — 그리고 사람들에게 대규모 참사의 이미지를 안긴 냉전이 — 대중의 의식에 들어와서 흥미를 부활시킨 뒤에야 다뤄질 것이었다.

천문학자들이 섭동의 원인으로 제안한 천체는 근처를 지나가던 별이나 거대 분자 구름(giant molecular clouds)이었다. 후자는 분자들로 구성된 기체가 그 질량이 태양의 1,000배에서 1000만 배에 달할 만큼 잔뜩 몰려 있는 것을 말한다. 하지만 별도 궤도를 떼밀 수 있고 분자 구름도 약간의 영향을 미칠 수 있더라도, 둘 다 혜성을 태양계 안쪽으로 팔매질하는 지배적 메커니즘은 되지 못한다. 밀치는 힘은 그 힘을 받는 얼음덩어리 천체의 밀도와 질량뿐 아니라 그 과정의 규모와 빈도에도 달려 있다. 별이나 분자 구름은 우리가 보는 모든 혜성들을 설명할 만큼 충분히 강한 힘과 빈도로 천체를 밀치지 못한다.

1989년, 줄리아 하이슬러와 스콧 트레메인은 훨씬 더 유의미한 영향력을 조사했다. 바로 우리 은하의 조력이다. 달이 중력을 미쳐서 지구의 바다에 조수를 일으키는 것은 우리도 잘 아는 현상이다. 달이 지구에서 가까운 영역과 먼 영역을 서로 다르게 잡아당기는 탓에 바닷물이 솟았다가 꺼졌다가 하는 것이다. 그것과 비슷하게, 우리 은하가 일으키는 은하 조력은 바깥 태양계 천체들의 궤도를 휘게 만든다. 우리 은하의 중력은 서로 다른 위치에 있는 천체들에게 서로 다르게 작용하여, 그 힘이 없었다면 구형이었을 오르트 구름을 태양 방향으로는 길쭉하게 잡아늘이고 다른 두 방향으로는 압축시킨다.

시간이 흐르면, 우리 은하의 중력이 작은 천체들의 궤도를 비틀어서 아주 길쭉한, 즉 이심률이 큰 궤도로 바꿔 놓을 것이다. 이심률이 충분히 커지면, 천체가 태양에 가장 가까이 접근한 지점인 근일점

(perihelion)이 몹시 짧아져서 천체가 좀 더 쉽게 안쪽 태양계로 들어온다. 이 시점이 되면 조력만으로도 얼음덩어리 천체들을 오르트 구름에서 이탈시켜 안쪽으로 밀치기에 충분하다. 그 결과 혜성들이 느리지만 착실하게 지구로 유입되는 것이다.

상황을 좀 더 흥미롭게 만드는 것은, 얼음덩어리 천체를 내몰아 안쪽 태양계의 혜성이 되게끔 만드는 지배적 메커니즘은 온전히 조력에만 의존하는 게 아니라 별에 의한 섭동과 조력으로 인한 섭동이 함께 작용한 결과라는 것이다. 물론 별이 일으킨 섭동이 보통의 혜성 소나기를 일으키는 근본 원인은 아니다. 그 영향력은 조력의 영향력보다 훨씬 더 긴 시간 규모로 작용하기 때문이다. 하지만 그 힘은 조력의 상호 작용이 중요하게 발휘되는 시점까지 오르트 구름을 흔든다는 점에서 필수적이다. 이것은 투르 드 프랑스 경주에 나선 자전거 팀의 상황과 비슷하다. 팀의 다른 선수들은 리더가 제 위치를 잡도록 도움으로써 리더가 최후의 역주(力走)로 노란 저지를 타낼 수 있도록 거든다. (투르 드 프랑스 경주에서 구간 종합 우승자에게 노란 저지가 주어지기에 하는 말이다. — 옮긴이) 결승선을 맨 먼저 통과하는 것은 리더이기 때문에, 우리는 보통 그 승자의 이름만을 안다. 그를 보조했던 **도메스티크**(domestiques)들의 이름은 모른다. 그래도 다른 주자들 역시 중요한 역할을 하는 것이다. 마찬가지로, 비록 혜성을 직접 이탈시키는 방아쇠는 조력이라도, 조력의 밀치는 힘이 충분할 수 있는 것은 이미 그 전에 별에 의한 섭동이 궤도를 충분히 뒤흔들어 놓아서 몇몇 천체가 비교적 작은 간섭만으로도 혜성이 되어 태양계 안쪽으로 날아갈 위태로운 위치에 놓여 있었기 때문이다. 별과의 만남은 필수적이지만, 혜성의 실제 방아쇠는 — 공로를 인정받는 힘은 — 주로 조력이다.

은하 조력이 태양 중력을 압도하는 거리는 태양으로부터 약 10만에서 20만 천문단위 떨어진 지점이다. 오르트 구름의 바깥 경계에서는 태양 중력이 더 이상 안정된 궤도를 담보할 만큼 세지 않다. 방금 말했듯이, 그것보다 좀 더 안쪽에서는 안정성의 경계선에 있는 궤도를 조력이 흔듦으로써 간간이 작은 천체를 일탈시켜 태양계 안쪽으로 던져 보낸다. 그리고 그것보다 더 안쪽에서는 — 우리가 관측으로 접근할 수 있는 영역에서는 — 조력이 태양 중력에 상대가 안 된다. 따라서 조력이 약하게 묶인 혜성들을 심각하게 흔들어 놓을 수 있는 영역은 오르트 구름뿐이다. 그리고 모르기는 몰라도 그곳에서 생겨난 혜성들 90퍼센트의 원인은 조력일 것이다.

그러니 우리 은하에는 중력으로 혜성을 교란시켜 태양계 안쪽으로 향하는 궤도로 내보내는 수단들이 존재하는 셈이며, 물리학자들과 천문학자들은 이제 그 메커니즘을 이해하기 시작했다. 그러나 이 메커니즘은 — 중요하고 흥미롭기는 해도 — 혜성 소나기와 혜성 충돌의 주기성을 다 설명해 주지는 못한다. 추가로 상황을 복잡하게 꼬는 요인이 없다면, 지금까지 이야기한 조력은 그저 느리지만 꾸준한 혜성 유입만을 낳을 것이다.

따라서 혜성 유입이 주기적으로 증가하는 현상을 설명하려는 천문학자들은 왜 혜성들의 방아쇠가 완벽하게 무작위적이지 않고 수천만 년의 규칙적인 간격으로 작용하는가를 설명하기 위한 추측도 추가로 시도했다. 미리 밝혀 두는데, 내가 지금부터 소개할 설명들은 성공적이지 못했다. 그러나 이런 가설들이 왜 실패했는지를 아는 것은 대안을 찾는 데 길잡이가 되어 준다. 그리고 이 가설들 중 하나는 내가 뒤에서 설명할 암흑 물질 가설의 선배 격이다.

네메시스 가설

주기적 충돌을 설명하는 첫 번째 — 그리고 가장 색다른 — 가설은 태양에게 네메시스라는 재미난 이름이 붙은 동반성이 존재하며 그 네메시스와 태양이 큰 쌍성계 궤도를 돌고 있다는 것이다. 천문학자들은 태양의 가설적인 동반성이 이심률이 대단히 큰 궤도를 돌 것이라고 제안했는데, 그 가설에 따르면 네메시스는 2600만 년마다 한 번씩 우리로부터 약 3만 천문단위 내에 들어오는 길을 지나간다. 1984년에 제시된 이 가설은 라우프와 셉코스키가 제안한 멸종의 주기성을 설명하려는 시도였다. 네메시스가 2600만 년마다 한 번씩 태양에 가장 가깝게 다가와서 좀 더 강력한 중력을 미친다는 것이다. 이 가설에 따르면, 그런 시기에 네메시스의 중력 때문에 오르트 구름에서 작은 천체들이 이탈하여 혜성이 되어 지구로 쏟아지는 것일지도 모른다.

두 별이 대략 3000만 년의 주기로 회합하기 위해서는 — 그리하여 혜성 발생이 그 주기에 따라 빈번해지기 위해서는 — 궤도 장반경이 1광년 혹은 2광년 수준으로 아주 큰 계여야 한다. ('궤도 장반경'이란 타원의 긴 길이의 절반을 말한다.) 이 가설의 문제는 그렇게 큼직한 쌍성계는 별이나 성간 구름 때문에 불안정해질 것이고, 결국 예상된 회합의 규칙성이 깨어져서 지난 2억 5000만 년 동안 그 주기가 변했을 것이라는 점이다. 그러나 그런 변이는 관측되지 않았다.

하지만 이 가설에 대한 진정한 결정타는 따로 있다. 훨씬 향상된 적외선 기술로 온 하늘을 탐사하여 모든 천체를 목록화하는 연구가 그것이다. 만일 네메시스가 존재한다면 지금쯤은 그 목록에 포함되었어야 하기 때문이다. 1984년에는 관측이 불충분했기에 가설적 천체의 존재를 확실히 판단하기가 어려웠지만, 이후 관측의 질이 극적으로 향상되었다. NASA가 2009년에 발사해 2011년 2월까지 관련 데이터를 모았던 광역 적외선 탐사 위성(Wide-field Infrared Survey Explorer, WISE)은 이미 이 가설적인 적색 왜성형 별을 발견했어야 했다. 물론 그런 별이 실제로 존재한다면 말이다. 그러나 그렇지 않았다. 한편 목성만 한 가스 행성의 존재를 제안하여 설명을 시도한 연구자도 있었는데, 그것 또한 적외선 관측에서 발견되지 않았다. 그래서 가설 주창자가 '행성 X'라고 이름 붙인 새로운 행성에 기반한 설명 또한 기각되었다.

은하 속 이동을 방아쇠로 제안한 가설들

이렇게 실패한 가설들을 반추하노라면, 태양계가 은하의 알려진 구성 요소들 속을 뚫고 이동하는 움직임이 원인이라고 보는 전혀 다른 가설들이 유망한 대안으로 보인다. 이런 가설들은 새롭거나 희한한 요소를 도입하지 않는다. 그저 태양계가 은하의 나선 팔을 뚫고 지나가거나 은하 평면을 가로지를 때 접하는 밀도 변이 때문에 오르트 구름에 가해지는 섭동에 변이가 발생할 수 있다고 주장한다. 고밀도 영역을 반복적으로 통과하는 이 움직임은 실제 이론적으로 주기적 혜성 소나기를 설명할 수 있다.

우리 은하는 원반형 은하라고 말했던 것을 기억할 것이다. 대부분의 별들과 가스가 얇은 원반에 놓여 있다는 뜻인데, 원반의 너비는 약 13만 광년인 데 비해 두께는 약 2,000광년에 불과하다. 현재 태양은 은하 중심으로부터 약 2만 7000광년 거리에 있고, 수직으로는 은하 중간에 있는 기준 평면으로부터 100광년 정도 떨어진 곳에 있다. 태양은 또 우리 은하 나선 팔의 가장자리에 놓여 있다.

우리 은하의 나선 팔들은 은하 중심으로부터 방사상으로 뻗어나가며 휘감아 돈다. (그림 33) 나선 팔 속은 팔과 팔 사이 영역보다 가스와 먼지가 더 많이 들어 있기 때문에, 그 속에서는 어린 별이 좀 더 쉽게 형성된다. 기체 분자가 대량으로 응집한 고밀도 거대 분자 구름이 있는 영역도 나선 팔이다. 태양이 그런 고밀도 영역을 지나갈 때, 이론적으로는 분자 구름이 미치는 중력이 좀 더 격렬한 섭동을 일으킴으로써 충돌체 발생이 주기적으로 잦아지도록 만들 수 있다.

이 가설의 문제로 지적할 만한 점은, 나선 팔들이 완벽한 대칭이 아닌 데다가 태양에 대해 고정된 회전 속도를 보이지도 않는다는 것이다. 따라서 태양이 나선 팔과 교차하는 사건은 아마 정확한 주기를 따르지는 않을 것이다. 하지만 현재 우리는 나선 팔의 구조, 운동, 진화에 대해서 아는 바가 너무 적기 때문에, 이 사실만을 근거로 삼아 나선 팔 가설을 제외하는 것은 시기상조일지도 모른다. 더구나 우리가 주기성을 좀 더 확실하게 결정하기 전에는, 예측에서 완벽한 규칙성이 나오지 않는다고 해서 꼭 그 가설이 데이터와 맞지 않는다고 볼 이유가 없다. 알고 보면 데이터 자체도 주기성을 근사적으로만 드러낼지도 모르는 노릇이니까 말이다.

그러나 충돌률 상승이 사실일 경우 그 현상을 설명하는 가설로서 나선 팔 가설이 부실한 이유가 그 밖에도 두 가지 더 있다. 첫째는 나

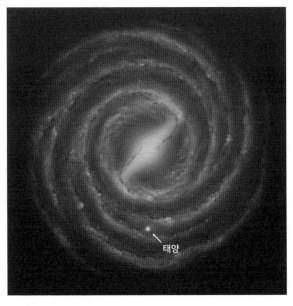

그림 33 우리 은하의 나선 팔들. 태양의 위치가 표시되어 있다. (축척은 무시했다.)

선 팔 속 가스의 평균 밀도가 주기적으로 충돌이 증가하는 것을 설명할 만큼 충분히 높아지지 않는다는 것이다. 밀도 변화가 충분하지 않다면, 나선 팔을 통과하는 동안 충돌이 잦아지는 변화의 정도가 너무 작아서 우리에게 인식조차 되지 않을 것이다.

또 다른 문제는 태양계가 은하의 나선 팔과 그다지 자주 교차하지 않는다는 것이다. 큰 나선 팔은 4개뿐이고, 아마 그것보다 작은 것이 1개 더 있을 것이다. 은하의 '1년'은 꽤 길다. 그러니 지난 2억 5000만 년 동안 태양이 큰 나선 팔을 통과한 횟수는 네 번이 못 될 것이다. 팔들이 태양계와 같은 방향으로 움직이기 때문에(속력은 다르지만), 교차는 아마 8000만 년에서 1억 5000만 년의 간격을 두고 벌어졌을 것이다. 이것은 멸종이나 충돌구 기록을 설명하기에는 너무 드문 빈도이다.

그러나 나선 팔로 주기적 충돌 상승을 설명할 수 없다고 해서 밀도의 수직 변이를 충돌 방아쇠의 후보로 보는 가설까지 함께 기각해야 하는 것은 아니다. 이 가설은 좀 더 유망할지도 모른다. 태양계는 원형 운동을 하는 동시에 수직 방향으로도 진동하는데, 그 이동 거리는 물론 훨씬 더 짧다. (태양이 은하 평면에서 방사상으로는 반경 2만 6000광년의 거리에 놓여 있는 것과 비교하자면 말이다.) (그림 34) 태양계가 은하를 공전하는 궤도는 거의 원형이고, 한 바퀴를 다 도는 데 걸리는 시간인 약 2억 4000만 년을 1은하년이라고 하는데, 그동안 태양은 위아래로도 까딱거린다. 진폭이 훨씬 더 작은 수직 방향으로의 이 움직임은 원반의 물질 분포에 따라 달라지지만, 합리적인 추정값으로는 약 200광년이라고 알려져 있다. 태양의 현재 위치는 최대 높이보다도 훨씬 더 중심면에 가까

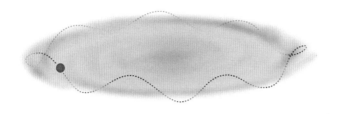

그림 34 태양은 은하를 공전하면서 은하 평면 위아래로도 진동한다. 은하 평면을 통과하는 동안에는 은하의 조력을 훨씬 더 크게 느낀다. 그림에서는 좀 더 명료하게 보여 주기 위해서 진동 주기를 좁혔다. 실제로는 태양이 한 바퀴 공전할 때 위아래로 진동하는 횟수가 서너 번뿐이다.

운 지점, 약 65광년 지점이다.

태양계의 수직 진동은 시간에 따른 조력의 변이를 설명할 수 있을지 모르고, 따라서 적절한 시간 규모의 주기적 효과를 설명할 수 있을지 모른다. 태양계가 은하 중간면에서 좀 더 밀도가 높은 영역을 드나들 때 주변의 별과 가스의 농도가 달라지므로, 태양계는 중간면을 통과하여 진동하는 과정에서 서로 다른 환경들을 만나게 된다. 만일 태양계가 평면을 통과할 때 밀도가 극적으로 높아진다면, 섭동도 따라서 커질 것이다. 따라서 그 시기에는 혜성이 지구를 때리는 빈도가 높아질 것이다. 오르트 구름에 섭동을 일으키는 지배적 원인은 은하의 조력이므로, 은하 평면의 수직 방향 밀도 변이는 충분히 강한 영향을 미칠 잠재력이 있다. 이 주장을 제안한 뉴욕 대학교의 교수 마이클 램피노와 브루스 해거티는 힌두 신화에 등장하는 파괴와 재생의 신의 이름을 따서 이 가설에 '시바 가설(Shiva hypothesis)'이라는 화려한 이름을 붙였다.

이 시나리오가 관측과 일치하려면, 은하의 물질 분포에 대한 두 가지 속성이 갖춰져야 한다. 첫째, 중간면 밀도가 수직 방향의 진동 주기를 정확히 설명하기에 충분한 중력 퍼텐셜을 제공해야 한다. 이 조건은 섭동의 정밀한 메커니즘과는 무관한 요소이다. 만일 태양계가 중간면을 일정한 빈도로 통과하지 않는다면, 그 시기에 충돌이 얼마나 증가하든 어차피 데이터와는 맞지 않을 것이다.

두 번째 속성은 주기적 혜성 소나기를 설명할 수 있는 빈도 변화에 꼭 필요한 요소이다. 즉 밀도 변이가 충분히 두드러지는 수준이라서 태양계가 은하 평면을 통과할 때 오르트 구름에 시간 의존적 영향을 미칠 수 있어야 한다는 것이다. 이 두 속성은 은하 중간면에서 밀도가 증가한다고 보는 가설이라면 어떤 가설에 대해서든 유효하다. 그리고 이 두 조건에 따르자면, 앞에서 소개한 가설들은 다 기각된다. 반면에 보통 물질로 이뤄진 원반보다 밀도가 더 높고 더 얇은 암흑 물질 원반이 존재한다는 가설 — 이것에 대해서는 뒤에서 설명할 것이다. — 이 적합한 대안일지도 모른다는 근거가 되어 준다.

그러나 1984년에 램피노와 스토터스는 우리 은하의 표준 조성 자료에 근거하여, 거대 분자 구름으로 이 필수적인 밀도 변이를 설명하려고 시도해 보았다. 거대 분자 구름은 은하 중간면 가까이에서 밀도가 제일 높다. 두 사람의 논증은 나선 팔 통과 가설의 논증과 비슷했다. 태양계가 분자 구름을 통과할 때 물질 농도가 증가한다는 것이다. 그러나 이 가설은 이듬해에 기각되었는데, 그러기에는 구름 층이 너무 크다는 것이 확인되었기 때문이다. 구름 층은 거의 태양의 수직 진동

폭만큼 뻗어 있으므로, 태양 궤적 내에서 발생하는 변이는 인지하기 어려울 만큼 작을 것이다. 추가 물질이 없는 한, 분자 구름과의 회합은 어차피 너무 드문 일이라서 약 3000만 년의 주기를 설명하지 못한다.

대안을 탐구한 사람은 줄리아 하이슬러와 스콧 트레메인이었다. 이번에는 천체 물리학자 찰스 올콕도 합류했다. 그들은 우리 은하의 조력이 미치는 중요성을 확인한 뒤, 그 효과 하나만으로는 혜성 발생률이 상당히 균일할 것으로 예상되지만 거기에 더해 가까운 별이 영향을 가한다면 혜성 소나기가 빚어질 가능성이 있다고 지적했다. 그렇다면 문제는 그런 회합이 얼마나 자주 벌어지고 그 충격의 크기는 얼마나 되는가이다. 그 경우라면 지구로 떨어지는 혜성들의 발생률 변이가 어느 정도일 것이라고 예측해야 할까?

연구진은 태양 질량만 한 별(초속 약 40킬로미터로 움직인다고 가정할 때 가설에 필요한 충격을 가할 수 있는 최소 질량이다.)이 오르트 구름 천체로부터 약 2만 5000천문단위(이 거리는 태양에서 오르트 구름까지의 거리이기 때문에, 다른 별이 오르트 구름을 교란시키기에 필요한 최소 거리라고 할 수 있다.) 내에 접근하는 일이 얼마나 자주 벌어지는지 예측해 보았다. 그 결과, 그런 회합은 7000만 년마다 한 번씩 벌어질 것으로 예상되었다. 이것은 제안된 주기성을 설명하기에는 좀 드문 빈도이지만, 이론적으로는 지난 2억 5000만 년 동안 벌어진 일부 사건에 대한 설명이 되어 줄 수 있다.

하이슬러와 동료들은 이어서 좀 더 광범위한 수치 시뮬레이션으로 좀 더 나은 예측을 해 보았다. 조력이 추가적인 척력을 제공할 수 있다는 점을 고려한 분석이었다. 그 결과, 그들이 이전에 생각했던 것과는 달리 별이 오르트 구름에 접근하는 거리는 태양보다 더 가까워야 한다는 결론이 나왔다. 따라서 혜성 소나기의 예측 빈도도 더 낮아져 이제 1억 년, 심지어 1억 5000만 년마다 한 번씩일 것으로 예측되었다. 이것은 관측된 어떤 주기성을 설명하기에도 너무 드문 빈도이다. 뒤이은 상세한 수치 분석에서는 별과의 회합이 충돌의 방아쇠로서 이전에 생각했던 것보다 좀 더 큰 역할을 할 수 있다는 것이 밝혀졌지만, 어쨌든 데이터를 설명하기에는 여전히 증거가 부족했다.

이 모든 연구의 결론은, 뭔가 새로운 요소가 도입되지 않는 한 태양계의 중력 퍼텐셜이 유성체 충돌에 관측 가능한 차이를 드러낼 만큼, 즉 배경 사건 발생 확률 위로 규칙적인 간격을 두고 관측 가능한 뾰족한 혹들을 솟아나게 할 만큼 짧은 시간 주기로 극적으로 바뀌지는 않는다는 것이다. 태양계가 은하 중간면을 정기적으로 통과하는 것은 사실이지만, 그 시기라고 해서 기존 물질 분포로 인해 발생하던 혜성 소나기가 특별히 더 잦아지지는 않는다.

따라서 넓게 보면 이 상황은 나선 팔 가설의 상황을 연상시킨다. 예측된 주기는 너무 짧고, 밀도 변화는 각 가설의 제안자들이 설명하고자 했던 크레이터 형성의 주기성을 설명하기에는 정도가 약하다. 초기의 밀도 측정값은 이것과는 다른 결과를 암시했지만, 최근의 은하 데이터를 고려한 이후의 계산 결과들은, 내 연구 이전의 다른 가설들이 크레이터 기록에 일치하는 적절한 빈도나 정확한 강도를 설명하지 못함을 밝혀냈다. 요컨대, 은하 평면을 동원한 가설들은 다들 너무 긴 주기만 예측하기 때문에 모두 기각된다는 말이다. 원반에 뭔가 새롭고 아직 감지되지 않은 다른 물질이 포함되어 있다면 또 모르겠지만 말이다.

매슈 리스와 나는 최선의 측정값들을 수집한 끝에(이 데이터들은 주기성 자체에 대한 증거처럼 그동안 썩 많이 바뀌었다.), 이제껏 감지되지 않은 모종의 물질이 원반에 있다고 가정하지 않고서는 위아래 진동 주기가 너무 길어서 주기성을 암시하는 데이터를 제대로 설명하지 못한다고 결론 내렸다. 물질 분포가 너무 매끄럽기 때문에 크레이터 발생률의 갑작스러운 변화를 일으키지 못하는 것은 물론이거니와, 만일 우리 은하 원반이 보통 물질로만 이루어졌다면 애초에 밀도가 너무 희박해서 정확한 주기성을 낳지 못할 것이다.

앞의 가설들은 잠재적 주기성을 설명하기에는 부족했지만, 매슈 리스와 내게 우리가 구축하려는 가설이 갖춰야 할 기본 조건이 무엇인지 가르쳐 주었다. 우리는 태양계가 원반을 통과하는 도중이거나 가까이 있을 때 조력이 충분한 섭동을 일으켜서 혜성을 안쪽 태양계로 내몰 수 있음을 확인했다. 그러나 이제까지 알려진 천체 물리학적 현상들 중에는 우리가 바라는 주기적 현상을 일으키는 것이 없다는 것도 확인했다. 지구에 도달하는 혜성들이 늘어나는 현상을 설명하기에 충분할 정도로 갑작스러운 조력을 생성하는 현상은 아무것도 없었다.

그래서 우리에게는 두 가지 가능성이 남았다. 아마도 좀 더 그럴듯한 가능성은 관측된 주기성이 사실은 실존하는 현상이 아니라는 것이었다. 애초에 증거가 그다지 강력하지 않은 데다가, 많은 사건들이 공모함으로써 겉보기에만 주기적인 듯한 효과를 낳을 수도 있다. 두 번째로 좀 더 추측에 가깝지만 훨씬 더 흥미로운 가능성은 은하의 구조가 흔히 받아들여지는 가정과는 다르다는 것이었다. 이 경우 조력의 효과가 훨씬 더 클 수 있고, 예상보다 좀 더 극적으로 변할 수 있다. 우리가 탐구해 보기로 한 것은 바로 두 번째 길이었다. 그리고 우리는 소득을 얻었다.

3부에서 설명하겠지만, 매슈 리스와 나는 우리 은하 평면의 보통 물질 밀도에 대해서 지금까지 알려진 사실들과 태양의 위치와 속력에 대해서 측정된 사실들을 설명하려고 애쓰던 중, 우리가 제안한 암흑 물질 모형을 도입하면 예측이 크레이터 기록과 좀 더 잘 맞아떨어진다는 것을 발견했다. 우리 은하 평면 속에 적절한 밀도와 두께의 암흑 물질 원반이 있다고 가정하면, 은하 평면이 발휘하는 조력의 규모와 시간 의존성에 관한 예측값이 충돌 주기 및 방아쇠에 해당하는 교란 양쪽 모두의 데이터와 합리적으로 맞아떨어지도록 조정할 수 있었다.

근사한 보너스가 하나 더 있었다. 이 맥락에서는, 앞 장에서 설명했던 '딴 데 찾아보기 효과'가 앞에서 걱정했던 것보다 문제가 덜 된다. 우리는 더 이상 가능한 모든 주기들을 따져볼 필요가 없다. 이미 측정된 은하 속 보통 물질 밀도를 고려하는 주기들만 생각하면 된다. 부정확하다고는 하나 태양계 관측 결과와 적절한 암흑 물질 원반 모형으로 무장하여, 우리는 가능한 진동 주기의 범위를 기존의 우리 은하 원반 밀도 측정값에 부합하는 예측들로만 제한할 수 있었다. 매슈와 나는 기존 데이터를 고려할 경우 주기성을 가정하는 가설이 무작위 충돌의 가설보다 대략 3배 더 가능성이 높다는 것을 확인했다. 우리가 제안한 암흑 물질 원반의 존재를 확증할 만큼 강한 통계적 증거는 아니지만, 좀 더 연구해 볼 가치가 있을 만큼 충분히 유망한 결과였다.

이 접근법에서 제일 훌륭한 부분은 은하의 중력 퍼텐셜에 대한 지식이 앞으로 계속 향상될 것이라는 점이다. 은하에 관해서 현재까지 주어진 정보를 모두 다 고려한 우리 기법은 앞으로 은하와 태양의 움직임에 관하여 좀 더 정확한 데이터가 수집됨에 따라 갈수록 신뢰성이 높아질 것이다. 과학자들은 요즘 은하 속 물질 분포를 측정하고 있다. 위성 관측을 통해서 별들의 위치와 속도를 기록하고 있는데, 우리는 그 데이터로부터 그 별들이 경험하는 중력 퍼텐셜을, 달리 말해 그 별들을 우리 은하에 묶어두는 중력 퍼텐셜을 유도해 낼 수 있다. 그리고 그 결과로부터 이번에는 은하 평면의 구조를 좀 더 알아낼 수 있을 것이다.

참으로 흥미로우리라고 예상되는 결과를 통해서, 이론과 관측은 태양계의 움직임과 여기 지구의 데이터를 하나로 묶을 것이다. 앞으로 등장할 더 많은 데이터는 더 신뢰할 만한 예측을 낳을 것이고, 그것은 좀 더 믿을 만한 결과에 기여할 것이다.

3부는 다시 암흑 물질 모형으로 돌아가서, 크레이터 기록의 주기성을 설명할 만한 한 가지 특별한 모형을 소개하고 끝맺을 것이다. 주기성과 지구 역사에 대한 연구는 우리의 탐구를, 즉 우리 눈에 보이는 가까운 주변과 좀 더 영묘(英妙)한 암흑 물질의 세상을 둘 다 탐구하는 것을 정당화해 주는 훌륭한 핑계이다. 그럼으로써 우리는 저 바깥 우주에 우리 눈에 보이지 않는 무언가가 존재하고 있을지도 모른다는 놀라운 가능성을 고민해 볼 수 있다.

3부

암흑 물질의
정체

16장

보이지 않는 세상의 물질

지난 세기에 천문학, 물리학, 우주론에서 이뤄진 이론과 관측 양측의 발전 덕분에 우리는 엄청나게 많은 것을 알게 되었다. 하지만 우주에는 우리가 지금껏 한 번도 보지 못한 것들도 많이 담겨 있다. 아마 앞으로도 영영 보지 못할 것들이. 우리 시야가 제한된 이유를 설명하는 요인은 다양하다. 단순히 너무 멀어서 관측할 수 없는 천체들도 많다. 아주 먼 물체가 반드시 우리가 알아볼 수 있는 빛을 내거나 충분히 산란시키라는 법은 없다. 설령 그것이 빛을 내더라도 너무 넓게 퍼져서 희미해지고 말 것이다.

게다가 먼지나 천체가 우리 시선을 가로막거나 시야를 흐릴 수도 있다. 우주의 먼 곳까지 진출한 탐사선들이 이 장애물을 극복하도록 도와주지만, 어떤 탐사선도 아직 가장 가까운 별까지도 가지 못했다. 하물며 가까운 은하는 말할 것도 없다. 활동 범위가 제약된 데다가 해상도도 완벽하지 못하므로, 탐사선으로 직접 관측하는 것은 기껏해야 제한적인 접근일 뿐이다.

우리가 볼 수 있는 것을 제약하는 요소는 그 밖에도 더 있다. 설령 무언가가 우리 바로 근처에 있더라도, 너무 작아서 눈에 안 띌 수도 있다. 우리의 시각 처리 과정은 중간에 개입하는 기술을 활용하지 않고서 감지할 수 있는 것의 범위를 제한한다. 우리는 가시광선만 볼 수 있기 때문에, 가시광선 파장보다 작은 물체는 뭐든지 맨눈으로 감지할 수 있는 대상을 벗어난다. 최신 발전을 통해서 — 가령 제네바의 LHC 같은 최첨단 기술을 이용해서 — 이전에는 볼 수 없었던 훨씬 더 작은 규모의 물리 과정을 관찰하게 된 것은 사실이다. 그러나 그 거대한 기계조차도 물질을 1000경분의 1미터 수준으로만 확대해 보여 준다. 기술이 더 발전하지 않는 한, 그것보다 더 작은 규모의 크기들과 힘들은 영영 우리의 관측 능력을 벗어나 있을 것이다.

그런데 암흑 물질에 관해서라면, 우리는 아직까지 그것을 못 본 것에 대해서 훨씬 더 완벽한 변명거리를 가지고 있다. 암흑 물질은 빛을 방출하지도 흡수하지도 않는다. 그 조건이야말로 인간의 시각에서 중요한 요소인데 말이다. 암흑 물질은 중력으로 상호 작용하지만, 우리가 아는 한 그 밖에는 우리가 식별할 만한 다른 상호 작용은 하지 않는다. 우리는 2장에서 설명했던 이유들 때문에 암흑 물질의 존재를 알고, 암흑 물질의 성질에 관해서 몇 가지 개략적인 속성을 알고 있다. 하지만 암흑 물질이 정말로 무엇인지는 아직 정확히 모른다. 암흑 물질이 매혹적인 연구 주제인 것은 그 때문이다.

암흑 물질과 혜성을 하나로 묶는다는 궁극의 목표에 다가가기 위해서, 이 장에서는 태양계 연구로부터 눈을 돌려 암흑 물질을 살펴보자. 그리고 암흑 물질의 정체에 관해서 가장 유력한 몇몇 가능성을 따져보자.

모형 구축

우리는 암흑 물질이 저기 있다는 것은 확신하지만, 그것의 정체가 무엇인지는 아직 모른다. 우주에서 암흑 물질의 평균 에너지 밀도를 알고(우주 배경 복사로부터 알 수 있다.), 우리 근처에서의 밀도를 알고(은하 속 별들의 회전 속도로부터 알 수 있다.), 그것이 '차갑다.'는 것, 즉 광속에 미치지 않는 속도로 움직인다는 것을 알고(우주에서 작은 규모의 구조들은 관측하고 있기 때문이다.), 그것이 보통 물질하고든 자기 자신하고든 기껏해야 대단히 약하게만 상호 작용한다는 것을 알고(직접적인 탐색에서 발견되지 않기 때문이고, 또한 총알 은하단의 형태와 같은 관측 결과도 있기 때문이다.), 그것이 전하를 띠지 않는다는 것을 안다.

하지만 그것이 전부이다. 설령 암흑 물질이 기본 입자로 이뤄졌더라도, 우리는 그 질량을 모르고, 그것이 중력을 제외한 다른 상호 작용을 하는지도 모르고, 그것이 초기 우주에서 어떻게 생겨났는지도 모른다. 평균 밀도는 알지만, 양성자 하나에 해당하는 덩어리가 우리 은하에 1세제곱센티미터당 하나씩 담겨 있는지 아니면 양성자 질량의

1000조 배는 되는 덩어리가 온 우주에 훨씬 더 희박하게 퍼져 있는지, 가령 1세제곱킬로미터마다 하나씩 담겨 있는지는 알지 못한다. 가볍고 수가 많은 물체들이나 무겁지만 수가 적은 물체들의 평균 밀도는 같다. 그런데 천문학자들이 암흑 물질에 대해서 측정할 수 있는 것은 그 평균 밀도뿐인 것이다.

대부분의 물리학자들은 암흑 물질이 기존 표준 모형의 상호 작용을 하지 않는 새로운 기본 입자로 이뤄졌을 것이라고 본다. 어떤 입자의 정체를 안다는 것은 그 질량과 상호 작용을 안다는 것이고, 그것이 혹시 어떤 새로운 집단의 입자들 중 하나가 아닌지를 안다는 뜻이다. 많은 물리학자들은 저마다 선호하는 후보를 가지고 있지만, 나는 관측이 어떤 결과든 내기 전까지는 어떤 가설도 기각하지 않을 셈이다.

암흑 물질의 성질을 정확히 짚어내려고 노력하는 사람들에게는 다행스럽게도, 우리 시야를 제약하는 요인들 중 하나는 나머지보다 덜 완고한 편이다. 단순한 간과, 혹은 부주의는 대상을 계속 숨어 있게 만든다. 그것이 우리가 현재의 기술로 관찰할 수 있는 대상이라도 말이다. 우리는 기대하지 않은 대상을 미처 못 보고 넘어가는 경우가 아주 많다. 내가 물리학자들이 주인공으로 등장하는 인기 많은 텔레비전 드라마 「빅뱅 이론」의 구내 식당 세트장에 앉아 있었을 때, 내 존재를 눈치 챈 시청자는 몇 되지 않았다. 나조차 나 자신을 거의 알아보지 못했다. 내가 주인공과 아주 가까이 있었고 텔레비전 화면 안에 온전히 들어와 있었는데도 말이다. (그림 35)

하지만 단순한 간과는 우리가 바로잡을 수 있는 문제이다. 마술사

그림 35 드라마 「빅뱅 이론」 세트장에서 상대적으로 눈에 띄지 않는 '엑스트라'. (사진은 짐 파슨스 제공. 「빅뱅 이론」 시즌 3 에피소드 15의 한 장면이다.)

들은 우리의 이 약점을 이용해 먹지만, 과학자들은 이것을 극복하려고 노력한다. 우리 목표는 우리가 부주의 때문에 놓치고 있을지도 모르는 것이 무엇인지 알아내는 것이다. 나 같은 모형 구축가(model builder)들은 실험가들이 아직 찾아보지 않은 것, 혹은 벌써 자신들의 손이 닿는 곳에 있다는 사실을 깨닫지 못하는 것이 무엇이 있을지 상상하려고 노력한다. 이론가들은 모형을 통해서 우리가 아는 현상들의 바탕에 깔린 무엇이 그 현상들을 설명해 주는지를 추측해 본다. 그러면 실험가들은 어떤 구체적인 모형을 염두에 두고서, 그 모형이 내놓은 분명한 가설을 확증하거나 기각하기 위하여 수색 기술과 데이터 분석을 동원한다. 그렇게 한다면 아주 모호한 물질이라도 우리 시야에 들어올 수 있다.

나는 입자 물리학 모형을 만들 때 어떤 기준을 적용하느냐 하는 질문을 종종 받는다. 모름지기 좋은 모형이라면 물질, 혹은 힘, 혹은 공간에 관한 기존의 수학적 이론을 좀 더 연장하거나 활용하는 건실한 물리적 발상에 뿌리를 두고 있어야 한다. 그런데 이 기본 규칙을 넘어서서 연구자를 안내하는 다른 원칙이 또 있을까?

동료들과 내가 선호하는 원칙은 모형이 가급적 경제적이고 예측적이어야 한다는 것이다. 가변 요소들이 너무 많은 모형은 아무것도 설명하지 못한다. 거의 어떤 결과라도 포용할 수 있을 만큼 폭넓은 모형은 과학이 아니다. 우리가 시험할 수 있으며 다른 아이디어와 구별할 수 있을 만큼 충분히 구체적인 예측을 내놓는 모형만이 결국 흥미로운 것으로 밝혀질 가능성이 있다.

추가로 바람직한 ― 하지만 필수적인 것은 아닌 ― 속성은 새 이론의 요소들이 기존 모형들과 이어져 있는 것이다. 가령 보통 물질의 표준 모형을 뒷받침하고자 제안된 모형 중 어느 대목에선가 등장하는 한 요소를 암흑 물질의 후보로 제안하는 것이 그런 경우이다. 이런 일은 필연적인 것도 아니고 자주 일어나는 것도 아니지만, 그런 연결성이 있으면 완전히 새로운 입자들과 힘들을 추가로 추측할 필요가 없다는 점에서 이론이 좀 더 유망해진다.

마지막이자 가장 필수적인 기준은 모형이 알려진 모든 실험 및 관측 결과들과 합치해야 한다는 것이다. 모순이 하나만 있어도 모형이 기각되기에 충분하다. 이런 기준들은 모든 모형에 적용된다. 지금부터 소개할, 가장 인기 있는 몇 가지 암흑 물질 모형들에게도.

윔프 모형

윔프(WIMP)는 지난 수십 년 동안 물리학계와 천체 물리학계에서 암흑 물질에 관한 지배적 패러다임이었다. 윔프는 '약한 상호 작용을 하는 무거운 입자(Weakly Interacting Massive Particle)'의 머리글자를 딴 것이다. 이때 "약한"이란 약한 핵력을 뜻하는 게 아니다. 윔프의 후보들은 대부분 표준 모형에서 약하게 상호 작용하는 중성미자들보다도 더 약하게 상호 작용한다. 이 상호 작용은 암흑 물질이 우주를 가로지르면서도 산란을 많이 일으키지 않는다는 의미에서 정말로 미미하다. (애초에 산란을 일으키기나 한다면 말이지만.)

게다가 윔프의 후보들은 약력 규모(weak scale)와 거의 비슷한 질량을 가지고 있다. 거칠게 설명하자면, 이것은 곧 최근 발견된 힉스 입자의 질량과 거의 같다는 뜻이다. 즉 LHC의 실험들이 현재 탐구하는 에너지 수준에서 접근 가능하다는 말이다. 똑똑히 밝히고 넘어가자면, 힉스 보손은 안정하지 않은 입자이고 분명히 상호 작용을 한다. 따라서 힉스 보손이 암흑 물질을 구성하는 입자일 리는 없다. 그러나 거의 같은 질량을 가진 다른 입자는 가능할지도 모른다. 만일 그렇다면, 암흑 물질은 말 그대로 우리 코밑에 있을 뿐 아니라 그 정체도 곧 밝혀질 수 있을 것이다. 적어도 LHC 실험가들은 그렇게 생각한다.

윔프 모형을 지지하는 근거는 한 가지 놀라운 관측 결과인데, 그것은 어쩌면 우연의 일치일 수도 있고 어쩌면 암흑 물질의 성질에 대한 진짜 단서일 수도 있다. 그것은 바로 최근 발견된 힉스 보손과 엇비슷한 질량을 가진 안정된 입자가 존재한다고 할 경우, 오늘날까지 우주에 살아남은 그 입자들이 지니는 에너지는 우주의 암흑 물질이 지니는 에너지와 대강 일치한다는 사실이다.

이 질량의 입자가 암흑 물질 후보로 적합하다고 보는 계산은 다음 관측으로부터 나온다. 우주가 진화하여 온도가 떨어질 때, 뜨거운 초기 우주에 많았던 무거운 입자들은 훨씬 더 넓게 흩어지기 시작했다. 온도가 떨어짐에 따라 무거운 입자들은 무거운 반입자들 — 반입자는 입자와 질량이 같고, 둘은 서로 결합하여 소멸할 수 있다. — 과 쌍소멸함으로써 둘 다 사라졌는데, 거꾸로 두 입자가 생성되는 과정은 이제 그런 입자를 만들 에너지가 충분하지 않았기 때문에 더 이상 유의미한 속도로 벌어지지 않았다. 그 결과, 우주가 식어 감에 따라 무거운 입자의 개수 밀도는 낮아졌다.

만일 우주가 식는 과정에서 입자들이 열적 분포를, 즉 특정 온도에 입자가 몇 개나 있어야 하는가 하는 열역학적 계산을 엄밀히 따랐다면, 무거운 입자들은 사실상 전부 소멸되어 버렸을 것이다. 그러나 무거운 입자들의 양이 줄었던 탓에, 그런 가정은 실제로는 지나치게 단순화한 그림이다. 입자와 반입자가 서로 만나서 소멸하려면 일단 서로를 찾을 수 있어야 한다.[1] 하지만 입자들의 개수가 줄고 입자들이 좀 더 희박하게 퍼지자, 입자와 반입자 사이의 만남은 전에 비해 덜 이뤄졌다. 따라서 우주가 나이 들고 식어 감에 따라 입자들의 소멸은 점점 더 비효율적인 과정이 되었다.

그 결과, 오늘날 우주에는 열역학을 곧이곧대로 적용했을 때 예상되는 결과보다 상당히 더 많은 입자들이 남게 되었다. 어느 시점이 되자 입자도 반입자도 너무 희박해진 나머지 서로를 발견하여 쌍소멸할 수 없었던 것이다. 그 결과 얼마나 많은 입자가 남을 것인가 하는 것은 암흑 물질 후보로 추정되는 입자의 질량과 상호 작용에 달려 있다. 그런데 과학자들이 계산해 보니 흥미롭고도 놀라운 결론이 나왔는데, 바로 힉스 보손과 질량이 대충 같은 안정된 입자들이 암흑 물질의 정확한 양과 서의 같은 양만큼 남았다는 결과였다.

이 계산이 정확한지 아닌지는 아직 알 수 없다. 그것을 확인하려면 입자의 성질을 좀 더 자세히 알아야 한다. 그러나 겉으로 전혀 달라 보이는 두 현상에 관여하는 두 숫자가 대충이나마 일치한다는 것은 흥미롭기 그지없는 우연이며, 어쩌면 이것은 약력 규모 물리학이 우주의 암흑 물질을 설명해 준다는 암시일지도 모른다.

이 결과 때문에 많은 물리학자들은 암흑 물질이 윔프 입자로 구성된 것이 아닌가 하고 생각하게 되었다. 윔프는 표준 모형 물리학과 연관되어 있으므로, 다른 암흑 물질 후보들보다 시험해 보기가 쉽다는 이점이 있다. 윔프 암흑 물질은 중력으로만 상호 작용하는 게 아니다. 비중력 상호 작용도 약하게나마 표준 모형 입자들과 한다. 이 상호 작용이 약하기는 해도 아주 민감한 실험에서 감지될 만큼은 강하기 때문에, 내가 다음 장에서 설명할 직접 검출 실험들에서 어쩌면 그 영향이 기록될 수 있을 것이다.

그러나 아직까지 윔프 탐색에 소득은 없었다. 사실 완전히 그런 것은 아니다. 감질나는 검출 단서가 주기적으로 나타나고는 한다. 그러나 그 단서들 중 통계적 요동, 검출 기기의 문제, 우리가 찾는 효과를 흉내 낼 수 있는 모종의 천체 물리학적 배경 신호에 의한 착각에 해당하지 않고 진짜 암흑 물질 발견에 해당하는 것이 있는지는 아무도 확신하지 못하는 상황이다. 증거가 압도적이지 않은 것이다.

검출 증거가 없음에도 불구하고, 많은 과학자들은 이 가설을 그냥 좋아한다. 입자 물리학에 관련된 규모와 암흑 물질에 관련된 규모가 일치하는 것은 우연이라고 보기에는 너무 훌륭하다고 생각하는 것이다. 이런 생각만으로는 충분히 낙관적이지 않다는 듯이, 많은 사람들은 더 나아가 아주 구체적인 특정 윔프 모형을 믿는다. 예를 들어, 알려진 모든 입자에는 그것과 질량과 전하가 같지만 아직 관찰되지 않은 초대칭 짝입자가 존재한다고 주장하는 초대칭 모형이 있다. 그러나 초대칭 입자도 윔프 입자도 아직 발견된 바가 없으니, 충성스러운 지지자들 중에서도 일부는 약간의 의구심을 인정하기 시작했다.

나로 말하자면, 상황을 현 시점에 주어진 대로 평가하려고 하는 편이다. 얼마 전에 참석했던 결혼식에서 만났던 사제는 특이하게도 물리학에 호기심이 많아서, 자꾸만 내게 암흑 물질의 정체에 대한 내 직감을 물었다. 그러나 나는 거듭 자연이 결정하게 내버려두겠다고 답함으로써 그를 실망시켰다. 모형 구축가로서 나는 최근 LHC에서 관련 연구가 진행되기 전부터도 힉스 질량 문제를 초대칭 이론으로 푸는 접근법에 남들보다 믿음이 적었다. 모든 조각을 잘 끼워 맞추는 것이 얼마나 도전적인 과제인지를 너무 잘 알기 때문이다. 나는 초대칭을 기각하지는 않았고, 지금도 그렇다. 그것은 실험이 할 일이다. 하지만 초대칭이 결단코 옳다느니 혹은 옳을 것 같다느니 하는 말은 하지 않겠다.

마찬가지로 나는 암흑 물질 후보들에 대해서도 열린 마음을 가지고 있다. 내가 사제에게 선호하는 후보가 없다고 말했던 것은 진심이었다. 나는 시험 가능한 모형을 구축하려고 노력하는데, 왜냐하면 그것이야말로 우리가 답을 알 수 있는 유일한 길이기 때문이다. 초대칭의 경우와 마찬가지로, 윔프에 대한 실험 증거가 없다는 사실은 이전에 윔프 진영의 굳건한 소속이었던 사람들마저 자신이 옳은 궤도에 있는지를 의심하게끔 만들었다. 실험 증거가 없는 상황에서는 다른 유망한 대안들을 살펴보는 것이 타당하다. 그중 어느 것이 세상에 실현되어 있는지는 나도 모른다. 그중에 실현된 것이 있기나 한지도. 하지만 어쩌면 자연에서 역시 우연의 일치로 보이는 또 다른 속성이 윔프보다 더 나은 단서일지도 모른다.

비대칭 암흑 물질 모형

윔프 암흑 물질의 대안으로 가장 흥미로운 가설은 여러 논문과 문헌에서 다양한 이름으로 불리는데, 가장 흔히 불리는 이름은 비대칭 암흑 물질(asymmetric dark matter)이다. 이 종류의 암흑 물질을 가정하는 모형들은 또 다른 놀라운 우연의 일치를 다룬다. 그 일치는 순전히 요행일 수도 있고, 아니면 우리에게 암흑 물질의 성질에 관한 통찰을 안기는 단서일 수도 있다. 무엇인가 하면, 암흑 물질의 양과 보통 물질의 양이 놀랍도록 비슷하다는 점이다.

여러분은 암흑 물질이 지닌 에너지가 보통 물질의 5배라는 말을 들었을 때 이것과는 반대되는 결론을 예상했을 것이다. 암흑 물질의 에너지가 보통 물질의 에너지를 압도하는 상태라고 생각했을 것이다. 그러나 가능성들의 폭이 얼마나 넓은가를 감안할 때, 두 에너지 밀도는 놀랍도록 비슷한 편이다. 암흑 물질은 보통 물질보다 700조 배 더 많을 수도 있었고, 구골 배 더 적을 수도 있었다. 그런 경우에는 물론 우주의 진화가 지금과는 판이하게 달랐을 것이다. 어쨌든 그런 비도 모두 생각해 볼 수 있는 가능성들이다.

그럼에도 불구하고, 우주에 있는 보통 물질과 암흑 물질의 양은 거의 같다. 다르게 표현하자면, 우리는 우주의 에너지 파이 그래프에서 암흑 에너지, 암흑 물질, 보통 물질 에너지의 조각들을 한눈에 다 볼 수 있다. 시시한 부스러기로 보이거나 거의 파이 전체로 보이는 조각은 없다. 이것이 진짜 파이라면 각 조각을 먹었을 때 살찌는 정도가 조금씩 다르기야 하겠지만, 그럼에도 불구하고 결국에는 다 같은 조각들이다. 무언가 바탕에 깔린 이유가 없는 한, 이것은 실로 놀라운 우연처럼 보인다.

공정을 기하고자 말하자면, 우리가 관찰하는 에너지 기여 요소들이 모두 엇비슷한 크기라는 것은 사실 그렇게까지 놀라운 일은 아니다. 기여가 너무 작은 요소는 아예 감지되지 않을 테니까. 여기에서 흥미로운 대목은, 오늘날 엇비슷한 양을 기여할 만큼 충분히 큰 에너지 밀도를 가진 요소가 여러 개 있다는 점이다. 이론적으로는 한 요소의 기여가 다른 것들의 1조 배만큼 커서 작은 요소들은 아예 관찰되지 않는 경우도 가능할 테지만, 현실은 그렇지 않다. 암흑 물질과 보통 물질의 에너지 밀도는 놀랍도록 비슷하다.

비대칭 암흑 물질 모형에서는 보통 물질과 암흑 물질의 에너지 밀도가 비슷한 것을 우연의 일치로 보지 않는다. 그것은 오히려 이 모형이 예측하는 사실이다. 이런 모형들이 다루는 일치는 윔프 모형들이 다루는 일치와는 다른 현상이다. 후자는 부분적으로 소멸된 뒤 남은 암흑 물질의 에너지 밀도에 관한 일치라고 앞에서 말했다. 우리는 둘 중 어느 쪽이 — 한쪽이라도 해당된다면 말이지만 — 이해를 진작시켜 주는 진짜 단서인지 모른다. 어쨌든 두 종류의 모형은 둘 다 고려해 볼 만한 설득력이 있고, 심지어 결국에는 둘 중 하나가 옳다고 밝혀질지도 모른다.

1990년대 초, 현재 시애틀의 워싱턴 대학교 핵 이론 연구소 소장으로 있는 데이비드 캐플런을 비롯한 많은 물리학자들이 이 가능성을 따져보았다. 이후 2000년대 말에 최신 우주론 측정 결과를 설명하기 위해서 이 아이디어를 부활시킨 사람은 동명이인인 다른 데이비드 캐플런(그는 워싱턴에서 B. 캐플런의 제자였다.), 물리학자 마커스 루티, 캐스린 주렉 등이었다. 나를 포함한 다른 많은 물리학자들도 이 모형을 연구했다.

그래서 그 아이디어란 게 무엇일까? 이 시나리오와 동기를 이해하려면, 잠시 물러나서 보통 물질에 대해서 생각해 볼 필요가 있다. 3장에서 말했듯이, 우리에게 미스터리를 안기는 물질은 정체 모를 암흑 물질만이 아니다. 친숙한 보통 물질도 수수께끼투성이이다. 특히 오늘날 우리가 우주에서 발견하는 보통 물질의 양이 수수께끼이다. 보통 물질의 에너지는 대개 양성자와 중성자에 간직되어 있는데, 이 입자들은 쿼크라는 기본 입자로 구성되는 물질을 뜻하는 **중입자**(baryon, '바리온'이라고 하기도 한다.)의 일종이다. 그런데 대개 중입자로 구성된 보통 물질이 가장 간단한 초기 우주 시나리오에 따라 퍼졌다면, 즉 우주가 식어 감에 따라 소멸되어 없어졌다면 오늘날 그 밀도는 현재 우리가 관찰하는 것보다 훨씬 더 낮아야 한다.

우리 우주의 — 또한 우리 자신의 — 결정적인 속성 하나는 표준 열역학의 예상과는 달리 보통 물질이 지금까지 살아남았다는 것이다. 동물, 도시, 별을 형성할 만큼 충분히 많은 양이. 이것은 물질이 반물질보다 더 많기 때문에 가능한 일이다. 즉 우주에는 물질-반물질 비대칭이 있다. 만일 두 양이 늘 같았다면, 물질과 반물질은 서로를 찾아서 쌍소멸함으로써 모두 사라져 버렸을 것이다.

우주 진화의 어느 시점에선가 물질의 양이 반물질의 양을 능가했다. 그런 여분의 물질이 없었다면, 물질 중 아주 많은 부분이 지금쯤 이미 사라졌을 것이다. 그러나 그 과정이 어떻게 벌어졌는지는 우리가 모른다. 물질-반물질 비대칭은 초기 우주의 특수한 상호 작용과 조건에서 생겨났다. 아마도 어떤 반응이 열 평형에서 벗어났을 텐데 — 우주의 팽창을 따라잡지 못할 만큼 느리게 진행되었을 텐데 — 그렇지 않았다면 물질과 반물질 입자들은 똑같은 개수로 생겨났어야 한다. 게다가 일단 여분의 물질이 생성되면, 이전에 자연스러워 보였을지도 모르는 대칭은 더 이상 적용되지 않는다.

무엇이 이런 대칭 깨짐 혹은 열 평형으로부터의 이탈을 일으켰는지 우리는 모른다. 다만 대통일 이론, **경입자**(lepton, 전자나 중성미자처럼 강한 상호 작용을 하지 않는 입자를 말한다. '렙톤'이라고도 한다.) 모형, 초대칭 이론은 두 현상 모두에 대한 가설을 제시한다. 누군가 관측 증거를 찾아내지 않는 한, 이 모형들 중 무엇이 옳은지 — 옳은 게 있기나 한지도 — 아무도 모를 것이다. 안타까운 점은 이런 시나리오들은 쉽게 관측 가능한 결과를 내지 않는 경우가 많다는 것이다.

그렇더라도 우리는 어느 시점엔가 물질이 반물질보다 더 많이 생성되는 — 즉 물질-반물질 비대칭이 생기는 — 이른바 **중입자 생성**(baryogenesis) 과정이 벌어졌다는 것만큼은 확신할 수 있다. 중입자 생성 과정이 없었다면, 우리가 지금 이 자리에서 짧게 이야기나마 나누는 일도 애초에 불가능했을 것이다.

비대칭 암흑 물질 모형의 주장은 이렇다. 암흑 물질의 에너지 밀도가 보통 물질의 에너지 밀도와 이토록 비슷한 것을 볼 때, 어쩌면 암흑 물질도 암흑 물질-반(反)암흑 물질 비대칭이 관여하는 과정을 통해서 형성되었을지 모른다. 매슈 버클리와 나는 이 과정에 엑소제네시스(Xogenesis)라는 이름을 붙였다. (우리가 이 주제를 연구할 때 매슈는 캘리포니아 공과 대학의 박사 후 연구원이었다.) 암흑 물질을 미지의 양 X로 여겨 장난스럽게 지어 본 이름이다. 그런데 이런 모형에서 정말로 설득력 있는 측면은 암흑 물질 생성을 보통 물질 생성과 비슷하게 설명한다는 점만이 아니다. 그것보다는 대부분의 흥미로운 사례들에서 실제로 양자가 관련되어 있다는 점이다. 정말로 암흑 물질과 보통 물질이 모종의 상호 작용을 한다면, 설령 그 상호 작용이 미약하고 어쩌면 초기에만 좀 더 강했다고 하더라도, 보통 물질과 암흑 물질의 에너지 밀도는 엇비슷해야 한다는 결론이 나온다. 우리가 설명하고자 하는 우연의 일치가 해석되는 것이다. 이것은 이런 모형이 옳을지도 모른다고 믿는 사람들이 품고 있는 가장 강한 동기이다.

액시온 모형

윔프와 비대칭 암흑 물질 모형은 둘 다 일반적인 패러다임이다. 윔프 모형들은 약력 규모의 안정된 입자를 동원하고, 비대칭 암흑 물질 모형들은 암흑 물질이 반암흑 물질보다 더 많이 존재하는 비대칭이 있다고 주장한다. 어쨌든 둘 다 독특한 입자들과 상호 작용들을 포함할 수도 있는 다양한 형태의 구현을 가능하게 하는 가설들이다.

반면에 액시온(Axion) 모형은 좀 더 제한적인 시나리오를 다룬다. 액시온은 입자 물리학에서 강한 상호 작용의 CP 문제라고 불리는 특수한 주제와 관련된 모형들에서만 등장한다. 여기에서 C는 전하(charge)를 뜻하고 P는 반전성(parity, 패리티)을 뜻한다. C 보존 혹은 전하 보존 법칙은 양전하를 띤 입자들과 음전하를 띤 입자들의 상호 작용이 서로 긴밀하게 연관되어 있다고 규정한다. 한편 P 대칭 혹은 반전성 대칭 법칙은 어떤 물리 법칙도 왼쪽과 오른쪽을 구별해서는 안 된다고 규정한다. 이를테면 왼쪽으로 도는 입자와 오른쪽으로 도는 입자는 동일한 상호 작용을 겪어야 한다는 것이다. 그런데 자연의 상호 작용들은 C와 P를 독립적으로 각각 깨뜨릴 뿐 아니라 둘의 조합도 깨뜨린다. 달리 말해, C 깨짐과 P 깨짐은 서로 보완하지 않는다.

하지만 어떤 이유에서인지는 몰라도, CP — C 대칭과 P 대칭의 조합을 이렇게 부른다. — 깨짐은 오로지 일부 과정들에서만 벌어진다. 어째서 CP가 어떤 경우에는 상호 작용을 제약하는데 다른 경우에는 제약하지 않는가에 대한 설명을 표준 모형 물리학이 하지 못하는 것이 이른바 **강한 상호 작용의 CP 문제**(strong CP problem)이다. 액시온은 이 난국에 대한 해결책으로 제안된 속성이다.

내가 이렇게 구구절절 이야기한 것은 완전함을 기하기 위해서일 뿐이다. 입자 물리학 배경 지식이 있거나 이 주제에 관해 책 한 권이라도 읽은 사람이 아니라면 이런 개념들을 이해하기 어려울 것임을 잘 안다. 다행히 액시온의 우주론적 의미와 그것이 암흑 물질 후보로서 맡은 역할을 이해하기 위해서 입자 물리학의 구체적인 내용까지 일일이 따라갈 필요는 없다. 우주론적 예측은 액시온이 몹시 가벼운 데다가 지극히 약한 상호 작용만을 한다는 점에만 달려 있기 때문이다.

그런 속성을 지닌 존재라면 액시온은 별 영향이 없는 게 아닐까 짐작할지도 모르겠다. 실제로 대부분의 물리학자들은 처음에 그렇게 생각했다. 하지만 입자 이론가 존 프레스킬, 프랭크 윌첵, 마크 와이즈는 놀라운 논문에서 꼭 그렇지만은 않다는 것을 보여 주었다. 이 논문에 따르면, 액시온은 약하게만 상호 작용하는 데다가 가볍기 때문에, 초기 우주에서는 그 수가 얼마였든 우주의 에너지에 별다른 영향을 미치지 못했을 것이다. 액시온이 얼마나 존재해야 하는지를 결정하는 물리 반응은 아무것도 없었다. 즉 액시온의 존재는 우주의 진화에 아무런 영향을 미치지 않았을 것이다. 우주가 충분히 식기 전에는.

액시온의 밀도가 초기에는 아무 상관이 없었기 때문에, 마침내 액시온이 영향을 미치게 되었을 때 그 수는 우주가 선호할 만한 수와는, 이를테면 에너지를 최소화해 주는 수와는 달랐을 가능성이 높다. 그래서 우주는 자신도 모르게 거대한 규모로 응축된 수많은 액시온을 갖게 되었을 것이다. 그 수가 너무 많기 때문에, 액시온 자체는 아주 가벼워도 응축물의 에너지는 클 것이다. 여기에서 놀라운 반전이 하나 있는데, 그렇다고 해서 액시온의 상호 작용이 지나치게 약할 수는 없다는 것이다. 그것이 지나치게 약할 경우에는 우주가 실제 허락된 것보다 더 큰 에너지를 갖게 될 것이기 때문이다.

앞의 사항들을 고려하자면, 액시온에게 허용된 상호 작용의 범위가 제약된다. 그런데 이 관찰을 다른 각도에서 보면, 상호 작용이 약하기는 하되 지나치게 약하지는 않을 경우에는 액시온이 큰 에너지 밀도를 지닐 수 있다는 뜻이 된다. 그저 관측에 위배될 만큼 크지만 않으면 된다. 그리고 만일 상호 작용의 세기가 딱 적절하다면, 암흑 물질이 액시온으로 이뤄졌을 가능성이 있다. 액시온의 에너지가 측정된 암흑 물질의 에너지 밀도와 정확히 같을 수 있기 때문이다.

액시온은 앞에서 설명했던 두 암흑 물질 후보와는 질량이 전혀 다르다. 다른 두 가설에서 말하는 암흑 물질 입자의 질량은 약력 규모에 가깝거나 아마도 그 100분의 1 수준이지만, 액시온 시나리오에서 말하는 극히 가벼운 입자는 질량이 그것보다도 10조 배 더 작다.

게다가 액시온은 다른 암흑 물질 후보들과는 아주 다르게 상호 작용한다. 우주론적 제약과 천체 물리학적 제약이 조합된 결과, 액시온 모형에 허락되는 질량과 상호 작용 세기는 아주 좁은 폭으로 국한된다. 그 상호 작용은 너무 약해서는 안 된다. 그러면 액시온의 에너지 밀도가 너무 클 테니까. 그렇다고 너무 강해도 안 된다. 그러면 우리가 입자 실험이나 별에서 액시온이 직접 생성되는 것을 이미 목격했을 테니까. 그것은 만일 액시온이 충분히 강하게 상호 작용할 경우에는 별에서 액시온들이 생성되어 별의 온도를 낮출 수 있기 때문인데, 우리가 초신성 냉각 속도를 관측한 결과에서는 표준 모형에서 벗어나는 요소의 기여가 전혀 감지되지 않았다. 따라서 액시온 상호 작용의 세기에는 제약이 있는 셈이다.

그런 제약에 비추어 이론적으로 평가하자면, 나는 액시온 모형이 좀 이상하게 느껴진다. 실험적으로 허용된 상호 작용의 폭이 다른 어떤 물리 과정과도 뚜렷한 연관성이 없는, 상당히 무작위적인 값이기 때문이다. 액시온을 탐색하는 실험들에서 긍정적인 결과가 나올지 나는 약간 의심스럽지만, 많은 동료들은 나보다 더 낙관적이다. 현재 진행 중인 액시온 탐색 실험은 액시온이 빛과 아주 약하게 상호 작용할 것이라는 점을 이용한다. 거대한 자기장 속에 설치된 액시온 검출기는 액시온이 자기장과 상호 작용하여 내는 측정 가능한 수준의 복사를 찾아본다. 액시온이 자연에 존재하는지 아닌지는 시간만이 ― 그리고 그런 실험만이 ─ 말해 줄 것이다. 만일 존재한다면 그것이 정말로 암흑 물질을 구성하는 요소인지 아닌지도.

중성미자 모형

지금까지 소개한 모형들의 공통점은 보통 물질과 암흑 물질 사이에 모종의 연결이 있다고 가정한다는 것이었다. 다만 윔프 모형의 경우에는 그 단서가 질량 규모 일치였고, 비대칭 암흑 물질 모형의 경우에는 두 에너지 밀도가 엇비슷하다는 점이었고, 액시온의 경우에는 강한 상호 작용에 의한 CP 문제의 해결책이 될 수 있다는 점이 그 연결 고리였다. 액시온 모형은 입자 물리학적인 이유로 구축된 가설이었지만 용케 암흑 물질을 설명할지도 모른다. 윔프 모형도, 가령 초대칭 같은 게 존재한다면, 입자 물리학 시나리오에 포함된다. 비대칭 암흑 물질 모형도 기존 이론의 틀에 들어갈지 모르지만, 암흑 물질과 보통 물질의 상호 작용을 가정함에도 불구하고 비대칭 암흑 물질 후보들은 보통 기존 이론에 추가로 덧붙은 요소들이다.

그런데 어쩌면 암흑 물질이 ─ 혹은 그중 일부가 ─ 오로지 중력으로만 상호 작용할지도 모르는 일이다. 또한 암흑 물질은 보통 물질이 경험하지 못하는 자신들만의 힘과 상호 작용을 가지고 있을지도 모른다. 그러나 암흑 물질의 독자성을 제안하기 전에, 물리학자들은 모종의 보통 물질 그 자체가 암흑 물질이 될 만한 성질을 갖출 수는 없는지부터 확인해 보았다. 요컨대 표준 모형 속의 무언가, 혹은 표준 모형 입자로 구성된 무언가가 추가의 입자들을 도입하지 않고서도 적합한 암흑 물질 후보가 될 수 있을까 하는 문제였다.

물리학자들이 맨 먼저 지목했던 것은 중성미자(neutrino)라는 기본 입자였다. 중성자들은 베타 붕괴라는 방사성 반응에서 양성자와 전자와 중성미자로 붕괴한다. (엄밀히 말하자면 그 반입자인 반중성미자로 붕괴한다.) 중성미자는 — 전자, 그리고 그것보다 더 무거운 입자 종류인 뮤온(muon)과 타우(tau)와 마찬가지로 — 강한 핵력을 느끼지 않는 입자이다. 또한 전하를 띠지 않기 때문에, 전자기력도 직접적으로는 느끼지 않는다. 중성미자의 흥미로운 속성 중 하나는 — 모든 입자들이 지극히 미미한 수준에서라도 경험하는 중력을 제외하고는 — 오로지 약한 상호 작용만 한다는 것이다. 또 다른 속성은 무척 가볍다고 알려져 있다는 것이다. 전자보다 최소한 100만 배 더 가볍다.

중성미자는 워낙 약하게 상호 작용하기 때문에, 처음에 꽤 유망한 암흑 물질 후보처럼 보였다. 그러나 지금은 여러 이유로 그 희망이 좌절되었다. 표준 모형의 중성미자는 약한 핵력으로 상호 작용한다. 하지만 약한 핵력으로 상호 작용하고 충분히 가벼운 입자라면 뭐가 되었든 내가 다음 장에서 설명할 직접 검출 실험에서 벌써 모습을 드러냈어야 하는데, 아직까지 소득이 없었다. 게다가 우리가 그 존재를 아는 보통의 중성미자는 에너지 밀도가 너무 낮기 때문에 암흑 물질일 수 없다. 암흑 물질의 에너지가 중성미자의 에너지에 맞먹으려면 중성미자가 훨씬 더 무거워야 한다.

사실 가벼운 중성미자는 **뜨거운 암흑 물질**(Hot Dark Matter, HDM), 즉 빛과 가까운 속도로 움직이는 암흑 물질이 될 것이다. 그리고 그런 뜨거운 암흑 물질은 초은하단보다 작은 구조라면 뭐든지 쓸고 지나가 버릴 것이다. 그러나 오늘날 우리는 은하들과 은하단들을 보고 있지 않은가. 그러니 이것은 문제가 된다.

따라서 중성미자는 입자 물리학의 표준 모형 맥락에서는 암흑 물질 후보로 제대로 통하지 않는다. 물리학자들은 표준 모형을 수정하는 것을 고려했지만, 이것 또한 통하지 않았다. 중성미자처럼 상호 작용하는 암흑 물질 입자들은 ─ 변형된 형태의 중성미자라고 해도 ─ 우리가 5장에서 훑어보았던 우주 구조 형성의 깔끔한 역사를 뒷받침하지 못한다.

이론적으로는 만일 우리가 그 존재를 아는 작은 구조들이 직접 형성된 것이 아니라 더 큰 구조가 쪼개져서 형성된 것이라면, 뜨거운 암흑 물질이 괜찮을 수도 있다. 그러나 이 시나리오를 수치적으로 풀어 본 결과, 예측이 관측과 일치하지 않았다. 그러니 이따금 가벼운 중성미자에 대한 새로운 단서가 보고됨에도 불구하고, 또한 암흑 물질 중성미자에 관한 기사들이 등장함에도 불구하고, 중성미자는 암흑 물질이 아니다. 중성미자는 잘해 봐야 기존 암흑 물질 밀도의 작은 일부만을 설명한다. 물리학자들이 좀 더 느리게 움직이고, 보통 더 무거운 암흑 물질, 이른바 **차가운 암흑 물질**에 바탕을 둔 시나리오에 관심을 쏟는 것은 그 때문이다. 암흑 물질이 중성미자처럼 가볍고 몹시 빠른 입자들이라고 가정하는 **뜨거운 암흑 물질** 시나리오들은 기각된다.

마초 모형

마지막으로, 겉으로만 봐서는 가능성이 좀 더 높을 것 같은 대안을 살펴보자. 암흑 물질이 뭔가 새로운 기본 입자로 구성된 게 아니고, 보통 물질로 만들어졌으되 연소하지 않고 — 따라서 빛을 내지 않고 — 빛을 반사하지도 않는 거시 구조일 것이라는 가설이다. 우리가 이런 물체를 못 보는 이유는 암실에서 앞을 못 보는 이유와 같다. 즉 주변 물체들이 빛과 상호 작용하지 않아서가 아니라 그저 우리가 볼 수 있을 만큼 충분한 빛이 주변에 없기 때문이다. 대부분의 사람들은 — 과학적 소양이 있든 없든 — 암흑 물질의 존재를 받아들이기 전에 왜 언뜻 명백한 가능성처럼 보이는 이 대안이 사실이 아닌지를 알고 싶을 것이다.

이런 암흑 물체를 통칭하여 마초(MACHO)라고 부른다. '무거운 고밀도 헤일로 물체(massive compact halo objects)'의 머리글자를 딴 것인데, 이 이름에는 이 이론이 윔프의 대안으로 구상된 것이라는 사실이 그다지 은근하지도 않게 드러나 있다. 마초는 빛을 전혀 내지 않거나 최소한 감지 가능한 빛을 내지 않으므로, 보통 물질로 이뤄져 있더라도 캄캄하게 숨은 것처럼 보인다. 마초의 후보로는 블랙홀, 중성자별, 갈색 왜성 등이 있다.

앞에서 소개했지만, 블랙홀은 물질이 중력으로 몹시 단단하게 묶여 있어서 빛을 내지도 반사하지도 않는 것을 말한다. 중성자별(neutron star)은 — 아마도 초신성 붕괴에서 생성될 텐데 — 거대한 별의 잔해가 블랙홀이 되기에는 물질이 부족해서 그 대신 고밀도 중성자 핵을 가진 상태로 응집된 것을 말한다. 갈색 왜성(brown dwarf)은 목성보다 크지만 별보다 작은 천체로, 핵융합 반응을 일으키지는 못하고 대신 중력 수축을 통해서만 뜨거워진다.

이런 천체 물리학적 물체들은 분명 합리적인 가능성으로 보인다. 그러나 최근의 관측들이 그 가능성을 심하게 제약하기 전에도, 과학자들은 마초가 가능성이 낮은 이야기라고 여겼다. 4장에서 표준 대폭발 시나리오에 대한 초기의 시험대 중 하나는 초기 우주의 원자핵 형성, 즉 원시 핵합성 과정이었다고 말했던 것을 기억할 것이다. 그런데 그 시나리오들은 보통 물질의 에너지 밀도가 어떤 정해진 범위의 값을 가질 때에만 유효하다. 하지만 대부분의 마초 모형들은 보통 물질을 너무 많이 가지고 있기 때문에, 원자핵 존재비를 정확하게 예측해 내지 못한다. 설령 보통 물질이 그런 고밀도 천체들을 형성했더라도, 그렇다면 그것들이 어떻게 은하 원반 대신 암흑 물질 헤일로에 놓이게 되었는가를 설명하는 것이 또 다른 숙제가 된다.

그래도 천체 물리학자들은 열린 마음을 유지했다. 암흑 물질은 특이한 가설이기 때문에, 통상적인 설명들이 모두 확실히 기각되기 전까지는 마초 모형을 버리지 않는 게 합리적인 태도이다. 1990년대에 물리학자들은 미시 중력 렌즈(microlensing)라는 현상을 이용하여 마초를 탐색해 보았다. 이 아름답고 섬세한 발상에 따르면, 마초는 우주 공간을 움직이다가 가끔 어떤 별의 앞을 지나가고는 할 것이다. 빛은 마초 주변에서 — 혹은 다른 어떤 무거운 천체 주변에서 — 휘기 때문에, 마초는 중력으로 별빛을 일시적으로 증폭하는 렌즈처럼 기능한다. 물론 이 효과는 우리가 관측할 수 있을 만큼 충분히 짧은 시간 규모로 벌어져야 하고, 빛의 강도 변화는 우리가 감지할 수 있을 만큼 충분히 커야 한다. 어쨌든 천문학자들은 이 기법을 사용하여, 질량이 달의 약 3분의 1과 태양의 약 100배 사이인 마초는 암흑 물질이 될 수 없음을 확인했다. 그래서 많은 마초 후보들이 탈락했다.

마초 탐색 결과로 중성자별과 백색 왜성은 기각되었지만, 블랙홀은 좁은 질량 범위에서나마 아직 가능성이 있다. 그러나 특정 질량 범위 내에 적당한 양의 블랙홀이 존재하리라고 믿을 이론적 근거가 없다는 점을 차치하더라도, 블랙홀이 일으키는 중력 교란과 블랙홀의 지속 기간이 추가의 제약이 된다. 왜냐하면 너무 작은 블랙홀은 호킹 복사(Hawking radiation, 이 과정을 처음 제안한 물리학자 스티븐 호킹의 이름을 땄다.)라고 알려진 과정을 통해서 광자들을 방출함으로써 진작 붕괴해 사라졌을 테고, 반면에 너무 큰 블랙홀은 분명 관측 가능한 효과를 발휘할 테지만 우리가 아직 그런 것을 목격하지 못했기 때문이다. 그런 효과로는 쌍성의 분열, 산란을 통해 열이 발생하여 우리 은하 평면이 넓어지는 현상, 블랙홀에 다른 물질들이 부착되어 복사를 내는 현상, 블랙홀과 연관된 중력파가 정확하게 측정된 펄서 맥동 주기에 영향을 미치는 현상 등이 있다. 모든 제약을 종합하자면 질량이 달의 100만분의 1과 달 질량 사이인 블랙홀은 허용될 수 있겠으나, 그 질량 범위를 벗어난 블랙홀은 기각된다. 우리가 중성자별의 성질을 좀 더 자세히 측정한다면 이렇게 남은 제한된 범위마저 탈락될지도 모른다.

아주 좁은 질량 범위의 블랙홀은 여전히 가능성이 있다고 해도, 어째서 그 질량 범위의 블랙홀만이 만들어지고 지금까지도 충분한 양이 살아남았는가는 헤아리기 어렵다. 가능성을 고려해 보는 것은 괜찮다. 하지만 핵합성 시나리오와 모형 구축이 가하는 제약들을 고려하자면, 블랙홀은 — 특히 보통 물질로만 이루어진 블랙홀은 — 암흑 물질일 가능성이 극히 낮다.

무엇을 할 것인가

앞에서 소개한 모형들은 암흑 물질의 후보로서 흔히 토론되는 대상들을 담고 있었다. 대부분의 물리학자들이 합리적인 가능성이라고 여기는 대상들이다. 그러나 선택지가 이것들만이 아님은 거의 분명하다. 몇몇 가설은 여전히 가망이 있지만, 어떤 구체적인 모형이나 성질이든 실험으로 확증되기 전에는 의심해 볼 이유가 충분하다.

한편으로, 우리는 암흑 물질이 존재한다는 사실만큼은 확신할 수 있다. 그 정체가 무엇인지는 아직 몰라도 말이다. 지금은 이론가나 실험가나 기존 선택지들을 재평가하고 좀 더 완전한 범위의 선택지들을 새롭게 고려해 보기에 알맞은 시기이다. 대부분의 선택지들은 서로 다른 탐색 전략을 요구할 것이다. 대안 모형들은 그런 전략에 대한 계획을 세우는 데 유용할 것이다.

그러나 그런 새로운 발상들을 소개하기에 앞서, 현 상황을 좀 더 제대로 평가할 지식을 갖추기 위해서, 기존의 암흑 물질 탐색 기법들 중 몇 가지를 훑어보겠다. 여러분도 알게 되겠지만, 현재는 천체 물리학적 데이터는 풍부하지만 기존에 제안된 모형들이 검출된 사례는 없는 상황이다. 따라서 실험가들과 관측자들은 기존의 암흑 물질 탐색 기법을 넘어서 더 발전된 탐색 기법을 생각해 볼 이유가 충분하다.

17장
암흑 속에서 보는 법

브라운 대학교 리처드 게이츠켈 교수는 주요한 암흑 물질 검출 실험인 LUX의 수석 연구자이자 공동 대변인으로서, 2013년 12월에 하버드로 와서 발표를 해 주었다. 콜로키엄에 참석한 많은 물리학부 구성원들이 푹 빠져서 경청하는 와중에, 그는 자신과 동료들이 어떻게 아직 암흑 물질을 발견하지 못했는지를 신나게 설명했다. 희한하게도 그의 실험이 성공했음을 보여 주는 잣대는 그 실험이 어느 큰 범주의 모형들과 — 이제는 거짓으로 밝혀진 — 일부 그럴싸한 실험 결과들이 제안했던 암흑 물질 후보들 중 다수를 기각했다는 사실이었다. 암흑 물질이 아직 발견되지 않았다는 실망스러운 물리학 소식에도 불구하고, 게이츠켈은 의기양양할 만했다. 그가 동료들과 함께 구축한 도전적인 실험이 바라던 대로 잘 진행되었으니까. 자연이 협조를 거부한 것, 즉 그의 실험이 발견할 수 있는 적당한 질량과 상호 작용 세기의 암흑 물질 후보를 제공해 주지 않은 것은 게이츠켈의 잘못이 아니었다.

이것은 LUX 실험의 첫 단계 결과였다. 실험은 계속 진행되며 더 많은 데이터를 모을 것이다. 그러나 이 실험은 시작되자마자 단숨에 좀 더 오래된 실험들의 결과를 추월해 버렸다. 게이츠켈과 동료들은 너무나 깨끗한 실험 환경을 구축했기 때문에, 실험에서 처음 나온 결과마저 이전 발견들을 능가할 만큼 믿음직했다. 짓궂은 실험가가 엉뚱한 데 찍어 둔 지문에서 나온 방사능조차 연구자들이 찾아 헤매는 암흑 물질 입자의 미약한 흔적보다 수십억 배 더 강한 '신호'를 낼 수 있는 환경에서, 게이츠켈의 실험은 탁월하게 수행되고 있었다. 실험에서 수집된 깨끗하고 믿음직한 데이터는 그의 기기가 정확히 설계 목적대로 작동하고 있다는 것을 확실히 알려주었다. 그 목적이란 극단적으로 민감한 암흑 물질 탐색, 그리고 오해를 낳는 신호를 확실하게 기각하는 것이다.

요즘 사람들은 최신 기술을 통해서 방대한 데이터를 수집하고 있다. 그리고 그 데이터가 전부 소비자 선호에 관한 것만은 아니다. 현재 축적되고 있는 데이터는 입자 물리학, 천문학, 우주론의 발전을 가져올 것이다. 물론 다른 과학 분야들의 발전도. 아직 암흑 물질을 확실히 발견한 실험은 없지만, 감질나는 결과를 내놓은 실험은 많이 있다. 가끔은 게이츠켈의 실험 같은 것이 나타나서, 상대적으로 덜 확실한 결과를 내놓았던 이전 실험들이 유망하다고 제안했던 가능성을 기각한다. 게이츠켈을 비롯한 여러 연구자들은 곧 진정한 발견을 알리는 확실한 신호를 찾기를 기대하면서 수색을 계속하고 있다.

그러나 암흑 물질 탐색은 만만찮은 작업이다. 중력은 워낙 약한 힘이기 때문에, 암흑 물질을 구성하는 입자를 찾는 탐색은 아직 암흑 물질이 느끼는지 아닌지조차 모르는 그 밖의 상호 작용들까지 불러낼 필요가 있다. 만일 암흑 물질이 오로지 중력으로만 상호 작용한다면, 혹은 보통 물질은 느끼지 않는 새로운 힘을 통해서 상호 작용한다면, 기존의 암흑 물질 탐색 기법들로는 영영 암흑 물질을 찾지 못할 것이다. 설령 표준 모형의 힘들이 암흑 물질에 작용하더라도, 그 상호 작용이 현재의 실험으로 검출할 수 있을 만큼 강한지는 여전히 확신할 수 없다.

현재의 탐색은 암흑 물질이 비록 우리 눈에는 거의 안 보이더라도 그 상호 작용은 보통 물질로 만들어진 검출기에 포착될 만큼 강할 것이라는 믿음에 의지한다. 이것은 부분적으로는 한낱 희망에 불과하다. 그러나 이런 낙관은 앞 장에서 소개했던 윔프 모형을 근거로 깔고 있다. 대부분의 윔프 암흑 물질 후보들은 표준 모형 입자들과 약하게 상호 작용해야 한다. 정말로 약한 수준이지만, 현재 운영되는 매우 정밀한 실험들을 통해서 관측할 만한 수준이기는 하다. 현재의 수색은 이런 실험들이 최종 결과를 발표하자마자 대부분의 윔프 모형들이 검증되거나 기각될 단계에 이르렀다.

나는 이어지는 장들에서 대안 암흑 물질 모형들을 살펴볼 때 모형마다 관측 측면에서 가지는 의미가 다르다는 것을 설명할 것이다. 하지만 일단 이번 장에서 초점을 맞출 것은 윔프형 암흑 물질, 그리고 과학자들이 그것을 찾기 위해서 사용하고 있는 세 가지 접근법이다. (그

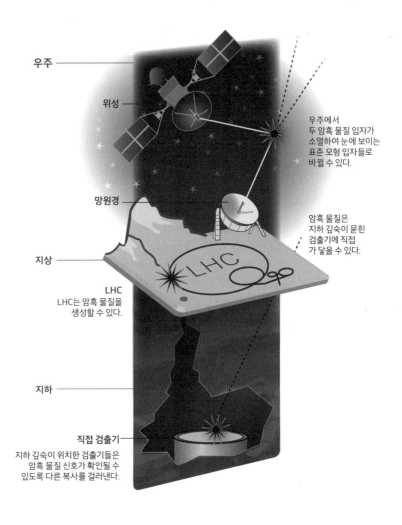

우주

위성

우주에서
두 암흑 물질 입자가
소멸하여 눈에 보이는
표준 모형 입자들로
바뀔 수 있다.

망원경

암흑 물질은
지하 깊숙이 묻힌
검출기에 직접
가 닿을 수 있다.

지상

LHC
LHC는 암흑 물질을
생성할 수 있다.

지하

직접 검출기
지하 깊숙이 위치한 검출기들은
암흑 물질 신호가 확인될 수
있도록 다른 복사를 걸러낸다.

그림 36   윔프형 암흑 물질 탐색에는 세 갈래 접근법이 있다. 지하 검출기를 이용해 표적 원자핵
에 직접 와서 부딪히는 암흑 물질을 찾아보는 방법이 있고, LHC의 실험들을 통해 가속기가 생성
해 내는 암흑 물질의 증거를 발견하려는 방법이 있다. 위성이나 망원경을 이용해 암흑 물질이 보
이는 물질로 소멸한 증거를 간접 검출 기법을 통해서 찾아보는 방법도 있다.

림 36) 암흑 물질은 손에 잡기 어려운 대상이다. 그래도 실험가들은 그것이 일으키는 미묘하지만 관측 가능한 영향을 찾아서 용감무쌍하게 수색하고 있다.

암흑 물질 직접 검출 실험

웜프를 찾아보는 실험들 중 첫 번째 종류는 이른바 **직접 검출** 범주에 속한다. 직접 검출 실험은 지상에서 몹시 민감하고 거대한 기기를 사용하는데, 검출기의 거대한 부피는 암흑 물질의 — 기껏해야 — 미미한 상호 작용 세기를 보완하기 위한 설계이다. 이런 탐색의 근거 논리는 암흑 물질이 검출기 물질을 통과하여 그 원자핵을 때릴 것이라는 가정이다. 그러면 그 상호 작용에서 소량의 되튐 열 혹은 에너지가 발생할 것이고, 우리는 그 작은 열을 흡수하고 기록하도록 설계된 차가운 검출기 혹은 민감한 물질을 이용하여 이론적으로 그것을 측정할 수 있다. 암흑 물질 입자가 직접 검출 기기를 통과하여 원자핵과 부딪힌 뒤 약간이나마 튕겨나온다면, 실험은 그 작은 에너지 변화를 감지할 수 있다. 그리고 그 에너지 변화는 암흑 물질 입자의 통과를 알리는, 유일하게 측정 가능한 증거일 것이다. 개별 상호 작용이 벌어질 확률은 아주 낮지만, 실험 장치의 크기가 크고 민감도가 높을수록 성공 확률은 나아진다. 이 실험들의 규모가 큰 것은 그 때문이다.

극저온 검출기는 저마늄 같은 결정 흡수제를 쓰는 차가운 기기이다. 암흑 물질 검출기에 설치된 이런 기기를 스퀴드(SQUID) — 초전도 양자 간섭 기기(superconducting quantum interference devices)의 약자이다. — 라고 부르는데, 이 기기는 아주 작은 열에도 반응한다. 스퀴드에 설치된 차가운 초전도 물질에 소량의 에너지라도 와서 부딪히면, 스퀴드는 곧 초전도성을 잃고 암흑 물질일지도 모르는 입자의 존재를 기록한다. 이런 종류의 실험으로는 CDMS(Cryogenic Dark Matter Search, 극저온 암흑 물질 탐색), CRESST(Cryogenic Rare Event Search with Superconducting Thermometers, 초전도 온도계를 이용한 극저온 희귀 사건 탐색), EDELWEISS(Expérience pour Détecter Les Wimps en Site Souterrain, 지하에서 윔프를 검출하기 위한 실험) 등이 있다. 원래 이름들은 다들 거창하지만, 대부분의 물리학자들은 머리글자만 따서 좀 더 편하게 부른다.

직접 검출에 사용되는 검출기가 극저온 검출기만 있는 것은 아니다. 또 다른 종류는 — 중요성이 빠르게 커지고 있는 종류이다. — 불활성 액체를 사용한다. 암흑 물질이 빛과 직접 상호 작용하지 않더라도, 암흑 물질 입자가 제논(크세논)이나 아르곤 원자와 부딪혀서 낸 에너지가 특징적인 섬광을 일으킬 수도 있다. 이런 부류의 실험으로는 제논을 쓰는 XENON100과 — 앞에서 언급했던 — LUX(Large Underground Xenon Detector, 거대 지하 제논 검출기)가 있고, 아르곤을 쓰는 ZEPLIN, DEAP, WARP, DArkSide, ArDM 같은 검출기들도 있다.

XENON과 LUX는 향후 더 큰 규모와 더 나은 성능으로 업그레이드될 것이다. XENON1T, 그리고 협동 사업인 LUX-ZEPLIN이 그것이다. 발전이 어느 정도인지 감을 잡을 수 있도록 알려드리자면, 원래

XENON100의 "100"은 약 100킬로그램을 쓴다는 뜻이었는데 "1T"는 1톤을 뜻한다. LUX-ZEPLIN은 그것보다 더 커서 기준 부피 5톤을 예상하는데, 기준 부피란 오로지 암흑 물질 검출에만 사용되는 영역을 가리킨다.

극저온 검출기와 불활성 액체 검출기는 둘 다 암흑 물질 입자가 낼지도 모르는 작은 에너지를 기록하도록 설계되었다. 그런데 이것이 인상적인 작업이기는 해도, 작은 에너지 변화를 검출하는 것만으로 암흑 물질 입자의 통과를 입증했다고 말할 수는 없다. 실험가들은 자신들이 기록한 것이 그냥 배경 복사가 아니라 바라던 신호라는 사실을 확인해야 한다. 배경 복사가 낸 소량의 에너지도 암흑 물질을 흉내 낼 수 있으며 암흑 물질보다 보통 물질과 훨씬 더 강하게 상호 작용할 수 있기 때문이다.

이것은 까다로운 작업이다. 민감한 암흑 물질 검출기의 관점에서 보자면, 복사는 사방팔방에 있다. 우주선에 있는 전자의 무거운 짝입자 뮤온이 바위를 때려서 입자를 튀길 수도 있고, 일부 중성자도 암흑 물질을 흉내 낼 수 있다. 암흑 물질 입자의 질량과 상호 작용 세기에 대해서 합리적인 수준으로 최대한 낙관적으로 가정하더라도, 배경의 전자기 사건들은 그것보다 최소 1,000배 더 강한 수준으로 신호를 압도한다. 더구나 이 추정값은 공기, 환경, 검출기에 존재하는 원시 방사성 물질이나 인공 방사성 물질은 감안하지도 않은 것이다.

이런 기기를 설계하는 과학자들은 이 문제를 너무 잘 안다. 천체 물리학자들과 암흑 물질 실험가들에게 가장 중요한 단어는 **차폐**

(shielding)와 판별(discrimination)이다. 위험한 복사로부터 검출기를 보호하고 잠재적 암흑 물질 사건을 흥미롭지 않은 복사 산란 사건과 구별하기 위해서, 실험가들은 광산이나 산 밑 깊숙한 지하에서 암흑 물질을 찾아본다. 그러면 우주선은 충분히 깊게 묻힌 검출기 대신 주변의 암석을 때릴 것이다. 대부분의 복사가 차폐되겠지만, 훨씬 더 약하게 상호 작용하는 암흑 물질은 전혀 방해받지 않고 검출기까지 도달할 것이다.

다행스러운 점은, 애초에 상업적인 용도로 팠던 광산과 터널이 많이 있어서 이런 실험의 입지가 되어 준다는 것이다. 광산이 존재하는 이유 중 하나는 ― 앞에서도 말했듯이 ― 무거운 원소들이 보통 지구 중심을 향해 깊숙이 가라앉지만 이따금 일부가 솟아올라서 지하 광석이 되기 때문이다. DAMA 실험, XENON10과 그것보다 더 큰 XENON100 실험, 텅스텐을 사용하는 검출기 실험인 CRESST는 지하 약 1,400미터의 터널에 위치한 이탈리아의 그란 사소 국립 연구소에서 진행되고 있다.

미국 사우스다코타 주 홈스테이크 광산의 깊이 1,500미터 동굴은 원래 금을 채굴하려고 팠던 것이지만, 지금은 LUX 실험의 보금자리가 되었다. 물리학계에서 홈스테이크 광산은 또 다른 인상적인 검출 실험(태양으로부터 온 중성미자를 검출하는 실험이었다.)을 통해 중성미자의 질량이 0이 아님을 보여 주는 최초의 진정한 단서를 발견했던 곳으로 유명하다. CDMS 실험은 지하 약 750미터에 위치한 미네소타 주 수단 광산에서 진행된다. 약 20억 년 전에 거대한 유성체가 때렸던 지점에 농축된 금속을 파내는 광산인 캐나다 온타리오 주 서드베리 광산은 여러 암흑 물질 실험들의 보금자리이다.

그런데 광산과 터널 위에 쌓인 암석만으로는 검출기에 다른 복사가가 닿지 않을 것이라고 보장하기 어렵다. 그래서 실험가들은 추가로 다양한 방법을 동원하여 검출기를 보호한다. 내가 제일 재미있다고 생각한 차폐물은 바다에 가라앉은 프랑스 갈레온선에서 가져온 오래된 납이다. 납은 고밀도 흡수제인데, 오래된 납은 원래 가지고 있던 복사를 이미 다 방출해 버렸기 때문에 스스로 복사를 내지 않은 채 주변 복사를 효율적으로 흡수한다.

기술적으로 좀 더 발전된 다른 차폐 재료로는 가령 무언가가 암흑 물질일 리 없을 만큼 너무 강하게 상호 작용을 할 때는 빛을 밝혀서 알려주는 폴리에틸렌이 있다. 제논 같은 불활성 액체를 쓰는 검출기에서는 검출기 자체가 차폐물로 기능한다. 제논 검출기의 흡수 영역은 아주 넓기 때문에, 실험가들은 그중 바깥 영역은 아예 실험에서 제외한다. 바깥 영역은 방사성 배경 복사를 차단하는 용도로만 쓰고 안쪽 영역에서 발생한 잠재적 신호 사건들만 기록하는 것이다.

판별도 중요하다. 입자 물리학자들은 이 필수적인 작업을 입자 확인(particle ID)이라는 다른 용어로 부른다. 어쩌면 입자 물리학 용어가 정치적으로 좀 더 올바를지도 모르겠다. 요즘은 "ID 확인 요망."이라는 말에 정치적 의미가 가뜩 담기게 되었지만 말이다. 뭐라고 부르든, 판별은 — 차폐와는 달리 — 온갖 방해에도 불구하고 흘러든 전자기 복사와 잠재적 암흑 물질 후보를 구별하는 작업이다. 실험가들은 이온화와 초기 섬광을 둘 다 측정함으로써 신호와 배경 복사를 구별한다.

이탈리아 그란 사소 국립 연구소에서 진행되는 섬광 실험인 DAMA 는 꽤 오래전부터 신호를 발견했다고 보고해 왔다. 그러나 그 실험은 신호와 배경의 판별이 부족하고 — 전적으로 신호의 시기 정보에만 의존한다. — 다른 실험에서 결과가 재현된 예가 없기 때문에, 대부분의 물리학자들은 신호가 진짜인지에 대해서 회의적이다.

다른 실험들도 잠재 신호를 기록하는 데 성공했지만, 사건의 수가 너무 적은 데다가 다들 낮은 에너지에만 몰려 있다. 이것은 결과를 의심할 만한 좋은 이유가 된다. 검출기는 되튐 에너지를 측정한다고 했던 것을 기억할 텐데, 만일 그 에너지가 너무 낮으면 기기의 감도도 한계 밑으로 떨어지기 때문에 검출기가 기록하지 못한다. 최저 에너지 사건들은 검출기가 접근하기 어려운 낮은 에너지 경계에 몹시 가깝다. 그러니 데이터가 좀 더 생성되거나 다른 실험에서 잠재적 관측이 확인되기 전까지는 저에너지 신호에 대해 회의주의를 견지하는 것이 타당하다.

암흑 물질 간접 검출 실험

지구를 통과하는 암흑 물질을 찾아보는 직접 검출 실험들은 언젠가 정말로 임무에 성공하여 암흑 물질 입자를 발견할지도 모른다. 그러나 또 다른 유망한 탐색 전략은 암흑 물질 입자가 암흑 물질 반입자와 소멸하여 ─ 스스로 소멸할 수 있는 종류일 때는 자신과 같은 종류의 입자와 함께 쌍소멸하여 ─ 그 에너지가 다른 ─ 바라건대 눈에 보이는 ─ 물질로 변형될 때 발생하는 신호를 찾아보는 것이다. 암흑 물질 소멸은 아마도 그다지 자주 벌어지지는 않을 것이다. 암흑 물질의 농도가 워낙 희박하기 때문이다. 그렇다고 해서 전혀 안 벌어진다는 뜻은 아니다. 암흑 물질의 성질이 어떠냐에 따라 다를 것이다.

만일 암흑 물질 소멸이 일어난다면, 과학자들은 지상이나 우주에서 간접 검출 기법을 사용함으로써 소멸에서 생성된 입자들을 발견할 수 있을 것이다. 이런 탐색 전략은 소멸하는 암흑 물질 입자들이 사라진 뒤에 생성되는 입자들을 찾아본다. 우리가 운이 좋다면, 그렇게 나타난 입자들 중에 전자와 그 반입자, 즉 양전자 쌍 혹은 광자 쌍과 같은 표준 모형 입자들이 포함되어 있을 것이다. 이런 입자들은 모두 지구와 우주의 검출기들이 관측할 수 있는 대상이다. 암흑 물질 간접 검출에서 탐색 표적으로 제일 유망한 대상은 반입자와 광자 신호인데, 왜냐하면 우주에는 반입자가 드물기 때문이다. 광자도 유용할 수 있다. 암흑 물질 소멸에서 생겨난 광자는 천체 물리학적 배경 사건들에서 생겨난 광자와는 에너지와 공간 분포가 다를 것이기 때문이다.

암흑 물질 소멸에서 생겨난 표준 모형 생성물을 찾는 데 쓰이는 도구들은 대부분 애초부터 암흑 물질 검출기로 설계된 것은 아니었다. 현재 우주에 나가 있거나 지상에 있는 대다수 망원경과 검출기의 주요 목표는 하늘의 천문학적 신호 공급원들이 내는 빛과 입자를 기록하는 것이다. 그것들은 별, 펄서, 그 밖의 천체들을 좀 더 잘 이해하기 위해 만들어졌는데, 암흑 물질 실험가들에게는 이런 신호들이 암흑 물질 신호와 닮을 수 있는 천체 물리학적 배경 신호에 해당한다.

다르게 보면, 천체 물리학적 배경 신호 공급원들이 내는 입자와 가상의 암흑 물질 소멸에서 나오는 입자가 비슷하다는 것은 곧 기존 망원경의 관측 결과가 암흑 물질에 대해서도 뭔가 말해 줄 가능성이 있다는 뜻이다. 천체 물리학자들이 통상적인 입자 공급원들을 더 잘 이해한다면, 그런 신호와 암흑 물질로 인한 여분의 신호를 구별할 수 있을 것이다. 해석이 모호해질 여지는 있지만, 우리가 기존 공급원으로는 발견된 결과를 설명할 수 없다고 확신할 수 있을 만큼 그런 공급원들을 충분히 잘 이해할 경우에는 암흑 물질 간접 탐색이 성공할 수도 있다.

간접 검출 실험 중 하나는 국제 우주 정거장(ISS)에서 진행되고 있다. 입자 검출기를 우주 정거장으로 올려서 양전자와 반양성자를 찾아보자는 기발한 발상을 내놓은 사람은 노벨상 수상자인 MIT의 새뮤얼 팅이었다. 알파 자기 분석기(Alpha Magnetic Spectrometer, AMS)는 사실상 우주에 나가 있는 입자 검출기나 마찬가지이다. AMS는 이탈리아가 주도한 파멜라(PAMELA) 위성이 먼저 시작했던 수색을 이어받은 셈인데, 파멜라는 첫 결과를 2013년에 발표했었다. (파멜라라는 이 예쁜 이름도 머리글자를 딴 것이다.)

처음에는 그런 위성들에서 나온 데이터가 흥미로워 보였지만, 지금은 암흑 물질을 그 원인으로 보는 설명은 찬밥 신세이다. 무엇보다도 파멜라와 AMS 신호들이 요구하는 대로라면 초기 우주에 암흑 물질이 엄청나게 많았어야 하는데, 그렇다면 그 많은 암흑 물질이 우주 배경 복사를 왜곡시킨 효과가 플랑크 위성에 의해 관측되었을 것이다. 처음에 놀랍게 여겨졌던 결과는 이제 천체 물리학자들이 펄서 같은 기존의 천체 물리학적 신호 공급원들에 대해서 알아야 할 것이 아직도 많다는 사실을 시사하는 근거로 보인다. 기존 공급원들이 신호를 설명할 가능성이 남아 있는 한, 암흑 물질을 끌어들인 논증을 설득력 있게 펼칠 여지는 없다.

어쩌면 암흑 물질은 쿼크와 반쿼크, 혹은 글루온으로 소멸할지도 모른다. 모두 강한 핵력으로 상호 작용하는 입자들이다. 실제로 대부분의 웜프 모형은 이것이 가장 그럴싸한 표준 모형 결과일 것이라고 예측한다. 탐색의 분명한 표적 — 반양성자이다. — 에 대한 천체 물리학적 배경 잡음은 큰 편이지만, 반양성자와 반중성자가 아주 약하게 결합한 상태인 저에너지 반중양성자에 대한 배경 잡음은 훨씬 작다. 실험들은 어쩌면 암흑 물질이 이 저에너지 상태로 소멸하는 것을 발견할지 모른다. 풍선으로 검출기를 띄우는 GAPS 실험은 2019년에 남극에서 개시될 예정인데, 이 실험이 바로 이런 신호를 찾아보려고 한다.

전하를 띠지 않으며 약학 핵력으로만 상호 작용하는 중성미자도 암흑 물질의 간접 검출을 도울 수 있을 것이다. 암흑 물질은 태양이나 지구 중심에 갇혀 있을지도 모르는데, 그렇다면 그곳에서는 암흑 물질의 밀도가 보통 물질보다 높고 소멸 확률도 더 높을 것이다. 그 경우 그곳에서 벗어나서 우리에게 검출될 가능성이 있는 입자는 중성미자뿐이다. 왜냐하면 — 다른 입자들과는 달리 — 중성미자는 너무 약하게만 상호 작용하는 터라 상호 작용을 통해 탈출이 저지되는 일이 없기 때문이다. 지상에 있는 검출기들인 AMANDA, IceCube, ANTARES는 이런 고에너지 중성미자를 찾아보고 있다.

지상을 거점으로 삼은 또 다른 검출기들은 고에너지 광자, 전자, 양전자를 찾아본다. 나미비아에 위치한 HESS(High Energy Stereoscopic System, 고에너지 입체 영상 시스템)와 미국 애리조나 주의 VERITAS(Very Energetic Radiation Imaging Telescope Array System, 고에너지 복사 영상 망원경 배열 시스템)는 망원경들을 대규모로 배열한 시스템으로서, 은하 중심에서 오는 고에너지 광자를 찾고 있다. 차세대 초고에너지 감마선 관측소인 체렌코프 망원경 배열은 그것보다 뛰어난 민감도를 약속한다.

그러나 지난 20년의 간접 검출 실험들 중에서 가장 중요한 것은 페르미 감마선 우주 관측소의 망원경들이 — '페르미온'에도 이름을 빌려 준 위대한 이탈리아 물리학자의 이름을 딴 위성 관측소로, 비공식적으로는 그냥 '페르미'라고 불린다. — 수행한 작업일 것이다. 페르미의 관측 장비는 2008년 초에 발사된 위성에 실려 지상 550킬로미터 상공에서 95분마다 한 번씩 지구 궤도를 돈다. 지상에 있는 광자 검출기는 하늘에 뜬 위성보다 훨씬 더 클 수 있다는 이점이 있다. 그러나 페르미 위성에 실린 초정밀 도구들은 에너지 해상도와 방향성 정보가 더 뛰어나고, 저에너지 광자에도 민감하며, 시야가 훨씬 더 넓다.

페르미 위성은 최근 암흑 물질에 관해서 숱한 흥미로운 추측들을 낳은 진원이었다. 위성이 작동하기 시작한 이래 여러 신호 단서들이 나타났는데, 결정적인 것은 하나도 없었지만 모두 암흑 물질의 정체에 대한 흥미로운 통찰로 이어졌다. 현재까지 확인된 가장 강한 신호는 페르미 연구소(Fermilab, 시카고 근처인 일리노이 주 버테이비아에 위치한 페르미 국립 가속기 연구소를 말한다.)의 물리학자 댄 후퍼가 주장해 온 것이다. 그와 동료들은 은하 중심 근처에서 방출된 광자들의 분산을 자세히 조사한 결과, 천체 물리학적 배경으로부터 예측되는 것보다 더 많은 잉여의 신호를 보았다고 주장했다.

앞선 놀라운 양전자 결과와 마찬가지로, 이번에도 데이터는 틀림없이 기댓값을 넘어선 여분의 신호를 보여 주었다. 그렇다면 이번에도 문제는 우리가 놓치고 있었던 요소가 지금껏 무시되었던 모종의 천체 물리학적 신호 공급원인가 아니면 암흑 물질처럼 정말로 흥분되는 새로운 공급원인가 하는 것이다. 천문학자들은 답을 결정하기 위해서 아직도 작업하는 중이다. 현재로서는 어느 쪽 설명도 완벽하게 시원스럽거나 설득력 있는 것 같지 않다.

역시 광자에서 나온 신호로서 기존 천체 물리학적 원인으로는 설명되지 않는 것이 몇 킬로전자볼트(keV) 에너지 수준의 엑스선으로도 나타났다.[1] 이 관측의 특이한 속성은 이것이 선(ray)이라는 점인데, 그것은 여분의 광자들이 곧 특정 에너지 지점에서 에너지 확산이 아주 미미한 상태로 나타난다는 뜻이다. 다만 원자나 분자가 다른 에너지 준위로 전이하는 과정에서도 비슷한 선들이 나타나는 데다가 이 신호가 유별나게 강하지는 않기 때문에, 이것이 진짜 발견인지는 확실하지 않다. 이처럼 설득력 있는 증거가 부족함에도 불구하고, 액시온이나 붕괴하는 암흑 물질을 신호 공급원으로 가정한 연구들은 지금도 진행되고 있다. 추가 데이터나 이론이 없는 한, 그것이 그냥 요동이었는지 배경이었는지 아니면 진짜로 뭔가 새로운 것을 발견한 것이었는지는 알 수 없을 것이다.

마지막으로 역시 그럴싸해 보였던 신호를 하나 더 언급하고 싶다. 이 신호는 내가 잠시 뒤에 이야기할 내 연구의 계기가 되었기 때문이다. 130기가전자볼트 에너지의 그 광자 신호는 초기 페르미 위성 데이터가 처음에 내놓은 것처럼 보였던 신호였다. 이 신호는 분명 흥미로웠다. 관측된 에너지가 약 125기가전자볼트인 힉스 보손의 질량과 비슷했기 때문이다. 적당한 천체 물리학적 설명이 없었기 때문에, 몇몇 천문학자들은 이 신호가 소멸하는 암흑 물질에서 나온 것일지도 모른다고 제안했다.

결론부터 밝히자면, 이 증거는 시간의 시험을 — 혹은 더 많은 데이터의 시험을 — 견디지 못했고 지금은 폐기되었다. 그러나 그 신호가 어떻게 나올 수 있는지 설명하려고 노력하는 과정에서 나와 동료들 — 매슈 리스, 지지 판, 안드레이 카츠 — 은 그러지 않았다면 결코 떠올리지 못했을 흥미로운 모형을 탐구하기에 이르렀다. 많은 흥미로운 과학적 발전이 그렇듯이, 이 모형은 원래 동기를 넘어선 이유에서도 흥미로운 것으로 밝혀졌으며 결국에는 내가 뒤에서 설명할 암흑 원반 모형으로 이어졌다.

LHC에서 암흑 물질이 생성된다면

요즘은 가망이 좀 낮은 듯 보이기는 하지만, 윔프는 대형 강입자 충돌기(LHC)에서도 나타날지 모른다. 제네바 근처의 프랑스-스위스 국경 지하에 묻혀 있는 거대한 충돌기형 가속기인 LHC에서는 양성자들이 둘레 27킬로미터의 고리를 서로 반대 방향으로 돌다가 높은 에너지를 지닌 채 충돌한다. LHC가 아우르는 에너지 범위는 힉스 보손의 생성과 발견을 허용하는 범위인데, 어쩌면 안정되고 미약하게만 상호 작용하는 윔프 같은 그 밖의 가설적 입자들도 만들어질지 모른다. 만일 그렇다면, LHC에서 그것과 표준 모형 입자들과의 상호 작용이 감지될지도 모른다.

설령 LHC에서 새 입자가 발견되더라도, 새로 발견된 입자가 암흑 물질임을 확인하기 위해서는 보완 증거가, 이를테면 지상이나 우주에서 암흑 물질 탐색에만 집중하는 검출기로부터 나온 증거가 필요할 것이다. 그럼에도 불구하고, LHC에서 윔프를 찾아낸다면 그야말로 중대한 성취일 것이다. 나아가 다른 두 검출 기법으로는 조사하기가 까다로운 암흑 물질 입자의 자세한 성질까지 알 수 있을지도 모른다.

그러나 암흑 물질 입자는 LHC에서 충돌하는 양성자들과 그다지 많이 상호 작용하지 않을 것이다. 암흑 물질과 보통 물질의 상호 작용은 아주 미미하기 때문이다. 그러나 그곳에서 생성된 다른 입자들이 암흑 물질로 붕괴할 가능성도 있다. 그렇다면 문제는 그런 일이 발생했다는 것을 어떻게 확인할 것인가인데, 왜냐하면 암흑 물질은 검출기와 상호 작용하지 않으므로 그 자체로는 눈에 보이는 증거를 남기지 않을 것이기 때문이다.

한 군데 우리가 찾아볼 만한 지점은 하전 입자가 붕괴하는 사건이다. 하전 입자는 오로지 중성 암흑 물질 입자들로만 붕괴하지는 않을 것이다. 왜냐하면 그런 과정에서는 전하가 보존되지 않기 때문이다. 따라서 최종 상태에는 반드시 또 다른 하전 입자가 있을 것이고, 보이지 않는 암흑 물질이 에너지와 운동량의 일부를 가져갔을 테니 그 하전 입자의 에너지와 운동량은 원래 붕괴한 입자와 정확히 같지는 않을 것이므로, 만일 우리가 그 하전 입자를 검출한다면 특정 상호 작용 조건에서 약하게 상호 작용하는 암흑 물질 입자의 존재를 확인할 수 있을 것이다.

이때 실험에서 감지되지 않을 에너지가 바로 암흑 물질이 생성되었다는 단서일 것이다. 사건 발생 속도와 신호에 대한 예측이 데이터와 일치하는 것도 암흑 물질의 단서일 것이다. 물리학 법칙들이 누구나 믿는 내용으로부터 극단적으로 달라지지 않는 한, 에너지 보존과 운동량 보존이 깨지는 듯한 현상은 우리가 미처 감지하지 못한 어떤 입자가 생성된 탓으로만 해석할 수 있다. 그리고 바로 그것이 암흑 물질일지도 모르는 것이다.

윔프가 보통 물질과 약하게만 상호 작용하기는 해도, 윔프가 직접 쌍으로 생성될 수도 있다. 가끔 두 양성자의 충돌에서 윔프 2개가 생길지도 모르는 것이다. 이 과정은 두 윔프가 쌍소멸해 보통 물질이 생성되는 과정을 거꾸로 한 것인데, 알다시피 물리학자들은 바로 이 계산에서 보통 물질의 잔존량 결과를 얻었다. 이 과정이 얼마나 자주 발생하느냐는 어떤 모형을 적용하느냐에 달려 있다. 따지고 보면 두 윔프가 쌍소멸해서 반드시 양성자를 낳으라는 법은 없으니, 그 역의 과정도 마찬가지로 확실히 보장되지는 않는다. 그러나 많은 모형들의 경우에는 이것이 좋은 탐색 방법이 될 수 있다.

이 경우에도 실험가들은 암흑 물질 자체는 검출되지 않는다는 문제를 처리해야 한다. 오로지 암흑 물질과 더불어 생성된 다른 입자들만 검출되는 것이다. 그러나 실험가들은 광자나 글루온(gluon, 쿼크들 사이에서 강한 핵력을 전달하는 입자이다.) 같은 입자 하나가 암흑 물질과 함께 생성되는 사건도 관찰할 수 있으며, 이론가들의 증명에 따르면 그런 수색은 이론적으로 충분히 큰 신호를 낳을 수 있다.

아직까지는 LHC 연구에서 암흑 물질 생성을 암시하는 단서가 전혀 발견되지 않았다. 이것이 기계의 에너지가 좀 낮기 때문인지, 아니면 이 에너지에서 추가 입자가 발견될 것이라고 보았던 이론적 판단이 착각이었기 때문인지는 물리학자들도 모른다. 그러나 LHC 충돌이 생성하는 에너지에서 추가 입자가 발견될 가능성은 아직 합리적으로 남아 있다. 어쩌면 그중 하나가 암흑 물질일지도 모르는 노릇이다.

윔프를 닮지 않은 암흑 물질 찾기

「스타워즈」의 오비완 케노비와는 달리, 윔프는 우리의 유일한 희망이 아니다. 지금까지 소개한 검출 기법들을 쓰는 경우에는 많은 면에서 최선의 희망이지만 말이다. 직접 검출은 표준 모형 입자들과 암흑 물질 입자 사이에 상호 작용이 있을 때만 유효한데, 윔프 모형들은 그런 가능성을 보장한다. 게다가 열 생성의 증거는 암흑 물질과 반암흑 물질이 동량임을 — 혹은 암흑 물질이 자기 자신의 반입자라는 것을 — 보장하므로, 소멸도 논외가 되지 않는다. 하지만 암흑 물질의 다른 후보들은 어떨까? 그것들은 어떻게 찾아보아야 할까?

안타깝게도, 아직까지 기각되지 않은 다른 암흑 물질 후보들은 윔프보다 발견하기가 더 어려울 가능성이 높다. 탐색 전략은 해당 모형에 맞게 특수해야 한다. 우리가 현재의 기술로 꼭 접근할 수 있다는 보장은 없다. 어쩌면 우리가 운이 좋아서, 암흑 물질이 투명하지 않을지도 모른다. 암흑 물질은 반투명이라서, 암흑 물질이 표준 모형 힘들과 모종의 상호 작용을 할 것이라고 낙관적으로 가정한 탐색 기법들의 눈에 가까스로 띄는 대상일지도 모른다. 그러나 불확실성을 고려할 때, 우리가 알기로 암흑 물질이 유일하게 느끼는 게 분명한 힘인 중력을 통한 검출에 좀 더 집중할 때가 됐다는 게 내 의견이다. 자기 자신과, 혹은 그 밖의 눈에 보이지 않는 물질과 상호 작용하는 암흑 물질이란 우리에게 직접 모습을 드러내지는 않을지도 모른다. 하지만 어쩌면 그 상호 작용이 우주의 정확한 질량 분포를 통해서 모습을 드러낼지도 모른다. 우리가 지금부터 살펴볼 것은 바로 그런 가능성이다.

18장
암흑 물질의 사회성

도시화는 현대 생활의 많은 발전에서 결정적인 요소였다. 충분히 많은 사람들이 한곳에 모이면 아이디어가 꽃피고 경제가 번성하고 공동 생활의 이점이 늘어난다. 도시는 팽창하면서 유기적으로 발달한다. 좀 더 많은 사람들이 이사해 들어오고 일자리를 창출하고 더 나은 직업 및 생활 조건을 구축하면서 갈수록 더 매력적인 곳으로 변한다. 그러나 도시가 일단 지나치게 과밀해지면, 비싼 주거비나 범죄나 기타 등등의 도시 문제들 때문에 사람들은 집이 좀 더 드문드문 자리 잡은 동네로 나가거나 그것보다 더 멀리, 아예 도시 밖으로 나가고는 한다. 도시의 나머지 부분은 계획대로 성장할 수도 있겠지만, 부동산 개발업자들의 지나치게 낙천적인 야망은 좌절될 것이다. 초고속 성장을 예측했던 과거 예상이 무색하게 도심 고층 건물들의 인구 밀도가 기대에 못 미칠 것이기 때문이다. 그리고 안정된 도심지가 없는 한 교외 주거지도 번성할 수 없다. 이 경우에는 쇼핑몰 개발업자들이 실망할 것이다.

어쩌면 우주에서 구조들이 성장하는 과정에도 이것과 비슷한 일반적 패턴이 적용될지 모른다. 앞에서 나는 우리가 암흑 물질에 대해 현재 이해하고 있는 내용들을 설명했고, 암흑 물질과 보통 물질이 기껏해야 아주 약하게만 상호 작용할 것이라고 믿게 만드는 여러 관측들과 예측들을 소개했다. 우리는 순전히 중력으로만 상호 작용하는 암흑 물질을 가정한 수치 시뮬레이션으로 은하들과 은하단들의 크기, 밀도, 집중도, 형태를 예측할 수 있다. 대규모 도시 성장에 대한 예측과 마찬가지로, 우주의 대규모 구조들에 대한 예측은 실제 관찰과 대단히 잘 들어맞는다.

그러나 보통의 암흑 물질 성질을 가정한 정밀한 수치 시뮬레이션이 좀 더 작은 규모에서 관측된 밀도 곡선과는 들어맞지 않을 때가 있다. 은하와 은하단의 중심, 그리고 우리 은하 근처의 작은 왜소 은하들의 개수는 이론적 예측과 맞지 않는다. 꼭 인구 밀도가 낮은 도심과 개발이 덜 된 교외처럼, 은하 중심의 밀도에 대한 예측값과 위성 은하의 개수에 대한 예측값은 둘 다 실제보다 너무 높다. 안드로메다를 비롯한 다른 은하 속 왜소 은하들의 공간적 분포도 예측값과 맞지 않는다.

어쩌면 시뮬레이션이 부적합하거나 관측이 여전히 불충분한지도 모른다. 하지만 소규모 구조에 대한 예측과 관측이 일치하지 않는다는 것은 어쩌면 암흑 물질의 성질이 현재 우리가 가정하는 것과는 다르다는 암시일지도 모른다. 어쩌면 암흑 물질은 아주 약하게만 상호 작용하는 게 아닐지도 모른다.

암흑 물질과 보통 물질의 상호 작용은 작다고 알려져 있지만, 암흑 물질 입자와 다른 암흑 물질 입자 사이의 상호 작용은 상당히 클 수도 있다. 그런 자기(自己) 상호 작용은 우리가 아직 암흑 물질을 검출하지 못했다는 점에도 별다른 제약을 받지 않는데, 왜냐하면 우리가 현재 쓰는 검출 기법은 암흑 물질과 보통 물질의 상호 작용만을 시험하기 때문이다. 자기 상호 작용은 우리가 관심을 쏟을 가치가 있을 만큼 클지도 모른다.

오늘날 우리는 우주 구조의 성장에 관한 기본 가설들의 진위를 확인해 볼 수 있는 상황이지만, 그래도 아직 이런 불일치가 남았다는 것은 이 주제가 다 해결되었다고 볼 만큼 과학이 충분히 발전하지는 못했음을 시사한다. 연구자들에게는 지금이야말로 최적의 상황이다. 해결이 어떻게 나더라도, 우리는 많은 것을 배울 것이다. 이 장에서는 작은 규모에서 발생하는 우주의 구조에 관한 문제들을 설명하고, 자기 상호 작용을 하는 암흑 물질이 어떻게 그런 문제를 해결할 수 있는지를 이야기하겠다.

암흑 물질과 소규모 구조 문제

5장에서 우리는 암흑 물질에 작용하는 중력이 어떻게 우주 구조를 결정하는 청사진을 펼쳐 놓았는지를 살펴보았다. 초기 우주의 암흑 물질은 갈수록 진폭이 커지는 밀도 요동을 발달시켰고, 그중 밀도가 좀 더 높아서 중력을 좀 더 강하게 발휘하는 지점들에서 은하가 자라났다. 일단 형성된 은하들은 뭉쳐서 은하단이 되어 시트나 섬유 형태의 구조를 이루었으며, 그 구조를 비계(飛階)로 삼아서 다른 구조들이 형성되었다. 각각의 은하나 은하단의 상세한 성질은 우리가 알 수 없는 초기 상태에 달려 있었겠지만, 천문학자들은 은하와 은하단 분포의 전반적인 통계적 성질을 예측할 수 있으며 그 예측은 대부분 관측 결과와 잘 맞는다.

그러나 왜소 은하 규모의 소규모 구조들에 대한 예측은 그렇게 믿을 만하지가 못하다. 은하의 가장 안쪽 영역 밀도에 대한 계산값은 너무 높게 나오고, 우리 은하를 도는 작은 왜소 은하들의 개수에 대한 계산값은 너무 크게 나온다. 위계 구조 가설에 따르면 큰 헤일로 내부에서나 작고 독립된 헤일로 내부에서나 그것보다 더 작은 구조들이 오늘날까지도 많이 살아남아 있어야 하는데, 관측자들은 그렇게 많은 구조들을 발견하지 못했다.

아마도 암흑 물질 연구자들 사이에서 가장 유명한 불일치는 이른바 **뾰족한 핵 문제**(core-cusp problem)라고 알려진 현상일 것이다. 천문학자들과 우주론 학자들은 우주에 존재해야 하는 천체들의 종류만이 아니라 그 속에서 물질이 어떻게 분포되어 있어야 하는지도 예측할 수 있다. 천체의 중심으로부터 멀어질수록 질량이 어떻게 분포되어 있는가 하는 패턴을 **밀도 곡선**(density profile)이라고 하는데, 이 밀도 곡선은 중심부가 **뾰족한** 형태의 그래프를 그릴 것이다. 즉 암흑 물질 밀도가 중심으로 갈수록 치솟을 것으로 예측되어, 은하와 은하단의 중심은 밀도가 아주 높아 보일 것이라는 말이다.

그러나 관측자들이 밀도 분포를 — 어느 정도까지 — 측정한 결과는 이 예측을 확인하는 데 실패했다. 지금까지 측정된 바에 따르면, 대부분의 은하들은 밀도 곡선이 중심부가 뾰족한 곡선이 아니라 오히려 속이 파인(cored profile) 곡선을 그린다. (그림 37) 이 용어는 좀 혼란스럽다. 삼성의 스마트폰 이름이 갤럭시 코어인 탓만은 아니다. 대부분의 사람들은 '속', '핵', 또는 '코어'라고 하면 밀도가 높은 무언가를 떠올릴 것이다. 지구의 내핵, 외핵을 가리킬 때처럼 말이다. 그러나 여기에서의 뜻은 그 반대로, 사과의 속을 파냈다고 할 때처럼 어떤 물질의 중심이 제거된 것을 뜻한다. 물론 누가 은하의 중심을 통째 파냈을 리는 없다. 그러나 관측에 따르자면, 물질 밀도는 은하의 중심으로 갈수록 뾰족

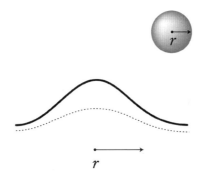

그림 37   시뮬레이션에 따르면, 은하 속 암흑 물질의 밀도 곡선은 중심으로 갈수록 물질이 더 빽빽하게 몰려 있어서 그림의 굵은 곡선처럼 가운데가 뾰족한 밀도 곡선을 그려야 한다. 그러나 관측 결과는 오히려 그림의 점선처럼 속이 파인 곡선을 보여 준다. 중심 영역의 밀도 분포가 좀 더 완만하고 더 낮다. 그림에 나와 있듯이 어느 경우이든 밀도가 중심부에서 정점에 달하기는 하지만, 뾰족한 정도가 다르다.

하게 솟을 것이라는 예측과는 달리 그렇게까지 많이 솟지는 않는다. 중심부의 밀도 곡선은 비교적 완만한 편이다. 은하단도 마찬가지이다.

뾰족해야 할 밀도 곡선이 왜 완만한지 설명하는 것은 가장 단순한 형태의 암흑 물질 모형이 풀어야 할 중요한 과제이다. 이것은 큰 중심 은하의 주변을 도는 왜소 은하의 개수가 예측보다 더 적은 사라진 위성 은하 문제(missing satellite problem)와 앞의 문제와 관련된 문제로 가장 크고 밀도가 높은 은하들에 대한 예측이 관측과 일치하지 않는 틀릴 리 없을 만큼 큰 은하 문제(too big to fail problem)와 더불어, 표준적인 차가운 암흑 물질 패러다임의 부적합성을 지적하는 단서일지도 모른다.

암흑 물질 예측에 관해서 최근에 지적된 또 다른 문제는 큰 은하 주변을 도는 위성 왜소 은하들의 공간 분포가 천문학자들의 예상과 달라 보인다는 점이다. (이 문제는 어쩌면 내가 곧 소개할 암흑 원반 모형으로 설명될지도 모른다.) 예상대로라면 위성 왜소 은하들은 사방으로 퍼져서 거의 구형으로 분포되어 있어야 하지만, 안드로메다 은하를 도는 약 30개의 왜소 은하 중 절반가량은 대충 같은 평면에 놓여 있다. 게다가 평면에 놓인 왜소 은하들은 거의 모두 같은 방향으로 궤도를 돈다. 우리 은하를 도는 왜소 은하들 중 일부도 이처럼 이상하게 보이는 분포를 따르는 것으로 확인되었다.

왜소 은하들이 서로 가까이 있고 공통의 방향으로 회전한다는 것은 그것들이 서로 융합하는 은하들의 원반에서 생성되었음을 암시할지도 모른다. 그러나 설령 융합이 공간 분포를 설명해 주더라도, 가장 단순한 설명을 믿기에는 위성 왜소 은하들에 포함된 암흑 물질의 양이 문제가 될 만큼 너무 많아 보인다. 따라서 암흑 물질을 지배적으로 많이 가지고 있는 왜소 은하들이 한 평면에 분포되어 있다는 사실을 설명하기 위해서는 표준적이지 않은 암흑 물질 모형을 고려해 봐야 할지 모른다.

이런 불일치가 보고되기는 했지만, 수치와 관측 결과는 아직 초기 단계이다. 만일 현재의 가정, 관측, 시뮬레이션이 믿을 만하지 못한 것으로 밝혀진다면, 이런 문제들 중 적어도 일부는 사라질 수도 있다. 좀더 정확한 시뮬레이션을 해 본다면 초기 결과가 부정확했던 것으로 드러날 수도 있고, 아니면 우리가 보통 물질의 의미를 — 가령 초신성이 구조 형성에 미치는 되먹임의 영향을 — 제대로 이해하지 못했던 것으로 드러날 수도 있다. 그런 경우에는 구태여 암흑 물질의 성질을 수정하지 않아도 기존의 암흑 물질 모형만 가지고도 우주의 관측된 구조들을 충분히 설명할 수 있을 것이다. 그러나 만일 그 경우에도 문제가 남는다면, 남은 불일치는 단순한 암흑 물질 모형들에게 진정한 골칫거리일 것이며 암흑 물질의 성질을 좀 더 복잡하게 가정하는 모형이 필요하다는 증거가 될 것이다.

이런 결과들 앞에서 격려가 되어 주는 생각을 하나 떠올리자면, 1990년대 들어 한참 지날 때까지만 해도 — 암흑 에너지를 무시했던 — 초기 시뮬레이션의 예측들은 데이터와 일치하지 않았다. 그때도 많은 과학자들은 비슷하게 생각했다. 초기 시뮬레이션과 관측이 그릇된 결과를 보여 준 것뿐이니, 우리가 데이터와 예측을 좀 더 향상시킨다면 결국 결과들이 일치하게 될 것이라고. 그것은 초기의 계산을 인정하는 찬사인 동시에 정확한 예측이 새로운 통찰의 전조가 될 것이라고 보는 시각이었다. 그 새로운 통찰이란 바로 — 완전히 새로운 발견인 — 암흑 에너지가 구조 형성에 미치는 영향을 고려한다면 불일치가 싹 제거된다는 깨달음이었다. 어쩌면 소규모 구조에 관한 현재의 진퇴양난도 비슷한 상황이라, 일단 우리가 우주의 물질과 에너지의 기본적인 물성에 관해서 뭔가 새로운 발견을 해 내기만 한다면 단칼에 해소될지도 모른다. 이 문제가 정말로 그런 경우인지 여부는 앞으로 발전할 관측과 연산 능력이 결정해 줄 것이다.

또 다른 상호 작용이 존재할 가능성

결정적인 확증이 없음에도 불구하고, 많은 천체 물리학자들과 우주론 학자들은 이런 불일치를 심각하게 여기기 시작했다. 그래서 암흑 물질이 중력 이외의 상호 작용도 할 가능성을 조사하기 시작했다. 심지어 어떤 사람들은 아인슈타인의 중력 방정식이 정확히 옳지는 않을지도 모른다고 추측했다. 중력 이론을 수정하는 데 관심을 쏟는 물리학자가 몇 있기는 해도, 나는 이 극단적인 선택지가 옳을 가능성은 낮다고 본다. 앞에서 설명했던 것처럼 보통의 중력이 암흑 물질에 작용한다는 것을 보여 주는 증거가 너무나 설득력 있기 때문이다.

그것보다 더 제약이 되는 요소는 총알 은하단 같은 관측들을 설명하기가 어렵다는 점이다. 은하단들이 융합하여, 서로 상호 작용하는 기체는 가운데에 갇혀 있지만 상호 작용하지 않는 암흑 물질은 그냥 슥 지나쳐 바깥으로 나가는 총알 은하단을 비롯한 여러 비슷한 천체들은 미약하게 상호 작용하는 암흑 물질이 보통의 중력 방정식에 따라 행동한다고 설명하지 않고서는 달리 설명하기 어렵다. 그리고 어떤 경우이든, 우리는 일관된 이론적 근거가 없는 극단적 대안을 고려하기 전에 좀 더 '지루한' 이유들부터 고려해 봐야 하는 법이다. 그런 이유들 때문에 예측에서 그릇된 결과가 나왔을지도 모르는 노릇이니까 말이다. 이를테면 보통 물질의 역할이 실제로는 시뮬레이션의 가정보다 더 크다거나, 아니면 암흑 물질의 성질이 기존 예상과는 다르다거나 하는 이유들이다.

최근 나는 소규모 구조 문제와 그 해법을 토론하는 두 콘퍼런스에 참가했다. 첫 번째는 하버드 대학교 물리학부의 입자 물리학자 동료들이 개최한 자기 상호 작용하는 암흑 물질을 주제로 한 작은 워크숍이었다. 두 번째는 하버드 대학교 천체 물리학 연구소의 천체 물리학자들이 조직한 것으로, "암흑 물질 논쟁"이라는 제목으로 2014년 봄에 열렸다. 다행히 논쟁은 사실에 대한 것이지 의견에 대한 것이 아니었다. 의견을 지나치게 강조하다 보면 과학 토론이 일탈하기 일쑤이니까.

내게 이 콘퍼런스들이 귀하게 여겨졌던 한 이유는 하버드의 물리학자들과 천문학자들이 대화를 나눌 기회였기 때문이다. 천문학자들이 일하는 천체 물리학 연구소는 1847년 당시 세계 최대 망원경 — 지름이 겨우 15인치(약 38센티미터)였다. — 을 수용하기 위해서 케임브리지에서 가장 높은 지대에 지어졌다. 망원경의 과학적 지위가 사라진 뒤에도 연구소의 위치는 바뀌지 않았기 때문에, 하버드의 천문학자들과 물리학자들은 1.5킬로미터쯤 떨어져 있게 되었다. 그래서 우리가 정수기나 커피 기계 앞에서 우연히 만나거나 하는 일은 전혀 없다. 그런데 콘퍼런스가 우리를 — 더불어 많은 방문 물리학자들과 천문학자들도 — 한자리에 모아 준 것이었다.

그러나 콘퍼런스들의 일차적인 가치는 그곳에서 발표된 결과들이 독창적이고 새롭다는 것이었다. 그 자리에서 논의된 주제 중 하나가 바로 소규모 구조 문제들에 대한 현재의 증거와 가능한 해결책들이었는데, 참가자들은 그것이 보통 물질의 역할을 적절히 고려하지 않았기 때문이거나 암흑 물질의 자기 상호 작용처럼 정말로 새로운 요소 때문이거나 둘 중 하나일 것이라고 보았다.

보통 물질이 소규모 구조 형성에 영향을 미칠 수 있다고 보는 발표자들은 수치 시뮬레이션에 보통 물질을 포함시킬 경우 — 가장 평이한 가능성이다. — 예측과 관찰의 불일치가 크게 해소될지도 모른다고 주장했다. 초기 시뮬레이션들은 구조의 역학과 성장 과정을 암흑 물질이 지배한다고 보았으며, 보통 물질은 그냥 암흑 물질이 형성한 중력 퍼텐셜 우물에 빠질 뿐이라고 가정했다. 보통 물질은 별들이 형성된 뒤에 우주에서 밀도가 높고 무거운 영역을 환하게 밝힘으로써 암흑 물질의 밀도가 높은 지점을 조명등처럼 비추는 역할을 하겠지만, 그 밖에 다른 역할은 없다고 무시되었다.

처음에 물리학자들은 보통 물질이 구조 성장에 유의미한 영향을 미치지 않을 것이라고 생각했고, 그 영향을 포함시키려고 해도 어차피 계산이 너무 방대해서 어려울 것이라고 생각했다. 천문학자들이 보통 물질의 효과를 포함시키려고 노력하는 요즘도 불확실성은 크게 남아 있다. 현재의 기억 용량과 연산 능력으로는 누구도 모든 것을 상세하게 시뮬레이션할 수 없으니, 천문학자들은 근삿값과 가정을 사용해야 한다. 현재 보통 물질을 포함하여 진행되는 수치 시뮬레이션들은 그렇게 제한된 것임에도 불구하고 벌써 불일치를 어느 정도 해소해 주는 듯하다.

시뮬레이션과 관측이 좀 더 일치하도록 만들어 주는 효과는 두어 가지가 있다. 표준 모형의 물질들은 중력 이외의 다른 힘으로도 상호작용하므로, 초기에 중력으로 미친 영향은 비교적 작았을지라도 구조에 — 특히 소규모 구조에 — 미친 영향은 작지 않았을 수도 있다. 예를 들어, 관측된 위성 은하가 적은 이유를 설명하는 한 가설은 그것들이 그냥 너무 희미해서 그렇다는 것이다. 은하간 가스는 별에서 방출된 자외선으로 — 보통 물질과 관련된 복사이다. — 데워질 수 있다. 그런데 그러면 헤일로가 — 특히 작은 헤일로가 — 가스를 축적하는 효율이 떨어질 것이다. 하지만 헤일로가 가스를 충분히 모으지 못한다면 그 속에서 별이 형성되지 않을 것이고, 그렇다면 그 헤일로는 너무 희미해서 현재의 망원경으로는 관측되지 않을 것이다.

관측된 위성 은하가 적다는 사실과 은하 중심 밀도가 예상보다 낮다는 사실을 설명하는 또 다른 가설은 폭발하는 초신성이 자신이 속한 은하의 안쪽에서 바깥쪽으로 물질을 몰아냄으로써 중심 밀도를 훨씬 더 낮춘다는 것이다. 그 결과로 구축된 암흑 물질 분포는 원래 인구 밀도가 높던 도심에서 — 불안정의 여파로 — 폭력이 분출하여 성장이 저지되고 그 결과 도심이 공동화되는 것에 비유해도 좋을 것이다. 그 때문에 도심 거주자가 적어지는 것처럼, 초신성 분출을 너무 많이 겪은 은하는 중심 밀도가 높아지지 못한다.

게다가 초신성 폭발이 방출한 에너지는 은하 바깥 영역의 기체를 이온화하고 데울 수 있다. 그러면 큰 은하를 공전하는 위성 왜소 은하로 뭉쳐질 수도 있었던 보통 물질이 불려 날아가 버릴 수 있고, 혹은 별 형성에 필요한 고밀도 영역으로 붕괴하는 과정이 저해될 수도 있다. 이런 바깥 왜소 은하들은 상대적으로 보통 물질을 덜 가지고 있을 테고 따라서 더 희미할 것이므로, 우리가 발견하기가 훨씬 어려워진다.

탐색 기법과 연산 능력이 지속적으로 향상됨에 따라, 소규모 구조에서 보통 물질이 중요한 역할을 했다는 가설을 지지하거나 반대하는 증거들은 꾸준히 진화하고 있다. 콘퍼런스에서는 활기찬 토론이 여럿 터져 나왔다. 내 입자 물리학자 동료의 말마따나 천문학자들은 각자 자기 주장을 관철시키려는 게 아니라 다 함께 옳은 답을 찾으려고 애쓰는 화기애애한 분위기였지만 말이다. 보통 물질의 중요성을 강조하는 사람들도 만일 초신성 되먹임이 아주 약할 것으로 예상되는 고립된 왜소 은하에서 소규모 구조 문제들이 지속될 경우에는 보통 물질만으로 불일치를 다 없앨 수 없음을 인정했다. 현재의 관측이 시사하듯이 정말로 그런 경우라면, 우리는 보통의 암흑 물질을 넘어선 무언가를 동원하지 않을 수 없다. 모든 콘퍼런스 참석자들은 보통 물질이 시뮬레이션과 데이터의 불일치 해소에 큰 도움이 되리라는 데 동의

했지만, 그래도 그곳에 모인 물리학자들과 천문학자들은 위성 은하에 대한 예측의 부정확성이 어쩌면 상호 작용하지 않는 암흑 물질이라는 표준 패러다임을 급진적으로 손질해야 할 필요성을 암시할지도 모른다는 인식을 공유했다.

자기 상호 작용하는 암흑 물질

시뮬레이션이 데이터와 맞설 때 발생하는 흥미로운 문제들을 살펴보았으니, 이제 그 문제들을 풀어 줄지도 모르는 대안적인 암흑 물질 모형들을 고려해 보자. 가장 흥미로운 가능성은, 상호 작용하지 않는 암흑 물질이라는 단순한 가정이 틀렸고, 사실은 암흑 물질이 중력이 아닌 상호 작용도 하고, 이것이 우주 구조에 영향을 미친다는 것이다. 물리학자들은 이 가능성을 따져봄으로써 암흑 물질 입자가 자신들끼리 어떤 상호 작용을 하는지, 어떤 새로운 힘이 그 입자들 사이에서 작용하는지 생각해 볼 수 있다. 현재 진행되는 관측과 향상된 시뮬레이션은 그 결과가 어떻게 나오든 우리에게 암흑 물질의 성질에 대해 더 많이 알려줄 것이다. 설령 앞에서 언급한 예측과 관측의 불일치들이 모두 해소된다고 하더라도 우리는 암흑 물질의 성질을, 그리고 암흑 물질과 보통 물질이 우주의 구조에 어떻게 기여하는지를 더 잘 알 수 있을 것이다. 반면에 불일치가 해소되지 않는 상황이 지속된다면, 그것은 정말로 암흑 물질이 자기 상호 작용한다는 증거일지도 모른다.

자기 자신과 상호 작용하는 암흑 물질이라는 아이디어가 유망한 새 가설이 될 수 있는 것은 우리가 암흑 물질의 성질에 관해서 아는 바가 너무 적은 탓도 있다. 보통 물질이 중력 외에 전자기력 같은 다른 힘을 느끼듯이, 어쩌면 암흑 물질도 그럴지 모른다. 암흑 물질은 중력 상호 작용을 경험하며 보통 물질과는 아주 미약한 상호 작용만 한다는 것이 기존 가정이지만, 우리가 암흑 물질을 실험에서 직접 검출한 사례가 없기 때문에 암흑 물질이 자기 자신과 어떤 상호 작용을 하는지 마는지 할 말이 없다. 자기 상호 작용하는 암흑 물질 입자들은 다른 암흑 물질 입자들을 끌어당기거나 밀어내겠지만, 우리에게 친숙한 보통 물질 입자들에게는 그러지 않을 것이다. 암흑 물질은 아직 우리가 감지하지 못한 어떤 암흑의 힘들을 느낄지도 모른다. 그 제5의 힘은 암흑 물질 입자에게는 영향을 미치지만 보통 물질에는 영향을 미치지 않을 것이다. 전자기력 같은 표준 모형의 힘들은 보통 물질에만 작용하고 암흑의 힘들은 암흑 물질에만 작용할 테니, 암흑 물질과 보통 물질 입자들은 사실상 서로를 모르는 상태일 것이다.

자기 상호 작용하는 암흑 물질은 보통 물질과 마찬가지로 '사회성'이 있을 것이다. 동시에 배타적이어서, 오로지 자기와 같은 종류하고만 상호 작용할 것이다. 암흑 물질은 다른 암흑 물질 입자를 산란시킬수 있을 것이다. 그러나 암흑 물질이 보통 물질의 눈에 보이지 않는 것처럼 보통 물질은 암흑 물질의 눈에 보이지 않을 것이다. 직접 검출 실험들은 암흑 물질과 보통 물질의 상호 작용만을 찾고 있으므로, 직접 검출 실험으로 이런 가능성을 기각할 수는 없다. 오히려 소규모 구조 문제 같은 것을 연구하는 우주 구조 연구에서는 이 가능성이 선호될지도 모른다.

암흑 물질이 자기 자신과 상호 작용한다면 그 새로운 힘이 어떤 것일지, 우리는 모른다. 그래도 암흑 물질 입자 사이의 힘에 제약이 있다는 것과 암흑 물질의 자기 상호 작용이 너무 강할 수는 없다는 것은 분명하다. 기억하겠지만, 암흑 물질의 서명과도 같은 '결정적 증거'는 두 은하단이 융합하여 이룬 총알 은하단과 그것과 비슷한 여러 은하단들이다. 중력 렌즈 효과를 관측한 결과에 따르면, 한 은하단의 암흑 물질은 다른 은하단의 암흑 물질 사이를 사실상 자유롭게 통과해 지나간다. 그 때문에 양쪽으로 불룩한 덩어리가 튀어나오고 그 사이 가운데에는 가스가 갇힌 형태가 만들어지는 것이다.

만일 모든 암흑 물질이 ― 보통 물질처럼 ― 자기 자신과 강하게 상호 작용한다면 암흑 물질은 총알 은하단의 가운데에서 뭉친 가스처럼 행동해서 역시 융합하는 은하 가운데에 남을 것이다. 그러나 실제로는 바깥쪽으로 불룩하게 튀어나왔으니, 암흑 물질은 그런 식으로 행동하지 않고 그냥 서로 스쳐 지나가는 게 분명하다. 그렇다고 해서 암흑 물질이 전혀 상호 작용하지 않는다는 뜻은 아니다. 다만 상호 작용의 세기와 힘이 유효하게 작용하는 거리 규모에 한계가 있다는 뜻이다. 암흑 물질 상호 작용의 세기를 제약하는 또 다른 단서는 은하 헤일로의 형태이다. 그 형태 또한 암흑 물질 상호 작용에 민감한 현상이기 때문이다.

그러나 이런 제약이 있다고 해서 자기 상호 작용하는 암흑 물질이라는 아이디어가 곧바로 기각되는 것은 아니다. 그저 허용되는 세기와 형태에 제한이 가해질 뿐이다. 이런 제약을 허락하더라도, 자기 상호 작용은 이론적으로 소규모 구조 예측의 문제들을 설명할 만큼 강할 수 있다. 콘퍼런스의 발표자들은 암흑 물질의 자기 상호 작용이 어떻게 잠재적 구조 문제들 중 일부를 풀 수 있는지, 나아가 가장 큰 위성 은하들의 중심 밀도를 낮춤으로써 예측과 관측이 좀 더 잘 맞는 결과를 낼 수 있는지를 보여 주었다.

예를 들어, 자기 상호 작용은 은하의 중심 밀도가 너무 높게 예측되는 문제를 설명할 수 있을 것이다. 암흑 물질이 중력 말고는 상호 작용을 하지 않는 경우, 암흑 물질은 은하 중심으로 계속 떨어질 것이다. 아주 느리게 움직이는 암흑 물질은 기존 구조의 중력 퍼텐셜에 갇힘으로써 은하 중심부의 밀도를 극적으로 높인다. 그러나 만일 암흑 물질 입자들 사이에 척력이 작용한다면, 암흑 물질 입자들은 서로 떨어지려할 것이기 때문에 너무 가깝게 모여 뭉치는 일은 없을 것이다. 마치 붐비는 기차역에서 사람들이 각자 자기 짐 꾸러미들에게 둘러싸여서 모두가 한 팔 간격을 유지하게 되는 것과 같다. 암흑 물질 입자들 사이의 척력은 이것과 비슷한 보호벽을 도입하는 효과를 낳아, 암흑 물질 밀도가 너무 높아지지 않도록 막을 것이다.

자기 상호 작용하는 암흑 물질이라는 아이디어를 도입한 시뮬레이션 결과는 이 직관이 사실임을 확인해 주었다. 실제로 중심 밀도가 뾰족한 헤일로가 아니라 속이 파인 헤일로 형태가, 즉 안쪽 영역의 밀도 분포가 비교적 일정한 헤일로 형태가 나왔던 것이다. 이 경우, 물질 밀도는 은하나 은하단의 중심으로 갈수록 높아지기는 하지만 그러다가 곧 포화 상태가 되어 일정 수준 이상 더 높아지지는 못한다. 만일 암흑 물질이 이런 식으로 상호 작용한다면, 끝까지 남아 물리학자들을 괴롭힐 소규모 구조 문제들도 해소될지 모른다.

자기 상호 작용하는 암흑 물질이라는 아이디어는 은하와 은하단에 대해서 서로 다른 예측을 내놓는데, 이 사실은 우리가 향후 관측과 시뮬레이션을 통해서 암흑 물질의 성질을 더 많이 알게 되리라는 것을 보장한다. 그리고 상호 작용 모형이 달라지면 예측도 달라지는 만큼, 우리는 시뮬레이션과 관측을 비교함으로써 상호 작용의 종류들도 구별해 낼 수도 있을 것이다.

우리가 우주 구조의 형태가 가진 의미를 완전히 이해하려면, 풍부한 데이터를 잘 활용하여 여러 대안들을 고려해 보는 수밖에 없다. 어쩌면 암흑 물질이 정말로 우주의 구조에 영향을 미치는 제5의 상호 작용을 할지도 모른다. 그렇다면 그 점을 고려한 시뮬레이션이 관측과 더 잘 맞을지도 모른다. 아니면 시뮬레이션과 측정이 일단 믿을 만한 수준으로 향상되어, 그런 상호 작용을 하는 암흑 물질보다는 중력 상호 작용만 하는 보통의 암흑 물질을 채택한 모형이 더 나은 예측을 내놓는다는 것이 밝혀져, 좀 더 복잡한 모형들을 확실히 기각하게 될지도 모른다. 결과가 어떻든, 우리는 앞 장에서 이야기했던 통상적인 윔프형 암흑 물질 탐색 실험들이 가르쳐 줄 것보다 훨씬 많은 것을 배우게 될 것이다.

그러나 자기 상호 작용하는 암흑 물질이라는 아이디어는 — 흥미롭기는 하지만 ─ 다음 장에서 소개할 내 연구의 핵심은 아니다. 따지고 보면, 꼭 상호 작용하는 암흑 물질과 상호 작용하지 않는 암흑 물질이라는 두 가능성만 허락되라는 법은 없다. 흑과 백에만 초점을 맞추면 다양한 음영의 회색들을 무시하게 되는 것처럼 ─ 점무늬와 줄무늬는 말할 것도 없다. ─ 암흑 물질이 상호 작용을 다 한다거나 전혀 안 한다거나 둘 중 하나로만 가정하는 것은 세상의 풍요로운 가능성들을 간과하는 꼴이 될 것이다. 다음 장에서 나는 암흑 물질이 ─ 보통 물질처럼 ─ 좀 더 복잡하다고 보는 흥미로운 관점을 살펴볼 것이다. 어쩌면 암흑 물질에는 자기 상호 작용을 하지 않는 구성 요소도 있고, 상호 작용을 하는 구성 요소도 있을지 모른다. 그리고 양쪽 다 우주의 구조와 행동에 영향을 미칠지 모른다.

19장
암흑의 속력

과학을 그냥 가볍게 즐기는 사람들이든 과학자들이든, 과학 가설을 평가하는 데 쓸 지침으로 종종 오컴의 면도날을 들고는 한다. 자주 언급되는 이 원칙의 내용은 어떤 현상을 설명하는 이론들 중에서 가장 단순한 것이 최선일 가능성이 높다는 것이다. 퍽 합리적인 듯 들리는 이 논리에 따르자면, 좀 더 날렵한 구조로도 충분한데 괜히 복잡한 구조를 구축하는 것은 아마도 나쁜 생각일 것이다.

그러나 오컴의 면도날의 진정성을 훼손하는 요소가 두 가지 있다. 적어도 그것을 목발로 쓸 때는 조심해야 한다는 것을 알려주는 요소들이다. 나는 목발을 경계해야 한다는 교훈을 지적으로나 육체적으로나 몸소 겪어서 어렵게 배웠다. 부러진 발목이 나을 때까지 비유가 아닌 진짜 목발을 사용한 적이 있었는데, 목발에 늘 부정확한 자세로 기대는 바람에 팔의 신경이 손상되고 말았던 것이다. 마찬가지로, 오컴의 면도날의 지시에 따르는 이론은 가끔 두드러진 하나의 문제를 풀어 주는 와중에 다른 곳에서 다른 문제를 일으킨다. 보통은 그 문제를 포함했던 이론의 다른 측면에서 그런다.

최선의 과학은 늘 최대한 넓은 범위의 관찰들을 포괄해야 한다. 백 번 양보해도, 최소한 그런 관찰들에 모순 없이 부합해야 한다. 따라서 진짜 문제는 과연 어느 이론이 설명되지 않은 현상들의 집합 전체를 가장 효과적으로 풀어 주느냐이다. 첫눈에 단순해 보였던 설명이 좀 더 폭넓은 문제들에 직면하면 루브 골드버그 식의 지나치게 복잡한 장치로 퇴화할 수도 있다. 반면에 원래 문제에 적용했을 때는 과도하게 성가시게 보였던 설명이 과학의 주변 시야의 렌즈를 통해서 봤을 때는 숨은 깔끔함을 드러낼 수도 있다.

내가 오컴의 면도날을 우려하는 두 번째 이유는 뻔한 사실 때문이다. 즉 세상은 우리가 상상했던 것보다 더 복잡하다는 사실 말이다. 세상에는 어떤 중요한 물리 과정에도 필요하지 않은 것처럼 보이는 입자들과 성질들이 존재한다. 적어도 우리가 지금까지 유추한 바로는 그렇다. 그런데도 그것들은 실존한다. 가끔은 가장 단순한 모형이 꼭 정확한 모형은 아닌 것이다.

이런 주제에 관한 토론은 앞 장에서 이야기했던 "암흑 물질 논쟁" 콘퍼런스에서 여러 차례 등장했다. 입자 물리학자 나탈리아 토로는 불필요하지만 시험 가능한 입자들에 대한 실험적 제약을 논하던 중, 오컴의 면도날보다는 자신이 "윌슨의 메스"라고 이름 붙인 원칙이 더 적절할 것이라고 말했다. 그것은 물리학자 케네스 윌슨의 이름을 딴 것이었는데, 윌슨은 우리가 어떻게 시험 가능한 요소들만 가지고서 과학을 할 수 있을지에 대해서 일반적인 이해의 틀을 개발한 사람이었다. 나탈리아는 그의 이름을 딴 메스는 이론을 깎아내는 게 아니라 다듬는 데 쓰여야 한다고 주장했다. 시험 가능한 요소라면 무엇이든, 우리가 그것에게 궁극의 목적을 부여할 수 있는가 없는가 여부와는 무관하게, 다치지 않게 보존해야 한다는 것이다. 나는 그다음 차례로 발표하면서, 그것보다는 "마서의 식탁" 원칙이 더 나을 것 같다고 농담삼아 말했다. 식탁에 칼만 놓여 있는 경우는 없다. 음식을 품위 있게 먹기 위해서는 필요한 도구를 모조리 다 차려야 한다. 그리고 만일 우리에게 마서 스튜어트의 재능이 있다면, 아무리 많은 접시와 식기를 차려야 하더라도 그것들을 조직하는 원칙을 잊는 일은 없을 것이다.

과학에도 그처럼 제대로 차려진 식탁이 있어야 한다. 우리가 관찰하는 많은 현상들을 모두 설명하도록 허락하는 식탁이 있어야 한다. 과학자들이 단순한 발상을 선호하는 경향이 있기는 해도, 그런 발상이 온전한 이야기인 경우는 드물다.

지금까지 한 이야기는 나와 동료들이 "부분적으로 상호 작용하는 암흑 물질(Parially Interacting Dark Matter, PIDM)"이라고 부르는 모형을 소개하기 위한 서곡이었다. 그리고 그 이론은 역시 잠시 뒤에 설명할 '이중 원반 암흑 물질' 모형으로 이어진다. 두 모형 모두 암흑 물질의 조성이 생각만큼 단순하지 않을지도 모른다는 가능성을 받아들인다. 보통 물질 입자와 마찬가지로, 암흑 물질 입자 역시 한 종류만이 아닐지도 모른다. 새로운 상호 작용을 하는 새로운 암흑 물질이 존재할지도 모르고, 나아가 그것이 미처 예견 못 했으나 관측 가능한 결과를 낳을지도 모른다. 설령 상호 작용하는 암흑 물질이 전체 암흑 물질에서 차지하는 비가 작더라도, 그것은 태양계와 우리 은하에 큰 의미를 가질 수 있다. 또한 그것은 공룡들에게도 모종의 영향을 미쳤을지 모른다.

보통 물질 우월주의자

우리는 보통 물질이 우주의 총 에너지에서 약 20분의 1만을 차지한다는 것을 알고, 물질이 지닌 총 에너지 중에서도 약 6분의 1만을 차지한다는 것을 안다. (나머지는 암흑 에너지의 몫이다.) 그런데도 우리는 보통 물질이 진정으로 중요한 구성 요소라고 생각한다. 우주론 학자들은 예외이겠지만, 그 밖의 모든 사람들의 관심은 보통 물질에만 쏠려 있다. 차지하는 에너지를 기준으로 보자면 대체로 중요하지 않은 요소라고 여겨야 할 텐데도 말이다.

우리가 보통 물질에 더 신경을 쓰는 것은 당연히 우리가 그것으로 이루어져 있기 때문이다. 우리가 살아가는 실제 세상도 마찬가지이다. 하지만 우리가 보통 물질에 관심을 쏟는 것은 그것의 풍부한 상호 작용 때문이기도 하다. 보통 물질은 전자기력, 약한 핵력, 강한 핵력으로 상호 작용함으로써 세상의 가시적 재료들이 복잡하고 밀도 높은 체계를 형성하도록 해 준다. 별뿐만 아니라 바위, 바다, 식물, 동물도 보통 물질이 상호 작용에 활용하는 중력 이외의 힘들에 그 존재를 빚지고 있다. 맥주에 적은 함량으로 포함된 알코올이 나머지 구성 요소들보다 음주자에게 훨씬 더 큰 영향을 미치듯이, 보통 물질은 비록 총 에너지 밀도에서 작은 비율만을 차지하지만 슥 하고 통과하는 물질보다는 자기 자신과 주변에 훨씬 더 눈에 띄는 영향을 미친다.

우리가 익숙한 가시 물질은 전체 물질 중에서 특권적인 비율이라고 — 정확히는 15퍼센트 정도이다. — 생각할 수도 있다. 재계와 정계에서는 상호 직용하는 1퍼센트가 의사 결정과 정책 방향을 시배하고, 나머지 99퍼센트의 인구는 대체로 그것보다 인정을 덜 받는 기반 구조 건설과 지원 사업에 종사한다. 건물을 관리하고 도시 기능을 유지하고 사람들의 식탁으로 식량을 가져다준다. 마찬가지로, 보통 물질은 우리가 볼 수 있는 거의 모든 것을 지배하는 데 비해 그것보다 양이 더 많고 어디에나 있는 암흑 물질은 은하단과 은하의 형성을 돕고 별 형성을 촉진하면서도 오늘날 우리의 인접 환경에는 제한적인 영향만을 미친다.

우리와 가까운 구조들에 대해서라면, 보통 물질이 책임자이다. 보통 물질은 우리 몸의 움직임을 책임지고, 경제를 추진하는 에너지원을 책임지고, 여러분이 이 책을 읽는 화면이나 종이를 책임지며, 기본적으로 우리가 떠올리거나 신경 쓰는 모든 것을 책임진다. 만일 무언가가 측정 가능한 상호 작용을 한다면, 우리는 그것에 관심을 기울일 가치가 있다. 그것은 무엇이 되었든 제 주변에 있는 것들에게 훨씬 더 직접적인 영향을 미칠 것이기 때문이다.

기존의 시나리오에서, 암흑 물질에게는 이런 종류의 흥미로운 영향과 구조가 결여되어 있다. 통상적인 가정은 암흑 물질이 은하와 은하단을 묶어 주는 '접착제'처럼 기능하지만 그런 구조를 둘러싼 무정형의 구름 속에만 존재한다는 것이다. 하지만 이 가정이 사실이 아니라면 어떨까? 어쩌면 잘못된 길일지도 모르는 이 가정으로 우리를 이끈 근거가 오직 우리의 편견뿐이라면? 대부분의 편견의 근원인 무지도 빼놓을 수 없겠지만 말이다. 만일 암흑 물질의 일부가 보통 물질처럼 상호 작용을 한다면 어떨까?

표준 모형에는 여섯 종류의 쿼크, 전자를 포함한 세 종류의 전기를 띤 경입자, 세 종류의 중성미자, 힘을 전달하는 보손들, 그리고 새롭게 발견된 힉스 보손이 있다. 암흑 물질의 세상도 — 이것과 똑같은 수준은 아니라도 — 나름 복잡하고 풍요롭다면 어떨까? 이 경우, 대부분의 암흑 물질은 무시할 만한 상호 작용만을 하지만 그중 소수는 보통 물질의 힘을 연상시키는 힘으로 상호 작용할 것이다. 표준 모형 입자들과 힘들의 풍요롭고 복잡한 구조는 세상의 수많은 흥미로운 현상들을 낳는다. 암흑 물질에도 상호 작용하는 구성 요소가 있다면, 그 요소 역시 세계에 영향을 미칠지 모른다.

만일 우리가 암흑 물질로 만들어진 존재였다면, 우리가 보지 못한다고 보통 물질의 세계가 전부 똑같은 입자들로 구성되었다고 가정하는 것은 완전한 오류일 것이다. 어쩌면 보통 물질로 이뤄진 인간들, 다시 말해 우리가 그런 실수를 저지르고 있는지도 모른다. 입자 물리학 표준 모형의 복잡성이 우리가 아는 물질의 기본 구성 요소들을 잘 설명하는 것을 볼 때, 모든 암흑 물질이 한 종류의 입자로만 구성되었다고 가정하는 것은 이상한 일이다. 그 대신 암흑 물질 중에는 자신들만 느낄 수 있는 힘으로 상호 작용하는 것들이 있다고 가정할 수도 있지 않을까?

이 경우, 보통 물질이 여러 종류의 입자들로 이뤄져 있고 그 기본 단위들이 여러 조합의 전하들을 통해서 상호 작용하는 것처럼, 암흑 물질에도 여러 종류의 구성 단위들이 있을 것이다. 그리고 그중 적어도 하나는 중력이 아닌 다른 힘으로 상호 작용을 할 것이다. 표준 모형에서 중성미자는 강한 핵력이나 전자기력의 상호 작용을 하지 않지만, 여섯 종류의 쿼크들은 그 힘들을 통해 상호 작용을 한다. 마찬가지로, 암흑 물질을 이루는 입자 중 어떤 것은 중력 이외의 상호 작용을 아주 약하게 하거나 전혀 하지 않는 데 비해 다른 입자는 — 어쩌면 5퍼센트쯤은 — 그 상호 작용을 할 것이다. 우리가 보통 물질의 세계에서 보는 것을 근거로 삼자면, 암흑 물질 입자가 중력 이외의 상호 작용을 아주 약하게만 하거나 전혀 하지 않는 한 종류만 있다고 보는 기존 가정보다는 이 시나리오가 더 가능성이 높을 수도 있다.

외교에 종사하는 사람이 딴 나라의 문화를 하나로 뭉뚱그려 파악한다면, 즉 자기 나라에서는 명백하게 드러난 사회적 다양성이 딴 나라에는 없다고 가정한다면, 그것은 실수이다. 좋은 교섭자라면 서로 다른 문화들을 동등한 위치에 놓으려고 시도하는 과정에서 한 부문이 다른 부문보다 우월하다고 가정하지 않을 것이다. 마찬가지로, 편견 없는 과학자라면 암흑 물질이 보통 물질만큼 흥미로울 리 없으며 보통 물질과 비슷한 다양성을 가졌을 리 없다고 가정해서는 안 될 것이다.

과학 저술가 코리 파월은 우리 연구를《디스커버》에 소개하는 글의 서두에서 자신은 그동안 "빛을 내는 물질 우월주의자"였다고 선언했다. 나아가 다른 사람들도 거의 다 그렇다고 말했다. 그의 말뜻은 우리가 자신에게 친숙한 물질 종류를 압도적으로 중요한 물질로 여기기 마련이고 따라서 가장 복잡하고 흥미로운 물질로 여긴다는 것이다. 이런 식의 믿음은 코페르니쿠스 혁명으로 전복된 지 오래되지 않았나 싶기도 하겠지만, 대부분의 사람들은 여전히 자신의 시각과 인간이 중요하다고 보는 관점이 외부 세계와 일치한다고 가정하고 살아간다.

보통 물질의 많은 구성 요소들은 서로 다르게 상호 작용하고 세상에 서로 다르게 기여한다. 그러니 암흑 물질에도 서로 다르게 행동하는 서로 다른 입자들이 있어서 우주의 구조에 측정 가능한 방식으로 영향을 미칠지도 모르는 노릇이다.

암흑 물질 소수파를 위한 변명

나와 동료들은 암흑 물질의 일부가 중력 이외의 힘으로 상호 작용하는 시나리오를 "부분적으로 상호 작용하는 암흑 물질"이라고 부른다. 우리는 우선 그런 모형 중에서도 가장 단순한 형태를 생각해 보았다. 암흑 물질을 이루는 구성 요소가 딱 두 가지만 있는 경우이다. 둘중 압도적으로 많은 요소는 중력으로만 상호 작용한다. 은하와 은하단을 둘러싼 구형 헤일로에 담겨 있는 기존의 차가운 암흑 물질이 바로 이것이다. 두 번째 구성 요소도 중력으로 상호 작용을 하지만, 또한 전자기력과 비슷한 다른 힘을 통해서도 상호 작용을 한다.

암흑 물질이 두 가지 구성 요소로 이뤄져 있다는 이 시나리오는 희한하게 들릴 수도 있겠지만, 똑같은 말이 보통 물질에도 적용될 수 있음을 잊지 말자. 쿼크는 강한 핵력을 느끼지만 전자 같은 입자들은 그렇지 않다. 그래서 쿼크들은 뭉쳐서 양성자와 중성자를 이루지만 전자는 그러지 않는 것이다. 마찬가지로, 전자는 전자기력을 느끼지만 중성미자는 전자기력을 모른다. 그러니 우리가 기존의 보통 물질 우월주의에 반대하여 암흑 물질에게도 다양성을 허락한다면, 암흑 부문에서도 일부는 우리를 구성하는 물질이 상호 작용할 때 쓰는 힘과 비슷한 ― 하지만 같지는 않은 ― 힘을 통해서 서로 상호 작용할 가능성을 상상하는 게 불가능하지 않다.

그러나 부분적으로 상호 작용하는 암흑 물질은 표준 모형 물질과는 약간 다르다는 것을 명심하자. 전자들은 강한 핵력을 직접 느끼지는 않아도 쿼크와 상호 작용하기 때문에 간접적으로는 영향을 받는다는 점에서 그렇다. 이것과는 달리, 우리가 새로 제안한 이 암흑 물질이 하는 상호 작용은 완전히 고립된 것일지도 모른다. 대부분의 다른 암흑 물질 입자들은 우리가 새로 도입한 암흑 힘을 간접적으로도 느끼지 못할 것이라는 말이다. 우리는 아직 암흑 물질의 구성 요소들이 서로 상호 작용하는지 알지 못하므로, ― 사실은 암흑 물질이 서로 다른 종류의 입자들로 구성되었는지조차 모르지만 ― 우선적으로 고려할 만한 가장 단순한 가정은 이런 새로운 형태의 전자기력 외에 또 다른 새로운 상호 작용은 없다는 것과, 새로 도입된 암흑 물질 하전 입자들만이 이 힘을 느낀다는 것이다. 이 시나리오에서 나머지 대부분의 암흑 물질은 이 새로운 힘을 전혀 느끼지 않는다.

재미 삼아, 상호 작용하는 암흑 물질 구성 요소가 느끼는 힘을 암흑 빛(dark light)이라고 부르겠다. 일반적으로는 암흑 전자기력(dark electromagnetism)이라고 부르겠다. 이 이름을 고른 것은, 새로운 종류의 암흑 물질이 전자기력과 비슷한 — 그러나 우리 세상의 보통 물질에게는 보이지 않는 — 힘을 느낀다는 것을 상기시키기 위해서이다. 보통 물질이 전하를 띠고서 광자를 방출하고 흡수하는 것처럼, 새로운 암흑 물질 요소는 오로지 이 새로운 종류의 빛만을 방출하고 흡수할 것이다. 보통 물질은 그 빛을 전혀 볼 수 없다.

암흑 전자기력은 보통의 전자기력과 유사할 것이다. 하지만 그것은 완전히 새로운 입자가 전달하는 새로운 힘이 주는 전하를 띤 입자들에게만 작용하는, 전혀 다른 영향력일 것이다. 원한다면 이 새로운 힘을 전달하는 입자를 암흑 광자(dark photon)라고 불러도 좋다. 새로운 암흑 물질 구성 요소는 보통 물질과 상호 작용하지 않겠지만, 그래도 스스로는 상호 작용할 테니 행동은 보통 물질과 비슷할 것이다. 어차피 보통 물질도 암흑 물질과 상호 작용하지 않기는 마찬가지이니까.

보통 물질과 암흑 물질은 둘 다 자기 나름의 전하를 띠고 자기 나름의 힘을 느끼겠지만, 그 전하와 힘은 서로 다를 것이다. 새로운 암흑 힘이 부여하는 전하를 띠는 입자들은 보통의 하전 입자들과 비슷한 방식으로 서로 끌어당기거나 밀어낼 것이다. 하지만 암흑 부문의 상호 작용은 보통 물질에게는 투명하게 느껴질 것이다. 암흑 물질은 우리가 익숙한 빛을 통해서 상호 작용하는 것이 아니라 자신들만의 고유한 빛을 통해서 상호 작용하기 때문이다. 오로지 암흑 물질 입자들만이 새로운 힘의 영향을 받을 것이다.

서로 비슷한 물리 법칙을 준수하는 데다가 어쩌면 공간적으로도 가까이 있겠지만, 암흑 물질과 보통 물질은 각자 자신들만의 세계를 이루고 있을 것이다. 보통 물질과 암흑 물질은 물리적으로 겹치면서도 상호 작용은 하지 않을 수도 있다. 대단히 미약한 중력을 제외하고는 각자 다른 힘으로 상호 작용하기 때문에, 보통 물질의 하전 입자와 암흑 물질의 하전 입자는 서로의 존재를 까맣게 모를 것이다.

두 종류의 하전 입자가 한 장소에 있으면서도 상호 작용하지 않는다는 것은 그렇게까지 신비로운 일이 아니다. 이것은 보통 물질은 페이스북으로 상호 작용하지만, 부분적으로 상호 작용하는 암흑 물질 모형의 하전 입자는 구글플러스를 통해서 상호 작용한다고 상상하면 좀 비슷하다. 둘의 상호 작용은 비슷하지만, 양쪽 모두 각자의 사회 관계망을 통해서만 남들과 접촉한다. 상호 작용은 이 네트워크 혹은 저 네트워크에서 진행될 뿐, 둘 다에서 진행되는 경우는 잘 없다.

비유를 좀 더 밀어붙이자면, 이것은 좌파 방송과 우파 방송과도 비슷하다. 두 방송 모두 거의 같은 프로그램 규칙을 따르고, 둘 다 한 텔레비전을 통해 시청할 수 있지만, 그럼에도 불구하고 서로 전혀 다르다. 좌파 방송과 우파 방송은 각자 자신의 확증 편향을 강화하기만 한다. 형식은 비슷하다. 인터뷰 진행자가 있고, '전문가' 초대 손님이 나오고, 그래픽으로 요점을 시각화하여 보여 주고, 관계없는 주제들에 대한 속보가 화면 밑에 무작위로 흘러간다. 그러나 두 방송의 실제 내용과 결과는 전혀 다르다. 심지어 광고도 다르다. 두 방송에 모두 출연하는 사람이나 주제는 설령 있더라도 극히 적을 것이고, 두 방송이 지지하는 상품과 정치인도 다를 것이다.

폭스 뉴스를 시청하면서 NPR도 듣는 사람이 극히 드문 것처럼, 아마도 대부분의 입자들은, 아니 어쩌면 모든 입자들은 둘 중 하나의 힘만으로 상호 작용할 것이다. 이 모형은 — 미디어와 마찬가지로 — 한쪽 관점만 고수할 것을 장려한다. 이론적으로야 두 힘을 모두 느끼고 두 상호 작용을 모두 다 하는 힘 전달 입자가 있을 수 있겠지만, 대부분의 입자들은 둘 중 한 종류의 전하만을 띨 것이고 따라서 종류가 다른 상대와는 소통하지 않는다.

공정을 기하기 위해서 밝히자면, 물리학자들이 암흑 물질이 새로운 전자기력을 겪을지도 모른다는 가설을 고려하기를 꺼렸던 것은 편견 때문만은 아니었다. 상호 작용에는 시험 가능한 결과가 따라 나오는 경우가 많다. 물리학자들이 암흑 힘과 자기 상호 작용하는 암흑 물질 개념을 꺼렸던 것은 그런 시나리오들이 제약을 심하거나 심지어 완전히 기각된다고 판단했기 때문이다. 하지만 내가 18장에서 설명했듯이, 설령 모든 암흑 물질이 이런 힘을 느낀다고 가정하더라도 그 제약이 그렇게까지 심하지는 않다. 그러나 물론 상호 작용은 관측에 기반하여 설정된 한계 내에서만 허용될 것이다.

그리고 만일 암흑 물질 중 소수만이 자기 상호 작용을 한다고 가정하면, 제약이 훨씬 줄어든다. 자기 상호 작용에 한계를 설정하는 관측이 두 가지 있다고 했던 것을 떠올려 보자. 첫째는 헤일로의 구조와 관련이 있다. 바로 헤일로가 구형이어야 한다는 점인데, 이것은 '삼축 구조(triaxial structure)'라고 불리는 약간의 불균등성을 가져야 한다는 뜻이다. 두 번째 제약은 은하단 융합과 관련이 있다. 가장 유명한 사례인 총알 은하단처럼 은하단들이 융합한 결과 말이다. 이때 중심부에는 가스가 남아 있는 것이 우리 눈에 보이지만, 중력 렌즈 효과를 통해서 관측되는 암흑 물질은 서로를 방해하지 않으며 통과해서 바깥쪽에 미키 마우스의 두 귀처럼 생긴 불룩한 구조를 형성한다.

제약은 모든 암흑 물질이 상호 작용한다고 가정할 때 가장 심해진다. 그러나 만일 상호 작용하는 요소가 암흑 물질 중 소수에 지나지 않는다면, 둘 중 어느 쪽도 그다지 큰 제약은 되지 못한다. 소수의 구성 요소만이 상호 작용한다면, 헤일로는 여전히 대체로 구형일 것이다. 상호 작용하는 구성 요소가 암흑 물질 중에서 압도적으로 많은 구성 요소이거나 예상보다 더 많이 흩어지지 않는 한, 그 상호 작용 때문에 삼축 구조가 쓸려나가는 일은 없을 것이다.

마찬가지로, 총알 은하단 내부의 가스와 암흑 물질의 비는 암흑 물질의 소수파를 가려낼 만큼 충분히 잘 측정되었다고는 말할 수 없는 수준이다. 그리고 어쨌든 이 구성 요소는 은하단에서 아주 적은 비율만을 차지할 것이다. 이 구성 요소가 상호 작용을 해서 가스와 함께 융합 중심부에 남을 수도 있겠지만, 그렇다고 해서 우리가 아는 바가 딱히 달라질 것은 없다. 어쩌면 앞으로 총알 은하단 같은 은하단들에 대한 측정이 충분히 정밀해져서 내가 이야기한 부분적으로 상호 작용하는 암흑 물질 시나리오에 제약을 가할 수도 있다. 그러나 현재로서는 부분적으로 상호 작용하는 암흑 물질이라는 모형은 분명 유망하다.

페르미 위성의 이상한 신호

내가 — 하버드 대학교 물리학부에 젊은 교수로 막 들어온 매슈 리스, 그리고 두 박사 후 연구원 지지 판과 안드레이 카츠와 함께 — 이 아이디어를 고려하게 된 계기는 아주 직접적인 것은 아니었다. 흥미로운 연구 프로젝트가 대개 그렇듯이, 우리는 이 문제를 처음부터 염두에 두고 연구한 것은 아니었다. 원래 우리는 페르미 위성에서 나온 어떤 흥미로운 데이터를 이해하고 싶었다. NASA의 우주 관측소인 페르미 위성은 하늘을 훑으며 가시광선이나 엑스선보다 에너지가 높은 빛인 감마선을 찾아본다.

대부분의 천체 물리학 현상들이 방출하는 복사는 넓은 범위의 주파수 대역에 걸쳐 매끄럽게 퍼져 있다. 특정 파장에서 광자의 개수가 유달리 많아지거나 적어지거나 하는 일은 없다는 뜻이다. 그래서 암스테르담 대학교의 크리스토프 베니거와 동료들이 페르미 위성의 데이터에서 특정 주파수에만 여분의 복사가 몰려 있는 것을 확인한 결과는 우리의 관심을 끌기에 충분했다. 우리뿐 아니라 물리학계와 천문학계의 많은 연구자들이 관심을 보였다.

베니거와 동료들이 확인한 복사 밀도의 '급등'은 은하 중심에서 나오는 것 같았다. (여기에서 복사는 그저 광자 혹은 빛을 뜻한다.) 은하 중심은 암흑 물질이 가장 많이 몰려 있는 곳이지만, 보통의 천체 물리학적 신호 공급원들에서는 그런 신호가 나올 수 없었다. 통상적인 설명이 없다면 — 혹은 관측 오류가 아니라면 — 광자의 급등은 뭔가 새로운 것을 뜻할 수밖에 없었다.

가장 흥미로운 가설은 그 신호가 암흑 물질이 광자로 소멸하면서 낸 것이라는 생각이었다. 17장에서 설명했던 간접 검출 기법이 포착하려는 신호가 바로 이런 것이었다. 어쩌면 서로 충돌한 암흑 물질 입자들이 $E = mc^2$의 '마법'을 통해서 광자로 변하고 그 광자를 페르미 위성이 검출한 것인지도 몰랐다. 이 가설을 지지하는 근거는 여분의 광자가 가진 것으로 관측된 에너지가 암흑 물질의 에너지로 기대되는 값의 범위 내에 들어 있다는 점이었다. 또한 그 값은 — 입자 물리학 표준 모형에서 누락된 마지막 조각으로서 최근에서야 발견된 — 힉스 보손의 질량과도 가까웠는데, 어쩌면 이것은 더 심오한 관계를 암시하는 것일 수도 있었다. 이 측정 결과의 흥미로운 속성 세 번째는 그 상호 작용 속도가 정확한 값의 암흑 물질 잔존 밀도를 낼 수 있는 속도라는 것이었다. 즉 정말로 그 측정된 속도대로 암흑 물질이 소멸했다면 오늘날 남아 있는 암흑 물질의 양에 딱 맞는 결과가 나올 것이라는 뜻이었다.

장밋빛 단서들에도 불구하고, 실제 그 신호가 암흑 물질에서 유래했다고 볼 경우에 크게 어긋나는 문제가 몇 가지 있었다. 암흑 물질은 빛과 상호 작용하지 않기 때문에 직접 광자를 생성하지는 않는다. 어쩌면 암흑 물질은 우리가 아직 관측하지 못한 어떤 무거운 하전 입자와 상호 작용했을 뿐이고 그 입자가 다시 빛과 상호 작용한 것일 수도 있다. 하지만 그 경우라면, 암흑 물질이 소멸하여 에너지로 바뀔 때 하전 입자들도 함께 생성될 것으로 예상된다. 그러나 페르미 위성은 그런 흔적은 검출하지 못했다.

또 다른 문제는, 암흑 물질의 총량은 얼마나 많은 암흑 물질이 무엇이 되었든 다른 것으로 소멸했는가에 달려 있지만, 문제의 신호는 오직 광자로만 소멸한 암흑 물질의 양에 달려 있다는 점이었다. 우주의 암흑 물질 밀도를 고려할 때, 광자로의 소멸 속도는 너무 낮아서 아주 미세하게 조정된 모형에서만 유효할 것이었다. 이 말인즉, 문제의 신호를 암흑 물질로 설명하는 모형은 몹시 좁은 범위의 변수들에서만 모순이 없다는 뜻이다. 그 범위란 광자로의 소멸 속도를 충분히 크게 허용하되 하전 입자로의 소멸은 측정 가능한 수준에서는 허용하지 않는 범위였다. 그러나 어떤 시나리오로도 이런 일이 그럴싸하게 벌어지게끔 만들 수는 없는 듯했다.

지지, 안드레이, 매슈, 그리고 나는 이것을 허용 가능한 암흑 물질 모형의 범위를 탐구해 볼 좋은 기회로 여겼다. 우리는 모든 속도들이 측정값과 일치하는 합리적인 사례가 하나라도 있는지 알고 싶었다. 우리는 페르미 위성의 결과에 집중해서, 혹시라도 자연이 다른 물리학자들이 제안한 모형들보다 더 잘 해 낼 수 있는 길이 있는지를 상상해 보았다. 우리는 데이터가 오해로 밝혀질지도 모른다는 사실을 똑똑히 알았다. 페르미 위성의 결과는 감질나기는 했지만 새로운 신호의 결정적 증거가 될 만큼 강하지는 않았다. 기원이 암흑 물질이든 다른 무엇이든 말이다. 관측 결과는 새로운 물리 과정을 알리는 진정한 신호가 아니라 그저 모종의 통계적 우연이었을 수도 있었고, 우리가 데이터를 오해한 것일 수도 있었다. 그리고 이 글을 읽는 여러분이 지나친 기대를 품지 않도록 미리 밝히자면, 실제로 그런 착각이었다.

그래도 그 관측은 충분히 흥미로웠기 때문에, 특히 처음에는 어떤 합리적인 물리 과정이 그 신호를 냈는지 물어보는 게 의미가 있었다. 그리고 특이하고 새로운 물질을 찾는다는 것은 어차피 만만찮은 일이다. 우리는 그것을 발견할 가망이 있는 길이라면 뭐가 되었든 다 알기를 바란다. 이 신호가 옳다고 증명되든 말든, 우리는 앞으로 유용하게 쓰일지도 모르는 무언가를 배울 수 있을 것이기 때문이다.

우리 네 사람은 내 연구실의 칠판에 낙서를 끼적이면서 이런저런 가설들을 숱하게 시도해 보았다. 문제를 교묘하게 벗어나면서도 신호의 바람직한 속성은 보존하도록 고안된 가설들을. 그러나 어떤 가설도 더 추구할 가치가 있을 만큼 잘 작동하지 않았다. 모든 제약을 만족시키는 데 성공한 가설은 오컴의 면도날의 정신에 어긋났다. 아니, 그것보다 더 나빠서, 제대로 차려진 가설들의 식탁 근처에도 가지 못할 정도였다.

하지만 우리가 기각했던 모형들 중 하나로부터 꼬리에 꼬리를 물고 생각이 이어졌는데, 결국에는 그것이 우리가 원래 하려고 했던 연구보다 훨씬 더 흥미로워졌다. 우리의 원래 목표는 기존 제약들에 욱여넣을 수 있는 모형을 발견하는 것이었지만, 이제 우리는 한 발 물러나서 이렇게 물어보았다. 만일 암흑 물질의 국지적 밀도가 우리가 생각했던 것보다 더 높다면, 그래서 사실은 우리가 의미를 잘못 해석하고 있었던 것이라면 어떨까? 만일 암흑 물질이 높은 밀도 때문에 예상보다 훨씬 더 많이 소멸할 수 있다면?

밀도가 더 높다면, 암흑 물질 입자들은 서로를 더 쉽게 발견하여 더 쉽게 상호 작용할 수 있다. 그러면 신호가 더 크게 나올 것이고, 따라서 관측 결과를 더 쉽게 만족시킬 수 있을 것이다. 우리가 일요일 오전 9시의 시골 기차역에서보다는 혼잡한 시간대의 도심 기차역에서 다른 사람과 부딪힐 가능성이 더 높은 것처럼, 암흑 물질 입자는 우리가 기존에 생각했던 희박한 무정형의 헤일로 환경에서보다는 물질 밀도가 더 높은 환경에서 다른 암흑 물질 입자와 더 쉽게 상호 작용할 것이다. 만일 일부 암흑 물질이 헤일로 내의 다른 암흑 물질보다 좀 더 밀도 높게 응축되어 있다면, 다른 모든 제약들은 훨씬 더 쉽게 만족될 수 있을 것이었다.

그렇다면 문제는 바탕에 깔린 이유였다. 어째서 암흑 물질의 밀도가 — 혹은 적어도 일부 암흑 물질의 밀도가 — 우리가 생각했던 것보다 더 높을까? 바로 여기에서 부분적으로 상호 작용하는 암흑 물질이라는 발상이 따라 나왔다. 그것으로부터 따라 나온 암흑 원반 가설도. 이즈음 우리는 페르미 위성의 신호가 가짜임을 거의 확신하고 있었다. 그러나 이 새로운 발상에는 탐구되지 않은 의미가 무척 많이 담겨 있었기 때문에, 이 발상을 독립적으로 추구해 볼 가치가 있다고 판단했다. 그 발상의 결과 중 하나가 바로 우리가 기존에 가정했던 것보다 훨씬 더 높은 밀도를 지닌 암흑 물질 원반이다.

암흑 원반이 있다!

한번은 내가 집 청소를 하던 중 — 정확히 말하자면 룸바 로봇 진공 청소기에게 청소를 시키던 중 — 청소기 집진기를 비우다가 예전에 보관해 두었던 포춘쿠키 종이를 발견했다. 종이에는 수수께끼 같은 질문이 적혀 있었다. "암흑의 속력은 얼마입니까?" 그때에는 이 말이 정말로 일종의 운세라는 것을 알지 못했다. 그런데 이 말은 정말로 내가 시작하려는 연구 프로젝트를 어느 정도 예언한 것이었다.

5장에서 나는 보통 물질이 에너지를 흘리고 다니기 때문에 결국 얇은 고밀도 원반을 이루게 된다고 설명했다. 물질이 에너지를 흘리고 다니는 방법은 광자를 방출하는 것이다. 광자는 에너지를 효율적으로 가지고 나간다. 에너지가 발산된 뒤에는 느리고 차가운 물질 입자들이 남는데, 이 입자들은 더 뜨겁고 에너지가 더 높은 고속 입자들이 저지를 만한 대단한 탈선은 저지르지 않는다. 그러다 결국 물질은 붕괴하는데, 그것은 에너지가 낮으면 밖으로 확산할 만한 속도를 낼 수 없기 때문이다. 에너지를 발산하여 속력이 떨어진 보통 물질은 붕괴하여 — 우리 은하의 원반과 같은 — 원반을 이룬다. 우리가 맑고 건조한 밤하늘에서 보는 은하수가 그런 원반이다.

나와 동료들은 부분적으로 상호 작용하는 암흑 물질이라는 아이디어를 떠올린 뒤, 그것이 우리 은하와 그 너머에 어떤 영향을 미칠 수 있을지를 생각해 보았다. 우리는 상호 작용하는 암흑 물질이 존재한다고 가정했고, 그것이 보통 물질의 하전 입자와 비슷하게 행동한다고 가정했다. 그리고 우리가 알기로 은하 속 보통 물질의 하전 입자는 차게 식어 속도가 느려지는 바람에 결국 원반을 형성한다.

우리 시나리오에서는 암흑 물질 중 소수만이 상호 작용을 한다. 따라서 암흑 물질의 나머지 대부분은 여전히 구형 헤일로를 형성하고 있을 테니, 지금까지 천문학자들이 한 관측에 들어맞는다. 그러나 새롭게 도입된 상호 작용하는 암흑 물질은 에너지를 발산할 수 있으므로, 보통 물질과 마찬가지로 식어서 원반을 형성할 수 있다. 상호 작용하는 암흑 물질의 구성 요소는 — 암흑 광자가 매개하는 상호 작용을 통해 — 에너지를 복사로 내보내 속도가 떨어질 것이다. 이 점에서 그것은 보통 물질과 비슷하게 행동할 것이다. 보통 물질이 식어서 붕괴하듯이, 상호 작용하는 암흑 물질 구성 요소는 식어서 붕괴할 것이다. 그리고 수직 방향 이외의 붕괴를 막는 각운동량 보존 법칙 때문에 원반 형태로 붕괴할 것이다.

게다가 보통 물질의 원자가 서로 반대 전하를 띤 양성자와 전자로 이뤄진 것처럼, 암흑 물질 구성 요소도 서로 반대 전하를 띤 입자들을 포함하고 있을 것이다. 하전 입자들은 계속 에너지를 복사하다가 충분히 식으면 서로 뭉쳐서 **암흑 원자**(dark atom)를 이룰 것이다. 그러면 냉각 속도가 훨씬 더뎌지고, 역시 보통 물질 원자와 마찬가지로 암흑 물질 원자는 원자 결합이 발생하는 온도에 따라 그 두께가 결정되는 원반 구조 속에 머물게 될 것이다. 여기에 합리적인 가정들을 더 적용하자면, 냉각이 끝난 뒤 보통 물질과 암흑 물질은 온도가 같을 것이라는 계산이 나온다. 그러니 결국 남는 것은 서로 온도가 거의 같은 암흑 물질 원반과 보통 물질 원반일 것이다.

하지만 암흑 물질로 이뤄진 **암흑 원반**의 구조가 보통의 우리 은하 원반과 똑같지는 않을 것이다. 어쩌면 그것보다 더 흥미로울지도 모른다. 암흑 원반의 놀라운 특징은, 만일 암흑 물질 입자가 양성자보다 무겁지만 온도는 같다면, 암흑 원반이 우리 은하 원반보다 얇을 것이라는 점이다. 입자가 지니는 에너지는 입자의 온도와 관계가 있다. 그런데 운동 에너지는 질량과 속도와도 관련된다. 온도가 같지만 더 무거운 입자가 거의 같은 에너지를 지니려면 속도가 더 작아야 하므로, 입자의 질량이 더 크다면 원반은 더 얇아진다. 암흑 물질 입자의 질량이 양성자의 100배쯤 된다면, ― 과학자들이 흔히 암흑 물질의 질량으로 가정하는 값이다. ― 암흑 원반은 우리 은하의 얇은 원반보다 100배 정도 더 얇을 것이다. 이어지는 두 장에서 살펴보겠지만, 이 놀라운 가능성은 여러 흥미로운 관측 결과를 낳을 수 있다. (그림 38)

또한 중요한 점은 두 원반이 서로 다른 개체이기는 해도 나란히 정렬되어 있다는 것이다. 암흑 원반이 그것보다 더 두꺼운 우리 은하 원반 속에 쏙 담겨 있는 것이다. 이것은 보통 물질 원반과 암흑 물질 원반이 중력으로 상호 작용하므로 서로 완벽하게 무관하지는 않기 때문이다. 내가 앞에서 보통 물질과 암흑 물질을 폭스 뉴스와 NPR에 비유했

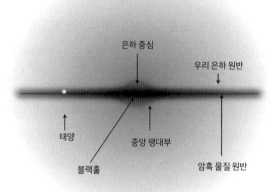

은하 중심

우리 은하 원반

태양

블랙홀

중앙 팽대부

암흑 물질 원반

그림 38 상호 작용하는 암흑 물질 요소가 조금만 있어도 우리 은하 중간면에 아주 얇은 암흑 원반이 형성될 수 있다. 그림에서 검은 실선으로 표시된 것이 암흑 원반이다.

던 것이 이 대목에서 흠을 드러내는데, 암흑 원반과 보통 원반은 둘 다 중력을 느끼기 때문에 같은 방향으로 정렬되기를 바랄 것이라는 점에서 그렇다. 좌파 방송과 우파 방송도 서로 완벽하게 무관하지는 않다. 그들은 쉴 없이 이어지며 종종 반복되는 방송의 총체적인 영향을 통해서 서로 영향을 주고받는다. 그러나 서로에 대한 반응은 대부분 부정적일 테니, 그들의 상호 작용은 척력이라 할 수 있다. 반면에 암흑 물질 원반과 보통 물질 원반은 중력으로 상호 작용하기 때문에 나란히 정렬된다.

우리 연구의 놀랍고 주목할 만한 결론은 보통 원반과 나란히 형성된 얇은 암흑 물질 원반이 존재할 수 있다는 것이었다. 게다가 새롭게 제안된 암흑 물질 원반이 우리가 잘 아는 우리 은하 원반에 담겨 있을 수 있다는 것이었다. 동료들과 나는 우리 가설에 꽤 흥분하여, 어서 결과를 다른 물리학자들과 공유하고 싶었다. 그런데 하버드의 동료 물리학자 하워드 조자이가 우리처럼 이 아이디어를 아주 좋아해 주면서도 이 시나리오에는 우리가 그때까지 제안했던 이름들보다 더 입에 잘 붙는 이름이 필요하다는 현명한 의견을 주었다. 게다가 그는 고맙게도 "이중 원반 암흑 물질(Double Disk Dark Matter, DDDM)"이라는 대안까지 제시해 주었다. 이중 원반을 이루는 암흑 물질이라는 뜻이다. 우리는 우리 목적에 잘 맞는 이 이름을 채택하기로 했다. 이 이름이 적절한 것은, 우리 가정에 따르자면 실제로 우주에는 두 종류의 원반이 존재하며 둘 중 하나가 다른 하나에 담겨 있는 형태이기 때문이다.

별 관측 결과에 따르면, 태양계가 은하 평면의 중심으로부터 벗어난 것은 겨우 200만 년 전 일이었다. 우주 규모에서는 짧은 시간이다. 그렇다면 만일 이중 원반 암흑 물질이 존재할 경우, 태양계는 역시 그즈음에 암흑 원반을 뚫고 나왔을 테니 아직 그로부터 그다지 멀리 있지 않을 것이다. 천체 물리학적 규모에서 말이다. 만일 암흑 원반이 약간이라도 더 두꺼운 것으로 밝혀진다면 우리가 아직 그 속에 들어 있을 가능성마저 있다. 어쩌면 이 사실에서 관측 가능한 결과가 따라 나올지도 모른다. 그리고 잠시 뒤에 살펴보겠지만, 암흑 원반은 태양계의 역학에도 영향을 미칠 것이다. 아주 긴 시간 규모이기는 해도 극적인 영향을 미칠 가능성이 있다. 암흑 물질 중 소수가 상호 작용한다는 우리의 가설에 따르자면, 다른 은하들 속에서도 원반이 형성될 수 있다. 어쩌면 이 사실로 그 은하들의 특징도 설명할 수 있을지 모른다.

물론, 가장 큰 질문은 상호 작용하는 암흑 물질 요소와 암흑 물질 원반이 정말로 존재하느냐 하는 것이다. 우리가 암흑 원반의 영향을 측정함으로써 그 존재를 발견할 수 있다면, 앞의 가설들 중 무엇이 유의미한지 확인하는 데 도움이 될 것이다. 다행스러운 점은, 상호 작용하는 암흑 물질 구성 요소가 비록 우주의 총 암흑 물질에서 소수파에 지나지 않더라도, 보통 물질처럼 그 밀도가 높기 때문에 헤일로에 있는 기존의 희박한 암흑 물질보다 발견하고 확인하기가 더 쉬울 수 있다는 것이다. 암흑 물질의 밀도가 높아지면 어떤 입자 물리학적, 천문학적 신호를 만들어 내는지는 다음 장에서 이야기하겠다. 그런 신호는 이중 원반 암흑 물질이라는 모형이 과연 실현 가능한 것인지, 나아가 선호할 만한 것인지 가르쳐 줄 것이다.

내가 운이 정말로 좋다면, ─ 룸바 청소기에 숨어 있던 운세 종이 때문에 나는 왠지 그럴 것이라고 믿게 되었다. ─ 그런 관측들 중 하나 이상이 결국 암흑 물질 원반의 존재를 밝혀 줄지도 모른다.

20장
암흑 원반을 찾아서

최근에 나는 변호사, 학자, 작가, 인권 활동가가 모여서 표현의 자유를 주제로 토론하는 활기찬 모임에 참석했다. 우리 중 누구도 표현의 자유의 중요성을 의심하지는 않았다. 그러나 그것이 정확히 무슨 뜻인지, 아니면 그것과 다른 권리들의 균형을 어떻게 잡아야 하는지에 대해서는 모두 의견이 일치하지는 않았다. 표현의 자유의 잠재적 악영향이 이득을 능가하는 시점은 언제일까? 특정 법률이나 후보자를 지지하기 위해서 돈을 쓰는 것은 어떤 식으로든 제한되어야 할까? 한 변호사는 미국 연방 대법원이 시티즌스 유나이티드 사건에서 기업이 정치적 기부를 무제한적으로 할 수 있다고 허락한 판결을 내렸을 때 바로 이 표현의 자유권을 근거로 삼았다고 설명했다. (시티즌스 유나이티드 대 연방 선거 관리 위원회 재판이라고도 한다. 2010년 시티즌스 유나이티드라는 시민 단체의 제소로 시작된 재판에서 미국 연방 대법원은 조합, 영리 단체, 비영리 단체 등이 본선거 60

일 이내, 예비 선거 30일 이내에 텔레비전 광고를 하는 것을 금지한 선거 관련 법규정이 미국 수정 헌법 1조의 표현의 자유를 침해할 수 있다는 판결을 내렸다. — 옮긴이) 돈을 쓰는 것도 일종의 표현이라고 본 것이다. 하지만 다른 토론자들은 기업의 무제한 지출이 개별 시민들의 목소리를 삼켜 버릴 수 있다고 우려했다. 표현의 자유는 사람을 위한 것이지 기업을 위한 것이 아니라는 주장이었다. 누가 뭐래도 돈도 기업도 사람의 목소리를 빌리지 않고서는 — 자유롭게든 아니든 — 표현이든 발언이든 할 수 없는 것 아니겠는가.

어쨌든 연방 대법원의 결정은 그렇게 났고, 그 결과 이제 정치로 돈이 봇물처럼 쏟아져 들어오고 있으니, 개인들이나 기업들은 자신의 돈을 써서 여론을 좌우할 수 있는 방법이 무엇인지 생각해 보고 있을 것이다.

도시나 마을 같은 지역 홍보에 초점을 맞춰 금전적 기부를 할 수도 있다. 그런 곳에서는 사람들의 관점을 쉽게 바꿀 수 있을 것이고, 투표 결과에 영향을 미칠 수 있을 것이다. 아니면 좀 더 폭넓게 기부할 수도 있을 것이다. 돈을 더 넓게 퍼뜨림으로써 광범위하게 자신들의 주장을 심는 것이다. 그러면 전국적인 여론을 형성하는 효과는 있겠지만, 뚜렷하게 드러나는 효과는 적을 것이다. 어느 한쪽 홍보 전략만 쓰는 것보다 두 전략을 함께 쓰면 세를 더 강하게 떨칠 수 있다. 그러나 변화의 속도는 기부와 홍보가 집중된 지역에서 더 클 것이다. 작지만 집중된 고밀도 홍보가 효과적일 것이다.

물리학에서도 마찬가지이다. 얇은 고밀도 원반의 중력은 두꺼운 저

밀도 원반의 중력보다 별들의 움직임에 더 뚜렷한 영향을 미칠 것이다. 특정 지역에서 집중 홍보를 하는 게 효과가 더 두드러지는 것처럼, 얇고 밀도 높은 원반일수록 은하 평면을 드나드는 별들의 위치와 속도에 더 표나는 영향을 미칠 것이다.

우리 은하에는 보통 물질 원반과 암흑 물질 원반이 둘 다 있을 것이므로, 은하 평면을 드나드는 별들의 움직임은 양쪽 모두의 영향을 받을 것이다. 두 원반의 영향이 결합된 효과는 별이 은하 중간면의 고밀도 영역으로부터 멀어질수록 처음에는 뚜렷하게, 나중에는 점진적으로 변할 것이다. 지역 홍보와 전국 홍보를 동시에 수행한 결과와 비슷하다. 두꺼운 보통 물질 원반 속에 얇은 암흑 원반이 담겨 있으므로, 암흑 물질의 고밀도 인력은 그것보다 희박한 보통 물질의 인력과 결합하여 별들에게 특징적인 영향을 미칠 것이다. 측정 가능한 그 영향의 세기는 별과 우리 은하 원반의 거리에 따라 달라질 것이다.

우리는 데이터가 풍부한 시대를 살고 있다. 그리고 우리는 탐색의 표적이 될 만한 것이라면 무엇이든 간과하고 싶지 않다. 특히 암흑 물질 원반처럼 놀랍지만 수수께끼 같은 무언가를 찾아보려 할 때는. 이 장에서 나는 우리가 별들의 움직임을 통해 우리 은하 원반의 중력 영향을 측정함으로써 암흑 원반 가설을 지지하거나 약화시킬 수 있다는 것을 설명하겠다. 그 이야기를 하기 전에, 현재 진행되는 기존의 암흑 물질 탐색에서 암흑 원반이 확인되고 발견될 가능성이 있는가 하는 일반적인 내용부터 살펴보겠다. 그다음에는 암흑 원반이 품고 있는 몇 가지 흥미로운 천문학적 의미들을 소개하겠다.

암흑 물질의 다양성

부분적으로 상호 작용하는 암흑 물질이라는 아이디어를 연구하기 시작했을 때, 나는 보통 물질에만 다양한 입자와 다양한 상호 작용이 있다고 가정하는 것이 오류일지도 — 그리고 오만한 편견일지도 — 모른다는 사실을 그때까지 아무도 고려하지 않았다는 데 충격을 받았다. 소수의 물리학자들이 거울 암흑 물질(mirror dark matter)이라고 알려진 모형 같은 것을 분석해 보기는 했다. 암흑 물질이 보통 물질의 모든 성질을 흉내 낼 수 있다고 가정하는 모형이다. 그러나 그런 사례들은 다들 좀 특수하고 희한한 편이었다. 그런 모형들의 의미는 우리가 아는 모든 사실들과 조화시키기 어려웠다.

좀 더 일반적으로 상호 작용하는 암흑 물질 모형을 연구하는 소규모 물리학자 집단도 있었다. 하지만 그들도 암흑 물질은 다 같으며 따라서 모두 같은 힘을 느낀다고 가정했다. 대부분의 암흑 물질은 상호 작용을 하지 않더라도 소수는 할지도 모른다는 단순한 가능성을 받아들인 사람은 아무도 없었다.

그 이유라고 할 만한 것이 확실히 하나는 떠오른다. 대부분의 사람들은 만일 새로운 암흑 물질이 전체 암흑 물질에서 차지하는 비가 작다면 우리가 관측하는 대부분의 현상들에서 그 여분의 구성 요소가 미치는 영향은 거의 없다고 예상할 것이다. 암흑 물질의 지배적인 구성 요소조차 아직 관측하지 못했으니, 그것보다 작은 소수파를 고려해 주는 것은 시기상조로 보였을지도 모른다.

그러나 보통 물질의 에너지가 암흑 물질 에너지의 약 20퍼센트에 불과하다는 점을 떠올리자면, ― 그런데도 대부분의 사람들은 사실상 보통 물질에만 관심을 쏟는다. ― 앞의 논리가 잘못일지도 모른다는 것을 알 수 있다. 중력 이외의 강한 힘으로 상호 작용하는 물질은 그것보다 양이 더 많아도 약하게만 상호 작용하는 물질보다 더 흥미롭고 영향력이 클 수 있다.

우리는 보통 물질은 분명히 그렇다는 것을 안다. 보통 물질은 변변찮은 양에도 불구하고 과다한 영향력을 발휘하는데, 왜냐하면 그것이 고밀도 원반으로 붕괴하고 그 속에서 별, 행성, 지구, 심지어 생명이 형성되기 때문이다. 전하를 띤 암흑 물질 요소도 ― 꼭 보통 물질만큼 양이 많을 필요는 없지만 ― 그처럼 붕괴하여, 우리 은하의 가시 원반과 비슷한 원반을 이룰 수 있다. 심지어 별 같은 천체를 만들지도 모른다. 이 새로운 원반 구조는 이론적으로 관측 가능하며, 어쩌면 거대한 구형 헤일로에 좀 더 희박하게 퍼져 있는 기존의 차가운 암흑 물질보다 접근하기 더 쉬울지도 모른다.

일단 이런 방향으로 생각하기 시작하면, 가능성은 급속히 커진다. 생각해 보면 전자기력은 표준 모형 입자들이 느끼는 중력 이외의 여러 힘들 중 하나일 뿐이다. 우리 세계의 표준 모형 입자들은 전자를 원자핵에 속박시키는 전자기력 외에도 약한 핵력과 강한 핵력으로 상호 작용한다. 어쩌면 보통 물질의 세계에도 더 다양한 힘들이 있을지 모르는 노릇이지만, 그렇더라도 그 힘들은 우리가 접근 가능한 에너지에서 지극히 약할 것이다. 지금까지 누구도 그런 힘들의 신호를 관측한 사람이 없기 때문이다. 어쨌든 중력 이외의 힘이 3개 더 있다는 사실만 생각해도, 상호 작용하는 암흑 물질이 암흑 전자기력과 중력 외의 또 다른 힘으로 상호 작용할지도 모른다는 가정을 떠올려 봄직하다.

어쩌면 전자기력 같은 힘 말고 핵력 같은 힘도 암흑 물질 입자의 세계에서 작용할지 모른다. 한층 더 풍성한 이 시나리오에서는 암흑 별이 형성되고 그것이 핵융합 반응을 일으켜 암흑 빛을 방출하고 또 다른 암흑 구조를 형성함으로써 내가 지금까지 설명했던 암흑 물질보다 훨씬 더 보통 물질과 비슷하게 행동하는 일도 가능할지 모른다. 이 시나리오에 따르면 암흑 원반에는 암흑 별이 잔뜩 담겨 있을 것이고 그 별 주위로 암흑 원자로 이뤄진 암흑 행성이 돌고 있을 것이다. 그렇다면 이중 원반 암흑 물질은 보통 물질의 복잡성을 똑같이 지니고 있을지도 모른다.

부분적으로 상호 작용하는 암흑 물질이라는 아이디어는 비옥한 추론의 장이 되어 주고, 우리가 달리 떠올리지 못했을 듯한 가능성들을 고려하게 해 준다. 작가들이나 영화 관객들은 특히 암흑 물질의 세상에 추가적인 힘과 그 결과물이 있다는 이런 시나리오를 아주 매력적으로 느낄 것이다. 그들은 암흑 생명이 우리 생명과 공존할 가능성도 생각해 볼 것이다. 이 시나리오에서는, 보통의 경우처럼 스크린 속 생명체들이 다른 스크린 속 생명체들과 싸우거나 더 드물게는 협력하는 장면이 상영되는 게 아니라 암흑 물질 생명체들로 이뤄진 군대가 아예 스크린 너머로 진군해 와서 영화를 장악해 버릴지도 모른다.

하지만 그런 장면을 관람하는 게 딱히 재밌지는 않을 것이다. 촬영

감독들이 암흑 생명을 필름에 담기 어려울 테니까. 암흑 생명은 당연히 우리 눈에 보이지 않고, 우리도 그들에게 보이지 않는다. 설령 암흑 생명체가 저기 있다고 해도 우리는 그 사실을 모를 것이다. 우리는 암흑 물질 생명이 얼마나 귀여운지 알 도리가 없다. 앞으로도 영영 모를 것이 거의 확실하다.

암흑 생명의 가능성을 추측하는 것은 재밌지만, 그것을 관찰할 방법을 생각해 내는 것은 훨씬 더 어렵다. 간접적인 방법으로 그 존재를 감지하는 것만 생각하더라도 그렇다. 우리와 같은 재료로 만들어진 생명을 찾는 것만 해도 도전적인 과제이다. 현재 과학자들이 외계 행성을 수색하며 노력하고는 있지만 말이다. 그러나 암흑 생명의 증거는, 설령 그런 것이 있더라도, 머나먼 우주에 존재하는 보통 생명의 증거보다 훨씬 더 손에 잡히지 않을 것이다.

우리는 아직 단일 물체가 방출한 중력파를 직접 관찰한 예가 없다. 천문학자들이 다른 방법으로 감지한 블랙홀과 중성자별도 중력파 검출에서는 아직 우리 손아귀를 빠져나간다. 우리가 암흑 생명체의 중력 영향을 감지할 가능성은, 설령 그것이 무리를 이루고 있더라도, 거의 없거나 전혀 없다. 그것들이 우리와 가까이 있더라도 마찬가지이다. (이 책이 출간된 후인 2016년 2월 12일 미국 국립 과학 재단은 LIGO 실험을 통해 13억 광년 떨어진 쌍성계 블랙홀이 충돌해 새로운 블랙홀을 형성하는 과정에서 발생한 중력파를 검출하는 데 성공했다고 발표했다. ─ 옮긴이)

이상적으로 상상하자면, 우리는 그 새로운 부문과 어떻게든 소통하고 싶을 것이다. 아니면 그것들이 어떤 독특한 방식으로 우리에게 연락해 오기를 바랄 것이다. 그러나 이 새로운 생명이 우리와 같은 힘을 느끼지 않는 한, 그런 일은 없을 것이다. 우리가 중력을 공유하기는 하지만, 작은 물체나 생명체가 발휘하는 중력은 너무 약해서 감지할 수 없을 것이 거의 확실하다. 우리 은하 평면 전체에 뻗어 있는 원반처럼 아주 큰 암흑 물체만이 눈에 보이는 결과를 낳을 것이다. 그 결과에 대해서는 아래에서 이야기하겠다.

암흑 물체 혹은 암흑 생명은 아주 가까이 있을 수도 있다. 그러나 만일 암흑 재료의 총 질량이 아주 크지 않다면, 우리는 그 존재를 알 도리가 없을 것이다. 최첨단 기술로도, 아니 우리가 현재 상상할 수 있는 어떤 기술로도 아주 특수한 일부 가능성만을 시험해 볼 수 있을 것이다. '그림자 생명'은, 비록 흥분되는 가능성이기는 해도, 우리가 알아차릴 수 있는 가시적 결과를 낳으리라는 보장이 없다. 그러니 그 가능성은 감질나지만 관측될 리 없다.

공정을 기하기 위해서 밝히자면, 암흑 생명은 사실 무리한 주문이다. 과학 소설 작가라면 그것을 뚝딱 창조해 낼 수 있겠으나, 우주는 훨씬 더 많은 장애물을 극복해야 할 것이다. 우주에서 가능한 모든 형태의 화학들 중에서 얼마나 많은 수가 생명을 지탱할 수 있는가는 아주 불확실한 문제이며, 생명을 지탱하는 화학들 중에서도 어떤 종류의 환경이 필요한지 모른다. 매력적인 상상이기는 해도, 암흑 생명은 시험하기만 어려운 게 아니다. 우주가 그것을 창조해 내기도 어렵다. 그러므로 나는 이 가능성은 — 현재로서는 — 제쳐두고, 거대한 고밀도 원반을 표적으로 삼아 탐색하는 문제에 집중하겠다. 내 생각에는 이 편이 좀 더 유망하다.

암흑 원반의 흔적

최소의 가정들만으로 체계적으로 시작하기 위해 지지 판, 안드레이 카츠, 매슈 리스와 나는 우리가 상상할 수 있는 한 가장 단순한 형태의 이중 원반 암흑 물질(이하 DDDM) 모형부터 조사해 보았다. 우리 모형에는 약하게 상호 작용하는 기존의 암흑 물질 외에도 전하를 띤 암흑 물질 입자들이 있고, 전하를 띤 암흑 물질 입자들이 상호 작용할 때 쓰는 힘으로서 전자기력과 비슷한 암흑 힘이 있다. 또 양성자처럼 양전하를 띤 무거운 입자와 전자처럼 음전하를 띤 또 다른 입자가 있다.

아직 물리학의 정통 교리에 편입되지 못한 참신한 아이디어를 연구하는 것은 거의 언제나 약간의 악전고투를 수반한다. 일부 물리학자들과 천문학자들은 DDDM 모형을 무리한 확장으로 여긴다. 입자 물리학자들은 물질의 기본 구성 단위를 밝히려는 연구의 속성 탓에 퍽 대담한 편이지만, 그럼에도 많은 동료들은 ― 더불어 전반적으로 과학자들은 ― 대체로 보수적이다. 이것은 전혀 근거 없는 태도는 아니다. 만일 어떤 관찰을 기존의 이론으로 설명할 수 있다면, 거의 늘 그것이 옳은 설명이다. 과학자들은 오래된 이론이 포괄하는 데 실패한 현상을 설명해 줄 때만 급진적인 이탈을 받아들인다. 그리고 새로운 아이디어가 관찰을 설명하는 데 반드시 필요한 경우는 극히 드물다.

과학계가 무언가 새로운 것이 필요하다고 인정한 때라도, 이미 상당한 연구가 진행되어 무게가 실린 소수의 '확립된' 가설들을 벗어난 가설은 저항에 부딪칠 수 있다. 예를 들어 입자 물리학자들은 초대칭과 윔프를 거의 확립된 이론이라고 볼 때가 많은데, 사실 그 이론들에 대한 실험 증거는 아직 없다. 이론을 제약하는 데이터가 점점 더 늘어나는 상황에 직면해서야, 비로소 학계의 많은 구성원들이 의혹을 인정하고 정통 교리를 넘어선 새로운 가능성들을 고려하기 시작한다.

일단 새로운 개념이 자리를 잡으면, 모든 사람들이 그것을 죽도록 파고든다. 변수 공간을 한 뼘도 남기지 않고 구석구석 파악하고 시험해 본다. 아직 사실로 증명되지 않은 가설이라도. 그러나 어떤 아이디어가 확립된 개념에 이르기까지는 많은 — 그리고 종종 정당한 — 비판이 세를 얻는다. 불확실성에 직면했을 때, 소수의 과학자들은 — 나와 동료들은 이런 편이다. — 그냥 열린 마음을 가지려고 애쓴다. 자신이 볼 때 좀 더 깔끔하거나 경제적인 어떤 이론을 선호할 수는 있겠지만, 모든 일의 최종 심판자인 데이터가 가능성의 문을 열거나 닫기 전에는 무엇이 옳다고 결정하지 않는다. 무엇을 연구해야 한다고 규정하지도 않는다.

나와 동료들이 곧 깨달은 바, 상호 작용하는 암흑 물질은 상호 작용하지 않는 암흑 물질과는 퍽 다르게 행동할 터라서 관측 면에서도 독특한 의미가 있을 것이었다. 그런데 우리가 처음에 DDDM 가설을 제안했던 동기가 따로 있었고 하니, 여기에서 잠깐 우리 가설이 기존 수색 기법들에 대해서는 어떤 의미를 가지는지부터 살펴보겠다. 우리 연구의 첫 계기였던 간접 검출 신호 같은 것에 대해서 말이다. 그리고 기존의 암흑 물질 시나리오들이 직면한 한 가지 문제를 DDDM이 풀어줄지 모른다는 것도 살펴보겠다. 그러면 우리 연구로 이어졌던 페르미 위성의 광자 신호와 같은 간접 신호에 미칠 영향부터 이야기해 보자.

얇은 암흑 원반은 밀도가 높다. 암흑 물질 입자가 많이 모여 있다는 뜻이다. 고밀도 원반에서는 암흑 물질들이 서로 더 자주 만날 테니, 기존의 차가운 암흑 물질 헤일로에 분포된 암흑 물질보다 더 많이 소멸할 것이다. 그렇다고 해서 DDDM 모형이 이런 방식으로 관측 가능하리라는 말은 아니다. DDDM이 간접 검출이 가능한 광자 신호를 내려면 — 물론 이것이 우리가 처음 발상을 떠올린 대목이기는 했는데 — 내가 앞에서 설명했던 전하를 띤 암흑 물질 입자 이외의 요소가 더 필요하다. 페르미 위성이 관측한 신호 같은 신호가 발생하려면 암흑 물질이 보통 물질의 일종인 광자로 바뀌어야 하므로, 보통의 전자기력과 암흑 전자기력 양쪽 모두에 대해 전하를 띠는 입자가 있어야만 관측 가능한 상호 작용이 벌어질 것이다. 이런 입자란 폭스 뉴스를 시청하면서 NPR도 듣는 사람, 혹은 페이스북과 구글플러스를 둘 다 쓰는 사람과 비슷하다. 만일 두 종류 전자기력 모두에 대해서 전하를 띠는 입자가 있다면, 암흑 물질은 암흑 부문과 가시 부문을 연결하는 그 힘 전달 입자를 생성해 냄으로써 광자로 소멸할 수 있을 것이다. 그 경우에는 페르미 위성이 잡은 신호를 DDDM 모형으로 예측할 수 있다. 하지만 일반적인 예측이라고는 할 수 없다.

그런데 고밀도 원반이 존재한다는 것은, 관측 가능한 상호 작용이 있을 경우 그 속도가 예상보다 빠를 것이라는 뜻이다. 이것보다 더 좋은 소식은, 만일 DDDM이 광자이든 양전자이든 반양성자이든 관측 가능한 간접 검출 신호를 낸다면, 그 결과는 다른 암흑 물질 모형들의 결과와는 구별될 것이라는 점이다. 기존의 암흑 물질이 내는 간접 검출 신호의 경우, 그 발생 속도는 암흑 물질 밀도가 최고인 은하 중심부에서 가장 높을 것이라고 예상된다. DDDM이 내는 신호도 은하 중심으로 갈수록 강해지기는 하겠지만, 은하 중심에서 나오는 신호와 같은 신호가 은하 평면 전체에서 고르게 나오기도 할 것이다. 암흑 물질의 밀도가 영역 전체에서 높기 때문이다. 정말로 이처럼 은하 평면 전체에서 가시적인 소멸이 발생한다면, 그것이야말로 DDDM의 결정적 증거일 것이다.

DDDM 모형이 직접 검출 실험들에는 어떤 의미가 있는가 하는 것도 흥미로운 문제이다. 누가 뭐래도 직접 검출이야말로 수많은 암흑 물질 사냥꾼들에게 성배와 다름없기 때문이다. 기억하겠지만, 직접 검출은 암흑 물질과 보통 물질의 작은 상호 작용에 의지한다. 그 상호 작용으로부터 작은 되튐 에너지가 나오고 검출기가 그 에너지를 기록할 수 있으리라고 보는 것이다. 간접 검출과 마찬가지로, DDDM 모형에서 직접 검출 신호가 나올 가능성은 암흑 물질이 보통 물질과 모종의 상호 작용을 하리라는 낙관적인 — 그리고 일반적이지 않은 — 가정에 의존한다. 그 상호 작용은 우리가 아는 모든 사실에 부합할 만큼 약하겠지만 검출 가능한 신호를 낼 만큼은 강해야 할 것이다.

그런데 직접 검출 신호는 암흑 물질의 국지적 밀도에 따라서도 달라진다. 암흑 물질이 더 많을수록 더 나을 테니까. 원반의 암흑 물질이 보통 물질 근처에 있을 수도 있고 아닐 수도 있지만, ― 암흑 원반 평면의 두께에 달려 있다. ― 만일 근처에 있다면 그 밀도는 헤일로의 암흑 물질보다 훨씬 더 높을 것이다.

암흑 물질 검출 속도가 암흑 물질 입자의 질량에 따라 달라진다는 사실도 알려져 있다. 입자의 질량은 되튐 에너지가 기록에 남을 만큼 충분히 큰지, 기록될 만하다면 정확히 얼마의 에너지가 기록될 것인지 결정하는 데 관여한다. 신호 검출 가능성은 흔히 간과하기 쉬운 암흑 물질의 또 다른 특징에도 의존하는데, 바로 속도이다. 속도도 입자의 운동 에너지를 결정하는 중요한 요소이고, 따라서 되튐 에너지의 양을 결정하는 요소이기 때문이다. 빠른 암흑 물질은 느린 암흑 물질보다 검출하기가 더 쉽다. 그것이 내놓는 에너지가 더 클 것이기 때문이다.

DDDM은 식었기 때문에, 은하 평면 내에서든 밖에서든 속도가 기존 암흑 물질보다 훨씬 작다. 게다가 암흑 물질은 태양계와 같은 방식으로 은하를 공전하므로, 태양계에 대한 상대 속도도 아주 작다. 새로운 암흑 물질 요소의 상대 속도가 작다는 것은 DDDM이 직접 검출 실험에 내는 에너지가 너무 낮아서 ― 설령 상호 작용을 하더라도 ― 에너지 검출 문턱값에 못 미칠 게 거의 확실하고 따라서 영영 관찰되지 않으리라는 뜻이다. 좀 더 민감한 검출기가 개발되거나 모형에 추가 요소가 도입되지 않는 한, 기존 DDDM의 상호 작용은 기존의 직접 검출기에는 기록되지 않을 것이다.

그러나 실제로 더 낮은 문턱값을 가진 실험들이 준비되고 있다. 그리고 만일 변형 형태의 모형을 적용한다면, 그런 실험들이 완료되기 전에도 신호가 검출 가능한 수준으로 허용될지 모른다. 여기에서 또 흥미로운 대목은, 만일 신호가 관찰될 경우 그것은 DDDM에서 왔다는 사실을 확인할 수 있을 만큼 특징적일 것이라는 점이다. 이 암흑 물질은 속도가 작기 때문에, 기존에 제안된 다른 암흑 물질 후보들보다 훨씬 더 집중된 에너지를 지닌 신호를 낼 것이다.

우리 모형을 시험할 수 있는 한 가지 흥미로운 방법은 우주 배경 복사를 상세하게 연구하는 것이다. (이것은 나아가 전하를 띤 암흑 물질 입자들이 결합하여 원자를 이룰 수 있다고 가정하는 암흑 물질 모형에는 모두 다 해당된다.) 벌써 여러 천문학자들과 물리학자들이 우주 배경 복사와 은하의 물질 분포 데이터를 활용하는 새롭고 흥미로운 방법을 통해서 암흑 원자와 DDDM의 증거를 찾아보고 있다.

기억하겠지만, 보통 물질의 복사는 전하를 띤 물질의 밀도 변이를 쓸어 버릴 수 있는 데 비해 — 이것은 물결이 백사장에 남긴 자국을 바람이 쓸어 없애는 것과 비슷하다. — 암흑 물질은 구조가 더 성장하도록 계속 끌어당기기만 한다. 따라서 양쪽은 우주 배경 복사에 서로 다른 흔적을 남기므로, 그 점을 활용하면 암흑 물질과 보통 물질을 구별할 수 있다. 보통 물질은 전하를 띤 물질이 결합하여 중성 물질이 될 때도 자취를 남기는데, 이것은 물결이 해변으로 최대한 기어오를 때 모래가 특징적인 형태로 솟구치는 것과 비슷하다.

만일 암흑 물질이 — 혹은 적어도 그 일부가 — 암흑 복사와도 상호 작용을 한다면, 그 효과는 보통 물질이 우주 배경 복사에 자취를 남기는 효과와 비슷할 것이다. 우리 모형에는 무거운 암흑 물질 입자도 있고 그것과 반대되는 전하를 띤 가벼운 입자도 있으므로, ― 양성자와 전자와 비슷하다. ― 이 입자들이 결합하여 암흑 원자를 이룬다면 그 것은 보통 물질과 비슷한 방식으로 자취를 남길 것이다.

자세한 우주 배경 복사 연구 결과는 암흑 물질의 일부가 우리가 제안한 종류의 상호 작용을 포함하는 모형에 제약을 가한다. 만일 두 부문의 온도가 얼추 비슷하다면, 이것은 암흑 부문과 보통 부문이 충분히 일찌감치 상호 작용을 했을 때 예상되는 결과인데, 상호 작용하는 암흑 물질의 양은 전체 암흑 물질의 5퍼센트 정도로 작아야 할지도 모른다. 가시 물질 양의 약 4분의 1인 셈이다. 이 값은 다행히 충분히 흥미로우며, 내가 다음에 설명할 기법으로 관측 가능해야 한다. 또한 이 값은 주기적 유성체 충돌을 설명할 수 있는 값의 범위에 들어가는데, 여기에 대해서는 다음 장에서 설명하겠다.

은하의 형태를 측정할 가이아 위성

방금 설명한 연구는 우주 배경 복사의 힘을 보여 준다는 점뿐 아니라 현대 우주론의 방대한 데이터 집합들의 중요성을 보여 준다는 점에서도 흥미롭다. 천문학자들은 그런 데이터 집합을 처리하는 작업에 준비가 단단히 되어 있다. 모형 구축가의 관점을 끌어들이고 현재 진행되는 기술적, 수치적 발전을 지속함으로써, 우리는 통상적이지 않은 암흑 물질의 영향을 발견할 가능성을 훨씬 높일 수 있다. 비록 그 영향이 관측된 구조 분포에 미치는 효과가 아주 미묘할지라도 말이다. 나와 동료들이 깨달은 바, 가장 흥미롭고 확고한 신호는 앞에서 설명했던 기존의 암흑 물질 탐색들이 표적으로 삼는 신호가 아닐 수도 있다. 암흑 원반의 영향을 관측할 수 있는 좀 더 유망한 기회는 원반 자체의 중력에서 나온다. '빅데이터'의 시대인 오늘날, 암흑 물질의 독특한 속성을 찾아볼 최선의 장소는 언뜻 평범해 보이는 천문학 데이터 집합들일 수도 있다.

DDDM 가설에서 일반적으로 따라 나오는 결과로서 가장 분명하고 결정적인 것은 우리 은하 원반 속에 얇은 암흑 은하 원반이 있으리라는 것이다. 만일 암흑 물질 입자가 양성자보다 무겁다면, 암흑 원반은 별들과 가스를 포함한 보통 원반보다 얇을 것이다. 따라서 우리 은하가 행사하는 중력 퍼텐셜은 새로운 암흑 물질이 없을 때 기대되던 것과는 다를 것이다. 이것은 다른 모든 은하들도 마찬가지이다. 표적 홍보처럼, 암흑 원반은 더 희박한 보통 물질에 중량을 더함으로써 — 게다가 물질 분포를 바꿈으로써 — 암흑 물질 원반이 집중된 은하 원반 근처에서 중력 퍼텐셜에 가장 두드러진 영향을 미칠 것이다. 물질 분포에서 만들어지는 중력은 별들의 움직임에 영향을 미치므로, 우리가 충분히 많은 별들의 위치와 속도를 적절한 정밀도로 측정한다면 그 분포가 암흑 원반을 확증하거나 기각하거나 할 것이다. (꼭 기각되지는 않더라도 최소한 차이를 빚을 만큼 밀도가 큰 원반은 없다고 밝혀질 것이다.)

지지, 안드레이, 매슈, 그리고 내가 2013년 여름에 암흑 물질 원반을 처음 생각하기 시작했을 때 알게 된 놀라운 사실은 우리 은하의 성질을 정확히 관측하려는 사업이 곧 개시된다는 것이었다. 그해 가을 — 오스트레일리아 인 동료가 어리벙벙해하면서 지적했듯이 발사 지점인 프랑스령 기아나에서는 봄이겠지만 말이다. — 에 발사되기로 예정된 위성이 그런 특징적인 중력의 영향을 측정할 것이라고 했다.

가이아(GAIA) 위성은 은하의 형태를 관측할 것이다. 우리는 5년 내로 그 결과를 알게 될 것이다. 나와 동료들이 첫 논문을 쓰던 시점에는 이미 위성 발사 준비가 한참 진행된 뒤였지만, 놀랍게도 위성은 우리가 사전에 요청할 기회가 있었다면 틀림없이 부탁했을 게 분명한 암흑 원반 관련 관측을 할 것이라고 했다. 물론 천문학자들이 우리 모형이나 방법론을 염두에 둔 것은 아니었다. 그들이 가이아 사업을 지지한 주된 이유는 그 작업으로 은하의 질량 분포를 결정할 수 있다는 것이었다. 은하에 어떤 종류의 물질이 존재하고 그것이 어디에 있는지와는 무관하게 말이다. 애초의 예정일에서 두어 달 연기되었지만, 우리가 논문을 마무리한 지 몇 달밖에 안 지난 그해 12월에 이뤄진 발사는 분명 놀라운 요행으로 느껴졌다.

입자 물리학자들은 이런 놀라움을 그다지 자주 만나지 못한다. 우리는 어떤 실험이 가능한지를 알므로, 실험을 어떻게 수정하거나 해석하면 새로운 가설을 시험할 수 있을까 하는 방안을 찾아내려고 애쓴다. 예를 들어, CERN의 LHC에서 일하는 실험가들은 나와 라만 선드럼을 비롯한 이론가들이 힉스 보손 질량을 설명하기 위해서 고안한 몇 가지 제안들을 조사해 보고 있다. 원래 LHC 실험들은 다른 모형들을 염두에 두고 설계되었지만, 라만과 나는 비틀린 여분의 공간 차원을 연구할 때 그 모형들의 잠재력을 충분히 인식하고 있었다.

거꾸로 가끔은 어떤 가설이 충분히 설득력 있고 시험 가능하다는 사실이 미리 확인된 터라, 실험가들이 먼저 나서서 비교적 소규모로 그 가설을 기각하거나 확증할 수 있는 실험을 설계한다. 물리학자들이 거대한 여분 차원이라는 개념에 반응하여 중력을 좀 더 정밀하게 측정하는 실험을 설계했던 때가 그랬다.

그러나 이제 막 시작되려는 어떤 실험이 우연히도 그것과는 전혀 다른 목적으로 독자적으로 연구되던 어떤 가설을 시험하기에 알맞다고 밝혀지는 경우는 정말로 드물다. 그런데 그런 일이 실현되었던 것이다. 가이아 위성에 설치된 우주 관측소는 우리 은하의 10억 개 별들에 대해서 그 위치와 속도를 측정할 텐데, 그 목표는 우리 은하를 엄청나게 정밀하고 광범위하게 3차원으로 조사하는 것이다. 관측 결과는 구체적인 은하 퍼텐셜로 지도화될 것이므로, 우리는 그것으로부터 은하의 밀도 분포를 읽어 낼 수 있다. 만일 그 분포가 암흑 원반의 존재를 증명한다면, 그다음에는 그 원반의 두께와 밀도로부터 새로운 암흑 물질 입자의 질량이 얼마나 되는지와 상호 작용하는 암흑 물질이 얼마나 많은지를 알 수 있을 것이다.

이 기법은 얀 오르트가 제안한 발상에 기반하고 있다. 오르트 구름의 존재를 정확히 제시했던 그 천문학자 말이다. 오르트는 별들이 은하 평면을 드나들 때의 속도가 원반의 형태와 밀도 분포에 따라 달라진다는 것을 깨달았다. 별들은 원반의 중력에 반응하여 움직이기 때문이다. 따라서 별들이 평면을 드나들 때 변화하는 속도와 위치를 측정한다면, 원반에 포함된 물질의 밀도와 공간 분포를 정확히 밝힐 수 있다.

이것은 우리가 암흑 원반 가설을 시험하거나 확증하기 위해서 알아야 할 바로 그 내용이다. 암흑 원반의 중력은 별들의 움직임에 영향을 미친다. 별들의 움직임은 은하 중력에 반응하기 때문이다. 아주 많은 별들의 위치와 속도를 정확히 알면 은하의 중력 퍼텐셜을 밝힐 수 있고, 그러면 암흑 원반의 존재 여부도 확인할 수 있다. 원반의 퍼텐셜과 그 속에 든 물질의 공간 분포에 대해서 자세한 정보가 있다면, 우리는 원반의 성질과 그것을 형성한 상호 작용하는 암흑 물질에 대해서 더 많이 알게 될 수도 있다.

그러나 이 기법으로 예비적인 결과를 얻기 위해서 꼭 가이아의 데이터를 기다릴 필요는 없다. 우리에게는 이미 히파르코스 위성이 준 유용한 데이터가 있다. 유럽 우주국이 1989년에 발사했던 이 위성은 1993년까지 작동되었다. 히파르코스는 자세한 위치 및 속도 측정을 수행한 최초의 위성이었으나, 정확도는 떨어졌으며 대상으로 삼은 별의 개수도 가이아가 조사할 개수보다 적었다. 그래도 그 결과는, 비록 가이아가 낼 결과만큼 완전하지는 않을지언정, 암흑 원반이 취할 수 있는 형태를 제약하는 데이터로 손색이 없다.

우리 입자 물리학자들에게는 이 통찰이 새로웠지만, 일부 천체 물리학자들은 이 사실을 진작부터 알고 있었다. 심지어 몇몇 연구자들은 이미 이 기법을 써서 기존 데이터가 암흑 원반 가설을 기각한다는 결론까지 내렸다. 그처럼 가볍게 원반을 거부한 결론은 많은 사람들에게 혼란을 안겼는데, 우리 논문의 심사 위원 한 명도 그런 경우였다. 하지만 잠깐만 숙고해 보면, 그런 결과가 — 적어도 명시된 그 형태대로는 — 가능하지 않다는 것을 금방 알 수 있다. 관측이 아무리 정확하더라도, 암흑 원반의 밀도는 기존의 어떤 제약 조건도 빠져나갈 수 있을 만큼 충분히 낮을 수 있기 때문이다. 사실 그 천체 물리학자들의 정확한 말뜻은 우리가 암흑 원반을 가정할 필요가 없다는 것이었다. 가스와 별의 알려진 모든 구성 요소들의 밀도에 어느 정도 불확실성이 있음을 감안할 때, 측정된 퍼텐셜은 그냥 알려진 물질만으로도 설명된다는 말이었다.

그러나 가끔은 우리가 혹 다른 가설들 중에서 모순이 없고 데이터에 대한 대안적 해석이 될 만한 것이 있는가 하고 물어야 옳은 법이다. 어떤 가설이 허용되는지, 나아가 선호되는지 알아보는 유일한 방법은 새로운 가정들의 결과를 평가하고 그 실험적 의미를 따져보는 것뿐이다. 나와 동료들은 천문학자들과는 다른 질문을 묻고 있었다. 우리는 암흑 원반의 존재 증거를 묻는 것이 아니었다. 우리의 질문은 모든 관찰에 부합하는 원반의 존재가 얼마나 실질적일 수 있는가, 그리고 심지어 암흑 원반을 도입하는 것이 데이터에 더 잘 맞지는 않을까 하는 것이었다.

이렇듯 서로 다른 사고 방식은 입자 물리학자들, 특히 모형 구축가들의 사회학과 천체 물리학자들의 사회학이 서로 다른 탓이 크다. 정당한 공을 인정하자면, 천체 물리학자들은 우리에게 꽤 많이 가르쳐 주었다. 우리는 그들의 문제 접근법을 배웠고, 현재 어떤 데이터가 있는지를 배웠다. 그들의 기법은 대단히 유용하다. 하지만 문제를 다른 각도에서 접근하는 것이 새로운 통찰로 이어지고 새로운 가능성을 열어 주는 경우도 많다. 암흑 원반이 존재하는가 하지 않는가는, 그것이 존재한다고 가정하고 그렇다면 무엇이 허락되는지 따져볼 때만 알 수 있을 것이다. 그러면 결국에는 모두가 득을 본다.

우리가 알고 싶었던 것은 데이터가 암흑 원반의 존재를 허용하는가, 심지어 선호하는가였다. 단순히 별들의 측정된 성질을 암흑 원반 없이도 다 해석할 수 있는가 없는가가 아니었다. 우리 은하 원반의 중력 퍼텐셜 계산에 사용된 보통 물질 요소들은 모두 일정 수준의 정확도로만 알려져 있다. 그 모든 관측들의 불확실성을 고려한다면, 무언가 새로운 것이 포함될 여지가 확실히 남는다. 나는 바로 이 작업을 학생 에릭 크레이머에게 맡겼다. 그는 히파르코스 위성의 데이터는 물론이고 은하 평면의 가스 밀도 관측 결과들도 조사했다. 우리는 천체 물리학자들의 분석에 사용된 많은 가정들 중 재고할 필요가 있는 것을 확인해 보았다. 히파르코스 위성의 결과를 피상적으로 점검할 때는 암흑 원반이 불필요하다는 성급한 결론이 나올 수 있었지만, 우리의 좀 더 자세한 최신 분석에 따르면 그 데이터는 그런 주장을 하기에 충분한 근거가 되지 않았다.

히파르코스 위성의 데이터 자체에는 약간의 불확실성이 있다. 그러나 우리 은하의 가시 물질 일부에 대한 관측이 비교적 부실한 것 또한 불확실성의 주된 원인이다. 여지가 많을수록, 암흑 원반이 끼어들 공간도 넓어진다. 게다가 물질의 모든 요소들은 다른 요소들이 미치는 중력을 느끼므로, 우리는 처음부터 모든 물질을 ― 암흑 원반도 포함하여 ― 포함시켜야만 진정한 제약의 규모를 끌어낼 수 있다. 이것이 바로 모형을 만드는 것의 한 이점이다. 모형은 표적을 잘 정의해 주며, 탐색 결과를 평가할 때 쓸 확실한 계산 전략을 제공한다.

꼼꼼하게 분석해 본 결과, 우리는 암흑 원반의 여지가 있음을 확인했다. 단서는 유망해 보이지만, 좀 더 결정적인 데이터가 등장하기 전에는 DDDM 모형이 옳다고 밝혀질지, 아니면 좀 더 단순하고 표준적인 시나리오로 우주의 물질을 충분히 설명할 수 있을지 알 수 없을 것이다.

그렇다면 나는 이런 질문을 던지게 된다. 우리가 맨 먼저 겨냥하는 암흑 원반의 밀도 값은 얼마일까? 즉 그것이 모형을 얼마나 강하게 제약해야 흥미로울까? 여러 관점에서 따질 때, 어떤 값이든 추구할 가치가 있다. 암흑 원반의 밀도가 아무리 낮더라도, 암흑 원반의 발견은 우주에 대한 시각을 근본적으로 바꿔 놓는 일이 될 것이다. 그런데 곧 살펴보겠지만, 암흑 원반이 주기적 유성체 충돌을 유도할 수 있다는 사실도 우리에게 어느 정도의 밀도를 겨냥할 것인지를 알려줄 수 있다. 지금은 일단 유성체 충돌을 야기하는 데 필요하다고 계산된 값이 현재 데이터와 합치한다는 것까지만 이야기해 두겠다.

더구나, 비록 우리의 원래 의도는 아니었지만, 부분적으로 상호 작용하는 암흑 물질은 기존의 차가운 암흑 물질 시나리오에서 등장하는 두드러진 수수께끼들 중 일부를 풀어 줄지도 모른다. 현재 카네기 멜론 대학교의 교수인 천문학자 매슈 워커는 내가 18장에서 언급했던 안드로메다 은하의 위성 왜소 은하들에 관한 문제를 DDDM 모형이 해결해 줄지도 모른다고 지적했다. 보통 물질의 세상은, 나아가 기존의 차가운 암흑 물질만 있는 세상도, 왜 그런 결과가 나오는지에 대해서 아무런 설명을 제시하지 못한다. 하버드 대학교의 박사 후 연구원 야쿠프 숄츠와 나는 암흑 물질을 지배적으로 많이 가지고 있는 왜소 은하들이 어떻게 한 평면에 정렬된 형태로 형성되는가 하는 문제에 자기 상호 작용하는 암흑 물질이 유일한 해를 제공할지도 모른다는 것을 확인했다. 그리고 야쿠프와 매슈 리스와 나는 DDDM 모형이 원시 블랙홀에도 의미가 있는지를 조사하고 있다. 원시 블랙홀들이 표준 시나리오에서 예상되는 것보다 더 크다는 문제가 있기 때문이다.

처음 우리 연구의 동기였던 페르미 위성의 감마선 신호는 거짓 단서였던 것으로 보인다. 신호가 시간이 흐를수록 희미해졌기 때문이다. 그러나 우리가 그 신호를 이해하려고 만들었던 암흑 원반 시나리오는 훨씬 더 광범위한 의미가 있었고, 그러므로 DDDM은 다른 방식으로도 관측 가능해야 한다. 심지어 이 시나리오는 우리가 이제 막 탐구하기 시작한 은하 형성과 그 메커니즘에 대해서도 흥미로운 의미를 띨지 모른다.

지금까지 우주와 태양계를 포괄적으로 탐구했으니, 이제 이 많은 발상들을 하나로 모으는 것으로 여행의 대미(大尾)를 장식하자. 암흑 물질이 우리에게 좀 더 밀접하게 미치는 영향은 무엇인지 생각해 보

자. 암흑 물질은 별들의 움직임에 영향을 미치며, 태양계 외곽에 있는 천체들의 안정성에도 영향을 미칠지 모른다.

21장

암흑 물질과 혜성 충돌

'보핀(boffin)'은 미국인들에게 썩 익숙한 단어가 아니다. 그래서 과학 기술 저술가 사이먼 샤우드가 영국 잡지 《레지스터(*Register*)》 기사에서 나와 동료 매슈 리스를 그 말로 지칭했을 때, 처음에는 어떻게 생각해야 할지 알 수 없었다. 저자는 우리의 방식이 한심하다고 비판하는 것일까, 아니면 '보핀'은 '펄크리튜드'처럼 되게 나쁜 말로 들리지만 사실은 칭찬인 것일까? (펄크리튜드(pulchritude)는 아름다움, 특히 육체적 아름다움을 뜻한다. ― 옮긴이)

'보핀'이 그냥 과학자나 기술 전문가를 뜻한다는 사실을 알고 나는 안도했다. 약간 지나치게 골똘한 사람을 가리키기는 한다지만 말이다. 그러나 처음에 내가 그 단어가 '미친 사람'이나 그 비슷한 뜻일지도 모른다고 걱정했던 것은 근거 없는 생각이 아니었다. 샤우드가 기사로 쓴 우리 연구란 암흑 물질과 유성체에 관한 내용이고 멸종에 대해서도 짧게 언급하는 것이었기 때문이다. 암흑 물질이 오르트 구름의 혜성들을 효과적으로 팔매질하는 바람에 혜성이 주기적으로 지구를 때리고 그래서 대량 멸종이 일어났을지도 모른다는 가설이었다.

매슈와 나처럼 넓고 열린 마음을 견지하려고 노력하는 입자 물리학자들에게도 유성체 충돌처럼 까다로운 현상이 태양계 전체의 복잡한 역학에, 더구나 암흑 물질에 연관되어 있다는 발상은 선뜻 추구하기에는 불확실한 길처럼 보였다. 하지만 암흑 물질(!), 유성체(!), 공룡이라니(!). 우리 내면의 다섯 살 아이는 매료되고 말았다. 태양계를 더 잘 알고 싶다고 느끼는 우리 내면의 어른도 마찬가지였다. 과학자로서의 우리도 마찬가지였음은 말할 것도 없다. 우리는 이런 다양한 조각들에 대해서, 그리고 어떻게 이 조각들이 하나로 이어지는지에 대해서 뭔가 배울 게 있는지 알고 싶었다. 그리고 비록 우리가 암흑 원반의 존재를 아직 확인하지 못했어도, 태양계 속 별 10억 개를 관측할 위성이 앞으로 5년 내에 이 문제를 결정할 만한 감도의 장비를 갖추고 발사되었다. 위성은 우리 가설이 옳은지 아닌지도 확인해 줄 것이었다.

혹시 이런 시나리오, 이런 발상들의 풍요로움, 앞으로 진행될 위성 관측만으로는 이런 탐구를 추구할 동기가 충분하지 않을까 봐 걱정이라도 되었던 것일까? 내가 매슈 리스에게 이 프로젝트를 해 볼 의향이 있느냐고 물었던 날, 첼랴빈스크 유성체가 지구에 떨어졌다. 지표면이나 대기로 떨어지는 수많은 유성체들은 대부분 너무 작아서 보통은 우리가 알아차리지 못하지만, 2013년 2월 15일에 폭발했던 이 유성체는 폭이 15~20미터쯤 되는 큼직한 것이라서 TNT 500킬로톤에 맞먹는 에너지를 내며 눈부시게 빛났다. 내가 애리조나 대학교에서 만난 청중으로부터 어떤 질문을 듣고 유성체의 주기적 충돌에 관해서 생각해 보기 시작한 날로부터 사흘 뒤, 그리고 그 주제를 좀 더 깊이 파 보자고 매슈에게 제안한 바로 그날 유성체가 폭발했다는 것은 놀라울 뿐더러 퍽 재미난 일로 느껴졌다. 우리가 외계 천체가 지구로 떨어지는 이유를 연구할까 말까 고민하고 있던 바로 그날 그런 일이 벌어졌던 것이다. 어떻게 연구하지 않을 수 있었겠는가?

이제부터 나는 이 책이 살펴본 많은 발상들을 하나로 엮어 어떻게 암흑 물질이 대략 3000만 년과 3500만 년 사이의 간격으로 지구에 영향을 미칠 수 있는지를 설명하는 우리 연구를 소개하겠다. 만일 우리가 옳다면, 우리는 폭이 약 15킬로미터였던 유성체가 6600만 년 전에 지구로 떨어졌었다는 것은 물론이거니와 그 충돌을 야기한 방아쇠는 우리 은하 원반에 담긴 암흑 물질 원반의 중력이었다는 것도 알게 될 것이다.

우리의 시나리오

우리가 이제 우리 은하에 대해서 그리는 그림은 이렇다. 우리 은하에는 가스와 별로 이뤄진 밝은 원반이 있고, 그 속에는 아마도 상호 작용하는 암흑 물질로 이뤄진 더 밀도 높은 원반이 담겨 있다. 우리 은하는 지금으로부터 130억 년도 더 전에 암흑 물질과 보통 물질이 붕괴하여 중력으로 한데 묶인 구조를 형성하면서 탄생했다. 은하 헤일로가 형성된 지 10억 년쯤 지난 뒤, 보통 물질이 에너지를 복사하여 오늘날 우리가 보는 빛나는 원반을 형성하기 시작했다. 만일 암흑 물질의 일부가 상호 작용하여 충분히 빠르게 암흑 광자를 복사해 냈다면, 그것 역시 얇은 평면으로 붕괴하여 우리가 암흑 원반이라고 부르는 구조를 형성했을 것이다. 그 과정이 완료되는 데는 시간이 좀 걸렸을지도 모르지만, 어쨌든 얇은 암흑 원반은 지금으로부터 까마득히 오래전에 구축되었을 것이다.

그리고 지금으로부터 대략 45억 년 전에 태양과 태양계가 형성되었다. 이어서 태양 주변을 원반 모양으로 돌던 물질로부터 행성들이 생겨났다. 행성들이 형성된 뒤, 목성은 좀 더 안쪽으로 이동하고 다른 거대 행성들은 좀 더 바깥쪽으로 이동하면서 원반의 물질들을 흩어 버렸다. 물질의 일부는 머나먼 오르트 구름으로 날아갔고, 아주 약한 태양의 중력으로만 그 자리에 묶인 작은 얼음덩어리 천체들이 되었다.

그때부터 태양계는 은하를 2억 4000만 년 주기로 공전했다. 하지만 대체로 원형인 궤도를 도는 와중에, 아마도 3200만 년의 주기로 위아래로 까딱거리며 은하 원반을 통과했다. 그 여행 내내 원반의 중력이 태양을 잡아당겨, 태양계가 평면의 위나 아래 수직 방향으로 최대로 멀리 벗어날 때마다 태양계를 도로 평면으로 끌어들이는 힘으로 작용했다. 은하로 인한 마찰은 아주 적기 때문에, 태양계는 은하 원반을 수직 방향으로 통과하는 움직임을 언제까지나 반복했다. 그리고 태양계가 원반을 통과할 때마다 원반의 중력은 태양계를 끌어들이는 힘으로 작용했다.

게다가 태양계가 은하 원반 속에 들어 있거나 가까이 있을 때는, 원반의 중력이 태양계에 조력으로 작용하여 그 경로를 왜곡시키는 힘이 가장 강하게 미쳤다. 이렇게 유달리 조력이 센 기간에는, 얇은 고밀도 암흑 물질 원반의 조력이 오르트 구름에 약하게 묶인 천체들의 일부를 뒤흔들어 평정을 깨뜨렸을지도 모른다. 그런 힘을 받지 않았다면 대체로 방해받지 않은 채 계속 머나먼 궤도를 돌 천체들이었을 텐데 말이다. 일단 암흑 원반의 영향권에 들어가면, 오르트 구름의 얼음덩어리 천체들은 덜컹거리는 움직임 때문에 모두가 제자리를 잘 지키기가 어려웠을 것이다.

이처럼 모든 비생물 천체들이 제 볼일을 보는 동안, 지구에서는 약 35억 년 전부터 생명이 형성되기 시작했다. 그로부터 약 30억 년 뒤, 그러니까 지금으로부터 약 5억 4000만 년 전부터는 복잡한 생명이 번성하기 시작했다. 생명은 이후 분화와 멸종의 경합 속에서 숱한 기복을 겪었다. 현생대라고 불리는 시기에는 다섯 번의 대량 멸종도 벌어졌다. 그중 마지막은 6600만 년 전에 벌어진 것으로, 유성체가 충돌하여 지구를 초토화한 사건 때문이었다.

충돌 직전까지, 공룡들은 태양계의 대혼란에 대해서는 까맣게 모르고 있었다. 오르트 구름의 얼음덩어리 천체들은 머나먼 우리 은하 원반이 잡아당기는 힘에 반응하여 이따금 궤도를 조금씩만 바꾸면서 제 궤도를 돌고 있었다. 원반의 힘은 태양이 은하 중간면으로부터 얼마나 떨어져 있느냐 하는 거리에 따라 다르게 작용했다. 그러던 중 몇

몇 얼음덩어리 천체들의 궤도가 지나치게 뒤틀려 태양계 안쪽을 통과하게 되었고, 안쪽으로 들어온 천체들 중 일부는 중력 때문에 애초의 궤도에서 벗어나고 말았다. 그런 얼음덩어리 천체들 중 최소한 하나는 혜성이 되어 지구와 충돌하는 길을 밟게 되었을지 모른다.

오르트 구름의 입장에서는 그것이 비교적 사소한 교란이었다. 얼음덩어리 천체들 중 하나가, 많아 봐야 겨우 몇 개가 이탈한 것뿐이었다. 하지만 우리 모두가 사랑하는 공룡들을 비롯하여 지구의 생명체 중 75퍼센트의 입장에서는, 지구와 충돌할 유성체는 종말의 전령이었다. 그러나 만일 공룡들이 감정과 지각이 있는 존재였더라도, 그들은 혜성이 나타나기 전까지는 특이한 낌새를 전혀 눈치 채지 못했을 것이다. 혜성의 핵은 낮에도 보일 만큼 밝았을 테고 긴 꼬리는 밤 내내 보였겠지만, 그것이 곧 지구를 초토화할 재앙을 안길 것이라는 징후는 눈에 띄지 않았을 것이다. 그런 인상은 혜성이 하강하면서 하늘에서 불과 부스러기가 활활 쏟아지기 시작했을 때 바뀌었을 것이다. 하지만 죽음을 앞둔 생명들이 사전에 무엇을 알았거나 상상했든, 일단 중력이 혜성의 경로를 바꿔 놓은 순간에 그들의 운명은 돌이킬 수 없이 결정된 것이었다.

혜성은 곧 유카탄 반도에 쾅 떨어졌고 충돌 지점을 가루로 만들었다. 혜성은 실로 기나긴 여행을 마감하면서 전 지구적 대파괴를 일으켰다. 칙술루브 크레이터를 형성한 유성체가 지구와 충돌했을 때, 그 충격으로 혜성은 물론이거니와 그것이 부딪힌 지점 근처의 땅도 기화해 버렸다. 먼지 기둥이 솟았고, 그 먼지는 온 지구로 퍼졌다. 화염이 지표면을 태웠고, 쓰나미가 충돌 지점 근처와 지구 반대편에서 해안을 덮쳤으며, 유독 물질이 비처럼 쏟아져 더 많은 위험을 가했다. 먹이 공급이 격감했기 때문에, 육상 생물은 충돌 직후의 여파에서 용케 살아남았더라도 이후 몇 주나 몇 달에 걸쳐 굶어죽었을 것이다. 온 지구의 기후와 다양한 서식지들이 그토록 갑작스럽게 극단적으로 변하는 상황에서 대부분의 생명은 버틸 가망이 없었다. 결국 상황이 나아졌을 때는 땅을 파고든 포유류와 하늘을 나는 새들만이 남았고, 이후 고등 생물은 전혀 다른 시대의 불확실한 미래를 향하여 다시금 생명을 이어 갔다.

참으로 극적인 그림이다. 이 유성체 충돌의 기본적인 사실들은 이제 확실히 정립되어 있다. 지질학자들과 고생물학자들의 많은 관찰 덕분에, 6600만 년 전에 큰 천체가 충돌해서 당시 지구에 살았던 생명의 최소 75퍼센트를 죽였다는 것이 사실로 확인되었다. 잠시 뒤에 나는 그 참상을 일으킨 혜성을 원래 궤도로부터 이탈시켰던 방아쇠가 암흑 원반이었을지도 모른다는 가설을 소개할 것이다. 그러나 우선 그런 아이디어가 어디에서 떠올랐는지부터 이야기하겠다.

이 연구의 시작과 첼랴빈스크 유성체 충돌

책이나 강연으로 대중과 물리학 이야기를 나누는 데는 많은 이득이 따른다. 그러나 그런 활동에 투자하는 시간이 진행 중인 연구로부터 주의를 흩뜨릴 수 있기 때문에, 우선 순위를 세워 두고 어떤 강연 요청을 응낙할지 골라야 할 때가 많다. 하지만 이따금 겪는 행복한 순간에, 나는 그런 자리에서 평소에는 접할 수 없었을 듯한 사람들을 만나거나 그 계기가 아니라면 떠오르지 않았을 듯한 아이디어를 얻음으로써 집중에 방해되지 않을까 걱정했던 게 무색하게시리 연구에 도움을 얻는다.

2013년 2월, 나는 애리조나 주립 대학교의 비욘드 센터로 와서 자신이 주최하는 연례 강연의 연사로 나서 주지 않겠느냐는 천체 물리학자 폴 데이비스의 초대를 받아들였다가 그런 소득을 거뒀다. 너무 멀리 여행해야 해서 주저되기는 했지만, 애리조나 주립 대학교에는 훌륭한 우주론 연구자들이 있기 때문에 공개 강연은 물론이고 이튿날 그곳 전문가들과 함께 세미나를 하는 데도 기꺼이 동의했다. 세미나는 내 최근 연구에 좀 더 초점을 맞출 것이었다. 앞에서 설명했던 이중 원반 암흑 물질 가설 말이다.

참석한 물리학자들은 우리 모형에 대해 멋진 질문을 여럿 던졌다. 검출 가능성이나 우주 배경 복사에 미칠 영향 같은 것이었다. 그러나 나를 정말로 놀라게 만든 것은 폴 데이비스가 던진 질문이었다. 그는 내게 혹 암흑 물질 원반이 공룡의 멸종을 일으킨 것 아니냐고 물었다. 고백하건대, 당시 나는 과학 연구의 일부로서 공룡에 대해서는 별로 — 사실은 전혀 — 생각해 보지 않았다. 그동안 내 연구는 우주의 기본 입자들과 구성 요소들에 집중되어 있었으니까. 하지만 폴 데이비스는 기존 연구들 속에 유성체 충돌의 주기성을 암시하는 증거가 있다는 것을 알려주었고, 그것에 대한 그럴듯한 설명이 없다는 것도 알려주었다. 그는 암흑 물질 원반이 그 조건에 맞을 수도 있겠냐고 물었으며, 그 과정에서 육상 공룡을 멸종시킨 유성체의 존재도 새삼 상기시켜 주었다.

폴의 질문은 무시하기에는 너무 근사했다. 답은 확실하지 않았고 내가 좀 더 분명한 반응을 보이려면 공부를 훨씬 더 많이 해야겠지만, 암흑 물질과 공룡의 관계는 내게 — 어쩌면 다른 과학자들에게도 — 상당히 많은 것을 가르쳐 줄 수 있는 흥미로운 주제로 보였다. 그래서 나는 매슈 리스에게 우리가 제안한 암흑 원반이 유성체 충돌을 일으켰을 가능성을 연구해 보는 데 관심이 있느냐고 물었다. 솔직히 물리학이라기보다 공룡에 관한 질문으로 들리는 이야기였다.

매슈 리스는 공동 연구자로 더 이상 알맞을 수 없는 선택이었다. 그는 애초의 DDDM 연구에서 중요한 역할을 했고, 냉정하고 기술적인 사고 방식을 가졌으며, 새로운 발상에 과학적으로 열린 마음을 가지고 있다. 확고하게 보수적인 그의 품행으로부터 기대할 만한 정도보다 훨씬 더 열린 자세를. 그는 누가 되었든 한 사람이 — 설령 확신이 넘치는 선배 연구자라도 — 모든 것을 올바르게 추측했을 것이라고 가정하는 흔한 오류를 저지르지 않는다.

그러나 무엇보다 중요한 것은 매슈가 높은 과학적 기준을 고수하는 훌륭한 물리학자라는 점이었다. 그가 어떤 작업을 할 때는 그 작업이 탄탄한 기반을 가지고 있다고 믿어도 좋다. 그래도 나는 너무나 별스러워 보이는 내 제안에 그가 어떻게 반응할지 알 수 없었다. 그래서 매슈가 이 발상을 흥미롭게 여기고 과학적 가치가 있을지도 모른다는 것을 알아봐 주었을 때 무척 기뻤다. 폴 데이비스도 관심이 있었지만, 이미 진행 중인 프로젝트가 많았기 때문에 고맙게도 연락은 유지하되 참여는 하지 않기로 했다.

이렇게 해서 이 아이디어를 논의하기 시작한 바로 그날 첼랴빈스크 유성체 뉴스를 듣고 어안이 벙벙한 채로, 매슈와 나는 우리가 무엇을 배울 수 있을지 알아보기 시작했다. 우리 목표는 암흑 원반이 유성체 충돌을 일으킨다는 괴상한 생각을 검증 가능한 과학으로 바꿔 놓는 것이었다. 모형 구축가이자 입자 물리학자로서 매슈와 나는 늘 새로운 발상과 해석을 받아들이려고 노력한다. 그러나 편향되지 않고 신중한 태도를 유지하는 것이 중요하다는 것도 잘 안다. 이런 성질들은 내가 지금부터 설명할 연구에서 긴요하게 작용했다.

암흑 원반과 태양계

14장에서도 언급했듯이, 매슈 리스와 나는 현실적인 목표를 잡기 위해서 우선 조사 규모를 줄이기로 했다. 공룡에 호기심이 가기는 했지만, 처음에는 멸종에 관련된 추가 과제들은 제쳐두고 유성체와 태양계의 역학, 물리적 크레이터 기록의 주기성 여부에만 집중하기로 했다. 멸종 문제를 유보함으로써, 우리는 암흑 원반이 혜성에 영향을 미칠 가능성과 그것이 주기적 유성체 충돌의 원인일 가능성을 직접적으로 알아볼 수 있었다. 그런 다음에 우리의 유성체 예측이 K-Pg 멸종을 일으킨 충돌을 비롯하여 알려진 충돌들을 얼마나 잘 설명하는지 확인해 보면 될 것이었다.

우리는 먼저 주기적으로 오르트 구름 천체를 이탈시키는 요인에 대한 기존 가설들 중 주기 신호를 성공적으로 설명해 내는 가설은 하나도 없음을 확인했다. 만일 크레이터 기록이 통상적인 메커니즘으로 충분히 설명된다면, 우리는 물론이거니와 그 누구라도 좀 더 희한한 시나리오에서는 어떻게 설명될까 평가해 보는 번거로운 짓을 하지 않을 것이다. 그 시나리오가 아무리 근사하고 유혹적이더라도 말이다.

그러나 15장에서 말했듯이, 기존의 방아쇠 후보들은 잘 작동하지 않았다. 우리 은하에 보통 원반만 있다면, 은하의 조력은 너무 매끄럽고 별들이 가하는 섭동은 너무 드물다. 보통의 조력, 네메시스, 행성 X, 우리 은하 나선 팔들의 효과도 혜성 소나기를 자주 혹은 충분히 강하게 일으키기에 부족하다. 이런 기존 가설들은 태양계가 은하 평면을 통과하는 데 걸리는 시간을 정확히 맞히지 못하거나, 크레이터 기록에 부합할 만큼 충분히 갑작스러운 충돌을 일으키지 못한다. 가령 원반에서 보통 물질만이 태양의 움직임에 영향을 미친다고 가정하면 태양의 수직 진동 주기는 5000만 년이나 6000만 년에 가까운데, 이것은 우리가 아는 데이터와 일치하기에는 너무 길다.

따라서 가능한 결론은 두 가지였다. 첫째는 주기성이 사실이 아닌 경우였다. 이것도 물론 충분히 있을 수 있는 일이었다. 두 번째는 좀 더 흥미롭고 논리적인 다른 대안이 옳은 경우였다. 즉 방아쇠가 통상적인 가설과는 다른 것일 경우였다. 전자를 기각하고 보면, 우리가 제안한 암흑 원반이 보통 물질만으로는 실패했던 설명을 해 내어 적절한 주기와 강도 변화를 낼 수 있는지 물어보는 게 합리적인 일이었다. 실제로 암흑 원반은 보통 물질 원반의 부족함을 해소하는 데 필요한 성질들을 가지고 있다. 얇은 고밀도 암흑 원반이 있다고 가정하면, 원반의 조력은 오르트 구름이 겪는 섭동의 주기와 시간 의존성을 둘 다 성공적으로 설명해 낸다.

기억하겠지만, 오르트 구름 천체들은 존재하는 기간 내내 보통 물질로 이뤄진 원반의 조력을 경험한다. 이 천체들은 또 근처를 지나가는 별들의 영향도 받는데, 이 영향은 비록 간헐적이지만 조력 못지않게 중요하다. 이런 영향들은 중력으로 비교적 약하게 붙들린 머나먼 오르트 구름의 천체들을 살살 흔들고, 천체들이 태양에 더 가까이 다가가도록 슬쩍 밀치고는 한다. 그때 우리 은하 원반의 조력은 결정적인 한 방으로 작용할 수 있고, 그러면 얼음덩어리 천체들은 이심률이 몹시 크고 위태로운 궤도를 취하게 된다. 그 궤도가 지구와 태양 거리의 약 10배 지점까지 태양에 바싹 다가온다면, 거대 행성들의 중력이 그들을 잡아당겨서 오르트 구름에서 완전히 벗어나게 만들 가능성이 높다. 이런 인력을 겪은 혜성은 아예 태양계 밖으로 떨쳐지거나, 아니면 오히려 안으로 들어와서 안쪽 태양계에 바싹 묶인 궤도로 진입할 것이다. 이런 과정은 장주기 혜성들이 매년 몇 개씩 새롭게 태양계로 진입해 들어오는 현상을 설명해 준다. 그런데 가끔은 교란을 겪은 천체가 아예 궤도에서 벗어나 버릴 때도 있고, 그 일탈한 혜성이 우리를 때릴 수도 있다.

그러나 이런 섭동은 이 형태대로라면 주기적 충돌을 설명하기에 충분하지 않다. 충돌이 주기적으로 발생하려면, 오르트 구름이 겪는 교란의 세기가 주기적인 간격으로 빠르게 변해야 한다. 게다가 주어진 증거와 일치하려면, 그 주기는 3000만 년과 3500만 년 사이여야 한다. 이런 기준들 중 하나라도 만족시키지 못한다면 주기적 유성체 충돌을 설명하는 가설이 성립되지 못한다. 그리고 기존의 어떤 가설들도 두 기준을 모두 만족시키지 못했다.

그러나 밀도가 더 높고 더 얇은 암흑 원반을 추가한 가설은 두 문제를 대단히 잘 만족시킨다. 일단 주기적 유성체 충돌이 현실일 가능성을 인정한다면, 암흑 원반은 썩 유망한 설명이다. 암흑 원반의 영향력은 기존 은하 원반보다 강할 뿐 아니라 시간에 따른 변화 속도도 더 빠르다. 혜성 발생률을 급등시키는 데 필요한 두 조건이 모두 갖춰지는 것이다.

우리 은하 평면에 암흑 원반이 포함되어 있다면, 태양의 수직 진동 주기는 기존의 우리 은하 원반만 있을 때보다 더 짧아질 것이다. 암흑 원반의 물질이 더해짐으로써 중력적 인력이 더 강해질 것이기 때문이다. 게다가 현재 물질 밀도 계산에 따르면 태양계는 은하 평면 위아래로 약 70파섹까지만 벗어나는데, 이것은 보통 물질 원반의 전체 두께에 비하면 훨씬 좁은 범위이다. 따라서 얇은 암흑 원반은 태양계의 수직 경로 중에서 상당히 큰 부분을 포함할 것이므로, 태양계가 평면 위아래로 진동하는 움직임에 상대적으로 큰 영향을 미칠 수 있다.

얇은 암흑 원반의 또 다른 이점은, 그럼에도 불구하고 태양계가 암흑 원반을 충분히 빨리 통과할 수 있어서 혜성 발생률 급등 기간이 약 100만 년만 지속되는 결과를 낳을 수 있다는 것이다. 암흑 원반은 큰 시간 의존적 영향력을 미침으로써 태양계가 은하 평면을 지날 때마다 추가의 섭동을 겪도록 만들고, 그 때문에 혜성 소나기가 주기적으로 발생하도록 — 즉 태양계가 평면을 지나는 시기마다 발생하도록 — 만든다. 이런 영향이 없다면, 혜성 소나기는 어쩌다 별이 가까이 접근했을 때만 아주 드물게 벌어질 것이다. 조력이 상승하는 시기는 태양계가 암흑 원반이 차지한 좁은 영역을 통과하는 기간이다. 오직 그 통과 시기 중에만, 어쩌면 이후 100만 년이나 200만 년쯤 더, 혜성 소나기 발생률이 높아진다.

태양계가 이런 주기로 원반을 통과하면서 강화된 조력을 겪을 때, — 만일 이 과정이 충분히 빨리 벌어진다면 힘이 갑작스레 급등할 수 있을 것이다. — 오르트 구름의 얼음덩어리 천체들이 이탈할 수 있을 것이다. 더구나 그중 몇몇은 초속 약 50킬로미터의 속력으로 우리 행성을 향해 날아올 수 있을 것이다. 일단 이런 궤도에 오르면, 여행은 순식간이다. 아마 몇 천 년밖에 안 걸릴 것이다. 그러나 애초에 혜성을 이탈시켰던 섭동은 좀 더 느리게 벌어지는 현상이다. 일반적으로 혜성이 궤도를 한 번에서 몇 번쯤 도는 동안 진행될 것이다. 그렇다면 지구로 너무 가깝게 다가온 혜성들의 운명은 약 10만 년과 100만 년 사이의 기간 동안 결정된다는 뜻이다. 그리고 그중 일부는 실제로 지구 대기나 지표면에 부딪히는 혜성 소나기가 될 수 있을 것이다.

매슈와 나는 이런 궤적을 예측해 보았고, 우리 시나리오는 성공적이었다. 적어도 제한적이고 약간 불안정한 데이터가 가하는 제약 내에서는 그랬다. 그러나 우리가 최종적으로 확인해 봤어야 하는 사항을 하나 빠뜨린 게 있었는데, 이 사실을 지적해 준 사람은 명망 높은 물리학 잡지 《피지컬 리뷰 레터스(Physical Review Letters)》에서 우리 논문을 심사한 심사 위원들 중 한 명이었다. 우리는 암흑 원반이 존재할 때 태양계가 어떻게 움직일지 계산했을 뿐 아니라 태양계가 원반을 통과할 때 주변 환경의 밀도가 얼마나 오르내릴지도 계산했다. 우리가 밀도를 알고 싶었던 것은, 오르트 구름을 교란시키는 요인이 무엇이든 그것은 물질 농도에 비례하리라고 가정했기 때문이다. 질량이 더 많으면 조력이 더 세지고 그러면 교란도 더 많이 일어날 테니까. 따라서 우리는 밀도가 유성체 충돌률을 대신하는 지표로서 유용하게 기능하리라고 가정했고, 실제 그런 것으로 밝혀졌다.

그러나 우리가 분명하게 확인하지 않은 점이 하나 있었다. 오르트 구름이 겪는 조력에 의한 뒤틀림, 즉 암흑 원반이 구름 속 얼음덩어리 천체들에게 미치는 영향이 과연 정확한 주기로 혜성들을 쏟아 내리기에 충분한가 하는 점이었다. 다행스럽게도 스콧 트레메인과 줄리아 하이슬러가 약 10년 전에 힘든 작업을 얼추 해 놓았으므로, 우리는 그들의 결과를 가져다 쓰기만 하면 되었다. 그랬더니 정말로 우리 가정이 옳았다. 증강된 밀도는 적절한 시간 단위로 혜성들을 이탈시키는 데 필요한 딱 그런 종류의 인력을 발휘했다.

심사 위원의 유용한 제안은 아주 인상적이었다. 심사 보고서는 논문의 출판을 승인하기 전에 전문가 동료들이 먼저 검토하는 것인데, 요즘은 무조건 도장을 찍어 주는 행위이거나 아니면 억울한 논문 저자들에게 인용할 구절을 제공하는 수단으로만 기능하는 경우가 많다. 그러나 이 심사 위원의 제안은 우리에게 실제로 물리학을 가르쳐 주었다. 어조는 무시하는 분위기였지만, 우리는 그의 제안을 따르는 과정에서 무언가를 배웠다. 잘못된 비판도 좀 있었지만, 우리는 사전에 논문들과 전문가들을 세심하게 확인해 두었기 때문에 그의 비판에 담긴 흠을 쉽게 짚어낼 수 있었다.

결국 매슈 리스와 나는 암흑 원반의 밀도와 두께가 크레이터 기록과 맞아떨어지려면 어떤 값이어야 하는지를 계산해 냈고, 그 값들이 우리가 기존에 제안했던 DDDM 모형과 일치하는 범위라는 것을 확인했다. 이때쯤 우리는 이 모형이 기존의 은하 측정 결과들과 합치한다는 것을 알고 있었다. 매슈와 내가 연구에서 발견한 새로운 사실, 심지어 더 나은 사실은 암흑 원반이 그냥 허용되기만 하는 게 아니라 만일 우리가 은하 원반을 혜성 충돌을 부추기는 원인으로서 진지하게 여긴다면 아예 더 선호된다는 점이었다.

암흑 원반의 표면 밀도는 보통 원반 속 물질 밀도의 약 6분의 1이어야 한다. 이것은 충분히 흥미롭되 현재 우리가 이해하는 현상들을 압도해 버릴 만큼 크지는 않은 값이다. 이 양은 전체 암흑 물질에서 따져도 규모가 꽤 된다. 가령 100만분의 1 수준이 아니라 몇 퍼센트는 된다는 말이다. 정말로 이런 암흑 요소가 존재한다면, 이것은 측정 가능한 영향을 내기에 충분한 규모이니 우리가 관심을 쏟을 가치가 있다.

게다가 암흑 원반의 두께는 보통 물질 원반의 10분의 1보다 더 작을지도 모른다. 보통 물질 원반의 두께가 2,000광년쯤 되는 데 비해 암흑 원반은 몇 백 광년밖에 안 된다는 말이다. 다시 말하지만, 바로 이런 얇은 두께야말로 암흑 원반이 주기적으로 극적인 효과를 일으킬 수 있다고 보는 이유이다.

우리는 적절한 밀도의 암흑 원반이 존재한다는 가설이 그렇지 않은 가설에 비해 3배 더 선호된다는 결론에 도달했다. 통계적으로 좀 더 잘 뒷받침된 이 새로운 결론에 핵심적으로 기여한 요소는 내가 15장에서 언급했던 이른바 '딴 데 찾아보기 효과'였다. 우리는 이제 무엇이 주기적 충돌을 일으키는가에 대한 확정된 모형을 가지고 있으니, 주기를 좀 더 잘 예측할 수 있는 것은 물론이거니와 예측의 신뢰도도 높일 수 있었다. 사실 우리 논문의 의도는 은하의 보통 요소만으로는 설명하지 못했던 주기적 혜성 소나기를 암흑 원반으로는 설명할 수 있다는 것을 보여 주는 데만 그치지 않았다. 또 다른 논점이 있었는데, 바로 통계와 관련된 내용이었다. 우리 결과나 다른 어떤 결과들의 유의성을 어떻게 평가할 것인가에 관한 내용이었다.

14장에서 말했듯이, 기존의 주기성 탐색 작업들은 태양계의 상하운동을 묘사하는 어떤 주기 함수를 — 가령 사인 함수를 — 데이터와 맞춰 보려고 했다. 이 작업은 흥미로울 수 있지만, 상황의 전모를 포착하지는 못한다. 우리는 태양계의 움직임을 그냥 추측만 할 필요가 없다. 만일 우리가 은하와 태양의 최초 위치, 속력, 가속을 속속들이 다 안다면, 뉴턴의 중력 법칙을 써서 태양의 움직임을 계산해 낼 수 있고 그럼으로써 우리가 기대해야 할 주기를 예측해 낼 수 있을 것이다. 누가 뭐래도 태양계의 움직임은 무질서하지 않으며 기저의 역학에 부합해야 하니까. 설령 우리가 밀도 분포와 태양의 여러 변수들을 불완전하게만 알더라도, 태양이 취할 수 있는 궤적의 범위는 — 따라서 가능한 주기의 범위는 — 어느 정도로든 제약된다.

매슈 리스와 나는 은하 원반의 알려진 물질 밀도에 대해서 우리가 아는 지식을 모두 적용했고 — 현재 관측 결과가 허용하는 가능한 값의 범위를 전부 다 허용했다. — 거기에 암흑 원반 물질의 기여를 더했다. 우리의 목표는 별과 가스 같은 기존에 측정된 원반 요소들에 대해서 아는 내용을 모조리 고려하고 거기에 우리가 도입한 암흑 원반 요소들까지 더할 경우, 태양계의 움직임과 맞아떨어지는 주기적 크레이터 생성의 증거가 나오는가를 확인해 보는 것이었다.

기존에 측정된 보통 물질의 기여는 태양계가 취할 수 있는 궤적의 범위를 제약한다. 원반들 속 — 보통 원반과 암흑 원반 모두 — 물질의 중력이 태양에 작용하여 움직임에 영향을 미치기 때문인데, 그렇기 때문에 '딴 데 찾아보기 효과'의 영향은 줄어든다. 매슈 리스와 나는 특정된 밀도들을 사용하여 태양계의 주기적 움직임을 예측해 보았다. 그 다음에는 태양계가 은하 평면을 통과했던 시점들을 기록으로 보고된 크레이터 생성 시점들과 비교하여, 서로 얼마나 잘 맞는지 확인해 보았다. 바탕이 되는 모형을 하나도 가정하지 않았던 기존 예측들은 주기를 충분히 식별해 내지 못했던 데 비해, 기존 관측들을 고려한 우리 계산에서는 유성체의 습격이 약 3500만 년의 주기로 발생한다는 안이 통계적으로 선호되었다. 좀 더 최근에 개선된 데이터를 적용하자면, 주기는 그것보다 약간 더 짧아서 약 3200만 년일 가능성이 높다.

암흑 원반은 이 시나리오가 잘 작동하여 특정 충돌 빈도를 선호하게끔 만드는 데 결정적인 요소였다. 이 말을 뒤집어 보자면, 크레이터 데이터가 태양계 움직임과 좀 더 잘 들어맞도록 시나리오를 짤 경우에는 암흑 원반이 구성 요소로서 선호된다는 뜻이다. 그러므로 우리는 앞으로 나올 데이터를 분석할 때에도 최선의 통계적 유의성을 얻기 위해서 이런 종류의 모형을 염두에 둬야 할 것이다. 그리고 그 결과는 우리 결과에 힘을 실어 주거나 기각하거나, 둘 중 하나일 것이다.

그리고 공룡들

매슈와 내가 정리를 다 끝내고 우리 논문이 《피지컬 리뷰 레터스》에 받아들여진 뒤, 우리는 사람들이 출판 전 논문을 인터넷에서 접할 수 있도록 모아서 제공하는 온라인 학술지 보관소에 우리 결과를 제출했다. 실제로 접수한 사람은 매슈 리스였다. 우리는 논문 제목을 보수적으로 "주기적 혜성 충돌의 방아쇠로서 암흑 물질(Dark Matter as a Trigger for Periodic Comet Impacts)"이라고 지었다. 그런데 나는 매슈가 덧붙이는 말 칸에 — 보통은 형식을 설명하거나 제출한 내용을 수정하는 칸이다. — "그림 4장, 공룡은 안 나옴."이라고 적어 둔 것을 나중에 알고 깜짝 놀랐다. 나는 이 말이 꽤 웃기다고 생각했다. 사실 우리는 논문에서 공룡에 대한 명시적 언급을 피하려고 무지 애썼고, 크레이터 기록이 물리학과 맺는 직접적인 관계에만 집중했기 때문이다. 그러나 물론 우리는 이 관계도 내내 염두에 두었으며, 농담 삼아 우리 연구를 "공룡 논문"이라고 부르기도 했다. 지금 와서 드는 생각이지만, 만일 내가 그때 좀 더 관심을 기울였다면, 이튿날 온라인에서 우리 연구에 대한 관심이 엄청나게 쏟아진 것을 보고 그렇게까지 놀라지는 않았을 것이다. 수많은 블로그들과 학술지 웹사이트들이 우리 연구를 보도했는데 — 우리를 "보편"이라고 부른 기사도 그중 하나였다. — 거의 모든 글이 꽤 재미난 그래픽을 곁들였다.

어쨌든 그러니까 공룡 이야기를 안 할 수 없다. 우리는 혜성 충돌을 예측하는 모형과 데이터를 결합하는 작업을 첫 번째 시도일망정 마무리지었다. 물론 우리 결론은 최종적인 것이 아니라 향후 측정에 따라 더 개선될 것이었다. 그다음으로 우리는 우리 모형이 칙술루브 사건 시기와 얼마나 잘 일치하는지를 따져보았다. 계산에 따르면, 우리 은하 원반의 보통 물질에 대한 개선된 측정 결과를 사용할 때, 유성체 충돌은 약 3000만 년에서 3500만 년마다 한 번씩 벌어져야 했다. 태양계가 은하 원반을 마지막으로 통과한 것이 200만 년 전이니, 지난번 완전한 진동 주기 동안, 다시 말해 원반을 두 번 지나는 동안 오르트 구름에서 이탈한 혜성들은 정말로 6600만 년 전에, 그러니까 K-Pg 멸종 시기에 지구로 떨어져서 엄청난 파괴를 일으킬 수 있었다. 여담이지만 만일 태양계가 원반을 통과한 것이 지난 100만 년 안쪽이라면, 우리는 아직도 혜성이 태양계로 유입되는 것이 증가하는 기간의 끝자락에 포함되어 있었을 것이다. 그래서 지금도 잦은 충돌을 목격할 위험이 있었을 것이다. 하지만 그것보다 훨씬 더 가능성이 높은 시나리오는, 지구가 그것보다 좀 더 이전에 원반을 통과했기 때문에 — 정말로 무작위적이고 확률이 지극히 낮은 충돌 사건들을 제외하고는 — 앞으로 약 3000만 년 내에는 제2의 칙술루브 충돌 사건을 목격할 일이 없으리라는 것이다.

태양의 위치에 불확실성이 있고 정확한 주기에 대한 정보도 부족하기 때문에, 원반 통과 시기는 대략적으로만 예측된다. 만일 지구가 은하면을 지난 게 약 200만 년 전이라면, 약 3200만 년의 진동 주기는 지금으로부터 6600만 년 전에 발생한 사건을 설명하기에 최적의 값이다. 우리가 맨 처음에 거칠게 분석했을 때는 주기가 3500만 년이라고 나왔었는데, 이 값은 칙술루브 사건의 시기와 일치하기에는 약간 큰 편이었다. 모형에 불확실성이 있고 혜성 충돌이 늘어나는 시기의 길이에도 불확실성이 있으니 여전히 합리적으로 부합한다고 볼 만한 수준이기는 했지만 말이다. 그런데 이후 우리가 은하 구성 요소들의 최신 측정 결과를 고려하여 우리 은하 원반 모형을 업데이트한 결과, 주기가 더 짧아졌다. 그래서 K-Pg 멸종 시기와 좀 더 잘 맞게 되었다. 하지만 우리가 첫 예측에서 썼던 거친 모형으로도 암흑 원반 가설이 내놓은 예측이 칙술루브 사건과 부합했을 확률은 합리적인 수준으로 존재한다.

우리 결과가 충분히 정밀하지 않았던 주된 이유는, 우리가 첫 분석을 실시한 이래 우리 은하 속 물질에 대한 측정 결과들이 바뀌었기 때문이다. 또한 우리는 은하 나선 팔과 같은 시간 의존적 은하 환경을 충분히 모형화하지 않은 상태였는데, 사실은 이런 정보도 부실하게만 알려져 있다. 이런 효과들 때문에 발생하는 밀도 변이는 유성체 충돌을 일으킬 만큼 크지는 않을 것이다. 그러나 충돌 발생 시점에 대한 모형의 예측을 몇 백만 년쯤 달라지게 만들 정도는 될지도 모른다.

혜성 소나기가 증가하는 정확한 시기를 예측하는 데 불확실성을 부여하는 요인은 그 밖에도 더 있다. 태양계가 은하 원반을 통과하는 데는 100만 년쯤 걸린다. 그런데 만일 원반이 더 두껍다면, 더 오래 걸릴 것이다. 게다가 처음에 방아쇠를 당기는 사건이 발생한 시점과 실제로 유성체가 지구에 떨어지는 시점 사이에는 몇 백만 년의 시간 차가 있을지도 모른다. 셋째, 크레이터 기록이 부실하고 연대 측정 정밀도도 부족하다. 좀 더 많은 크레이터를 찾아내거나 연대를 좀 더 정밀하게 측정한다면 도움이 될 것이다. 새로운 크레이터는 드물게만 발견되는 실정이지만 말이다. 꼭 크레이터가 아니라 암석에 갇힌 먼지도 혜성 충돌 시점에 대해서 좀 더 정확한 기록을 갖추는 데 도움이 될지 모른다.

태양이 은하 평면으로부터 멀어졌다가 다가갔다가 하는 수직 이동의 주기가 3000만 년과 3500만 년 사이라는 증거는 뜻밖의 방향에서도 나타날지 모른다. 매슈 리스와 내가 논문을 다 쓴 뒤의 일인데, 내가 천문학과 지질학과 기후에 흥미가 많다는 것을 아는 입자 물리학자 동료가 — 그러나 당시 그는 '공룡 논문'에 대해서는 몰랐다. — 우연히 내게 예루살렘 히브리 대학교의 니르 샤비브와 동료들이 수행했던 연구를 알려주었다. 그들은 5억 4000만 년 현생대 전체를 대상으로 기후를 조사했는데, 놀랍게도 3200만 년 주기의 기후 변화를 발견했다고 했다. 우리가 확인한 주기와 충격적일 만큼 비슷한 값이다. 만일 샤비브의 결과가 유효한 것으로 밝혀진다면, 그리고 이 기후 주기성이 태양의 은하 평면 통과 움직임에 따라 결정되는 것이라면, 3200만 년의 기후 변화 주기 역시 암흑 원반의 증거일 수 있다. 보통 물질만으로는 원반 통과 간격이 이처럼 비교적 짧은 결과를 내기에 부족할 것이기 때문이다.

물론, 암흑 물질의 영향을 보기 위해서 꼭 과거를 파헤쳐야만 하는 것은 아니다. 암흑 물질에 정말로 상호 작용하는 요소가 있고 그것이 우주의 물질 분포 구조에 영향을 미친다면, 우리는 그 사실을 곧 확인하게 될 것이다. 어쩌면 다른 암흑 물질 탐색들이 결실을 맺기도 전에 말이다. 크레이터 데이터를 설명할 수 있는 암흑 원반 밀도의 범위는 제한적이다. 앞으로 나올 측정 결과들은 이 가능한 예측 범위를 더 한층 좁힐 테니, 우리 가설은 확증되거나 기각되거나 할 것이다.

나와 학생 에릭의 분석에 따르면, 가설 성립에 요구되는 암흑 원반의 밀도와 두께는 현재까지의 관측 결과에서는 허용되는 값이었다. 그리고 가이아 위성이 제공할 더 나은 데이터는 원반의 존재, 밀도, 두께를 더 한층 정확하게 짚어 줄 것이다. 일단 위성이 우리 은하에서 우리와 가까운 별들에 대한 3차원 지도를 작성한다면, 암흑 원반의 존재는 — 혹은 그 부재는 — 훨씬 더 확실하게 결정될 것이다. 이런 간접적인 경로를 통해서, 우리는 은하와 암흑 물질에 대해서뿐만 아니라 태양계의 과거에 대해서도 훨씬 더 많이 배울지 모른다. 만일 가이아 데이터가 적절한 두께와 밀도를 지닌 원반의 존재를 확인한다면, 그것은 크레이터 가설의 유효성을 지지하는 강력한 증거이기도 할 것이다.

우리가 결과를 확신할 수 있을 만큼 충분히 낮은 불확실성으로 공룡의 정확한 멸종 시점을 계산해 냈다고 말할 수 있다면, 그야 물론 지금보다 훨씬 더 멋진 결론일 것이다. 그러나 이 주제는 여러 까다로운 측정들이 관여하는 복잡한 문제이다. 그리고 지난 50년 동안 과학자들이 이뤄 낸 발전은 그 자체로 놀라운 업적이었다. 암흑 물질은 그것보다 좀 더 쉽게 눈에 들어오는 지구, 태양계, 기타 우주의 가시 요소들보다 여러 측면에서 좀 더 파악하기 힘든 존재였다. 하지만 물리학자들은 내가 앞에서 설명한 연구들을 통해서 암흑 물질을 추적할 새로운 방법을 계속 찾아내고 있다. 결과가 어떻든 우리가 확신할 수 있는 점이 하나 있다. 은하와 우주는, 그리고 물질의 내적 작동 방식은 반드시 우리에게 환상적인 놀라움을 선사하리라는 것이다.

하늘을 보라

나는 운이 좋아서, 그동안 다양한 분야의 지도자들이 참가하는 학회에 초대받고는 했다. 비즈니스, 법, 외교 정책부터 예술, 언론, 그리고 물론 과학까지. 다른 토론자들이나 연사들과 시각이 다르더라도, 토론은 반드시 폭넓은 스펙트럼의 중요한 주제들에 대해서 신선한 사고를 하도록 자극을 준다. 하지만 최고의 질문이 — 특히 내 연구에 대한 질문이 — 늘 학회 참가자들에게서만 나오는 것은 아니다. 최근 한 학회에서 내가 특히 고맙게 여긴 물리학 대화는 자리가 파한 뒤에 벌어졌다. 나를 몬태나 공항으로 데려다 준 젊은 운전사 제이크가 사려 깊은 관심으로 나를 놀라게 했던 것이다.

내가 물리학자라는 말을 들으면, 많은 사람들은 어째서인지 그 분야에 대한 자신의 태도를 내게 밝혀야 한다고 생각한다. 그것이 사랑이든 미움이든, 매혹이든 혼란이든. 좀 웃긴 일이다. 우리 대부분은 가령 변호사에게 법학에 관한 자신의 생각을 꼭 밝혀야 한다고 느끼지는 않으니까. 그러나 가끔은 이상한 고백과도 같은 이런 물리학 대화에서 소득을 얻을 때가 있다. 제이크는 내게 몇 년 전에 오리건에서 고등학교를 다닐 때 대학 수준 물리학을 공부했었는데 지금도 더 배우고 싶은 마음이 굴뚝 같다고 말했다. 그는 이제 수업을 듣지 않았지만, 그때 이후로 물리학자들이 우주를 이해하는 데 있어서 얼마나 더 진전을 이뤘는지 듣고 싶다고 했다.

그런데 제이크는 최신 발전에 대해서만 물은 게 아니었다. 그는 자신이 공부했던 물리학이 이후의 발전에서 어떤 위치에 놓이는지도 알고 싶어 했다. 그래서 나는 그에게 이렇게 설명해 주었다. 뉴턴의 법칙을 예로 들자면, ― 비록 우리가 친숙한 환경에서는 여전히 대단히 정확한 근삿값을 제공함에도 불구하고 ― 20세기의 발전 덕분에 이제 우리는 그 법칙이 빠른 속도, 작은 거리, 높은 밀도의 환경에서는 적용되지 않는다는 것을 안다. 이런 환경에서는 그 대신 특수 상대성 이론, 양자 역학, 혹은 일반 상대성 이론이 지배한다.

제이크는 이 말을 한참 생각한 뒤, 약간 희한하지만 심오한 질문을 던졌다. 만일 내가 과거로 돌아갈 수 있다면, 지금 아는 지식을 어떻게 할 것인지? 과거에서 만난 사람들에게 우리가 지금에서야 알게 된 최신 발전을 이야기해 주겠느냐는 것이었다.

제이크는 이 딜레마의 두 가지 중요한 측면을 알고 있었다. 첫째는 내 말을 믿어 주는 사람이 있을 것인가 하는 문제이다. 아니면 그들은 그냥 나를 미치광이로 여길까? 훨씬 더 발전된 기술로 습득한 실험 증거가 없는 상황에서는 지난 세기에 과학자들이 발견하고 추론해 낸 놀라운 현상들과 관계들이 꼭 미친 소리처럼 들릴 것이다. 그것들은 좀 더 익숙한 일상적인 환경에서 형성된 사람들의 직관을 거스르기 때문이다.

그러나 제이크가 제기한 딜레마의 두 번째 측면이야말로 좀 더 흥미진진한 문제일 것이다. 설령 사람들이 새로운 통찰을 알아듣고 믿더라도, 혹 겁을 먹어서 무시해 버리거나 — 반대쪽 극단의 경우에는 — 지나치게 성급하게 그것을 적용하려고 덤비지 않을까? 제이크는 그러니 시간 여행을 하는 내가 정보를 혼자만 알고 있어야 한다는 것이 자신의 직감에 따른 결론이라고 했다. 세상이 과학 지식의 지름길을 모르는 채로 내버려 두는 것이, 과거에 진화했던 대로 서서히 진화하도록 내버려 두는 것이 더 나을 것 같다고 했다.

제이크는 인간 사회란 장기적 사고에 저항을 보이기 마련인 만큼 정보의 갑작스러운 분출은 위험할지도 모른다고 생각했다. 변화가 나쁘다고 생각하는 게 아니었다. 다만 자기 여동생들이 비디오게임과 스마트폰에 빠져서 자신이 그 나이 때 즐겼던 운동, 야외 활동, 탐험심을 포기하는 모습을 보면 걱정스럽다고 했다. 그는 자기 고향 마을의 사례도 걱정스럽다고 했는데, 일단 신기술이 도입되면 산업들은 그 기술의 지역적 영향도 지구적 영향도 고려하지 않은 채 일단 무턱대고 자원을 움켜쥐는 모습을 보아 왔다고 했다. 제이크는 자신의 짧은 생애 동안에도 — 경관에, 그리고 가족의 생활 양식에 — 돌이킬 수 없는 결과가 벌어지는 모습을 지켜보고 숙고한 끝에, 사회는 중대한 과학적 발견이나 기술 변화에 적응할 시간을 충분히 가짐으로써 좀 더 신중하게 종합적이고 장기적인 전략을 발전시키는 게 나을 것이라고 판단한 것이었다.

이 책은 먼 과거에 몇몇 중대하고 통제 불가능한 교란이 벌어져서 지구의 안정성을 심대하게 해쳤던 사건을 살펴보았다. 외계에서 가해진 교란의 한 사례는 6600만 년 전에 혜성이 날아와서 — 아마 암흑 물질 때문이었을 것이다. — 지구에 대량 멸종을 일으켰던 사건이다. 아마도 앞으로 3000만 년쯤 더 지나면 또 다른 혜성이 그런 일을 벌일 것이다. 이런 사건들을 해독하는 것은 환상적인 일이다. 내가 책에서 그런 사건들에 집중한 것, 현재 계속 그 주제를 연구하는 것은 그 때문이다.

그러나 우리는 그런 사건들이 지구와 생명에 미치는 충격을 이해함으로써 또 다른 이득도 얻을지 모른다. 오늘날 우리가 환경에 가하는 교란들이 가져올 결과를 예상하는 데도 도움이 될지 모른다는 점이다. 문명과 현생 생물종의 다양성에 유의미한 시간 규모에서 따지자면, 일탈한 혜성은 우리가 시급하게 걱정해야 할 문제라고 할 수 없다. 그러나 폭발하는 인구가 지구 자원을 성급하게 착취함으로써 벌어지는 변화는 아마도 시급한 문제일 것이다. 그 충격은 느리게 움직이는 혜성의 충격에 비교할 수 있을지도 모르겠는데, 다만 이것은 우리가 손수 만들어 낼 충격이라는 점이 다르다. 태양계의 머나먼 영역에서 비롯되는 충격에 대해서는 그럴 수 없지만, 현재 벌어지는 변화에 대해서는 우리가 약간의 통제를 가할 수 있다.

암흑 물질 연구가 당연히 그런 염려로 이어지는 가장 명백한 길이라고는 할 수 없을 것이다. 이 책은 가장 넓은 의미에서 우리 주변 환경을 다뤘을 뿐이고 — 우주 환경, 그리고 과학 발전이 우리에게 안겨 준 놀라운 통찰들이 그것이다. — 미래의 발전으로부터 무엇이 더 밝혀질지도 다뤘다. 그러나 나는 암흑 물질을 생각하다가 우리 은하를 생각하게 되었고, 그러다가 태양계에 대해서 좀 더 알아보게 되었고, 그러다가 혜성을 생각해 보게 되었고, 그러다가 공룡의 멸종을 좀 더 잘 이해하게 되었으며, 그러다가 결국 생명이 — 오늘날 지구에 존재하는 생명이 — 번성하려면 얼마나 정교한 균형이 갖춰져야 하는지를 생각해 보게 되었다. 우리가 그 균형을 망치더라도, 어떻게든 우리는 살아남을지도 모른다. 그리고 지구는 틀림없이 살아남을 것이다. 하지만 오늘날 우리가 더불어 살아가며 의지하는 다른 생물종들이 그로 인한 극단적인 변화를 견딜 수 있을지는 분명하지 않다.

우주가 존재한 지는 138억 년쯤 되었고, 지구는 태양 주위를 45억 번쯤 공전했다. 인간이 지구에 등장한 것은 200만 년밖에 안 되었으며, 문명은 2만 년도 안 되었다. 그런데도 내 생애에 세계 인구는 2배 이상 늘어, 지구에 40억 명을 추가로 더했다. 우리가 지구 자원을 성급하게 착취하는 것은 — 그럼으로써 지구와 생명에게 중대한 영향을 미치는 것은 — 우주가 수백만 년, 심지어 수십억 년에 걸쳐서 해 왔던 일을 삽시간에 망치는 꼴이다. 그 위험은 인간의 짧은 수명 내에는 눈에 들어오지 않을지도 모른다. 그래도 어쨌든 우리가 앞으로 나아갈 때 조심성을 발휘한다면, 미래의 새로운 정보와 발전을 잘 활용하는 최적의 방법을 알아내는 데 도움이 될 것이다.

우리는 스스로 회복성이 있다고 생각하고 싶어 하지만, 세상의 현재 상황은 우리 생각보다 덜 안정적일 가능성이 높다. 현재 속도로 서식지와 대기를 바꾸고 망가뜨리는 것은 생명 다양성에 영향을 미치며, 심지어 여섯 번째 대량 멸종을 촉발할지도 모른다. 인간이 조만간 사라질 리야 없겠지만, 우리 생활 양식의 중요한 측면들은 사라질 수도 있다. 우리가 빚어내는 변화들은 — 심지어는 우리가 시도하는 해결책들도 — 환경을 위협하며, 사회 경제적 안정도 위협한다. 그 결과가 궁극에는 지구적 의미에서 유익할지도 모르더라도, 지금 여기에서 살아가는 생물들에게도 꼭 좋으리라는 보장은 없다.

우리가 환경의 일부 측면들을 개조하려고 노력할 수도 있다. 그러나 세상은 어마어마하게 복잡한 계이고, 그 계에는 기적처럼 보이는 많은 속성들이 관여하는데, 우리는 현재 그중 일부만을 이해한다. 기술이 문제를 일부 풀어 주더라도, 갈수록 빨라지는 변화 속도를 기술이 따라잡기란 어떤 경우에도 어려울 것이다. 거듭된 혁신으로 방정식이 크게 달라지지 않는 한, 결과는 틀림없이 지속 불가능한 팽창일 것이다. 그래서 우리가 무언가를 포기하지 않으면 안 되는 상황이 올 것이다. 이때 우리가 최적의 반응을 보이려면, 기술을 좀 더 종합적인 전략으로 통합해 내도록 뒷받침해 주는 정치적, 사회적, 경제적 분위기가 필요하다. 분명 만만찮은 과제이지만, 우리는 가치 있는 이 목표를 향하여 전진하기를 주저하지 말아야 한다.

기하 급수적 성장은 시작할 때는 비교적 느리지만 나중에는 극적으로 치솟는다. 현재의 새로운 상태를 지탱하는 데 필요한 자원은 우리가 과거에 접했던 어떤 것도 압도하는 수준이다. 정교하게 균형 잡힌 생태계와 복잡하고 취약한 하부 구조에서는 비교적 사소한 교란이라도 큰 영향을 미칠 수 있다. 우리는 성장을 지금과는 다르게 계획해야 하지 않을까 하는 질문을 스스로에게 던져 보아야 한다. 아니면 앞으로 가능한 변화가 무엇인지를 좀 더 찬찬히 따져보아야 하는 게 아닐까 하는 질문이라도. 프란치스코 교황조차 2015년 회칙에서 "급속화"라는 표현을 쓰면서 지나치게 빠르고 강력한 인간 활동을 경고했다. 다가올 변화에는 유익한 측면도 있겠지만, 해로울 가능성이 있는 결과들도 예상해 볼 가치가 있다. 밖에서 — 혹은 안쪽에서 — 바라보노라면, 우리의 태도는 몹시 근시안적인 것으로 보일 수도 있다.

　내 말을 오해하지는 말기 바란다. 나는 진보를 믿는다. 누가 뭐라 해도 지식은 멋진 것이다. 그러나 나는 우리에게 발전을 현명하게 적용해야 할 책임도 있다고 믿는데, 그러려면 가끔은 장기적인 시각을 취해야 한다. 지적인 종이라면, 형성되는 데 수십억 년 혹은 최소한 수백만 년이 걸린 희소한 자원을 놓고 경쟁하고 그것을 파괴하는 일에 의지하여 자기 존재를 구축해선 안 되는 법이다. 기술 응용은 유용할 수도 있고 유해할 수도 있겠지만, — 가끔은 우리 뜻과 달리 그렇게 된다. — 어쨌든 증가한 지식은 우리에게 바람직한 기계 장치를 만들고, 더 나은 예측을 내고, 잠재적 문제에 대한 실현 가능한 해법을 발견하고, 현재 지식의 한계를 평가할 능력을 안겨 준다. 그 지식을 잘 사용하는 것은 우리에게 달렸다.

과학적 발견이 응용될 수 있는 범위가 처음부터 명백히 드러나는 경우는 드물다는 것을 명심해야 한다. 그러나 과학적 발전은 은밀하게 우리 세상을 바꾸고, 우리 세계관도 바꾼다. 제대로 응용된다면 그것은 엄청난 이득을 안겨 준다. 추상적 이론에 바탕을 둔 통찰조차도, 즉 처음에는 누구도 실용적 응용이 가능하리라고 생각하지 않았던 기초 연구도 세상에 심대한 충격을 미치고는 했다.

오늘날 암 치료를 목표로 삼는 유전학은 원래 순전히 이론적인 질문에 집중했던 DNA 연구에서 비롯했다. MRI 같은 의료 기기는 원자핵에 관한 지식에서 생겨났다. 좋게도 나쁘게도 쓰여 온 핵에너지는 원자 구조에 관한 지식에서 비롯했다. 전자 공학 혁명은 트랜지스터가 발달함으로써 생겨났고, 트랜지스터는 양자 물리학에서 발달했다. 인터넷은 컴퓨터 과학자 팀 버너스리가 CERN — 현재 LHC가 설치되어 있는 입자 물리학 가속기 연구소이다. — 에서 각국 과학자들의 소통과 조화를 진작하고자 수행했던 작업에서 나온 부산물이었다. 오늘날 어디에나 쓰이는 GPS(위성 위치 확인) 시스템은 아인슈타인의 상대성 이론을 활용한다. 전기가 처음 발견되었을 때 그것이 중요하리라고 생각한 사람은 아무도 없었지만, 오늘날 전기는 우리 생활 양식에 긴요한 것이 되었다.

노벨 물리학상 수상자를 아버지로 둔 지질학자 월터 앨버레즈는 처음 연구를 시작했을 때 지질학은 물리학에 비하면 판에 박은 작업이라고 생각했다. 20세기 물리학자들이 세상의 작동 방식에 대한 사람들의 생각을 급진적으로 바꾸고 있었던 데 비해 지질학자들은 상대적으로 평이한 하천과 토지의 패턴을 재구성하고 있었으니까. 그러나 우리가 판구조론, 층서학, 지질학적 진화 과정을 좀 더 잘 이해하게 되자, 매장된 석유와 광물을 찾아내고 활용할 수 있게 되었다. 가벼운 호기심으로 시작되었던 학문이 석유와 광물을 찾는 도구로 발달했던 것이다. 그 전환은 18세기에 시작되었으나, 지질학의 중요성이 확대된 것은 20세기 들어서였다. 지질학은 세상에 두둑한 배당금을 안겨 주었다. 지질학은 현대적 산업 단지들에 — 그것과 더불어 경제와 생활 양식에도 — 말 그대로 연료를 제공하는데, 다른 한편으로는 현재의 많은 환경적 골칫거리들을 안긴다.

그러나 앨버레즈를 비롯한 여러 지질학자들의 업적이 보여 주었듯이, 산업적 응용뿐 아니라 기초 연구에 해당하는 목표도 지질학 지식이 발전하도록 뒷받침하는 연료가 되어 준다. 유성체와 태양계를 그것보다 더 넓은 맥락과, 다시 말해 은하의 구조와 연결하는 작업은 이처럼 점점 더 범위를 넓혀 가며 우리 세상과 주변 우주의 관계를 파악하려는 지적 모험의 여정에서 올바른 진행 단계로 보인다.

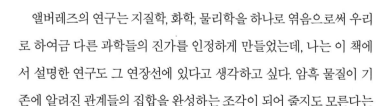

앨버레즈의 연구는 지질학, 화학, 물리학을 하나로 엮음으로써 우리로 하여금 다른 과학들의 진가를 인정하게 만들었는데, 나는 이 책에서 설명한 연구도 그 연장선에 있다고 생각하고 싶다. 암흑 물질이 기존에 알려진 관계들의 집합을 완성하는 조각이 되어 줄지도 모른다는

것은 이런 연속성을 강화하는 일이다. 우리는 지질학을 이용해서 우주적 사건을 이해할 수 있을 뿐 아니라, 어쩌면 암흑 물질의 성질을 이해함으로써 애초에 우리 앞길에 혜성을 내던졌던 우주의 역학을 이해할 수 있을지도 모른다.

대부분의 사람들이 유성체에 품는 관심은 — 천문학자들이나 소행성 광물 채굴 투자자들을 제외하고 말이다. — 그것이 지구 생명에게 미칠지도 모르는 위험에서 비롯되지만, 하늘을 나는 천체들이 우리에게 당장 가하는 위험은 아주 작다. 소행성과 혜성은 대체로 안정된 궤도를 돌며, 궤도를 아예 이탈하여 지구로 떨어지는 것들은 보통 크기가 작다. 큰 천체가 태양계를 벗어나거나 지구와 충돌할 만큼 궤도를 벗어나는 사건은 몹시 드물다. 내가 제시한 정보를 바탕으로 삼아, 여러분도 이제 미래에 어떤 천체가 지구에 부딪힐 수 있으며 그 충격이 얼마나 위험할지를 좀 더 잘 파악하게 되었기를 바란다.

책에서 나는 그런 연관성을 분명하게 보여 주는 한 사례에 대한 여러 가닥의 증거들을 설명했다. 바로 6600만 년 전에 벌어졌던 K-Pg 멸종이다. 지구적 의미에서는 우리 모두가 칙술루브의 후손이라고 말할 수 있을 것이다. 그것은 우리가 이해하고자 노력해야 마땅한 우리 역사의 한 부분이다. 만일 내가 책에서 제시했던 추가의 가설이 사실이라면, 그것은 곧 암흑 물질이 우리 세상을 돌이킬 수 없게 바꿔 놓았다는 뜻일 뿐 아니라 나아가 그중 일부는 인간의 존재를 허락하는 데도 결정적인 역할을 했다는 뜻일 것이다. 이 시나리오를 공룡의 관점에서 보자면, 암흑 물질은 결국 사악한 존재이니 과학자들이 붙인 어두운 이름이 적절한 셈이다. 반면에 인간의 관점에서 보자면, 새로운 종류의 암흑 물질은 지구의 발달 경로를 바꾸어 지금 여러분이 이 책을 읽으면서 앉아 있도록 만들어 준 핵심적 사건들 중 하나를 일으킨 장본인이었다.

책에서 나는 여러분에게 과학적 조사란 어떤 것인지 맛보여 드리려고 노력했다. 과학자들이 어떻게 무언가를 알아내는지, 어떻게 미답의 영역 너머로 나아가는지를. 한편 우주의 역사와 지구의 역사는 우리로 하여금 흥미롭지만 도전적인 과거로의 여행에 나서게 만든다. 가족의 역사도 추적하기 어려운 마당에 — 아직 그 이야기를 들려줄 사람들이 살아 있더라도 어렵다. — 무생물 바위 속에만 보존되어 있는 과거를 해방시키려면 얼마나 많은 장애물을 넘어야 할지 상상해 보라. 더구나 그 바위는 세월이 흘러 침식되었거나 지표면 밑 맨틀로 섭입된 것도 많을 텐데 말이다. 혹은, 우리가 눈으로 볼 수 없는 암흑의 재료가 어떻게 우주의 구조를 형성하는지를 알아내는 게 얼마나 어려운 일일지 상상해 보라.

그러나 과학의 진보 덕분에, 우리는 가장 기본적인 물질의 물리적 조성과 우리가 눈으로 보는 세상의 속성들 사이에 놀랍도록 복잡한 관계들이 존재한다는 것을 일부 밝혀냈다. 암흑 물질 입자들은 붕괴하여 은하를 이루었고, 별에서 만들어진 중원소들은 생명에 흡수되었으며, 맨틀 깊숙이 묻힌 원자핵들의 방사성 붕괴에서 나온 에너지는 지각을 움직이는 힘이 되었고, 그 움직임은 산맥을 만들었다. 우주의 이런 심오한 관계들을 점점 더 잘 이해하게 된 우리의 능력은 정말로 고무적이다. 과학자들이 알려진 세상의 한계를 탐험할 때마다, 늘 기대하지 못했던 발견들이 따라 나왔다.

우리 세상은 풍요롭다. 워낙 풍요로운지라, 입자 물리학자들이 묻는 중요한 질문들 중 두 가지는 바로 "왜 이렇게 풍요로울까?"와 "우리가 보는 모든 물질들은 서로 어떻게 연관되었을까?"이다. 나는 연구자로서 내가 조사하는 것이 주변 세상에 대한 경험과 궁극적으로 직접 연결될 수도 있지만 아닐 수도 있다는 점을 늘 인식하고 있다. 그러나 결과가 어떻든, 내 연구의 결과가 앞으로의 발전에 기여하기를 바란다. 나는 지금 가능한 연구에 집중하지만, 표준적인 그림과 계산에 들어맞지 않는 요소는 우리가 기존 모형을 제대로 이해하지 못함을 시사할 수도 있고 아니면 뭔가 새로운 것의 신호일 수도 있다는 사실을 잘 안다.

암흑 물질이 우주 진화에서 맡은 역할이라는 주제는 오늘날의 가장 흥미로운 과학적 주제들 중 하나이다. 우리가 물질의 모든 형태들을 제대로 이해하려면, ─ 문화적으로 복잡한 사회를 이해하려고 할 때와 마찬가지로 ─ 다양한 집단들이 어떤 방식으로 다 함께 환경의 풍요로움에 기여하는지를 인식하고 소중하게 여겨야 한다. 그리고 이해를 발전시키는 최선의 방법은, 관찰에 부합하면서도 가장 깔끔하고 믿을 만한 물질들의 상차림이 어떤 형태인지 결정하는 것이다. 내가 제안한 암흑 물질 가설은 현재로서는 사고 실험에 불과한지도 모른다. 그러나 그 사고 실험은 향후 실제 측정에 의해 입증되거나 반증될 것이다. 데이터와 이론의 무모순성이야말로 타협을 모르는 태도로 무엇이 옳은지를 결정하는 궁극의 결정권자들이다.

이 책의 제목은 암흑 물질이 혜성에 영향을 미칠 것이라는 추측을 부각해서 지었지만, 우리가 제안한 새로운 암흑 물질의 함의가 그것만은 아니다. 암흑 물질 원반은 별들의 움직임, 왜소 은하들의 조성, 실험실과 우주에서 진행되는 실험과 관찰의 결과에도 영향을 미칠 것이다. 암흑 물질을 이해하는 것은 지구와 태양계를 탐사하는 것에 비해서 많은 면에서 쉽게 손에 잡히지 않는 작업이었지만, 과학자들은 계속해서 그것을 추적할 새로운 방법을 발견하고 있다. 그 결과는 우리에게 우리 은하와 우주가 무엇으로 구성되어 있는지를 알려줄 것이다.

우리 행성이 품은 생명이 아마도 우주 유일의 생명은 아닐 것이다. 그러나 우리가 이렇게 존재하기 위해서는 수많은 특별한 성질들을 갖춘 우주와 행성이 필요했고, 지금도 필요하다. 우리가 이제 겨우 이해하기 시작한 여러 영향력들은 우리가 지금 이 상태에 도달하는 데 결정적인 역할을 했다. 은하를 이해하고 그 속에서 우리가 어떻게 생겨났는지를 이해한다면, 우리는 우연히 벌어졌던 사건들뿐 아니라 그것보다 좀 더 예측 가능한 진화 과정이 어떻게 우리를 여기까지 데려왔는지에 대해서도 좀 더 폭넓은 시각을 가질 수 있다. 우리가 벌써 파악한 내용만 해도 놀라우며, 앞으로 밝히려고 하는 더 많은 관계들도 마찬가지이다. 지난 50년간의 발전은 엄청났다고 말해도 과언이 아니다.

세상에는 힘 빠지는 기사들이 넘쳐나고, 세계 정세에는 실망스럽도록 주기적인 패턴이 있는 듯하다. 그러나 과학 지식을 확장시키는 작업은 우리 삶을 풍요롭게 만들 가능성이 있으며, 우리가 가장 귀하게 여기는 것을 보존하면서 앞으로 나아갈 수 있도록 우리 행동을 이끌어 줄 잠재력이 있다. 연구가 진행될수록, 우리 삶과 주변 환경을 잇고 우리의 현재와 과거를 잇는 다리들이 더 많이 밝혀질 것이다. 그러므로 우리는 그토록 오랜 시간에 걸쳐서 만들어진 세상의 여러 속성들을 음미할 줄 알아야 하고, 우리가 획득한 지혜와 기술 발전을 잘 사용하도록 주의를 기울여야 한다.

우리가 얼마나 놀라운 우주적 맥락에 포함되어 있는가를 기억하는 것은 늘 고무적인 일이다. 세상의 시시한 다툼들과 근시안적인 걱정들에 파묻힌 나머지 과학이 우리에게 얼마나 넓디넓은 세상을 가르쳐 주는지를 잊어서는 안 된다. 내가 지금 하려는 말은 딱히 실용적인 조언으로 들리지 않을 것이다. 그러나 한번 하늘을 보라. 그리고 여러분의 주변을 둘러보라. 바로 거기에 우리가 가꾸고, 아끼고, 이해해야 할 환상적인 우주가 펼쳐져 있다.

감사의 말

이 책을 쓴 계기는 내가 그동안 해 온 물리학 연구, 그리고 책에서 소개한 특정 연구 덕분에 접하게 되었던 천문학, 지질학, 생물학 분야의 많은 아이디어들이었다. 많은 과학자들이 내가 이런 주제에 푹 빠지도록 거들어 주었다. 내가 이 연구나 다른 연구를 하는 동안 지식을 나눠 주었던 모든 물리학자들과 천문학자들에게 감사를 전하고 싶다. 이 책에는 내가 세상에 대해서 느끼는 매혹과 흥분이 담겨 있을 뿐 아니라, 내가 세상의 방향에 대해서 품고 있는 약간의 걱정도 반영되어 있다. 이런 생각을 품은 데는 나와 함께 오랫동안 지적인 대화를 나눠 온 친구들의 영향이 컸다. 그렇게 도와준 모든 사람들에게 감사하고 싶다.

특히 과학적 관심사를 공유한 많은 동료들, 그리고 암흑 원반 연구의 여러 측면에서 함께 일했던 동료들에게 고맙다. 지지 판, 안드레이

카츠, 에릭 크레이머, 매슈 매컬로, 매슈 리스, 야쿠프 숄츠이다. 이 책의 착상을 이끈 연관성을 처음 알려준 폴 데이비스도 고맙고, 그 연구를 함께해 준 매슈 리스도 고맙다. 고맙게도 매슈와 루보스 모틀이 초고를 읽어 주었는데, 두 사람의 의견과 격려에 감사한다. (루보스는 몇몇 논쟁적인 문제에 비판적인 의견을 주었기 때문에 그의 격려는 선택적이었다고 말해야 하겠지만……)

일부 장들을 살펴봐 준 물리학자, 천문학자 동료들도 고맙다. 로라 보디스, 제임스 불럭, 보그단 도브레스쿠, 더그 핑크바이너, 리처드 게이츠켈, 야쿠프 숄츠, 팀 테이트. 애덤 브라운이 최종 단계에 가까운 원고를 확인해 준 것도 귀중한 도움이었다. 조 보비, 매슈 버클리, 션 캐럴, 크리스 플린, 라르스 베리스트룀, 켄 팔리, 라르스 헤른크비스트, 요한 홀름베리, 아비 러브, 조너선 맥도웰, 스콧 트레메인, 매슈 워커가 과학적인 내용에 관해서 준 지적은 책에 반영되었고, 사실을 검토하고 통찰을 제공해 준 천문학자들의 지적도 마찬가지이다. 특히 프란체스카 데메오, 디미터르 서셀로프, 마리아 주버의 지적이 그랬다. 내내 너그럽게 시간과 관심을 쏟아 준 마틴 엘비스, 크리스 플린에게 특별한 감사를 전한다. 제리 코인, 네이선 머볼드, 특히 월터 앨버레즈, 앤디 놀, 데이비드 크링은 멸종, 특히 K-Pg 멸종에 대해서 전문가의 귀중한 시각을 제공해 주었다. 그들의 제안과 수정은 매우 귀중했다. 스페인의 K-Pg 경계를 방문할 수 있도록 주선해 준 호세 후안 블랑코, 아시에르 일라리오, 미렌 멘데아, 욘 우레스티야도 고맙다.

그러나 과학을 아는 것과 책을 쓰는 것은 별개의 문제이다. 과학자 동료들의 통찰력 있는 지적과 신중한 검토에 더하여, 나는 다른 관심사를 지닌 많은 친구들의 지원과 지혜를 받는 큰 행운을 누렸다. 앤디 마클은 고맙게도 시간과 지원과 믿음직한 지지를 쏟아 주었으며, 내가 말이 너무 많거나 적은 대목을 늘 솔직하게 평가해 주었다. 코맥 매카시가 원고를 꼼꼼히 읽고서 제시한 높은 기준도(더불어 무언의 방식으로 불만을 표현하는 태도도) 집필을 진행하는 데 자극이 되었다. 친구인 주디스 노노, 마야 야사노프, 젠 색스의 지혜와 조언과 격려는 책의 발상과 언어를 구축하는 데 도움이 되었고, 젠의 통찰도 여러 대목에서 도움이 되었다. 데이비드 루이스의 영어 구사력과 애나 크리스티나 부흐만의 편집자다운 지혜는 최종 원고에 크게 기여했다. 짐 브룩스, 리처드 엥겔, 티머시 페리스, 밀로 구델, 톰 레벤슨, 하워드 루트닉, 데이나 랜들, 마이클 스네디커도 고맙다. 모두 좋은 지적을 해 주어 도움이 되었다.

책이 완성될 때까지 조언과 격려와 인내를 보여 준 편집자 힐러리 레드먼에게 깊이 감사한다. 그 조수 에마 야나스키도 원고를 완성하는 것을 도와주었다. 영국 랜덤 하우스 출판사의 스튜어트 윌리엄스도 편집 측면에서 귀중한 통찰을 주었다. 에코 출판사의 댄 핼펀과 직원들의 도움에 감사하고, 고맙게도 표지 작업을 해 준 앨리슨 솔츠버그도 고맙다. 재능 있고 사려 깊은 로즈 링컨은 내 사진을 찍어 주었고, 게리 피콥스키는 새 삽화들을 그려 주었다. 엘리자베스 체리스, 로빈 그린, 에마 자나스키, 에릭 캐플런, 데이비드 크링, 에밀리 라크다왈라, 토미 미콜, 빌리 프라다는 사진을 거들어 주었고, 캐슬린 로셸로는 참고 자료를 솜씨 좋게 정리해 주었으며, 엘리자베스 체리스는 교정을 봐 주었다. 즐겁고 생산적인 시간을 보내게 해 준 예술가 거주 시설 야도와 함께 머물렀던 사람들에게 고맙다. 마티와 새러 플러그는 몇몇 중요한 시점에 환대를 베풀어 주었다. 집필 시간을 허락하고 생산적인 물리 연구 환경을 제공한 하버드 대학교에도 고마움을 표한다. 집필을 시작하도록 도와준 에이전트 앤드루 와일리에게 크나큰 감사를 전한다. 원고 작성을 격려해 준 앤드루와 새러 샬펀트도 고맙다. 작업 중에 줄곧 편의를 보아 준 제임스 풀런과 크리스티나 무어를 비롯하여 와일리 에이전시의 다른 분들도 고맙다.

제프 구델에게는 특별히 감사해야 마땅하다. 좋은 이야기의 추진력뿐 아니라 그것을 전달하는 방식에 대한 지혜까지 갖춘 유능한 작가로서 그는 자신의 통찰을 여러 차례 나눠 주었다. 그의 호기심을 함께 나누는 것도 기쁜 일이었다. 그의 가족, 내 가족, 내 친구들이 보여 준 귀중한 호기심과 관심과 격려에도 감사한다.

마지막으로 부모님에게 감사하고 싶다. 슬프게도 두 분은 이 책을 보지 못하시겠지만, 책의 길잡이가 되어 준 내 관점에는 두 분의 영향이 속속들이 스며 있다고 믿는다. 내가 어떤 목표이든 달성할 수 있다고 믿게 된 것은 부모님 덕분이었다. 이 책을 쓰는 것처럼 야심 찬 작업이라도 말이다.

후주

1장

1 정확히 말하자면 블랙홀이 암흑 물질 후보 중 하나로 거론되는데, 이 주제에 대해서는 뒤에서 이야기하겠다. 관측이 부여하는 제약과 이론적 문제 때문에 이제 이 시나리오는 가능성이 극히 낮다고 평가되지만 말이다.

2장

1 인정하건대, 이 비유는 여기까지만 유효하다. 불만에 찬 망명자들과는 달리 초신성이 우주로 퍼뜨린 중원소들은 더 이상의 불안을 야기하지 않는다. 오히려 그 원소들은 항성계 형성에 기여하고 심지어 생명의 형성에도 기여하는 훌륭한 역할을 한다.

2 이 그림은 널리 정설로 받아들여지지만, 사실은 현재 전문가들에 의해 반박되고 있다. 한편으로는 폭발하는 백색 왜성의 스펙트럼과 빛 곡선에 관한 예측이 측정치와 잘 들어맞는 게 사실이다. 그러나 백색 왜성이 거느리고 있으리라고 예측되는 쌍성을 목격한 사람은 아직 아무도 없다. 그래서 천문학자들은 하나의 백색 왜성이 아니라 두 백색 왜성이 융합하면서 폭발을 일으키는 게 아닐까 하는 가설을 내놓았다. 이 가설을 지지하는 데이터도 있지만 — 주로 쌍성 형성에서 폭발까지 걸리는 시간을 측정한 것과 관련된다. — 아직 하나의 백색 왜성 폭발 시나리오에서 유도되는 상세한 예측들이 확실히 확

인된 것은 아니기 때문에 이 문제는 미해결 상태로 남아 있다.

4장

1 켈빈 단위에서 온도 차는 섭씨에서의 차와 같다. 그러나 섭씨에서는 가능한 최저 온도가 −273.15도인 데 비해 켈빈에서는 0도이다. 화씨에서는 −459.67도이다.

7장

1 여기에서 암흑은 빛을 흡수한다는 보통의 의미로 썼었다. '암흑 물질'을 뜻하는 게 아니다.

9장

1 조지 브라운 주니어 발의. 2005년 NASA 수권법 중 지구 근접 천체 조사 부분. (공법 109-155)

12장

1 지질 시대의 명명을 담당하는 국제 층서 위원회(ICS)는 네 번째 부분을 뜻하는 제4기도 없애려고 했으나, 국제 제4기학 연합의 반발에 부딪혀 2009년에 이 용어를 되살렸다. 한편 열렬한 옹호자가 적었던 제3기는 이제 더 이상 공식 용어가 아니다. 그래서 K-T는 K-Pg로 교체되었다.

14장

1 기술적으로 말하자면, 다른 과정들의 정밀 측정에 요구되는 조건들 때문에 이 값의 범위에는 제약이 있었다. 하지만 힉스 보손 자체를 직접적으로 수색하는 과정만을 논하는 프레젠테이션에서는 이런 제약은 무시했다.

15장

1 어떤 암흑 물질 입자는 자기 자신의 반입자이므로, 그 경우에는 비슷한 다른 입자와 만나서 쌍소멸할 수 있다.

17장

1 전자볼트(eV)는 입자 물리학자들이 제일 자주 쓰는 에너지 단위이다. 킬로전자볼트
  (keV)는 1,000전자볼트(eV)이고, 기가전자볼트(GeV)는 ― 이 단위는 오늘날의 고에
  너지 가속기에 관해서 물리학자들이 토론할 때 자주 쓴다. ― 100억 전자볼트이다.

더 읽을거리

아래 목록은 내게 흥미롭고 유용했던 논문들과 책들의 일부를 모은 것이다. 종합적인 조사 결과라고 할 만한 목록은 아니다. 논쟁적인 주제에 관한 자료들이 더 많이 포함되었다. 하지만 리뷰 논문도 일부 포함했고, 핵심적인 논문도 몇 편 포함했다. 기본적인 주제들을 다룬 자료에는 교과서와 위키피디아도 포함된다. 위키피디아의 과학 주제 항목들은 지식을 잘 갖춘 애호가들이 최신에 가까운 내용으로 계속 업데이트하고 있는 것이 많다.

1장과 2장

Bergström, Lars. "Non-Baryonic Dark Matter: Observational Evidence and Detection Methods." *Reports on Progress in Physics* 63.5 (2000): 793–841.

Bertone, Gianfranco, Dan Hooper, and Joseph Silk. "Particle Dark Matter: Evidence, Candidates and Constraints." *Physics Reports* 405.5-6 (2005): 279–390.

Copi, C J, D N Schramm, and M S Turner. "Big-Bang Nucleosynthesis and the Baryon Density of the Universe." *Science* 267.5195 (1995): 192–9.

Freese, Katherine. *The Cosmic Cocktail: Three Parts Dark Matter.* Princeton University Press, 2014.

Garrett, Katherine, and Gintaras Duda. "Dark Matter: A Primer." *Advances in Astronomy* 2011 (2011): 1–22.

Gelmini, Graciela B. *TASI 2014 Lectures: The Hunt for Dark Matter.* (2015). http://arxiv.org/abs/1502.01320.

Lundmark, Knut. Lund Medd. 1 No125 = VJS 65, p. 275 (1930).

Olive, Keith A. "TASI lectures on dark matter." *arXiv preprint astro-ph/030 1505*(2003).

Panek, Richard. *The 4 Percent Universe: Dark Matter, Dark Energy, and the Race to Discover the Rest of Reality*. Mariner Books, 2011.

Peter, Annika HG. "Dark Matter: A Brief Review." *Frank N. Bash Symposium 2011: New Horizons in Astronomy*. Ed. Sarah Salviander, Joel Green, and Andreas Pawlik. University of Texas at Austin, 2012.

Profumo, Stefano. "TASI 2012 Lectures on Astrophysical Probes of Dark Matter." (2013): 41.

Rubin, V. C., N. Thonnard, and Jr. Ford, W. K. "Rotational Properties of 21 SC Galaxies with a Large Range of Luminosities and Radii, from NGC 4605 /R = 4kpc/ to UGC 2885 /R = 122 Kpc/." *The Astrophysical Journal* 238 (1980): 471–487.

Rubin, Vera C., and Jr. Ford, W. Kent. "Rotation of the Andromeda Nebula from a Spectroscopic Survey of Emission Regions." *The Astrophysical Journal* 159 (1970): 379–403.

Sahni, Varun. "Dark Matter and Dark Energy." *Physics of the Early Universe*. Springer Berlin Heidelberg, 2005. 141–179.

Strigari, Louis E. "Galactic Searches for Dark Matter." *Physics Reports* 531.1 (2013): 1–88.

Trimble, V. "Existence and Nature of Dark Matter in the Universe." *Annual Review of Astronomy and Astrophysics* 25 (1987): 425–472.

Zwicky, F. "Die Rotverschiebung von Extragalaktischen Nebeln." *Helvetica Physica Acta* 6 (1933): 110–127.

Zwicky, F. "On the Masses of Nebulae and of Clusters of Nebulae." *The Astro physical Journal* 86 (1937): 217.

3장

Humboldt, Alexander von. *Kosmos: A General Survey of Physical Phenomena of the Universe*, Volume 1. H. Baillière, 1845.

4장

Baumann, Daniel. "TASI Lectures on Inflation." (2009). http://arxiv.org/abs/0907.5424.

Boggess, N. W. et al. "The COBE Mission—Its Design and Performance Two Years after Launch." *The Astrophysical Journal* 397 (1992): 420–429.

Freeman, Ken, and Geoff McNamara. *In Search of Dark Matter.* Springer, 2006.

Guth, Alan H. The Inflationary Universe: The Quest for a New Theory of Cosmic Origins. Perseus Books, 1997.

Hinshaw, G. et al. "Five-Year Wilkinson Microwave Anisotropy Probe Observations: Data Processing, Sky Maps, and Basic Results." *The Astrophysical Journal Supplement Series* 180.2 (2009): 225–245.

Kamionkowski, Marc, Arthur Kosowsky, and Albert Stebbins. "A Probe of Primordial Gravity Waves and Vorticity." *Physical Review Letters* 78 (1997): 2058–2061.

Komatsu, E. et al. "Five-Year Wilkinson Microwave Anisotropy Probe Observations: Cosmological Interpretation." *The Astrophysical Journal Supplement Series* 180.2 (2009): 330–376.

Kowalski, M. et al. "Improved Cosmological Constraints from New, Old, and Combined Supernova Data Sets." *The Astrophysical Journal* 686.2 (2008): 749–778.

Leitch, E. M. et al. "Degree Angular Scale Interferometer 3 Year Cosmic Microwave Background Polarization Results." *The Astrophysical Journal* 624.1 (2005): 10–20.

Penzias, A. A., and R. W. Wilson. "A Measurement of Excess Antenna Temperature at 4080 Mc/s." *The Astrophysical Journal* 142 (1965): 419–421.

Seljak, Uroš, and Matias Zaldarriaga. "Signature of Gravity Waves in the Polarization of the Microwave Background." *Physical Review Letters* 78.11 (1997): 2054–2057.

Weinberg, Steven. *The First Three Minutes: A Modern View of the Origin of the Universe.* Basic Books, 1993.

5장

Binney, J., and S. Tremaine. *Galactic Dynamics.* Princeton University Press, 2008.

Davis, M. et al. "The Evolution of Large-Scale Structure in a Universe Dominated by Cold Dark Matter." *The Astrophysical Journal* 292 (1985): 371–394.

"Hubble Maps the Cosmic Web of 'Clumpy' Dark Matter in 3-D." (7 January 2007). http://hubblesite.org/newscenter/archive/releases/2007/01/image/a/grav/.

Kaehler, R., O. Hahn, and T. Abel. "A Novel Approach to Visualizing Dark Matter Simulations." *IEEE Transactions on Visualization and Computer Graphics* 18.12 (2012): 2078–2087.

Loeb, Abraham. *How Did the First Stars and Galaxies Form?* Princeton University Press, 2010.

Loeb, Abraham, and Steven R. Furlanetto. *The First Galaxies in the Universe.* Princeton University Press, 2013.

Massey, Richard et al. "Dark Matter Maps Reveal Cosmic Scaffolding." *Nature* 445.7125 (2007): 286–90.

Mo, Houjun, Frank van den Bosch, and Simon White. *Galaxy Formation and Evolution*. Cambridge University Press, 2010.

Papastergis, Emmanouil et al. "A Direct Measurement of the Baryonic Mass Function of Galaxies & Implications for the Galactic Baryon Fraction." *Astrophysical Journal* 259.2 (2012): 138.

Springel, Volker et al. "Simulations of the Formation, Evolution and Clustering of Galaxies and Quasars." *Nature* 435.7042 (2005): 629–36.

6장

Blitzer, Jonathan. "The Age of Asteroids." *New Yorker*. (2014). http://www.newyorker.com/tech/elements/age-asteroids.

DeMeo, F E, and B Carry. "Solar System Evolution from Compositional Mapping of the Asteroid Belt." *Nature* 505 (2014): 629–34.

Kleine, Thorsten et al. "Hf–W Chronology of the Accretion and Early Evolution of Asteroids and Terrestrial Planets." *Geochimica et Cosmochimica Acta* 73.17 (2009): 5150–5188.

Lissauer, Jack J., and Imke de Pater. *Fundamental Planetary Science: Physics, Chemistry and Habitability*. Cambridge University Press, 2013.

Rubin, Alan E., and Jeffrey N. Grossman. "Meteorite and Meteoroid: New Comprehensive Definitions." *Meteoritics and Planetary Science* (2010): 114-122.

7장

Bailey, M. E., and C. R. Stagg. "Cratering Constraints on the Inner Oort Cloud: Steady-State Models." *Monthly Notices of the Royal Astronomical Society* 235.1 (1988): 1–32.

"Europe's Comet Chaser." *European Space Agency*. (2014). http://www.esa.int/Our_Activities/Space_Science/Rosetta/Europe_s_comet_chaser.

Gladman, B. "The Kuiper Belt and the Solar System's Comet Disk." *Science* 307.5706 (2005): 71–75.

Gladman, B., B. G. Marsden, and C. Vanlaerhoven. "Nomenclature in the Outer Solar System." *The Solar System Beyond Neptune*. Ed. M. A. Barucci et al. University of Arizona Press, 2008. 43–57.

Gomes, Rodney. "Planetary Science: Conveyed to the Kuiper Belt." *Nature* 426.6965 (2003): 393–5.

Iorio, L. "Perspectives on Effectively Constraining the Location of a Massive Trans-Plutonian Object with the New Horizons Spacecraft: A Sensitivity Analysis." *Celestial Mechanics and Dynamical Astronomy* 116.4 (2013): 357–366.

Morbidelli, A, and H F Levison. "Planetary Science: Kuiper-Belt Inter lopers." *Nature* 422.6927 (2003): 30–1.

Olson, RJM. "Much Ado about Giotto's Comet." *Quarterly Journal of the Royal Astronomical Society* 35.1 (1994): 145.

Robinson, Howard. *The Great Comet of 1680: A Study in the History of Rationalism.* Press of the Northfield News, 1916.

Walsh, Colleen. "The Building Blocks of Planets." *Harvard Gazette* 12 Sept. 2013.

8장

Francis, Matthew. "The Solar System Boundary and the Week in Review (September 8-14)." *Bowler Hat Science.* (2013). http://bowlerhatscience.org/2013/09/14/the-solar-system-boundary-and-the-week-in-review-september-8-14/.

McComas, David. "What Is the Edge of the Solar System Like?—NOVA Next | PBS." (2013). http://www.pbs.org/wgbh/nova/next/space/voyager-ibex-and-the-edge-of-the-solar-system/.

9장

Gehrels, T., ed. *Hazards Due to Comets and Asteroids.* University of Arizona Press, 1995.

The Earth Institute, "The Growing Urbanization of the World," Columbia University, New York, 2005.

"IAU Minor Planet Center." (2015). http://www.minorplanetcenter. net/.

Kring, David A., and Mark Boslough. "Chelyabinsk: Portrait of an Asteroid Airburst." *Physics Today* 67.9 (2014): 32–37.

Levison, Harold F et al. "The Mass Disruption of Oort Cloud Comets." *Science* 296.5576 (2002): 2212–5.

Marvin, U. B. "Siena, 1794: History's Most Consequential Meteorite Fall." *Meteoritics* 30.5 (1995): 540.

Marvin, Ursula B. "Ernst Florens Friedrich Chladni (1756-1827) and the Origins of Modern Meteorite Research." *Meteoritics & Planetary Science* 31.5 (1996): 545–588.

Marvin, Ursula B. "Meteorites in History: An Overview from the Renaissance to the 20th Century." *Geological Society, London, Special Publications* 256.1 (2006): 15–71.

Marvin, Ursula B., and Mario L. Cosmo. "Domenico Troili (1766): 'The True Cause of the Fall of a Stone in Albereto Is a Subterranean Explosion That Hurled the Stone Skyward.'" *Meteoritics & Planetary Science* 37.12 (2002): 1857–1864.

"Meteorites, Impacts, & Mass Extinction." (2014). http://www.tulane.edu/~sanelson/Natural_Disasters/impacts.htm.

National Research Council. Defending Planet Earth: Near-Earth Object Surveys and Hazard Mitigation Strategies. National Academies Press, 2010.

Nield, Ted. *Incoming! Or, Why We Should Stop Worrying and Learn to Love the Meteorite.* Granta Books, 2012.

Shapiro, Irwin I. et al., with National Research Council. "Defending Planet Earth: Near-Earth Object Surveys and Hazard Mitigation Strategies." 2010: 149.

Tagliaferri, E. et al. "Analysis of the Marshall Islands Fireball of February 1, 1994." *Earth, Moon, and Planets* 68.1-3 (1995): 563–572.

10장

"Astronomy: Collision History Written in Rock." *Nature* 512.7515 (2014): 350.

Barringer, D. M. "Coon Mountain and Its Crater." *Proceedings of the Academy of Natural Sciences of Philadelphia*, Vol. 57. 1905. 861–886.

"Earth Impact Database." http://www.passc.net/EarthImpactData base/.

Grieve, R A F. "Terrestrial Impact Structures." *Annual Review of Earth and Planetary Sciences* 15 (1987): 245–270.

Kring, David A. Guidebook to the Geology of Barringer Meteorite Crater, Arizona. Lunar and Planetary Institute, 2007.

Tilghman, B. C. "Coon Butte, Arizona." *Proceedings of the Academy of Natural Sciences of Philadelphia*, v. 57 (1905). 887–914.

11장

Bambach, Richard K. "Phanerozoic Biodiversity Mass Extinctions." *Annual Review of Earth and Planetary Sciences* 34.1 (2006): 127–155.

Bambach, Richard K., Andrew H. Knoll, and Steve C. Wang. "Origination, Extinction, and Mass Depletions of Marine Diversity." *Paleobiology* 30.4 (2004): 522–542.

Barnosky, Anthony D. *Dodging Extinction: Power, Food, Money, and the Future of Life on Earth*. University of California Press, 2014.

Barnosky, Anthony D et al. "Has the Earth's Sixth Mass Extinction Already Arrived?" *Nature* 471 (2011): 51–57.

Carpenter, Kenneth. *Eggs, Nests, and Baby Dinosaurs: A Look at Dinosaur Reproduction*. Indiana University Press, 1999.

Eldredge, Niles. *Reinventing Darwin: The Great Debate at the High Table of Evolutionary Theory*. Wiley, 1995.

Jablonski, David. "Mass Extinctions and Macroevolution." *Paleobiology* 31.sp5 (2005): 192–210.

Kelley, S. "The Geochronology of Large Igneous Provinces, Terrestrial Impact Craters, and Their Relationship to Mass Extinctions on Earth." *Journal of the Geological Society* 164.5 (2007): 923–936.

Kidwell, Susan M. "Shell Composition Has No Net Impact on Large-Scale Evolutionary Patterns in Mollusks." *Science* 307 (2005): 914–917.

Kolbert, Elizabeth. *The Sixth Extinction: An Unnatural History*. Henry Holt & Co., 2014.

Kurtén, Björn. *Age Groups in Fossil Mammals*. Helsinki: Societas scientiarum Fennica, 1953.

Lawton, John H., and Robert May, eds. *Extinction Rates*. Oxford University Press, 1995.

MacLeod, Norman. *The Great Extinctions: What Causes Them and How They Shape Life*. Firefly Books, 2013.

"Modern Extinction Estimates." (2015). http://rainforests.mongabay.com/09x_table.htm.

Newell, Norman D. "Revolutions in the History of Life." *Geological Society of America Special Papers 89*. Geological Society of America, 1967. 63–92.

Pimm, S. L. et al. "The Biodiversity of Species and Their Rates of Extinction, Distribution, and Protection." *Science* 344 (2014): 1246752.

Rothman, Daniel H et al. "Methanogenic Burst in the End-Permian Carbon Cycle." *Proceedings of the National Academy of Sciences of the United States of America* 111.15 (2014): 5462–7.

Sanders, Robert. "Has the Earth's Sixth Mass Extinction Already Arrived?" *UC Berkeley News Center* 2 Mar. 2011.

Schindel, David E. "Microstratigraphic Sampling and the Limits of Paleontologic Resolution." *Paleobiology* 6.4 (1980): 408–426.

Sepkoski, J. J. "Phanerozoic Overview of Mass Extinction." *Patterns and Processes in the History of Life*. Ed. D. M. Raup and D. Jablonski. Springer Berlin Heidelberg, 1986. 277–295.

Valentine, James W. "How Good Was the Fossil Record? Clues from the California Pleistocene." *Paleobiology* 15.2 (1989): 83–94.

Wilson, Edward O. *The Future of Life*. 1st ed. Vintage Books, 2003.

12장

Alvarez, Walter. *T. Rex and the Crater of Doom*. Princeton University Press, 2008.

Alvarez, L. W. et al. "Extraterrestrial Cause for the Cretaceous-Tertiary Extinction." *Science* 208.4448 (1980): 1095–108.

Caldwell, Brady. "The K-T Event: A Terrestrial or Extraterrestrial Cause for Dinosaur Extinction?" *Essay in Palaeontology 5p* (2007).

Choi, Charles Q. "Asteroid Impact That Killed the Dinosaurs: New Evidence." (2013). *http://www.livescience.com/26933-chicxulub-cosmic-impact-dinosaurs.html*.

Frankel, Charles. *The End of the Dinosaurs: Chicxulub Crater and Mass Extinctions*. Cambridge University Press, 1999.

Kring, David A. et al. "Impact Lithologies and Their Emplacement in the Chicxulub Impact Crater: Initial Results from the Chicxulub Scientific Drilling Project, Yaxcopoil, Mexico." *Meteoritics & Planetary Science* 39.6 (2004): 879–897.

Kring, David A. et al. "The Chicxulub Impact Event and Its Environmental Consequences at the Cretaceous–Tertiary Boundary." *Palaeogeography, Palaeoclimatology, Palaeoecology* 255.1-2 (2007): 4–21.

Moore, J. R., and M. Sharma. "The K-Pg Impactor Was Likely a High Velocity Comet." *44th Lunar and Planetary Conference; Paper #2431*. 2013.

Ravizza, G, and B Peucker-Ehrenbrink. "Chemostratigraphic Evidence of Deccan Volcanism from the Marine Osmium Isotope Record." *Science* 302.5649 (2003): 1392–5.

Sanders, Robert. "New Evidence Comet or Asteroid Impact Was Last Straw for Dinosaurs." *UC Berkeley News Center* 7 Feb. 2013.

Schulte, Peter et al. "The Chicxulub Asteroid Impact and Mass Extinction at the Cretaceous-Paleogene Boundary." *Science* 327.5970 (2010): 1214–8.

"What Killed the Dinosaurs? The Great Mystery - Background." http://www.ucmp.berkeley.edu/diapsids/extinction.html.

"What Killed the Dinosaurs? The Great Mystery - Invalid Hypotheses http://www.
ucmp.berkeley.edu/diapsids/extincthypo.html.

Zahnle, K, and D Grinspoon. "Comet Dust as a Source of Amino Acids at the Creta-
ceous/Tertiary Boundary." *Nature* 348.6297 (1990): 157–60.

13장

American Chemical Society. "New Evidence That Comets Deposited Building Blocks
of Life on Primordial Earth." *Science Daily* (2012): 27 March. www.sciencedaily.
com/releases/2012/03/120327215607.htm.

"Astronomy: Comets Forge Organic Molecules." *Nature* 512.7514 (2014): 234–235.

Durand-Manterola, Hector Javier, and Guadalupe Cordero-Tercero. "Assessments of
the Energy, Mass and Size of the Chicxulub Impactor." (2014). arXiv:1403:6391.

Elvis, Martin. "Astronomy: Cosmic Triangles and Black-Hole Masses." *Nature*
515.7528 (2014): 498–499.

Elvis, Martin. "How Many Ore-Bearing Asteroids?" *Planetary and Space Science* 91
(2014): 20–26.

Elvis, Martin, and Thomas Esty. "How Many Assay Probes to Find One Ore-Bearing
Asteroid?" *Acta Astronautica* 96 (2014): 227–231.

Knoll, Andrew H. *Life on a Young Planet: The First Three Billion Years of Evolution
on Earth.* Princeton University Press, 2003.

Livio, Mario, Neill Reid, and William Sparks, eds. *Astrophysics of Life: Proceedings
of the Space Telescope Science Institute Symposium, Held in Baltimore, Maryland
May 6–9, 2002.* Cambridge University Press, 2005.

Melott, Adrian L., and Brian C. Thomas. "Astrophysical Ionizing Radiation and
Earth: A Brief Review and Census of Intermittent Intense Sources." *Astrobiology*
11.4 (2011): 343–361.

Poladian, Charles. "Comets Or Meteorites Crashing Into A Planet Could Produce
Amino Acids, 'Building Blocks Of Life.'" *International Business Times* 15 Sept.
2013.

Rothery, David A., Mark A. Sephton, and Iain Gilmour, Eds. *An Introduction to As-
trobiology.* 2nd ed. Cambridge University Press, 2011.

Steigerwald, Bill. "Amino Acids in Meteorites Provide a Clue
to How Life Turned Left." 2012. http://scitechdaily.com/
amino-acids-in-meteorites-provide-a-clue-to-how-life-turned-left/.

14장

Alvarez, Walter, and Richard A. Muller. "Evidence from Crater Ages for Periodic Impacts on the Earth." *Nature* 308 (1984): 718–720.

Bailer-Jones, C. A. L. "Bayesian Time Series Analysis of Terrestrial Impact Cratering." *Monthly Notices of the Royal Astronomical Society* 416.2 (2011): 1163–1180.

Bailer-Jones, C. A. L. "Evidence for a Variation - but No Periodicity - in the Terrestrial Impact Cratering Rate." *EPSC-DPS Joint Meeting 2011* (2011): 153.

Bailer-Jones, C. A. L. "The Evidence for and against Astronomical Impacts on Climate Change and Mass Extinctions: A Review." *International Journal of Astrobiology* 8.3 (2009): 213.

Chang, Heon-Young, and Hong-Kyu Moon. "Time-Series Analysis of Terrestrial Impact Crater Records." *Publications of the Astronomical Society of Japan* 57.3 (2005): 487–495.

Connor, E. F. "Time Series Analysis of the Fossil Record." *Patterns and Processes in the History of Life*. Springer Berlin Heidelberg, 1986. 119–147.

Feulner, Georg. "Limits to Biodiversity Cycles from a Unified Model of Mass-Extinction Events." *International Journal of Astrobiology* 10.02 (2011): 123–129.

Fox, William T. "Harmonic Analysis of Periodic Extinctions." *Paleobiology* 13.3 (1987): 257–271.

Grieve, R. A. F. et al. "Detecting a Periodic Signal in the Terrestrial Cratering Record." *Lunar and Planetary Science Conference* (1988): 375–382.

Grieve, R. A. F., and D. A. Kring. "Geologic Record of Destructive Impact Events on Earth." *Comet/Asteroid Impacts and Human Society: An Interdisciplinary Approach*. Ed. Peter T. Bobrowsky and Hans Rickman. Springer Berlin Heidelberg, 2007. 3–24.

Grieve, Richard A. F. "Terrestrial Impact: The Record in the Rocks*." *Meteoritics* 26.3 (1991): 175–194.

Grieve, Richard A. F., and Eugene M. Shoemaker. "The Record of Past Impacts on Earth." *Hazards Due to Comets and Asteroids*. Ed. T. Gehrels. University of Arizona Press, 1994. 417–462.

Heisler, Julia, and Scott Tremaine. "How Dating Uncertainties Affect the Detection of Periodicity in Extinctions and Craters." *Icarus* 77.1 (1989): 213–219.

Heisler, Julia, Scott Tremaine, and Charles Alcock. "The Frequency and Intensity of Comet Showers from the Oort Cloud." *Icarus* 70.2 (1987): 269–288.

Jetsu, L., and J. Pelt. "Spurious Periods in the Terrestrial Impact Crater Record." *Astronomy and Astrophysics* 353 (2000):

409-418.

Lieberman, Bruce S. "Whilst This Planet Has Gone Cycling On: What Role for Periodic Astronomical Phenomena in Large-Scale Patterns in the History of Life?" *Earth and Life: Global Biodiversity, Extinction Intervals and Biogeographic Perturbations Through Time.* Springer Netherlands, 2012. 37–50.

Lyytinen, J. et al. "Detection of Real Periodicity in the Terrestrial Impact Crater Record: Quantity and Quality Requirements." *Astronomy and Astrophysics* 499.2 (2009): 601–613.

Melott, Adrian L. et al. "A ~60 Myr Periodicity Is Common to Marine-87Sr/86Sr, Fossil Biodiversity, and Large-Scale Sedimentation: What Does the Periodicity Reflect?" *Journal of Geology* 120 (2012): 217–226.

Melott, Adrian L., and Richard K. Bambach. "A Ubiquitous ~62-Myr Periodic Fluctuation Superimposed on General Trends in Fossil Biodiversity. I. Documentation." *Paleobiology* 37.1 (2011): 92–112.

Melott, Adrian L., and Richard K. Bambach. "Analysis of Periodicity of Extinction Using the 2012 Geological Timescale." *Paleobiology* 40.2 (2014): 177–196.

Melott, Adrian L., and Richard K. Bambach. "Do Periodicities in Extinction - with Possible Astronomical Connections - Survive a Revision of the Geological Timescale?" *The Astrophysical Journal* 773.1 (2013): 1–5.

Noma, Elliot, and Arnold L. Glass. "Mass Extinction Pattern: Result of Chance." *Geological Magazine* 124.4 (1987): 319–322.

Quinn, James F. "On the Statistical Detection of Cycles in Extinctions in the Marine Fossil Record." *Paleobiology* 13.4 (1987): 465–478.

Raup, D. M., and J J Sepkoski. "Mass Extinctions in the Marine Fossil Record." *Science* 215.4539 (1982): 1501–3.

Raup, D. M., and J. J. Sepkoski. "Periodicity of Extinctions in the Geologic Past." *Proceedings of the National Academy of Sciences* 81.3 (1984): 801–805.

Raup, D., and J. Sepkoski. "Periodic Extinction of Families and Genera." *Science* 231.4740 (1986): 833–836.

Stigler, S M, and M J Wagner. "A Substantial Bias in Nonparametric Tests for Periodicity in Geophysical Data." *Science* 238.4829 (1987): 940–5.

Stothers, Richard B. "Structure and Dating Errors in the Geologic Time Scale and Periodicity in Mass Extinctions." *Geophysical Research Letters* 16.2 (1989): 119–122.

Stothers, Richard B. "The Period Dichotomy in Terrestrial Impact Crater Ages." *Monthly Notices of the Royal Astronomical Society* 365.1 (2006): 178–180.

Trefil, J.S., and D.M. Raup. "Numerical Simulations and the Problem of Periodicity in the Cratering Record." *Earth and Planetary Science Letters* 82.1-2 (1987): 159–164.

Yabushita, S. "A Statistical Test of Correlations and Periodicities in the Geological Records." *Celestial Mechanics and Dynamical Astronomy* 69.1-2 31–48.

Yabushita, S. "Are Cratering and Probably Related Geological Records Periodic?" *Earth, Moon and Planets* 72.1-3 (1996): 343–356.

Yabushita, S. "On the Periodicity Hypothesis of the Ages of Large Impact Craters." *Monthly Notices of the Royal Astronomical Society* 334.2 (2002): 369–373.

Yabushita, S. "Periodicity and Decay of Craters over the Past 600 Myr." *Earth, Moon and Planets* 58.1 (1992): 57–63.

Yabushita, S. "Statistical Tests of a Periodicity Hypothesis for Crater Formation Rate-II." *Monthly Notices of the Royal Astronomical Society* 279.3 (1996): 727–732.

15장

Davis, Marc, Piet Hut, and Richard A. Muller. "Extinction of Species by Periodic Comet Showers." *Nature* 308.5961 (1984): 715–717.

Filipovic, M. D. et al. "Mass Extinction and the Structure of the Milky Way." *Serbian Astronomical Journal* 87 (2013): 43–52.

Grieve, Richard A. F., and Lauri J. Pesonen. "Terrestrial Impact Craters: Their Spatial and Temporal Distribution and Impacting Bodies." *Earth, Moon and Planets* 72.1-3 (1996): 357–376.

Heisler, Julia, Scott Tremaine, and Charles Alcock. "The Frequency and Intensity of Comet Showers from the Oort Cloud." *Icarus* 70.2 (1987): 269–288.

Matese, J. "Periodic Modulation of the Oort Cloud Comet Flux by the Adiabatically Changing Galactic Tide." *Icarus* 116.2 (1995): 255–268.

Matese, J.J., K. A. Innanen, and M. J. Valtonen. "Variable Oort Cloud Flux due to the Galactic Tide." *Collisional Processes in the Solar System*. Ed. Mikhail Marov and Hans Rickman. Kluwer Academic Publishers, 2001. 91–102.

Melott, Adrian L., and Richard K. Bambach. "Nemesis Reconsidered." *Monthly Notices of the Royal Astronomical Society: Letters* 407.1 (2010): L99–L102.

Napier, W. M. "Evidence for Cometary Bombardment Episodes." *Monthly Notices of the Royal Astronomical Society* 366.3 (2006): 977–982.

Nurmi, P., M. J. Valtonen, and J. Q. Zheng. "Periodic Variation of Oort Cloud Flux and Cometary Impacts on the Earth and Jupiter." *Monthly Notices of the Royal Astronomical Society* 327.4 (2001): 1367–1376.

Rampino, M. R. "Disc Dark Matter in the Galaxy and Potential Cycles of Extraterrestrial Impacts, Mass Extinctions and Geological Events." *Monthly Notices of the Royal Astronomical Society* 448.2 (2015): 1816–1820.

Rampino, M. R. "Galactic Triggering of Periodic Comet Showers." *Collisional Processes in the Solar System*. Ed. Mikhail Ya Marov and Hans Rickman. Kluwer Academic Publishers, 2001. 103–120.

Rampino, Michael, Bruce M. Haggerty, and Thomas C. Pagano. "A Unified Theory of Impact Crises and Mass Extinctions: Quantitative Tests." *Annals of the New York Academy of Sciences* 822.1 (1997): 403–431.

Rampino, Michael R., and Richard B. Stothers. "Terrestrial Mass Extinctions, Cometary Impacts and the Sun's Motion Perpendicular to the Galactic Plane." *Nature* 308 (1984): 709–712.

Schwartz, Richard D., and Philip B. James. "Periodic Mass Extinctions and the Sun's Oscillation about the Galactic Plane." *Nature* 308.5961 (1984): 712–713.

Shoemaker, Eugene M. "Impact Cratering Through Geologic Time." *Journal of the Royal Astronomical Society of Canada* 92 (1998): 297–309.

Smoluchowski, R., J.M. Bahcall, and M.S. Matthews. *Galaxy and the Solar System*. University of Arizona Press, 1986.

Stothers, R. B. "Galactic Disc Dark Matter, Terrestrial Impact Cratering and the Law of Large Numbers." *Monthly Notices of the Royal Astronomical Society* 300.4 (1998): 1098–1104.

Swindle, T. D., D. A. Kring, and J. R. Weirich. "40Ar/39Ar Ages of Impacts Involving Ordinary Chondrite Meteorites." *Geological Society, London, Special Publications* 378.1 (2013): 333–347.

Torbett, Michael V. "Injection of Oort Cloud Comets to the Inner Solar System by Galactic Tidal Fields." *Monthly Notices of the Royal Astronomical Society* 223 (1986): 885–895.

Wickramasinghe, J. T., and W. M. Napier. "Impact Cratering and the Oort Cloud." *Monthly Notices of the Royal Astronomical Society* 387.1 (2008): 153–157.

Whitmire, Daniel P., and Albert A. Jackson. "Are Periodic Mass Extinctions Driven by a Distant Solar Companion?" *Nature* 308.5961 (1984): 713–715.

Whitmire, Daniel P., and John J. Matese. "Periodic Comet Showers and Planet X." *Nature* 313.5997 (1985): 36–38.

Wickramasinghe, J. T., and W. M. Napier. "Impact Cratering and the Oort Cloud."

Monthly Notices of the Royal Astronomical Society 387.1 (2008): 153–157.

16장과 17장

Ahmed, Z et al. "Dark Matter Search Results from the CDMS II Experiment." *Science* 327.5973 (2010): 1619–21.

Akerib, D. S. et al. "First Results from the LUX Dark Matter Experiment at the Sanford Underground Research Facility." *Physical Review Letters* 112.9 (2014): 091303.

Aprile, E. et al. "First Dark Matter Results from the XENON100 Experiment." *Physical Review Letters* 105.13 (2010).

Bergstrom, Lars. "Saas-Fee Lecture Notes: Multi-Messenger Astronomy and Dark Matter." (2012): 105.

Bertone, Gianfranco. "The Moment of Truth for WIMP Dark Matter." *Nature* 468.7322 (2010): 389–393.

Bertone, Gianfranco. *Particle Dark Matter: Observations, Models and Searches.* Cambridge University Press, 2010.

Bertone, Gianfranco, and David Merritt. "Dark Matter Dynamics and Indirect Detection." *Modern Physics Letters A* 20.14 (2005): 1021–1036.

Buckley, Matthew R., and Lisa Randall. "Xogenesis." *Journal of High Energy Physics* 9 (2011).

Cline, David B. "The Search for Dark Matter." *Scientific American* 288.3 (2003): 50–59.

Cohen, Timothy et al. "Asymmetric Dark Matter from a GeV Hidden Sector." *Physical Review D* 82.5 (2010).

Cohen, Timothy, and Kathryn M. Zurek. "Leptophilic Dark Matter from the Lepton Asymmetry." *Physical Review Letters* 104.10 (2010).

Cui, Yanou, Lisa Randall, and Brian Shuve. "A WIMPy Baryogenesis Miracle." *Journal of High Energy Physics* 4 (2012): 75.

Cui, Yanou, Lisa Randall, and Brian Shuve. "Emergent Dark Matter, Baryon, and Lepton Numbers." *Journal of High Energy Physics* 2011.8 (2011): 73.

Davoudiasl, Hooman et al. "Unified Origin for Baryonic Visible Matter and Antibaryonic Dark Matter." *Physical Review Letters* 105.21 (2010).

Drukier, Andrzej K., Katherine Freese, and David N. Spergel. "Detecting cold dark-matter candidates." *Physical Review D* 33.12 (1986): 3495.

Freeman, Ken, and Geoff McNamara. *In Search of Dark Matter.* Springer, 2006.

Gaitskell, Richard J. "Direct Detection of Dark Matter." *Annual Review of Nuclear and Particle Science* 54.1 (2004): 315–359.

Hooper, Dan, John March-Russell, and Stephen M. West. "Asymmetric Sneutrino Dark Matter and the Omega(b) / Omega(DM) Puzzle." *Physics Letters B* 605.3-4 (2005): 228–236.

Jungman, Gerard, Marc Kamionkowski, and Kim Griest. "Supersymmetric Dark Matter." *Physics Reports* 267.5-6 (1996): 195–373.

Kaplan, David B. "Single Explanation for Both Baryon and Dark Matter Densities." *Physical Review Letters* 68.6 (1992): 741-743.

Kaplan, David E., Markus A. Luty, and Kathryn M. Zurek. "Asymmetric Dark Matter." *Physical Review D* 79.11 (2009).

Napier, W. M. "Evidence for Cometary Bombardment Episodes." *Monthly Notices of the Royal Astronomical Society* 366.3 (2006): 977–982.

"Neutralino Dark Matter." http://www.picassoexperiment.ca/dm_neutralino.php.

Preskill, John, Mark B. Wise, and Frank Wilczek. "Cosmology of the Invisible Axion." *Physics Letters B* 120.1-3 (1983): 127–132.

Profumo, Stefano. "TASI 2012 Lectures on Astrophysical Probes of Dark Matter." (2013): 41.

Shelton, Jessie, and Kathryn M. Zurek. "Darkogenesis: A Baryon Asymmetry from the Dark Matter Sector." *Physical Review D* 82.12 (2010): 123512.

Thomas, Scott. "Baryons and Dark Matter from the Late Decay of a Supersymmetric Condensate." *Physics Letters B* 356.2-3 (1995): 256–263.

Turner, Michael S., and Frank Wilczek. "Inflationary Axion Cosmology." *Physical Review Letters* 66.1 (1991): 5–8.

Weinberg, Steven. "A New Light Boson?" *Physical Review Letters* 40.4 (1978): 223–226.

Wilczek, F. "Problem of Strong P and T Invariance in the Presence of Instantons." *Physical Review Letters* 40.5 (1978): 279–282.

18장

Ackerman, Lotty et al. "Dark Matter and Dark Radiation." *Physical Review D* 79.2 (2009): 023519.

Bovy, Jo, Hans-Walter Rix, and David W. Hogg. "The Milky Way Has No Distinct Thick Disk." *The Astrophysical Journal* 751.2 (2012): 131.

Buckley, Matthew R., and Patrick J. Fox. "Dark Matter Self-Interactions and Light Force Carriers." *Physical Review D* 81.8 (2010).

De Blok, W. J G. "The Core-Cusp Problem." *Advances in Astronomy* (2010).

Faber, S. M., and R. E. Jackson. "Velocity Dispersions and Mass-to-Light Ratios for Elliptical Galaxies." *The Astrophysical Journal* 204 (1976): 668–683.

"First Signs of Self-Interacting Dark Matter?" *ESO Press Release,* European Southern Observatory. http://www.eso.org/public/news/eso1514/

Goldberg, Haim, and Lawrence J. Hall. "A New Candidate for Dark Matter." *Physics Letters B* 174.2 (1986): 151–155.

Governato, F et al. "Bulgeless Dwarf Galaxies and Dark Matter Cores from Supernova-Driven Outflows." *Nature* 463.7278 (2010): 203–6.

Holmberg, Johan, and Chris Flynn. "The Local Surface Density of Disc Matter Mapped by Hipparcos." *Monthly Notices of the Royal Astronomical Society* 352.2 (2004): 440–446.

Kuijken, Konrad, and Gerard Gilmore. "The Galactic Disk Surface Mass Density and the Galactic Force K(z) at Z = 1.1 Kiloparsecs." *The Astrophysical Journal* 367 (1991): L9-L13.

Langdale, Jonathan. "Could There Be a Larger Dark World with Dark Interactions? There Is More Dark Matter than Visible." (2013). https://plus.google.com/+JonathanLangdale/posts/Es7M9VhiFNp.

Markevitch, M. et al. "Direct Constraints on the Dark Matter Self-Interaction Cross Section from the Merging Galaxy Cluster 1E 0657–56." *The Astrophysical Journal* 606.2 (2004): 819–824.

Moore, Ben et al. "Dark Matter Substructure within Galactic Halos." *The Astrophysical Journal* 524.1 (1999): L19–L22.

Oort, J. H. "The Force Exerted by the Stellar System in the Direction Perpendicular to the Galactic Plane and Some Related Problems." *Bulletin of the Astronomical Institutes of the Netherlands* 6 (1932): 249-287.

Oort, J. H. "Note on the determination of Kz and on the mass density near the Sun." *Bulletin of the Astronomical Institutes of the Netherlands* 15 (1960): 45.

Read, J I. "The Local Dark Matter Density." *Journal of Physics G: Nuclear and Particle Physics* 41.6 (2014): 063101.

Salucci, Paolo, and Annamaria Borriello. "The Intriguing Distribution of Dark Matter in Galaxies." *Particle Physics in the New Millennium* 616 (2003): 66–77.

Spergel, David N., and Paul J. Steinhardt. "Observational Evidence for Self-Interacting Cold Dark Matter." *Physical Review Letters* 84.17 (2000): 3760–3763.

Weinberg, David H. et al. "Cold Dark Matter: Controversies on Small Scales."

Proceedings of the National Academy of Sciences (2015): http://arxiv.org/abs/1306.0913.

Weniger, Christoph. "A Tentative Gamma-Ray Line from Dark Matter Annihilation at the Fermi Large Area Telescope." *Journal of Cosmology and Astroparticle Physics* 2012.08 (2012).

Zhang, Lan, et al. "The gravitational potential near the sun from SEGUE K-dwarf kinematics." *The Astrophysical Journal* 772.2 (2013): 108.

19장

Cline, James M., Zuowei Liu, and Wei Xue. "Millicharged Atomic Dark Matter." *Physical Review D* 85.10 (2012): 101302.

Cooper, A. P. et al. "Galactic Stellar Haloes in the CDM Model." *Monthly Notices of the Royal Astronomical Society* 406.2 (2010): 744–766.

Dienes, Keith R., and Brooks Thomas. "Dynamical Dark Matter: A New Framework for Dark-Matter Physics." *Workshop on Dark Matter, Unification and Neutrino Physics: CETUP* 2012*. Vol. 1534. AIP Publishing, 2013. 57–77.

Fan, JiJi et al. "Dark-Disk Universe." *Physical Review Letters* 110.21 (2013): 211302.

Fan, JiJi et al. "Double-Disk Dark Matter." *Physics of the Dark Universe* 2.3 (2013): 139–156.

Foot, R. "Mirror Dark Matter: Cosmology, Galaxy Structure and Direct Detection." *International Journal of Modern Physics A* 29.11n12 (2014): 1430013.

Foot, R., H. Lew, and R.R. Volkas. "A Model with Fundamental Improper Spacetime Symmetries." *Physics Letters B* 272.1-2 (1991): 67–70.

Kaplan, David E et al. "Atomic Dark Matter." *Journal of Cosmology and Astroparticle Physics* 05 (2010). 21.

Kaplan, David E et al. "Dark Atoms: Asymmetry and Direct Detection." *Journal of Cosmology and Astroparticle Physics* 10 (2011): 19.

Pillepich, Annalisa et al. "The Distribution of Dark Matter in the Milky Way's Disk." *eprint arXiv:1308.1703* (2013).

Powell, Corey S. "Inside the Hunt for Dark Matter." *Popular Science*. (2013). http://www.popsci.com/article/science/inside-hunt-dark-matter.

Powell, Corey S. "The Possible Parallel Universe of Dark Matter." *Discover Magazine.com*. (2013). http://discovermagazine.com/2013/julyaug/21-the-possible-parallel-universe-of-dark-matter.

Purcell, Chris W., James S. Bullock, and Manoj Kaplinghat. "The Dark Disk of the Milky Way." *The Astrophysical Journal* 703.2 (2009): 2275–2284.

Read, J. I. et al. "Thin, Thick and Dark Discs in ËCDM." *Monthly Notices of the Royal Astronomical Society* 389.3 (2008): 1041–1057.

Rosen, Len. "Is There Only One Type of Dark Matter?" (2013). http://www.21stcentech.com/type-dark-matter/.

20장

Bovy, Jo, and Hans-Walter Rix. "A Direct Dynamical Measurement of the Milky Way's Disk Surface Density Profile, Disk Scale Length, and Dark Matter Profile at 4 Kpc $\lesssim$ R $\lesssim$ 9 Kpc." *The Astrophysical Journal* 779.2 (2013): 1–30.

Bovy, Jo, and Scott Tremaine. "On the Local Dark Matter Density." *The Astrophysical Journal* 756.1 (2012): 89.

Bruch, Tobias et al. "Dark Matter Disc Enhanced Neutrino Fluxes from the Sun and Earth." *Physics Letters B* 674.4-5 (2009): 250–256.

Bruch, Tobias et al. "Detecting the Milky Way's Dark Disk." *The Astrophysical Journal* 696.1 (2009): 920–923.

Buckley, Matthew R. et al. "Scattering, Damping, and Acoustic Oscillations: Simulating the Structure of Dark Matter Halos with Relativistic Force Carriers." *Physical Review D* 90.4 (2014): 043524.

Cartlidge, Edwin. "Do Dark-Matter Discs Envelop Galaxies?" *PhysicsWorld.com.* (2013). http://physicsworld.com/cws/article/news/2013/jun/03/do-dark-matter-discs-envelop-galaxies.

Cyr-Racine, Francis-Yan et al. "Constraints on Large-Scale Dark Acoustic Oscillations from Cosmology." *Physical Review D* 89.6 (2014).

Cyr-Racine, Francis-Yan, and Kris Sigurdson. "Cosmology of Atomic Dark Matter." *Physical Review D* 87.10 (2013).

Holmberg, J, and C Flynn. "The Local Density of Matter Mapped by Hipparcos." *Monthly Notices of the Royal Astronomical Society* 313.2 (2000): 209–216.

Kuijken, K., and G. Gilmore. "The Mass Distribution in the Galactic Disc - II - Determination of the Surface Mass Density of the Galactic Disc Near the Sun." *Monthly Notices of the Royal Astronom ical Society* 239 (1989): 605–649.

Kuijken, Konrad, and Gerard Gilmore. "The Mass Distribution in the Galactic Disc. I - A Technique to Determine the Integral Surface Mass Density of the Disc near the Sun." *Monthly Notices of the Royal Astronomical Society* 239 (1989): 571–603.

March-Russell, John, Christopher McCabe, and Matthew McCullough. "Inelastic Dark Matter, Non-Standard Halos and the DAMA/LIBRA Results." *Journal of*

High Energy Physics 2009.05 (2009).

McCullough, Matthew, and Lisa Randall. "Exothermic Double-Disk Dark Matter." *Journal of Cosmology and Astroparticle Physics* 2013.10 (2013): 58.

Motl, Luboš. "Exothermic Double-Disk Dark Matter." (2013). http://motls.blogspot. com/2013/07/exothermic-double-disk-dark-matter.html.

Nesti, Fabrizio, and Paolo Salucci. "The Dark Matter Halo of the Milky Way, AD 2013." *Journal of Cosmology and Astroparticle Physics* 2013.07 (2013): 16.

Randall, Lisa, and Jakub Scholtz. "Dissipative Dark Matter and the Andromeda Plane of Satellites." (2014). http://arxiv.org/abs/1412.1839.

Rix, Hans-Walter, and Jo Bovy. "The Milky Way's Stellar Disk." *The Astronomy and Astrophysics Review* 21.1 (2013): 61.

21장

Aron, Jacob. "Did Dark Matter Kill the Dinosaurs? Maybe. . . ." *New Scientist.* (2014). http://www.newscientist.com/article/dn25177-did-dark-matter-kill-the-dinosaurs-maybe.html#.VVYlfvlVhBc.

Choi, Charles Q. "Dark Matter Could Send Asteroids Crashing Into Earth: New Theory." (2014). http://www.space.com/25657-dark-matter-asteroid -impacts-earth-theory.html

Gibney, Elizabeth. "Did Dark Matter Kill the Dino-saurs?" *Nature.* (2014). http://www.nature.com/news/did-dark-matter-kill-the-dinosaurs-1.14839.

Nagai, Daisuke. "Viewpoint: Dark Matter May Play Role in Extinctions." *Physical Review Letters Physics* 7 (2014): 41.

Nair, Unni K. "Dinosaurs Extinction from Dark Matter?" (2014). http://guardianlv. com/2014/03/dinosaurs-extinction- from-dark-matter/.

Piggott, Mark. "Were Dinosaurs Killed by Disc of Dark Matter?" (2014). http://www. ibtimes.co.uk/were-dinosaurs-killed-by-disc- dark-matter-1439500.

Randall, Lisa, and Matthew Reece. "Dark Matter as a Trigger for Periodic Comet Impacts." *Physical Review Letters* 112.16 (2014): 161301.

Sharwood, Simon. "Dark Matter Killed the Dinosaurs, Boffins Suggest" *The Register.* 5 Mar. 2014. http://www.theregister.co.uk/ 2014/03/05/ dark_matter_killed_the_dinosaurs_boffins_suggest/.

책을 마치며

Bettencourt, Luís M A et al. "Growth, Innovation, Scaling, and the Pace of Life in Cities." *Proceedings of the National Academy of Sciences of the United States of America* 104.17 (2007): 7301–6.

Brynjolfsson, Erik, and Andrew McAfee. *The Second Machine Age: Work, Progress, and Prosperity in a Time of Brilliant Technologies.* W. W. Norton, 2014.

"Geoffrey West." (2015). http://www.santafe.edu/about/people/profile/Geoffrey%20 West.

"On Care for Our Common Home." Encyclical Letter Laudato Si' of the Holy Father Francis (2015). http://w2.vatican.va/content/francesco/en/encyclicals/documents/ papa-francesco_20150524_enciclica-laudato-si.html.

Weisman, Alan. *The World Without Us.* Reprint Edition. Picador, 2008.

West, Geoffrey. "Why Cities Keep Growing, Corporations and People Always Die, and Life Gets Faster." *The Edge.* (2011). http://edge.org/conversation/ geoffrey-west.

여성 물리학자로서 리사 랜들

2016년 6월 13일부터 17일까지 고려대에서 열린 NPKI(새로운 물리학 한국 연구소) 학회에 참석한 물리학자들 중 단연 사람들의 관심을 끈 이는 이 책의 저자인 미국 하버드 대학교 물리학과 교수 리사 랜들이었다. 리사 랜들의 첫 방한이었기 때문이다.

저자 소개에도 잘 나와 있지만, 랜들은 1999년 발표한 '랜들-선드럼 모형'으로 물리학계의 스타로 떠오른 입자 물리학자다. 하버드 대학교에서 박사 학위를 받은 뒤 MIT와 프린스턴 대학교에서 가르치다가 하버드에 자리 잡은 랜들은 '랜들-선드럼 모형' 발표 후 5년 동안 인용 횟수가 가장 많은 물리학자였다. 《뉴스위크》는 그녀를 "우리 세대의 가장 유망한 이론 물리학자"라고 말했다. 랜들은 책을 쓰는 데도 관심이 많아 지금까지 『숨겨진 우주』, 『이것이 힉스다』, 『천국의 문을 두드리며』를 펴냈고, 이 책 『암흑 물질과 공룡』이 가장 최근에 낸 네 번째 책이다. 이 책들은 모두 베스트셀러가 되어 리사 랜들의 이름을 물리학계 너머로 알렸다.

리사 랜들의 난해한 연구를 한두 문장으로 소개하는 것은 가망 없는 일이므로 그녀가 스스로 자신의 이론을 잘 설명한 『숨겨진 우주』를 읽어 보라고 권하는 수밖에 없겠으나, 이미 많은 사람들이 그녀의 이론을 간접적으로 접한 계기가 있었다. 영화 「인터스텔라」에 등장했던 '5차원 가설'이 그것이다. 우리가 미처 몰랐던 새로운 차원의 힘이, 지금껏 4차원으로만 알려졌던 우리 세상에 미친다는 영화의 설정을 기억하시는지? 랜들의 이론은 새로운 '비틀린 여분 차원'을 가정함으로써 세상을 5차원으로 확장하고, 그를 바탕으로 현재 우리 세상에서 중력이 이렇게 약한 이유를 설명한다. 중력이 전자기력 같은 다른 표준 모형 힘들에 비해 지나치게 약한 까닭이 무엇일까 하는 문제는 입자 물리학의 가장 큰 수수께끼 중 하나다. 「인터스텔라」에서 주인공의 딸인 천재 물리학자 머피에게서 랜들을 겹쳐 본 사람이 나 혼자만은 아니었을 것이다.

랜들을 소개할 때 반드시 따라붙는 설명이 더 있다. 그녀가 프린스턴 대학교에서 여성 최초로 물리학 종신 교수로 임명되었으며, 하버드로 옮길 때도 여성 최초로 이론 물리학 종신 교수로 임명되었다는 설명이다. 거기에 아름다운 외모에 대한 언급도 으레 따라붙는다. 한마디로 그녀는 보기 드문 '여성' 물리학자이다. 이 책의 내용과 직접적인 상관은 없는 이야기지만, 랜들의 책을 옮기면서 자주 생각하게 되는 것은 그런 희소한 '여성 물리학자'로서의 랜들이었다. 나아가 여성 물리학자 전반에 관한 생각이었다.

　보통 사람에게 여성 물리학자의 이름을 대 보라고 하면 어떤 답이 나올까? 보나마나 마리 퀴리일 것이라는 데 나는 큰돈을 걸겠다. 퀴리 외에 다른 이름을 대 보라고 한다면? 십중팔구는 모르겠다고 대답할 것이라는 데 아까보다는 좀 적은 돈을 걸겠다. 물리학에 관심이 있는 사람이라면, 오토 한과 함께 핵분열을 발견했으나 노벨상을 받지 못했던(오토 한만 받았다.) 리제 마이트너를 말할지도 모르겠다. 랜들이 이 책에서 긴 지면을 할애해 소개한 베라 루빈도 빼놓을 수 없다. 천체 물리학자 루빈은 나선 은하 속 별들의 회전 속도를 연구하다가 그 속도가 은하 중심으로부터의 거리와 무관하게 일정하다는 사실을 발견했고, 그로부터 은하에는 우리가 알지 못했던 미지의 '암흑 물질'이 존재해 그 중력이 별들에게 영향을 미치고 있다는 결론을 끌어냈다. 그러니 루빈은 암흑 물질을 이야기할 때 결코 빼놓을 수 없는 인물인데, 그런 그녀가 여자라는 이유로 프린스턴 대학원 입학을 거절당했던 일화도 꼭 함께 이야기되었으면 좋겠다.

　물론 널리 인정받았던 여성 물리학자들도 있다. 랜들과 같은 입자 물리학계에서는 반전성 보존 법칙 위반을 실험으로 증명했던 우젠슝이 맨 먼저 떠오른다. 반전성 위반을 이론으로 예측했던 리정다오와 양전닝은 노벨상을 받았는데 우젠슝은 받지 못했다는 사실도 뒤이어 떠오르기는 하지만 말이다. 힉스 입자 발견으로 유명한 LHC를 운영하는 CERN에서 첫 여성 소장으로 선출되어 올해부터 일하고 있는 파비올라 자노티도 있다. 가속기 하면 또, 시카고 대학교 교수로 페르미

가속기 연구소 부소장을 지냈던 한국 출신 입자 물리학자 김영기도 떠오른다. "높이 올라갈수록 (여자가) 적어진다."라는 케냐의 정치 운동가 왕가리 마타이의 말이 물리학계라고 예외는 아닐 것이므로, 물리학계 전체로 시야를 넓혀 본다면 더 많은 여성 물리학자들을 볼 수 있을 것이다.

그러나 물리학계에 여성이 적다는 것, 생물학이나 의학 같은 다른 과학 분야에 비해서도 그렇다는 것은 다들 아는 사실이다. 더구나 물리학은 단지 여성이 적을 뿐 아니라 여성이 잘 못하는 학문이라는 고정관념도 있다. 캘리포니아 버클리 대학 최초의 여성 물리학 교수로 이휘소 박사와 함께 참쿼크의 질량을 예측했던 메리 게일러드의 회고록 제목을 빌리자면, 물리학은 "지극히 비여성적인 직업"이다. 사정은 우리나라도 마찬가지다. 한국 물리학회의 여성 위원회가 2005년, 2010년, 2014년에 실시했던 조사에 따르면, 물리학회 참가자 중 여성의 비율은 2005년에 13퍼센트였던 것이 2014년에는 31퍼센트로 늘긴 했으나 여전히 3분의 1이 못 된다. 더구나 30대 이상 여성의 비율은 훨씬 적어, 물리학계에서도 육아와 가사로 인한 여성의 경력 단절이 뚜렷하게 드러났다.

자연히 의문이 든다. 여성의 경력 추구를 가로막는 여러 보편적인 제도적·문화적 장애물 외에 물리학계에 유달리 여성이 적을 이유가 있을까? 물리학은 정말로 속성상 '비여성적인' 학문일까? 답은 아무도 모르겠지만, 역시 얼마 전에 번역된 책 『평행 우주 속의 소녀』가 실마리는 줄 수 있을지 모르겠다. 예일 대학교 물리학과의 첫 여성 졸업

생이었던 저자 아일린 폴락은 저 질문에 답하기 위해서, 자신의 경험을 돌아보고 여러 연구 결과를 살펴보며 현장을 취재했다. 결론은 이렇다. "한 분야에 뛰어난 재능이 있는 아이들은 흔히 다른 여러 분야에도 재능이 있으며, 어떤 재능을 더 살려야 할지를 결정할 때, 좀 더 긍정적인 피드백을 제공해 주는 분야를 선택하는 경향이 있다." 요컨대, 다른 어떤 요인들보다도 여성은 물리학을 잘하기 어렵다는 부정적 암시가 넘치는 환경과, 역할 모델이 될 여성 물리학자가 거의 없다는 사실이 중요하다는 것이다.

2005년에 당시 하버드 총장 로런스 서머스는 "과학계에 여성 종신교수가 드문 것은 과학의 최상위 수준에서는 남녀가 소질 차이가 있기 때문이다."라고 말해 파문을 일으켰다. 그 서머스가 랜들의 책을 추천하면서 이렇게 말한 것은 묘한 아이러니다. "리사 랜들은 말 그대로 희귀한 존재이다. 천재 물리학자이면서 그렇지 못한 우리도 이해할 수 있도록 책을 쓰고 강연을 한다." 서머스를 둘러싼 그 복잡했던 소동을 아는 사람이라면, 서머스의 의도와는 달리 이 말에서 랜들이 '희귀한 존재'인 것은 무엇보다도 '여성'이기 때문이라는 생각을 떠올리고 말 것이다.

어떻게 보면 리사 랜들의 명성 자체가 딜레마다. 랜들이 '희귀한 여성'이라서 유달리 주목받는 것은 좀 불편한 일이다. 그러나 그렇지 않은 세상이 오려면, 그녀와 같은 여성 물리학자가 지금보다 더 많이 알려지고 전면에 드러나고 아이들에게 본보기가 될 필요가 있다. 그러니 리사 랜들이 뛰어난 물리학자이자 작가로서만이 아니라 '희귀한 여성'으로 호명되는 상황을 아직은 반대할 수가 없다.

김명남

• 이 글은 《시사IN》(제459호, 2016년 7월 2일)에도 실렸다.

찾아보기

용어

옮긴이 김명남

카이스트 화학과를 졸업하고 서울 대학교 환경 대학원에서 환경 정책을 공부했다. 인터넷 서점 알라딘 편집팀장을 지냈고 전문 번역가로 활동하고 있다. 55회 한국 출판 문화상 번역 부분을 수상했다. 옮긴 책으로 『우리 본성의 선한 천사』, 『정신병을 만드는 사람들』, 『갈릴레오』, 『세상을 바꾼 독약 한 방울 』, 『인체 완전판』(공역), 『현실, 그 가슴 뛰는 마법』, 『여덟 마리 새끼 돼지 』, 『시크릿 하우스』, 『이보디보』, 『특이점이 온다』, 『한 권으로 읽는 브리태니커』, 『버자이너 문화사』, 『남자들은 자꾸 나를 가르치려 든다』 등이 있다.

암흑 물질과 공룡

1판 1쇄 찍음 2016년 6월 15일
1판 5쇄 펴냄 2023년 5월 15일

지은이 리사 랜들
옮긴이 김명남
펴낸이 박상준
펴낸곳 (주)사이언스북스

출판등록 1997. 3. 24.(제16-1444호)
(06027) 서울시 강남구 도산대로1길 62
대표전화 515-2000, 팩시밀리 515-2007
편집부 517-4263, 팩시밀리 514-2329
www.sciencebooks.co.kr

ISBN 978-89-8371-282-0 03420